SHIYONG ZHENGCHANG RENTIXUE

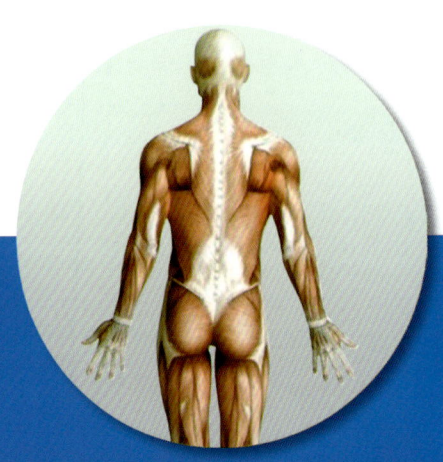

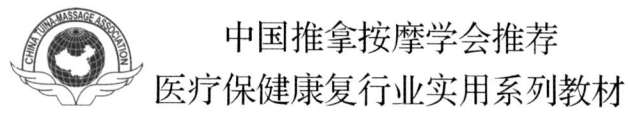
中国推拿按摩学会推荐
医疗保健康复行业实用系列教材

实用正常人体学

主 编 成为品

民族出版社

医疗保健康复行业实用系列教材
《实用正常人体学》编纂委员会

主 任 张海燕

主 编 成为品

编 写 成为品　周正坤

编 委（按姓氏笔画为序）

　　　　王　虹　王　鑫　田　伟　成为品　刘亚利

　　　　张　琳　张明东　张振宇　张海燕　张家瑞

　　　　林毅青　周正坤　徐俊峰　翟砚鑫

主 审 成　灵

审 稿 高　云　王征美

成为品 主任医师

  1964年1月入伍，先后就读并毕业于济南军区卫生学校、中国人民解放军第四军医大学（今中国人民解放军空军军医大学）、中国人民解放军后勤学院。曾任部队军医、后勤学院教员、北京按摩医院院长、中国残疾人就业服务指导中心副主任、中国盲人按摩指导中心副主任、东亚太平洋地区盲人按摩学会秘书长。现任国家职业技能鉴定专家委员会委员、保健按摩专业委员会副主任、国家职业技能鉴定所所长、中国推拿按摩学会会长、中国民族医药学会保健按摩分会会长、中国民族医药学会芳香医药分会技术顾问。

  代表中国残疾人联合会参与起草制定全国盲人医疗按摩和盲人保健按摩培训、就业和晋升问题的相关法规性文件，主持编写、出版《正常人体解剖学》《内科按摩学》《伤科按摩学》《妇科按摩学》《儿科按摩学》《医古文》《中医基础理论》《中医诊断学》等25门按摩中专教材，《触诊诊断学》《按摩学基础》《伤科按摩学》《妇科按摩学》《儿科按摩学》等5门盲人按摩专科和本科教材，《康复理疗培训教程》《实用按摩学手册》等，研制发明的专供盲人按摩教学用的"电脑经络人""盲人按摩职业培训系统研究"获得国家科技二等奖，对全国盲人按摩事业发展和残疾人，特别是盲人就业做出了不可磨灭的贡献，是全国盲人按摩事业发展的奠基人。

受国家人力资源和社会保障部委托，主持制定、编写《保健按摩师国家职业标准》《保健按摩师国家职业资格培训教程》《芳香保健师国家职业标准》《芳香保健师国家职业资格培训教程》，参与组建保健按摩师、芳香保健师国家职业技能鉴定考试题库，对全国保健按摩事业起到了积极的推动作用，是全国保健按摩事业发展的领头人。

1998年起，曾多次到中国香港、台湾等地，开展关于中医按摩的讲学与交流，曾多次代表中国中医按摩界应邀访问美国、德国、意大利、波兰、日本、泰国、菲律宾、马来西亚等国家，开展关于中医按摩的讲学与交流，受到广泛好评，对世界推拿按摩事业的发展做出了卓越贡献。

张海燕 校长

  1985年10月参加工作，致力于职业教育工作三十余年。现任国家职业技能鉴定专家委员会委员、保健按摩专业委员会秘书长、国家人力资源和社会保障部认定的国家职业技能芳香保健师和保健按摩师考试的命题专家、中国推拿按摩学会常务副会长兼秘书长、中国民族医药学会芳香医药分会执行会长、北京成人按摩职业技能培训学校校长。

  1998年在国家劳动部（今国家人力资源和社会保障部）、中国残疾人联合会领导的关怀和指导下，成立了北京成人按摩职业技能培训学校，并被认定为"全国盲人按摩骨干、师资"和"全国保健按摩师考评员"培训、鉴定、考核基地。多年来，为国内外培养了十余万名保健按摩骨干、师资、考评员和保健按摩从业人员。连续十几年被北京市人力资源和社会保障局评为先进教师，并获得北京市政府特殊津贴奖。

  受国家人力资源和社会保障部职业技能鉴定中心委托，组织国内知名专家制定、编写《保健按摩师国家职业标准》《保健按摩师国家职业资格培训教程》《芳香保健师国家职业标准》《芳香保健师国家职业资格培训教程》，参与组建保健按摩师、芳香保健师国家职业技能鉴定考试题库，为加速我国保健按摩事业的发展做出了突出贡献。

前 言

习近平总书记说："中医药是打开中华文明宝库的钥匙。"中医按摩是中华民族独特的医疗、保健方法，是我国传统医学的组成部分，不仅为人民健康事业做出了巨大贡献，而且对弘扬民族文化，推动人类医学的发展起了积极的作用。随着人们物质生活、精神生活水平的普遍提高，人们的医疗保健意识日益增强，"预防为主、全民健身"已成为普遍共识和自觉行为。寻求无损伤、无副作用的祛病健身、延年益寿的方法，已是当今国内外人们的共同心愿。我国的传统医学，尤其是按摩医术，在人类医疗保健方面的独特优势，正越来越受到世界各国人民的认可和重视。目前，在我国乃至世界，医疗保健按摩市场广阔、前景远大，正面临着新的发展机遇。为适应国内外对按摩的需求，满足广大中医按摩培训机构和爱好者，实现其为人类健康服务的愿望，由中国推拿按摩学会会长成为品和北京市成人按摩职业技能培训学校校长张海燕组织相关专家，参照国家保健按摩师职业标准，编写了《医疗保健康复行业实用系列教材》，旨在供全国各地中医按摩职业培训和按摩爱好者使用。

本套教材包括11门专业课程教材，分别是《按摩学基础》《实用正常人体学》《中医学基础》《经络腧穴学》《实用康复保健学》《中医按摩学》《妇儿科按摩学》《脏腑经络按摩学》《反射疗法学》《芳香疗法学》《推拿治疗学》。其中，《按摩学基础》是中医按摩专业基础课程，是按摩专业的必修课；《实用正常人体学》主要讲述正常人体结构和生理功能知识；《中医学基础》主要讲述中医基础理论和常用诊法；《经络腧穴学》主要讲述十四经脉和常用腧穴知识；《实用康复保健学》以康复、保健专业技术人员为对象，主要讲述传统康复保健技术和现代康复保健技术；《中医按摩学》主要讲述各级别的按摩技能和专家临床特色疗法；《妇儿科按摩学》主要讲述妇女和幼儿的生理病理特点、常用按摩手法和穴位，以及妇女和幼儿常见病按摩治疗方法；《脏腑经络按摩学》主要讲述脏腑概论、经络概论、腹诊、腹部按摩手法以及脏腑按摩治疗常见病；《反射疗法学》主要讲述足部、手部、耳部反射按摩疗法；《芳香疗法学》主要讲述芳香SPA概论、精油的基本知识、精油按摩操作方法以及芳香疗法的应用；《推拿治疗学》主要讲述临床常见疾病的检查诊断方法以及治疗手法。

本套教材在保证内容科学性、系统性的前提下，注重了内容的广度、深度和实用，更着重于按摩临床实践的需要，在中医基础理论中加入诊法，改名为《中医学基础》。同时，还将保健按摩师初级、中级、高级、技师、高级技师五个级别调整为初级、高级、技师三个级别，并编入专家临床特色疗法，命名为《中医按摩学》，既体现按摩的传统特色，又结合按摩的现代原理和研究成果，还增写了多位专家、教授的临床经验，使教材通俗易懂，深浅适当，既适合教学，又适合按摩爱好者自学。

本套教材在编写过程中得到中国中医研究院望京医院、北京联合大学特教学院、北京新中一教育集团领导的大力支持，在此表示衷心感谢。

教材是培养专业人才和传授知识的重要工具，教材质量的高低直接影响到人才的培养。由于本套教材有些科目是首次编写，难免存在不足之处，衷心希望各位按摩教学人员和广大读者在使用中给予斧正，并提出宝贵意见，以便今后进一步修订、完善教材，使之成为更具科学性、实用性的医疗保健康复行业系列教材。

中 国 推 拿 按 摩 学 会
北京成人按摩职业技能培训学校 编纂委员会

2017年6月8日

编写说明

实用正常人体学是研究正常人体形态、结构、功能及生命活动规律的学科。它以正常人体为研究对象，是生理和解剖的结合体。主要从人体的细胞、组织、器官、系统的化学组成、形态结构、功能活动及各部分的联系和调节等内容进行研究和阐述。其任务是便于教学，利于学生掌握正常人体的形态结构和功能活动规律，为学习其他医学学科奠定必要的理论基础，是中医按摩专业的必修课。

本书共分十一部分。绪论，主要讲正常人体学的定义、人体器官的组成及系统的划分、正常人体学的分科、人体的分部、解剖学姿势和常用术语；第一章细胞和基本组织，主要讲细胞、细胞的化学组成和成分、细胞的基本结构和功能、基本组织、生命活动的基本特征；第二章运动系统，主要讲骨学、肌学；第三章消化系统，主要讲消化系统概述、消化管、消化腺、能量代谢和体温；第四章呼吸系统，主要讲呼吸系统概况、呼吸道、气管与主支气管、肺、胸膜及纵隔；第五章泌尿系统，主要讲泌尿系统概况、肾、输尿管、膀胱、尿道；第六章生殖系统，主要讲男性生殖系统、女性生殖系统、性腺与生殖；第七章循环系统，主要讲心血管系统、血液、淋巴系统；第八章内分泌系统，主要讲垂体、甲状腺与甲状腺旁腺、其他内分泌结构及激素；第九章感觉器官，主要讲视器、前庭蜗器、皮肤；第十章神经系统，主要讲神经系统概况、中枢神经系统、周围神经系统、神经系统的传导通路、脑的高级神经活动、脑和脊髓的被膜、脑室和脑脊液及脑血管。

编者

目 录

绪 论 ··· 1

第一章 细胞和基本组织 ·· 5
第一节 细 胞 ··· 5
第二节 基本组织 ··· 10
第三节 生命活动的基本特征 ···································· 20

第二章 运动系统 ··· 23
第一节 骨 学 ··· 23
第二节 骨连结 ··· 47
第三节 肌 学 ··· 68

第三章 消化系统 ··· 99
第一节 消化管 ··· 103
第二节 消化腺 ··· 120
第三节 能量代谢和体温 ·· 124

第四章 呼吸系统 ··· 132
第一节 呼吸道 ··· 133
第二节 肺 ·· 138
第三节 胸膜及纵隔 ·· 144

第五章 泌尿系统 ··· 149
第一节 肾 ·· 150

  第二节 输尿管、膀胱和尿道 ………………………………………… 157

第六章 生殖系统 …………………………………………………………… 161
  第一节 男性生殖器 ……………………………………………………… 161
  第二节 女性生殖器 ……………………………………………………… 167
  第三节 性腺与生殖 ……………………………………………………… 173

第七章 循环系统 …………………………………………………………… 178
  第一节 心血管系统 ……………………………………………………… 178
  第二节 血 液 ………………………………………………………… 213
  第三节 淋巴系统 ………………………………………………………… 222

第八章 内分泌系统 ………………………………………………………… 230
  第一节 垂 体 ………………………………………………………… 231
  第二节 甲状腺与甲状腺旁腺 …………………………………………… 233
  第三节 肾上腺 …………………………………………………………… 237
  第四节 其他内分泌结构及激素 …………………………………………… 240

第九章 感觉器官 …………………………………………………………… 243
  第一节 视 器 ………………………………………………………… 243
  第二节 前庭蜗器 ………………………………………………………… 251
  第三节 皮 肤 ………………………………………………………… 258

第十章 神经系统 …………………………………………………………… 262
  第一节 中枢神经系统 …………………………………………………… 265
  第二节 周围神经系统 …………………………………………………… 282
  第三节 神经系统的传导通路 …………………………………………… 307
  第四节 脑的高级神经活动 ……………………………………………… 314
  第五节 脑和脊髓的被膜、脑室和脑脊液及脑的血管 ………………… 318

参考资料 …………………………………………………………………………… 325

绪 论

一、实用正常人体学的定义

实用正常人体学是研究正常人体形态、结构、功能及生命活动规律的科学。它以正常人体为研究对象，主要从人体的细胞、组织、器官、系统的化学组成、形态结构、功能活动及各部分的联系和调节等方面进行研究和阐述。其任务是使学生掌握正常人体的形态结构和功能活动规律，为学习其他学科奠定必要的理论基础。

二、人体器官的组成及系统的划分

构成人体的最基本的结构功能单位是细胞，细胞与细胞间质构成组织。人体的基本组织分为上皮组织、结缔组织、肌肉组织和神经组织。几种组织相互结合，组成器官。人体的诸多器官按功能的差异，分类组成九大系统：运动系统，执行躯体的运动功能，包括人体的骨骼、关节（骨连结）和骨骼肌；消化系统，主要执行消化食物、吸收营养物质和排除废物的功能；呼吸系统，执行气体交换功能，吸进氧气排出二氧化碳；泌尿系统，排出机体内溶于水的代谢产物如尿素、尿酸等；生殖系统，主要执行生殖繁衍后代的功能；循环系统，输送血液和淋巴在体内循环流动，包括心血管系统和淋巴系统；感觉器，感受机体内、外环境刺激而产生兴奋的装置；神经系统，调控人体全身各系统器官活动的协调和统一；内分泌系统，协调全身各系统的器官活动。

三、正常人体学的分科

正常人体学包括人体解剖学、组织学、生理学三部分。人体解剖学所叙述的主要是用刀剖割和用肉眼观察来研究人体形态结构的内容；组织学所叙述的是借助显微镜等来观察和研究人体细微结构的科学；生理学所叙述的是人体生命功能活动规律的科学。

以上几门学科用不同的研究方法，从不同的角度来研究正常人体的结构和功能，它们所研究的领域不断扩大并相互渗透，其联系也越来越密切。因此，正常人体学是适应中等卫生学校新时期培养目标的要求，把这几门基础课有机地融合起来而形成的一门新课程。

四、人体的分部

从外形上，人体可分为10个局部，每个局部又可分成若干小的部分。人体重要的局部有：头部（包括颅、面部）、颈部（包括颈、项部）、背部、胸部、腹部、盆会阴部（后四部合称躯干部）、左、右上肢与左、右下肢。

上肢包括上肢带和自由上肢两部，自由上肢再分为上臂、前臂和手三个部分；下肢分为下肢带和自由下肢两部，自由下肢再分为大腿、小腿和足三个部分；上肢和下肢合称为四肢。

五、解剖学姿势和常用术语

为了能正确地描述人体诸多器官的形态结构和位置，需要有公认的统一标准和描述术语，因此确定了轴、面和方位等名词，这些概念和名词是学习解剖学必须遵循的基本原则。

（一）人体的解剖学姿势

人体的解剖学姿势是：身体直立，面向前，两眼向正前方平视，两足并拢，足尖向前，上肢下垂于躯干的两侧，手心向前。描述任何人体结构时，均应以此姿势为标准。即使被观察的客体、标本或模型是俯卧位、仰卧位、横位或倒置，或只是身体的一部分，仍应近按照人体的标准姿势进行描述。

（二）方位术语

按照上述的解剖学姿势，又规定了一些表示方位的术语：

上和下：是描述器官或结构距颅顶或足底的相对远近关系的术语。按照解剖学姿势，近颅者为上，近足者为下。如眼位于鼻的上方，而口位于鼻的下方。

前和后（或腹侧和背侧）：是指距身体前、后面距离相对远近的名词。距身体腹面近者为前，而距人体背面近者为后。

内侧和外侧：近正中矢状面者为内侧、远离正中矢状面者为外侧。

内和外：是描述空腔器官相互位置关系的术语。近内腔者为内，远离内腔者为外，内、外与内侧和外侧是有显著区别的，须注意。

浅和深：是描述与皮肤表面相对距离关系的术语，距皮肤近者为浅，远离皮肤而距人体内部中心近者为深。

在四肢，上又称为近侧，即距肢体根部较近；下又称为远侧，指距肢体根部较远。上肢的尺侧与桡侧和下肢的胫侧与腓侧分别与内侧和外侧相对应，该术语是依据前臂的尺骨与桡骨和小腿的胫骨与腓骨的排列位置关系而规定的，在前臂近尺骨者为尺侧，而近桡骨者为桡侧；在小腿亦然，距胫骨近者为胫侧，距腓骨近者为腓侧。还有一些术语诸如：左和右、垂直、水平和中央等则与一般概念相同。

（三）轴与面的术语

轴和面是描述人体器官形态，尤其是叙述关节运动时常用的术语。人体可设计互相垂直的三种轴，即垂直轴、矢状轴和冠状轴。依据上述三轴，人体还可设立互相垂直的三种面，即矢状面、冠状面与水平面。

1. 轴

（1）垂直轴：为上下方向垂直于水平面，与人体长轴平行的轴。

（2）矢状轴：为前后方向与水平面平行，与人体长轴垂直的轴。

（3）冠状轴：或称额状轴，为左右方向与水平面平行，与前两个轴相垂直的轴。

2. 面

（1）矢状面：是指于前、后方向，将人体分为左、右两部的纵切面，此切面与地平面垂直。经过人体正中的矢状面称为正中矢状面，它将人体分成左右相等的两半。

（2）冠状面：是指于左、右方向，将人体分为前、后两部的纵切面，此切面与水平面及矢状面互相垂直。

（3）水平面：又称横切面，是指与地平面平行，与矢状面和冠状面互相垂直，将人体分为上、下两部的平面。

在描述器官的切面时，则以其自身的长轴为准，与其长轴平行的切面称纵切面，与长轴垂直的切面称横切面，则不用上述三个面来描述。

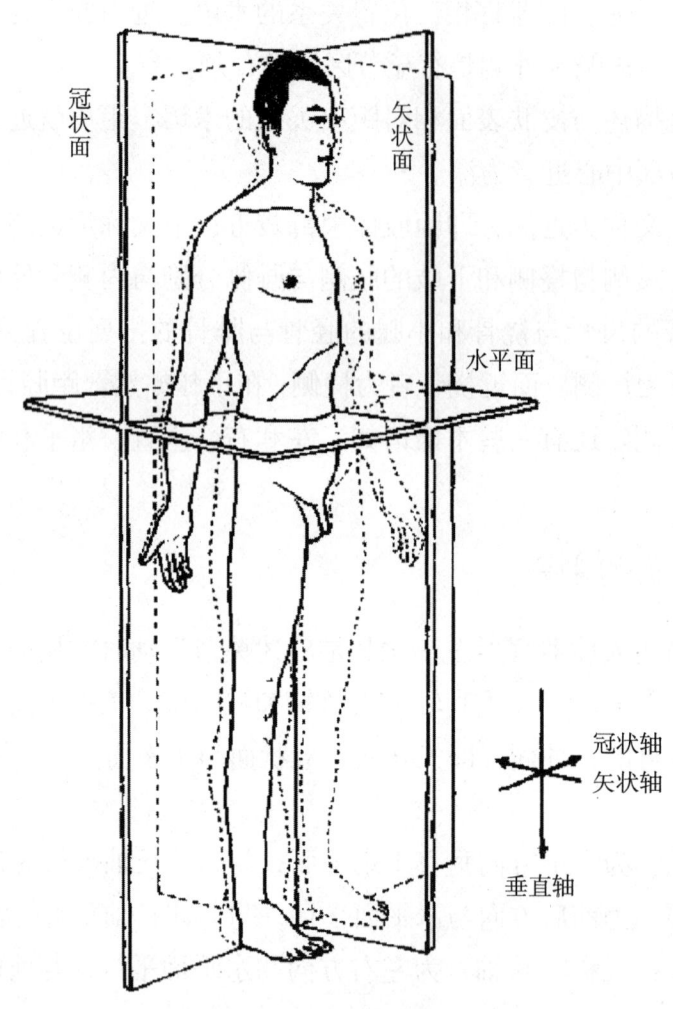

人体"轴"和"面"划分示意图

第一章 细胞和基本组织

第一节 细 胞

细胞是人体结构和功能的基本单位,具有新陈代谢、兴奋性、繁殖等生命特征。

一、细胞的化学组成和成分

细胞内的生物活性物质称为原生质,组成细胞原生质的元素有碳(C)、氢(H)、氧(O)、氮(N)、磷(P)、钾(K)、钠(Na)、硫(S)、氯(Cl)、铁(Fe)、镁(Mg)等。其中以碳、氢、氧、氮最多。此外,还有一些微量元素,如铜(Cu)、锌(Zn)、碘(I)等。细胞利用这些元素合成细胞的基本化学成分——无机物和有机物。无机物有水和无机盐等,有机物包括糖类、脂类、蛋白质、核酸、维生素等。蛋白质是组成细胞的最主要成分,是细胞的结构基础。细胞内的蛋白质种类很多,其中以酶和核蛋白最重要。酶可促进人体内的各种生化反应,所以又称为生物催化剂;核蛋白由核酸和蛋白质结合而成。核酸是细胞的重要成分,包括核糖核酸(RNA)和脱氧核糖核酸(DNA)。核酸直接参与蛋白质合成,并决定遗传、变异。糖类和脂类是细胞的能量来源,其中某些脂类还是细胞膜的主要成分。

二、细胞的基本结构和功能

细胞的形态差异很大,类型繁多,大小不一,但它们都是由细胞膜、细胞质和细胞核构成的(图1-1-1)。

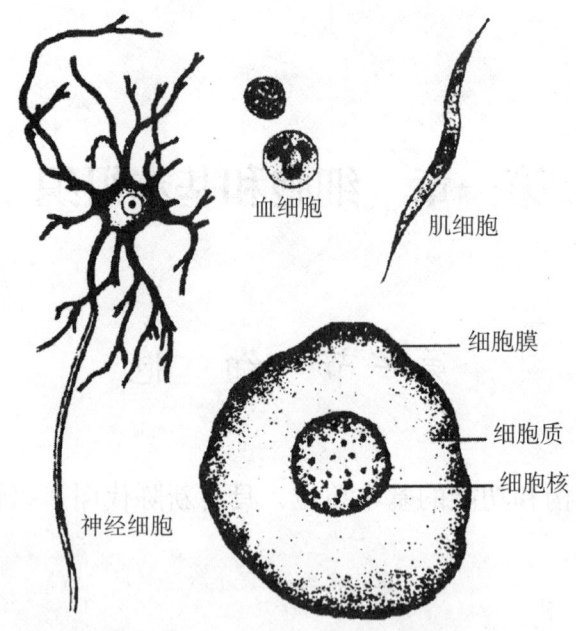

图 1-1-1　细胞的形态和结构

（一）细胞膜

细胞膜（图 1-1-2）是细胞外表面的一层薄膜，又称质膜。

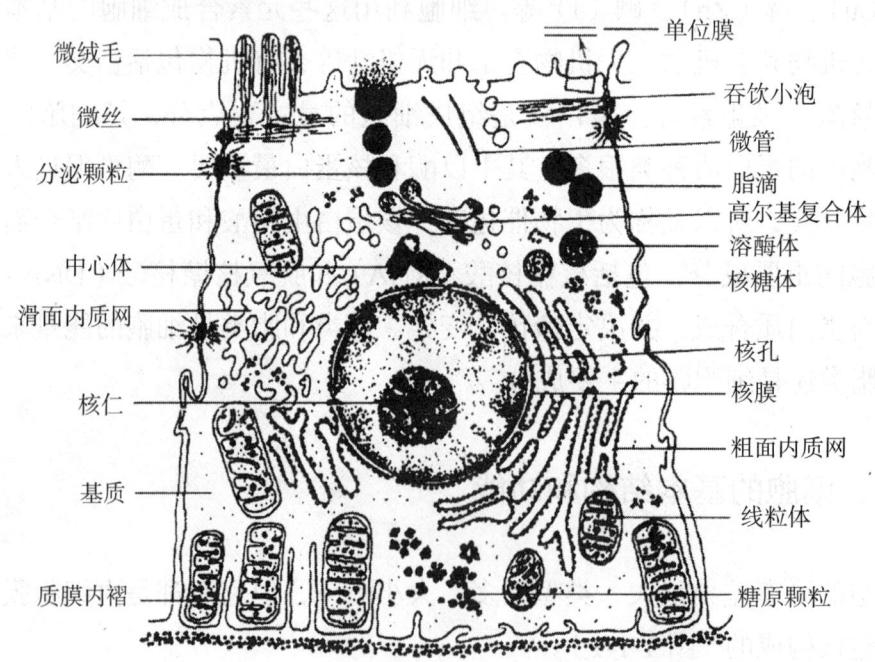

图 1-1-2　细胞超微结构模式图

1. 细胞膜的结构和特性

细胞膜是细胞表面的一层薄膜，主要是由蛋白质和脂质双分子层构成，含有少量糖类和微量核酸。

2. 细胞膜的功能

细胞膜是细胞内容物与周围环境的屏障，对细胞有保护、吸收、分泌、接受刺激、传导冲动和膜内外进行物质交换的作用。

物质通过膜转运的形式有以下几种：

（1）单纯扩散

物质顺浓度差的跨膜转运过程，称为单纯扩散。影响单纯扩散的因素有二：①膜两侧溶质分子的浓度差越大，物质扩散越多；反之则少。②膜的通透性越大，物质扩散越多；反之则少。

（2）易化扩散

在膜蛋白质的"帮助"下，顺浓度差转运的过程，称为易化扩散。根据膜蛋白质作用特点的不同，易化扩散分为两种类型。

1）以载体为中介的易化扩散：载体蛋白的作用可能是在膜的一侧与被转运物质结合，再通过本身的构型改变，将其转运到膜的另一侧。载体转运特点：①相对特异性：如葡萄糖载体只能转运葡萄糖，氨基酸载体只能转运氨基酸。②饱和现象：由于膜上载体数量有一定限度，所以当被转运物质超过一定数量时，转运量就不再增加。③竞争性抑制：如果某一载体对A和B两种结构类似的物质都有转运能力时，A种物质浓度增加，将减弱B种物质的转运。

2）以通道为中介的易化扩散：通道蛋白好像贯通细胞膜的一条孔道，开放时允许被转运物质通过，关闭时物质转运停止。

单纯扩散和易化扩散都是顺浓度差扩散，细胞本身不消耗能量，故两者属于被动转运。

（3）主动转运

物质依靠膜上"泵蛋白"的作用，由膜的低浓度一侧向高浓度一侧耗能转运的过程，称为主动转运或泵转运。"泵"是镶嵌在膜上的又一种特殊蛋白质，具有特异性，其作用就像从低处向高处引水需要水泵的道理一样。

（4）出胞和入胞

上面所述三种形式的物质跨膜转运，主要涉及小分子物质或离子。有些大分子或团块物质不能通过上述方式进行转运，而是由细胞膜本身的运动来进行细胞内外物质交换。根据被转运物质进出细胞的方向，分为出胞和入胞（图1-1-3）：

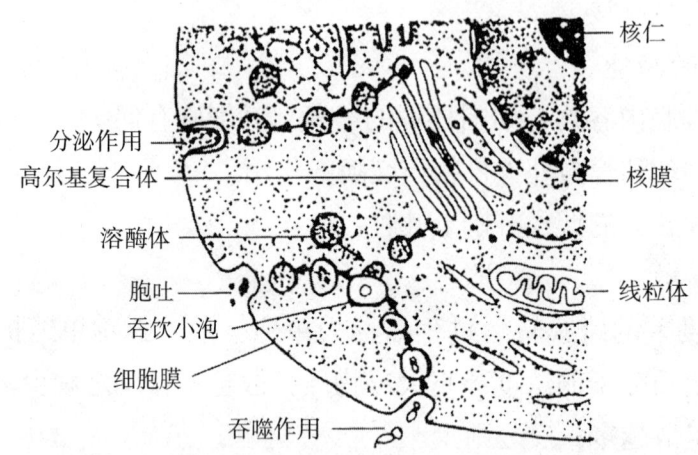

图1-1-3 细胞的入胞和出胞作用示意图

1）出胞：大分子或团块物质通过膜的运动，从膜内排到膜外的过程，称为出胞。如消化腺细胞分泌消化酶，以及内分泌细胞分泌激素等。在出胞过程中，细胞内形成的分泌囊泡，先向细胞膜移动、靠拢，然后发生膜的融合，并出现裂孔，于是囊泡内容物排出膜外。

2）入胞：大分子或团块物质通过膜的运动，从膜外进到膜内的过程，称为入胞。如白细胞吞噬异物或细菌时，细胞膜先伸出伪足，将物质包围起来，然后发生膜的融合和断裂，异物进入细胞内。固体物质入胞时，称吞噬；液体物质入胞时，称吞饮。

3. 细胞膜的受体功能

受体是指细胞膜或细胞内的一类特殊蛋白质，它们能选择性地与体液中的化学物质相结合，而产生一定的生理效应。受体按其存在的部位分为膜受体、胞浆受体和核受体。其中膜受体占大多数。凡是能与受体结合并产生生理效应的物质统称为配体，如激素、神经递质、药物等。受体的功能有二：一是识别和结合配体；二是转发信息，即受体一旦与配体结合便能引起细胞内一系列代谢反应和生理效应。

（二）细胞质

细胞质是指细胞膜与细胞核之间的物质，主要成分是水、蛋白质、糖、类脂质、无机盐等，为一种半透明的胶状溶液，其中悬浮着一些细胞器和包含物。细胞器是细胞进行功能活动时必不可少的基本结构，如线粒体、高尔基复合体、溶酶体和中心体等。包含物是细胞内暂时贮存的营养物质和代谢产物，如糖原、脂滴和色素颗粒等。线粒体呈颗粒状或粗线状，是细胞的"供能中心"。高尔基复合体呈块状或网状，分布在核的周围或一侧，它的功能是对细胞的产品进行加工、包装、运输并排到细胞外，还可参与细胞分泌活动。溶酶体呈球形小泡，内含多种酸性水解酶，能分解蛋白质、脂类、糖类等物质。中心体由一团特殊的胞浆包绕着中心粒而组成，其功能与细胞分裂有关。

（三）细胞核

大多数细胞只有一个细胞核，也有两个的，如肝细胞可有 2 个细胞核。还可有多个，如骨髓成骨细胞约有 100 个。细胞核的大小不等，多为圆形或椭圆形，少数呈杆状或分叶状等。大多位于细胞的中央，也有在细胞的一端和边缘。细胞核由核膜、核仁、染色质及核液等构成。

1. 核膜

核膜是核表面的一层薄膜，功能是把细胞核与细胞质分开，并具有选择性渗透作用。

2. 核仁

核仁为核内的球状小体，化学成分是核糖核酸及碱性蛋白质。核仁的大小与细胞内核蛋白体的形成与蛋白质的合成的多少有着明显的直接关系。其功能是形成 RNA。

3. 染色质和染色体

染色质和染色体是同一物质在细胞的不同时期的两种表现，细胞核内组成染色质的物质是 DNA、组蛋白以及其他蛋白质。在染色标本上，可见核内有被碱性染料着色的小块，称为染色质。当细胞分裂时，染色质进一步盘旋卷曲经纵向、横向反复折叠而形成染色体。人的染色体有 23 对，其中 22 对常染色体，1 对性染色体。性染色体又分为 X 和 Y，与性别有关，男性为 XY，女性为 XX。

DNA 能自我复制并能控制细胞内的蛋白质的合成，是细胞的重要遗传物质。

4. 核液

核液为透明的胶状物质，其化学成分为水、酶、氨基酸和脂类等。

第二节 基本组织

人体的基本组织有四种：上皮组织、结缔组织、肌肉组织、神经组织。

一、上皮组织

（一）上皮组织的一般特征

上皮组织由密集排列的细胞组成。细胞间质较少，呈膜状被覆在人体的表面或衬贴在体腔和管腔的内表面。基底面附着于基膜，并借此膜与深部结缔组织相连。上皮内神经末梢丰富，感觉敏锐，但无血管，其营养物质来自结缔组织中的组织液。并具有保护、分泌、吸收、排泄和感觉等功能。

（二）上皮组织的分类

上皮可分为被覆上皮和腺上皮两类：

1. 被覆上皮

排列成膜状，广泛被覆于身体的表面及衬贴于体内各管、腔、囊的内面及某些器官的表面。按上皮细胞的形态和排列层次，可分为下列主要类型。

（1）单层扁平上皮

单层扁平上皮（图 1-2-1）为一层扁平如鱼鳞状的细胞，核为扁圆形，从侧面观，细胞扁薄。衬贴在心脏和血管的内面的单层扁平上皮称为内皮，表面光

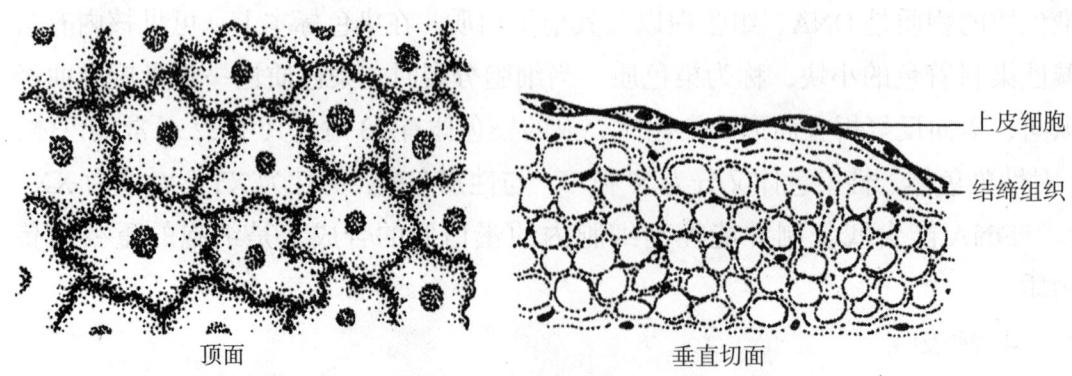

图 1-2-1 单层扁平上皮

滑,可减少血液或淋巴液流动的阻力,又因内皮很薄,以利于物质交换;衬贴在胸膜、腹膜和浆膜心包表面的单层扁平上皮称为间皮,由于表面光滑,便于器官活动,可减少摩擦。

（2）单层立方上皮

单层立方上皮（图1-2-2）为一层短柱状的细胞,从侧面观,细胞近似方形,核为球形。此种上皮分布于肾小管和甲状腺滤泡等处,具有吸收和分泌的功能。

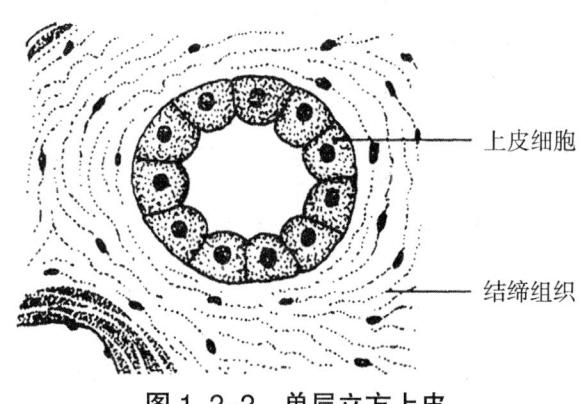

图1-2-2 单层立方上皮

（3）单层柱状上皮

单层柱状上皮（图1-2-3）为一层高柱状细胞,从侧面看,细胞为长方形,核为椭圆形。此种上皮分布于胃、肠和子宫等黏膜处,具有吸收和分泌的功能。

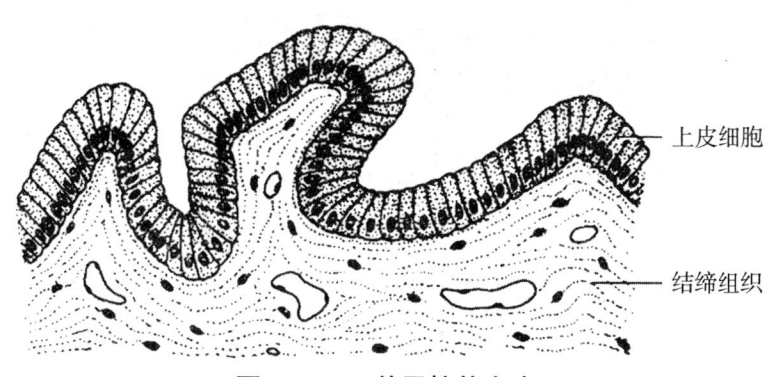

图1-2-3 单层柱状上皮

（4）假复层纤毛柱状上皮

假复层纤毛柱状上皮（图1-2-4）由一层形状不同、高低不等的细胞组成。各种细胞基底部均排列在同一基膜上,但核的位置却高低不一。在切片上形似多层细胞，而实际上是一层细胞，这种上皮的游离面还有纤毛，故称为假复层纤毛柱状上皮，此上皮多分布在呼吸道的黏膜。在机体内纤毛不断地有规律地向喉部摆动，以助于分泌物等向体外排出。

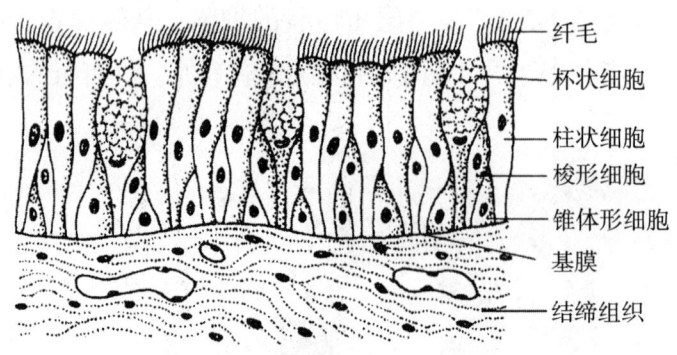

图1-2-4　假复层纤毛柱状上皮

（5）复层扁平（鳞状）上皮

复层扁平（鳞状）上皮（图1-2-5）由许多层细胞组成。表面细胞为扁平形，中层细胞为多边形，深层细胞为立方形或柱状。深层细胞不断分裂增生，产生的细胞逐渐向表面推移，以补充因衰老或损伤而脱落的表面细胞。复层扁平上皮分布于表皮、食管或阴道等处。皮肤表层细胞有角化现象，具有抗摩擦、抗损伤及防护机械、化学物质的刺激作用。

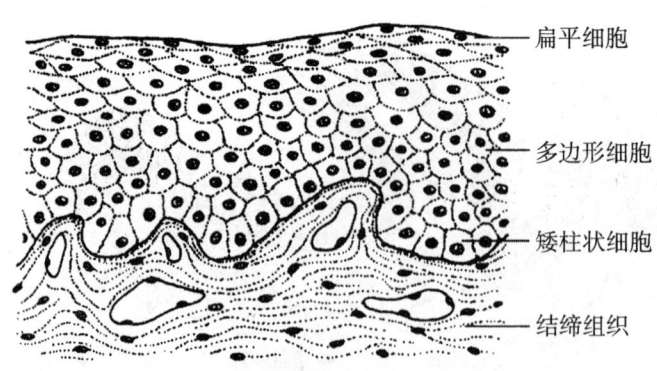

图1-2-5　复层扁平（鳞状）上皮

2.腺上皮

具有分泌功能的上皮称为腺上皮，以腺上皮作为主要结构的器官为腺体（图1-2-6）。腺体根据有无排泄管可分为两类。

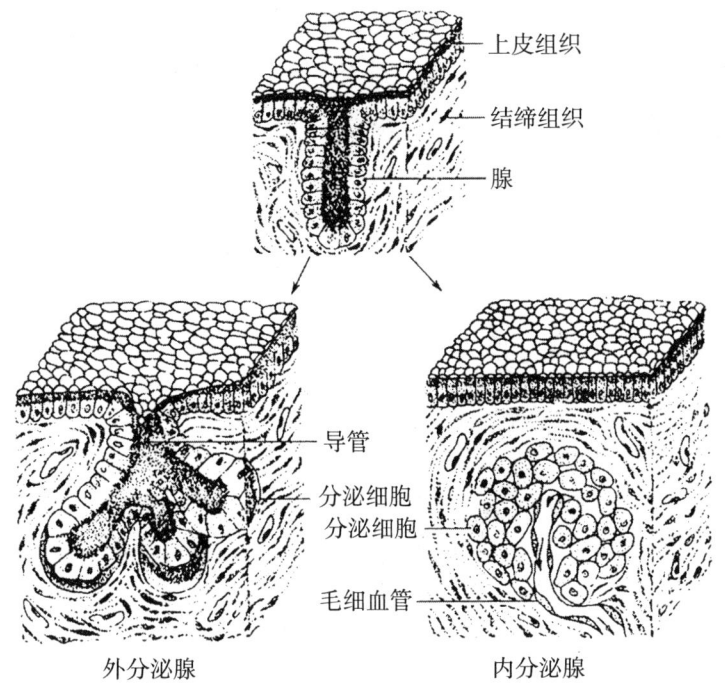

图 1-2-6 腺上皮及腺体

（1）外分泌腺

由分泌部和导管组成，其分泌物经导管输送到体表或器官内腔，如汗腺、唾液腺等。

（2）内分泌腺

腺细胞排列呈团块或泡状，无导管。腺细胞的分泌物直接渗入血液或淋巴，进而运到全身各处，以调节细胞和器官的功能活动，如甲状腺和肾上腺等。

二、结缔组织

结缔组织由细胞和大量细胞间质构成。其中细胞数量较少，分布稀疏；细胞间质较多，有基质和纤维两种成分。人体的结缔组织包括疏松结缔组织、致密结缔组织、网状组织、脂肪组织、软骨组织、骨组织以及血液和淋巴等。结缔组织分布广泛，功能多样，主要功能是连接、支持、营养、保护、防御和修复。

（一）疏松结缔组织

疏松结缔组织（图 1-2-7）是一种柔软并具有弹性和韧性的组织，在人体内分布很广，充填在组织或器官之间，形成各种器官的支架，有支持、营养、连接、防御、保护和修复等作用。疏松结缔组织由细胞、纤维和基质组成。细胞分散，纤维排列疏松且不规则，如蜂窝状，故又称为蜂窝组织。

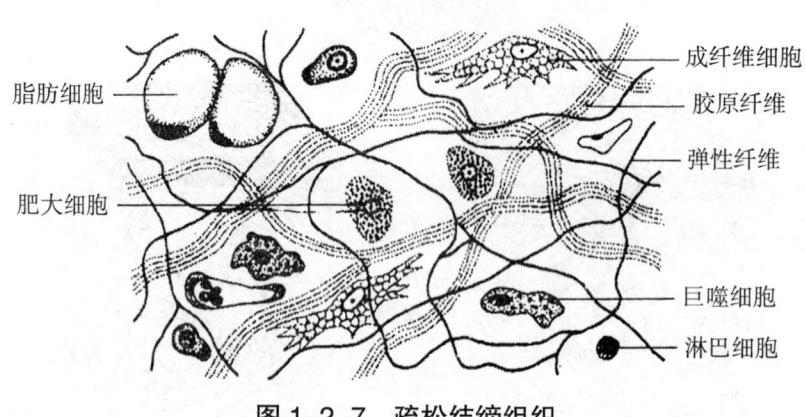

图 1-2-7　疏松结缔组织

（二）致密结缔组织

致密结缔组织（图 1-2-8）特点是：细胞少、纤维多、排列紧密，并按一定方式集结成束，如真皮、肌腱和韧带等，有坚强的连接作用。

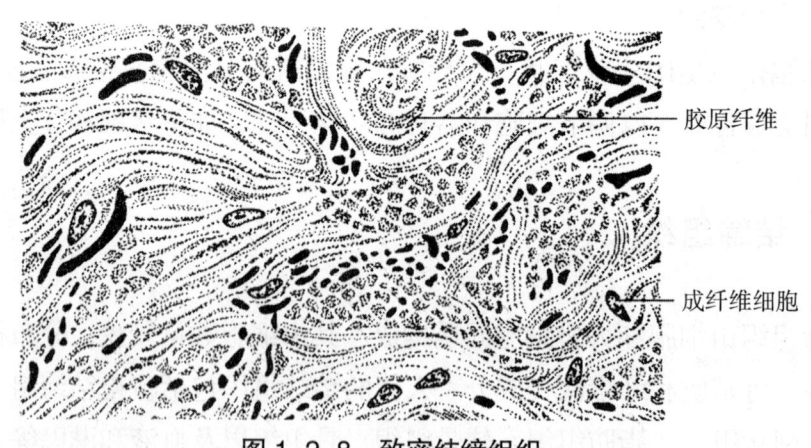

图 1-2-8　致密结缔组织

（三）脂肪组织

脂肪组织（图 1-2-9）由大量的脂肪细胞聚集构成，并被疏松结缔组织分隔成许多脂肪小叶，该组织分布于浅筋膜、网膜和肠系膜等处。具有贮能、保温、缓冲、保护等功能，并参与脂类代谢。

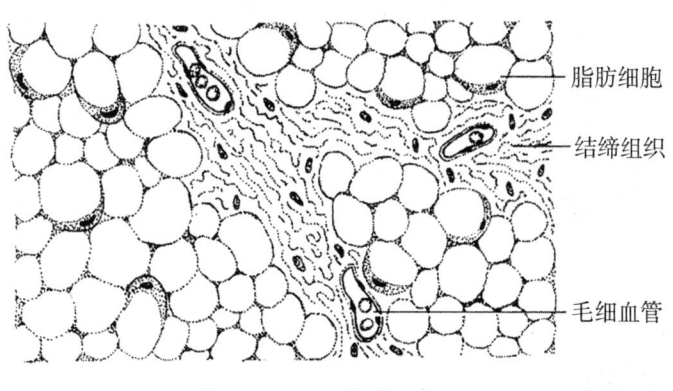

图1-2-9 脂肪组织

三、肌肉组织

肌组织主要由肌细胞组成，肌细胞一般细长，呈纤维状，又称为肌纤维。细胞间有少量结缔组织、血管、淋巴管和神经。肌细胞的细胞膜称为肌膜，胞质称为肌浆，肌细胞内有线粒体和肌原纤维等，后者是肌纤维进行舒缩运动的主要物质基础。肌组织包括平滑肌、心肌和骨骼肌。

（一）平滑肌

平滑肌主要由平滑肌细胞组成（图1-2-10）。平滑肌细胞呈梭形，中央有一椭圆形的细胞核，肌膜薄而不明显。平滑肌收缩缓慢而持久，不受意识支配，是不随意肌，而受内脏神经支配，分布于消化管、呼吸道、泌尿生殖管道及血管等。

（二）心肌

心肌主要由心肌细胞组成（图1-2-11）。心肌细胞呈圆柱形，有分支并吻合成网，核位于肌细胞中央，心肌细胞有横纹。在两心肌纤维的连接端有一横线，称为闰盘。心肌能够自动地有节律性收缩，不受意识控制，属于不随意肌，受内脏神经支配。

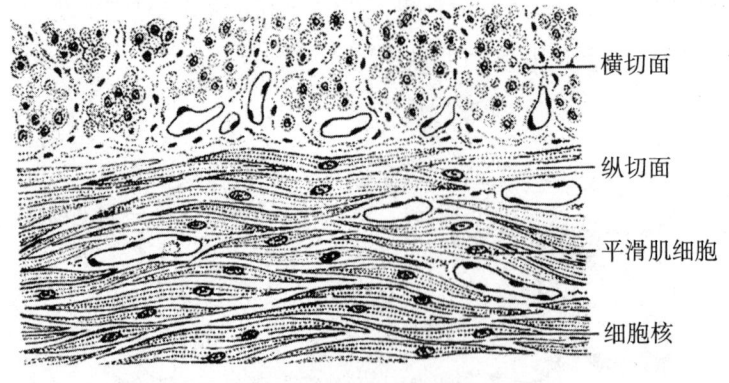

图 1-2-10 平滑肌

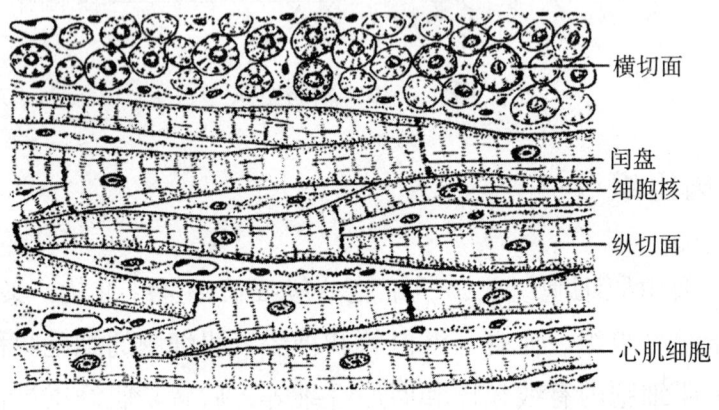

图 1-2-11 心肌

（三）骨骼肌

骨骼肌主要由骨骼肌细胞构成（图 1-2-12）。骨骼肌细胞呈长圆柱形，肌浆中含有丰富的肌原纤维和肌小管，骨骼肌细胞有横纹。受躯体神经支配，属于随意肌，分布于四肢、躯干及头部等处。此外，还分布于舌、咽、喉及食管上段等处。

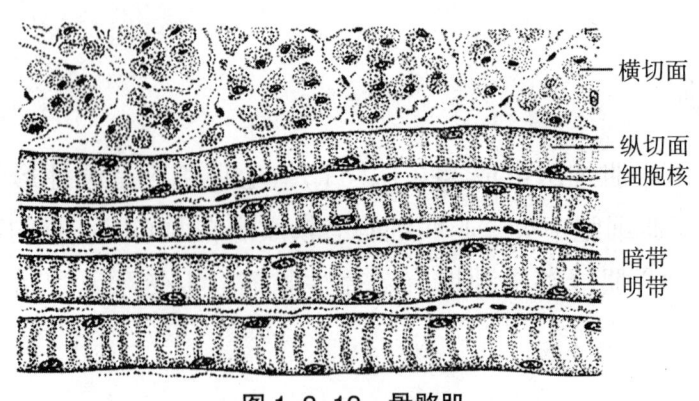

图 1-2-12 骨骼肌

四、神经组织

神经组织由神经细胞和神经胶质细胞构成。神经细胞又称神经元，具有接受刺激和传导冲动的功能。有的神经细胞还具有分泌功能。神经胶质细胞不能接受刺激和传导冲动，但对神经元起着支持、营养、绝缘和防御等作用。

（一）神经细胞

神经元（图1-2-13）是神经系统最基本的结构功能单位，具有感受刺激和传导神经冲动的作用。

1. 神经元的形态结构

它是由细胞体和突起组成。

（1）细胞体

细胞体呈球形或星形。胞质内除含有一般神经器外，还有尼氏体和神经原纤维。尼氏体是核外染色质，呈颗粒状或块状，与神经细胞合成蛋白质有密切关系。神经原纤维是细胞质的细丝状结构，与细胞体内化学递质的运输有关。

（2）突起

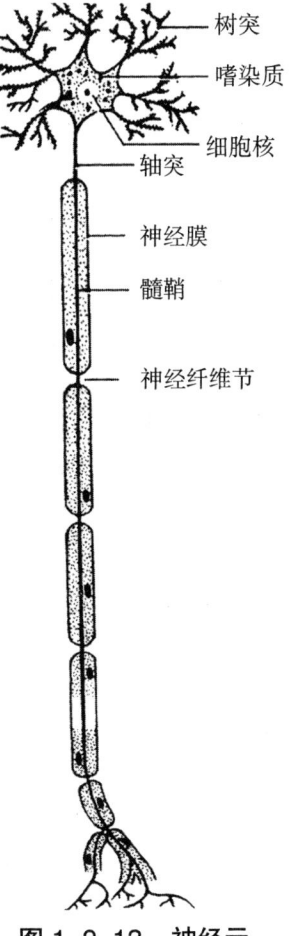

图1-2-13 神经元

突起是细胞体延伸的细长部分，可分为树突和轴突两种。

1）树突：每个神经元可以有一个或多个，一般较短，分支较多，具有接受刺激并将神经冲动传向细胞体的功能。

2）轴突：每个神经元只有一个，一般较细长，分支少，它把冲动传送到另一个神经元、肌肉或腺体。

2. 神经元的分类

最常用的有两种分类法：一是按突起的数量分为假单极神经元、双极神经元和多极神经元（图1-2-14）；二是根据神经元的功能分为感觉神经元、运动神经元和中间神经元。

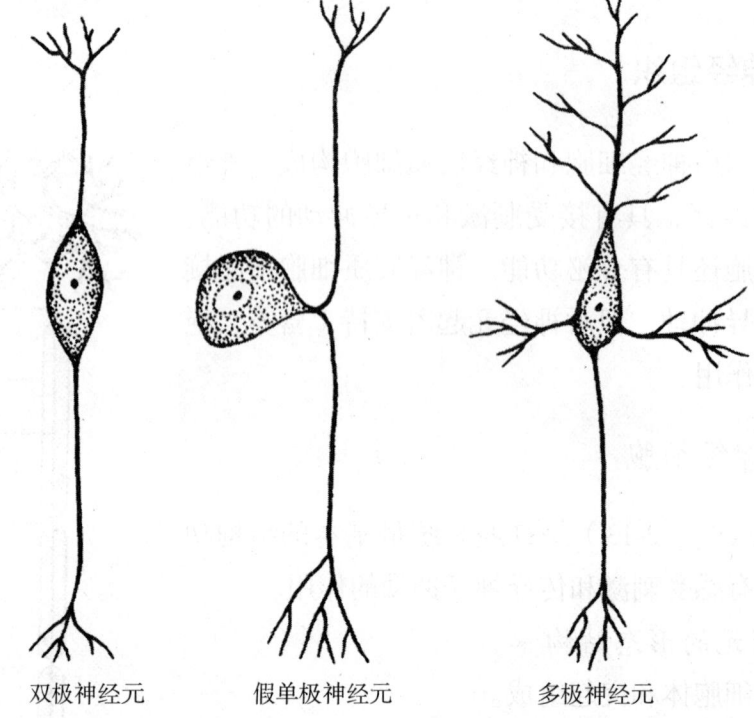

双极神经元　　　假单极神经元　　　多极神经元

图 1-2-14　神经元形态分类图

3. 神经纤维

神经纤维由神经元的轴突（或长的树突）及其外围的神经胶质细胞所组成。根据神经纤维有无髓鞘将其分为两种：若被髓鞘和神经膜共同包裹称为有髓神经纤维，而仅被神经膜所包裹则为无髓纤维。

4. 突触

一个神经元与另一个神经元之间的连接装置被称为突触，它是神经冲动定向传导的主要结构。

一个神经元的轴突分出许多小支，小支的末梢脱掉髓鞘后梢膨大呈球形，称为突触小体，紧贴在另一个神经元的胞体或树突表面形成突触。突触接触部位由两层细胞膜隔开，突触小体的细胞膜称为突触前膜，其对面胞体或树突的细胞膜称为突触后膜，两膜之间的缝隙称为突触间隙，突触小体内含有大量的囊泡和线粒体。

一个神经元的轴突末梢可反复分出许多分支与多个神经元胞体或树突形成突触。因此，一个神经元可通过突触影响多个神经元的活动，同时一个神经元的胞体或树突可接受许多神经元的影响。

5. 神经末梢

神经末梢是神经纤维的末端在各组织和器官内形成的特殊结构，可分为：

（1）感觉神经末梢

由感觉神经元周围突的末梢形成，分布在皮肤、内脏和肌肉等处，可感受冷热、疼痛、触觉等刺激，并将刺激变为神经冲动传入中枢。

（2）运动神经末梢

由运动神经元轴突的末梢组成。按其分布的部位不同分为躯体运动神经末梢和内脏运动神经末梢。前者又称为运动终板，神经冲动在此以类似于突触传递的方式激活肌纤维而产生收缩。

6. 神经—肌肉接头处兴奋

人体骨骼肌的收缩是在中枢神经系统的控制下进行的。中枢神经系统的兴奋，通过躯体运动神经，传到骨骼肌，引起骨骼肌的收缩。运动神经末梢与骨骼肌之间的连接部位，称为神经—肌肉接头。它由接头前膜、接头后膜和接头间隙组成（图 1-2-15）。

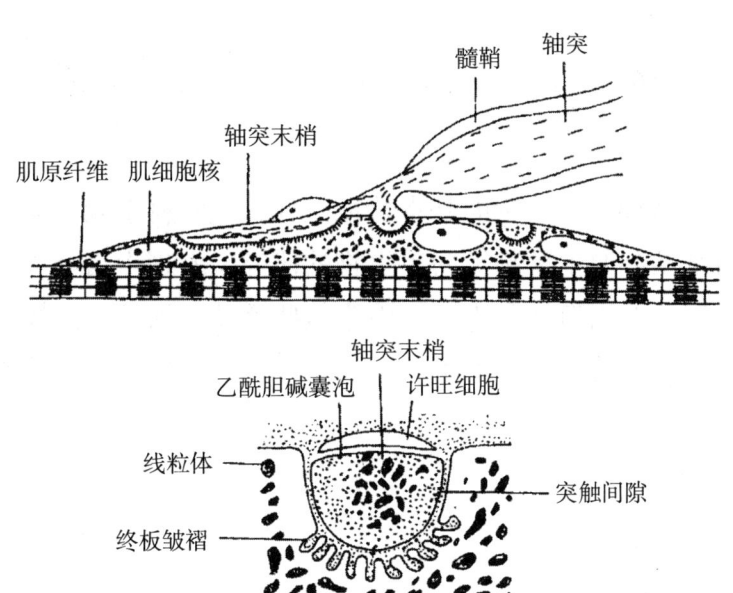

图 1-2-15　神经—肌肉接头超微结构示意图

运动神经的轴突在接近所支配的骨骼肌纤维时，失去髓鞘，并发出末端膨大的分支，嵌入到与之对应的肌纤维膜的凹陷中。在轴突末梢的轴浆中，含有许多线粒体和囊泡，囊泡内含有乙酰胆碱。与接头前膜对应的肌细胞膜，形成许多皱褶，构成接头后膜，又称终板膜。其上分布有乙酰胆碱受体。

当运动神经冲动传到轴突末梢时，接头前膜释放乙酰胆碱至接头间隙中，乙酰胆碱与接头后膜上受体相结合引起后膜兴奋。这样，兴奋便从神经传到了肌细胞。正常时一次神经冲动，神经—肌肉接头释放的乙酰胆碱量足以引起肌细胞兴奋而收缩，而且接头后膜上有活性很高的胆碱酯酶，能及时将乙酰胆碱降解而清除。因此，神经与肌肉之间的兴奋传递是一对一的。

某些药物，如美洲箭毒能与乙酰胆碱竞争受体，阻断接头的兴奋传递，使肌纤维失去收缩力。因而，美洲箭毒可作为肌肉松弛剂，有利于外科手术。有机磷农药和新斯的明对胆碱酯酶活性有抑制作用，可造成乙酰胆碱在接头大量积聚，引起肌肉痉挛性收缩（包括呼吸肌），严重时将危及生命。

（二）神经胶质细胞

神经胶质细胞也是多突细胞，但无树突和轴突之分，并且无传导神经冲动的功能，在神经组织内起支持和营养等作用。

第三节　生命活动的基本特征

生命现象有多种多样，它的基本特征是什么呢？科学家们通过对各种生物体，特别是对细菌和原生动物等简单生物的研究，发现生命至少包括三种基本活动，即新陈代谢、兴奋性和生殖。因为这些活动为活的生物体所特有，所以被认为是生命的基本特征。了解生命的基本特征，有助于对机体生命活动规律的理解。

一、新陈代谢

机体与其周围环境之间所进行的物质交换和能量转换的自我更新过程，称为新陈代谢。它包括合成代谢（同化作用）和分解代谢（异化作用）两个方面。合成代谢是指机体不断从外界环境中摄取营养物质来合成自身成分，并贮存能量的过程。分解代谢是指机体不断分解自身成分，释放能量供生命活动的需要，并将废物排出体外的过程。物质的合成和分解，称为物质代谢；伴随物质代谢而产生的能量贮存、转化、释放和利用的过程，称为能量代谢。物质代谢和能量代谢是新陈代谢同一过程的两个方面，是不可分割地联系在一起的。

新陈代谢是生命的最基本特征，也是机体与环境联系的基本方式。机体在新陈代谢的基础上表现出生长、发育、生殖、运动等一切生命活动。新陈代谢一旦停止，生命活动也就停止。

二、兴奋性

（一）兴奋性、刺激、反应的概念

兴奋性是指机体或组织对刺激发生反应的能力或特性。由于神经、肌肉和腺体兴奋性最高，它们的反应迅速，易被观察，故这些组织被称为"可兴奋组织"。能被机体或组织感受到的环境条件变化，称为刺激。刺激的种类很多，可分为化学刺激、物理刺激、生物刺激及社会因素形成的心理刺激。

机体或组织接受刺激后所出现的应答性变化，称为反应。反应有两种表现形式，即兴奋和抑制。接受刺激后，组织或机体由安静转为活动或活动由弱变强称为兴奋。接受刺激后，组织或机体活动由强变弱或由活动变为静止称为抑制。

一种刺激作用于组织究竟引起兴奋还是抑制，取决于刺激的质和量以及组织当时的功能状态。同样的刺激，由于刺激的强度不同，反应有所不同。例如，中等强度的疼痛刺激可以引起兴奋，表现为心跳加强、呼吸加快、血压升高等；但剧烈的疼痛反而引起抑制，表现为心跳减慢减弱，呼吸变慢，血压下降，甚至意识丧失。同样的刺激，由于机体功能状态不同，引起的反应也不一样。例如，饥饿和饱食的人，对食物的反应是不同的。

（二）刺激与反应的关系

刺激是原因，反应是结果。但是刺激必须作用于有兴奋性的组织才能引起反应。刺激作用于组织细胞时，必须有一定的持续时间并达到一定的强度，才能引起反应。在一定的作用时间下，引起组织发生反应的最小刺激强度，称为阈强度（阈值）。阈强度的刺激称为阈刺激。小于阈强度的刺激称为阈下刺激，大于阈强度的刺激称为阈上刺激。阈值的大小可反映组织兴奋性的高低，阈值越小，说明组织兴奋性越高，阈值越大，组织兴奋性越低。可见，组织的兴奋性与阈值呈反比关系。

三、生殖

生物体生长发育到一定阶段后，能够产生与自己相似的子代个体，这种功能称为生殖或自我复制。任何生物个体的寿命都是有限的，必然要衰老、死亡。一切生物都是通过产生新个体来延续种系的，所以生殖也是生命活动的基本特征之一。

第二章 运动系统

运动系统包括骨、骨连结和骨骼肌三部分。它们在神经系统的支配下对身体起着运动、支持和保护的作用。运动系统约占成人体重的60%。

骨与骨之间的连接装置，称骨连结。全身各骨通过骨连结构成骨骼。附于骨骼上的肌称骨骼肌。肌收缩时，牵引骨改变位置和角度，产生运动。在运动过程中，骨起杠杆作用，骨连结是运动的枢纽，骨骼肌为运动的动力器官。此外，骨骼还是人体的支架，它与肌共同赋予人体的基本外形，并构成体腔（如颅腔、胸腔、腹腔和盆腔等）的壁，以保护脑、心、肺、脾、肝等器官。

在体表能看到或摸到的肌或骨的隆起及凹陷等，临床上常用来确定内脏器官、血管和神经的位置，以及确定针灸和按摩取穴的部位，分别被称为肌性标志或骨性标志。

第一节 骨 学

一、骨学总论

骨是人体重要的器官之一，主要由骨组织（骨细胞、胶原纤维和基质）构成，具有一定形态和构造，外被骨膜，内容骨髓，含有丰富的血管、淋巴管及神经；具有一定的功能，能不断进行新陈代谢和生长发育，并有修复、再生和改建的能力。骨基质中有大量钙盐和磷酸盐沉积，是钙、磷的储存库，参与体内钙、磷代谢。骨髓具有造血功能。

(一) 骨的分类

成人有 206 块骨 (图 2-1-1), 可分为颅骨、躯干骨和四肢骨 3 部分。按形态, 骨可分为 4 类:

1. 长骨

呈长管状, 分布于四肢。可分为一体两端, 体又称骨干, 内有空腔称髓腔, 容纳骨髓。体表面有 1~2 个血管出入的孔, 称滋养孔。两端膨大称骺, 有一光滑的关节面与相邻关节面构成关节。骨干与骺相邻的部分称干骺端, 幼年时保留一片软骨, 称骺软骨, 骺软骨细胞不断分裂繁殖和骨化, 使骨不断加长。成年后, 骺软骨骨化, 骨干与骺融为一体, 其间遗留一骺线。

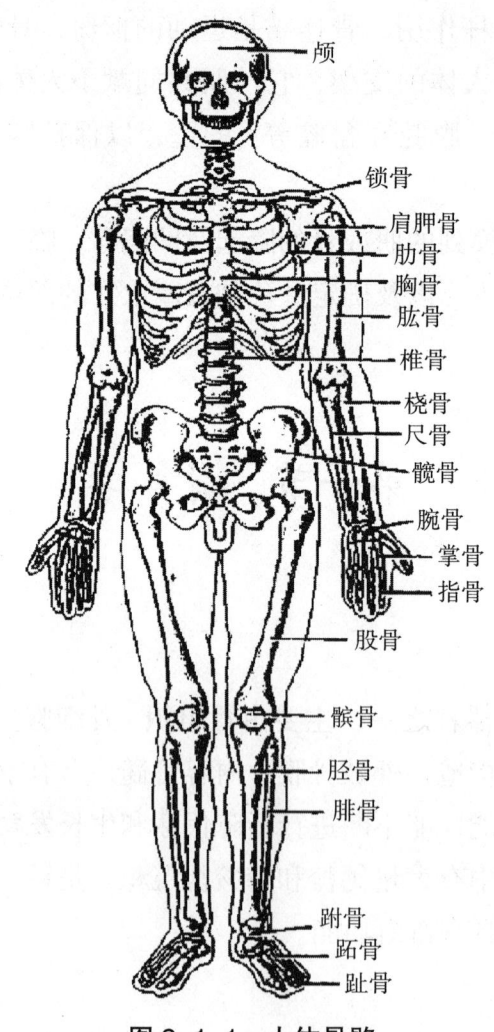

图 2-1-1 人体骨骼

2. 短骨
形似立方体，多成群分布于连结牢固且较灵活的部位，如腕骨和跗骨。

3. 扁骨
呈板状，主要构成围成重要脏器的腔壁，起保护作用，如颅盖骨和肋骨。

4. 不规则骨
形状不规则，如椎骨。有些不规则骨内有腔洞，称含气骨，如上颌骨。发生在某些肌腱内的扁圆形小骨，称籽骨。如髌骨和第一跖骨头下的籽骨。

（二）骨的构造

1. 骨质
由骨组织构成，分密质和松质（图2-1-2）。骨密质质地致密，耐压性强，分布于骨的表面和长骨干。骨松质呈海绵状，由相互交织的骨小梁排列而成，配布于骨的内部。颅盖骨内外表层为密质，分别称外板和内板。内外板之间的松质，称板障。

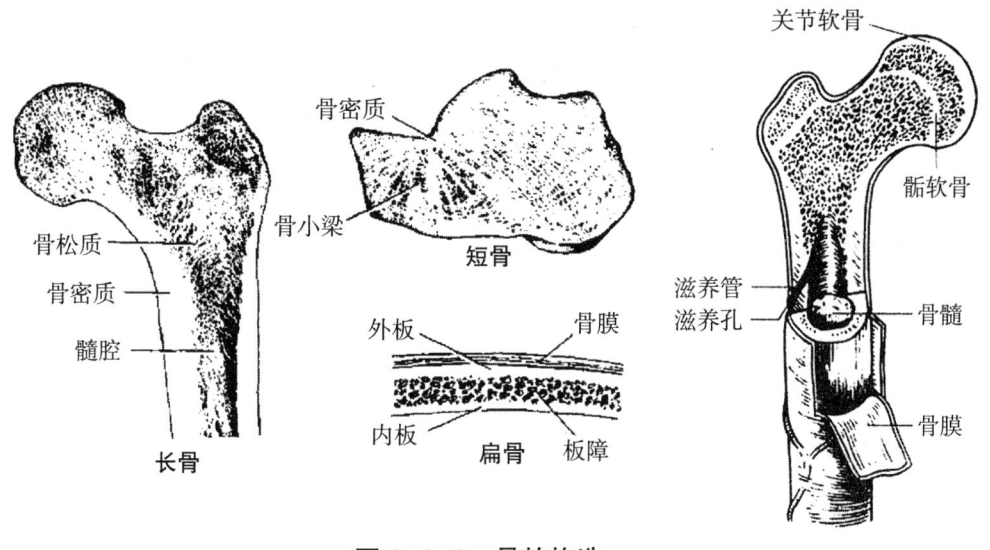

图 2-1-2　骨的构造

2. 骨膜
除关节面的部分外，新鲜骨的表面都覆有骨膜。骨膜由纤维结缔组织构成，含有丰富的神经和血管，对骨的营养、再生和感觉有重要作用。骨膜固着于骨面，内含有成骨细胞和破骨细胞，具有产生新骨质、破坏原骨质和重塑骨的功能，幼年期功能非常活跃促进骨的生长；成年时转为静止状态。但当骨发生损伤，如骨折，骨膜又重新恢复功能，参与骨折端的修复愈合。

3. 骨髓

充填于骨髓腔和骨松质间隙内。胎儿和幼儿的骨髓内含发育阶段不同的红细胞和某些白细胞，呈红色，称红骨髓，有造血功能。5岁以后，长骨骨干内的红骨髓逐渐被脂肪组织代替，呈黄色，称黄骨髓，失去造血活力。但在慢性失血过多或重度贫血时，黄骨髓可转化为红骨髓，恢复造血功能。而在各类骨松质，终生保留红骨髓，继续造血。

（三）骨的化学成分和物理性质

骨主要由有机质和无机质组成。有机质主要是骨胶原纤维束和粘多糖蛋白，构成骨的支架，赋予骨以弹性和韧性。无机质主要是碱性磷酸钙，使骨坚硬挺实。两种成分的比例，随年龄的增长而发生变化。幼儿时期骨的有机质和无机质各占一半，故弹性较大，柔软，易发生变形，在外力作用下不易骨折或折而不断，称青枝状骨折。成年人骨有机质和无机质的比例约为3∶7，最为合适，因而骨具有很大硬度和一定的弹性，较坚韧。老年人的骨无机质所占比例更大，但因激素水平下降，影响钙、磷的吸收和沉积，此时脆性较大，易发生骨折。

二、骨学各论

（一）躯干骨

躯干骨包括24块椎骨、1块骶骨、1块尾骨、1块胸骨和12对肋骨。它们分别参与脊柱、骨性胸廓和骨盆的构成。

1. 椎骨

幼年时包括颈椎7块，胸椎12块，腰椎5块，骶椎5块，尾椎3~4块。成年后5块骶椎长合成骶骨，3~4块尾椎长合成尾骨1块。

（1）椎骨的一般形态

椎骨（图2-1-3）由前方的椎体和后方板状的椎弓组成。

椎体位于椎骨前部，呈短圆柱形是椎骨负重的主要部分，内部充满骨松质，表面的骨密质较薄，椎弓位于椎体的后方，为弓形骨板，与椎体共同围成

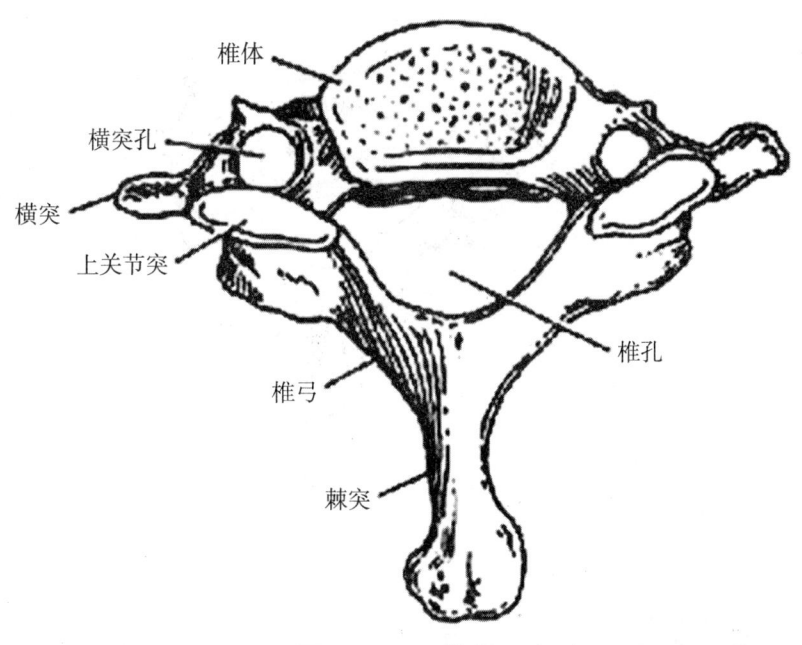

图 2-1-3 椎骨

椎孔。全部椎骨的椎孔贯通，构成容纳脊髓的椎管。椎弓连接椎体的部分缩窄，称椎弓根。根的上、下缘各有一切迹，分别称为椎上、椎下切迹。相邻椎骨的上、下切迹共同围成椎间孔，有脊神经和血管通过。每个椎弓伸出7个突起：①棘突1个，伸向后方或后下方，尖端可在体表扪到。②横突1对，伸向两侧。③关节突2对，分别向上、下方突起，即上关节突和下关节突，相邻关节突构成关节突关节。

（2）各部椎骨的主要特征

1）颈椎（图2-1-4）：椎体较小。横突有一圆孔，称横突孔，有椎动脉和椎静脉通过。

第1颈椎又名寰椎（图2-1-5），呈环状，无椎体、棘突和关节突，由前弓、后弓及侧块组成。前弓较短，后面正中有齿突凹，与枢椎的齿突相关节。侧块上面各有一椭圆形关节面，与枕髁相关节；下面有圆形关节面与枢椎上关节面相关节。

第2颈椎又名枢椎（图2-1-6），椎体向上伸出齿突，与寰椎齿突凹相关节。

第7颈椎又名隆椎（图2-1-7），棘突特长，体表易于触及，常作为计数椎骨序数的标志。

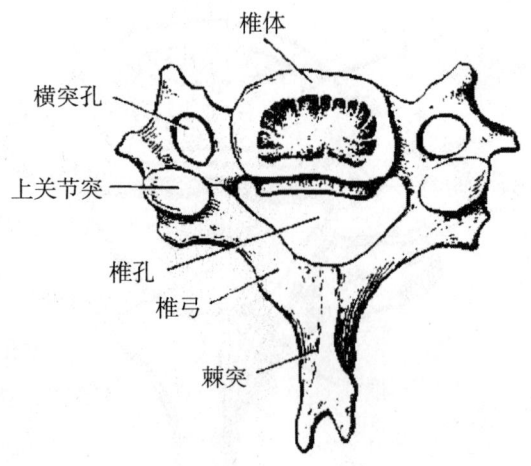

图 2-1-4 颈椎

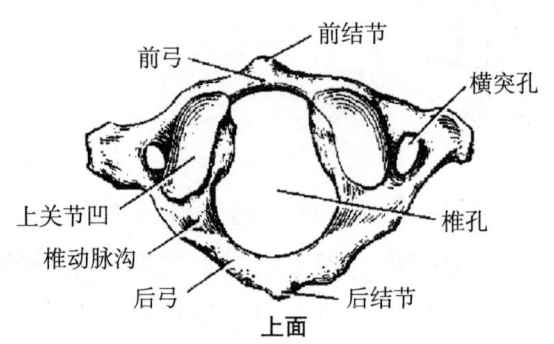
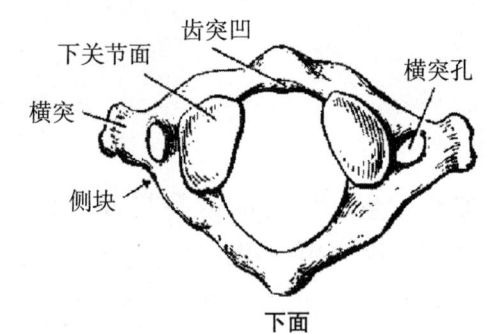

图 2-1-5 寰椎

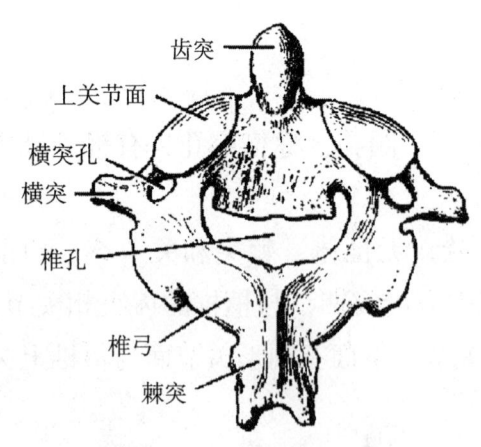
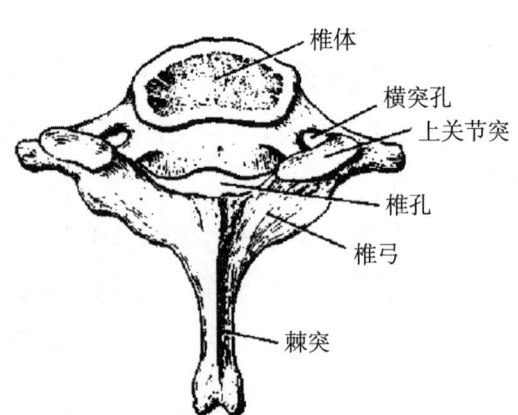

图 2-1-6 枢椎（上面）　　　　图 2-1-7 隆椎（上面）

2）胸椎（图 2-1-8）：椎体两侧面上、下缘分别有上、下肋凹，与肋头相关节。横突末端前面有横突肋凹与肋结节相关节。棘突较长，向后下方倾斜，呈叠瓦状排列。

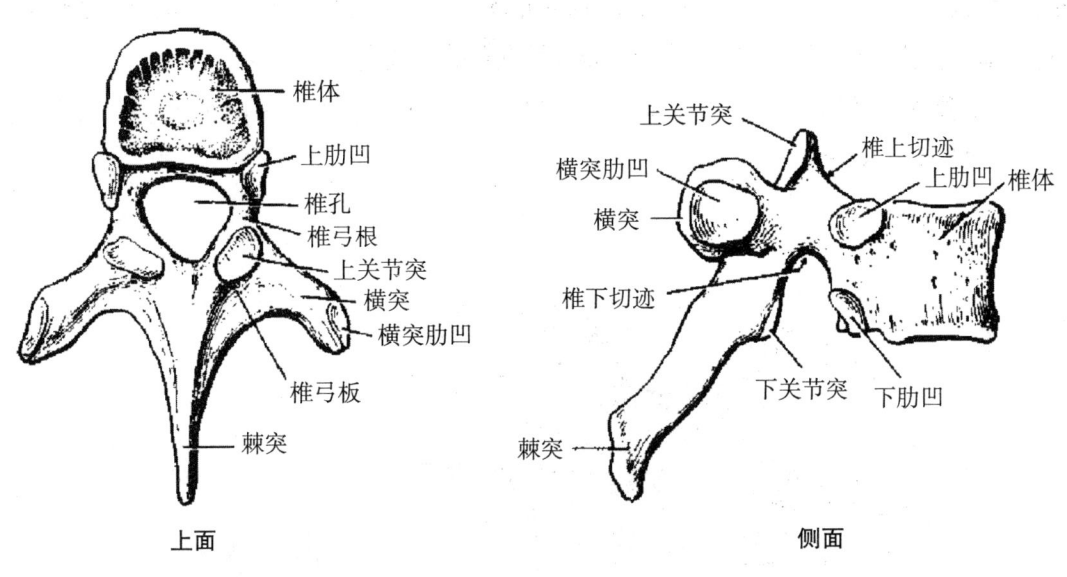

图 2-1-8　胸椎

3）腰椎（图 2-1-9）：椎体粗壮，棘突宽而短，呈长方形板状，水平后伸。各棘突的间隙较宽，临床上可在此处作腰椎穿刺术。

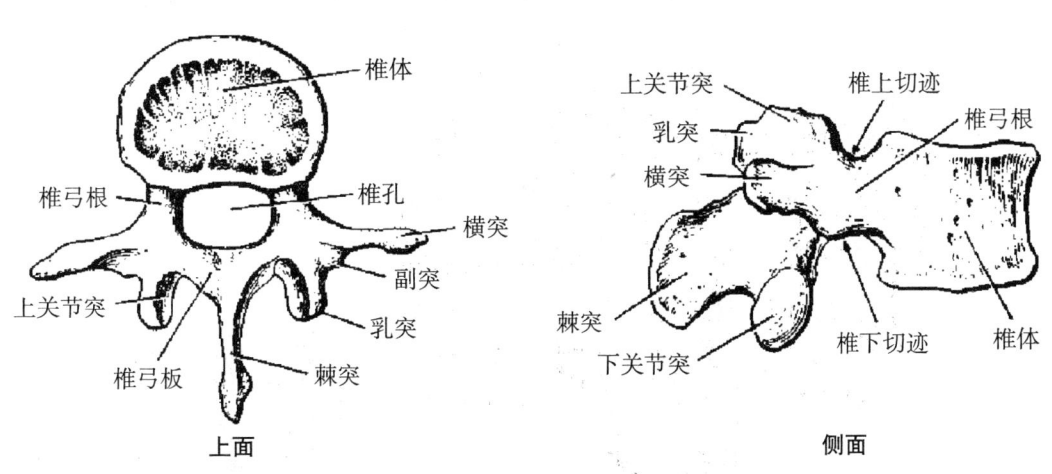

图 2-1-9　腰椎

4）骶骨（图2-1-10、2-1-11）：由5块骶椎融合而成，呈三角形。底向上，尖向下，盆面（前面）凹陷。底前缘中份向前隆凸，称岬。中线两端有4对骶前孔。背面粗糙隆凸，正中线上有骶正中嵴，嵴外侧有4对骶后孔。骶前、后孔均与骶管相通，有骶神经前后支通过。骶管上连椎管，下端的裂孔称骶管裂孔，裂孔两侧有向下突出的骶角，骶管麻醉常以骶角作为标志。骶骨外侧部上宽下窄，上份有耳状面与髂骨的耳状面构成骶髂关节。

5）尾骨（图2-1-10、2-1-11）：由3～4块退化的尾椎长合而成。上接骶骨，下端游离为尾骨尖。

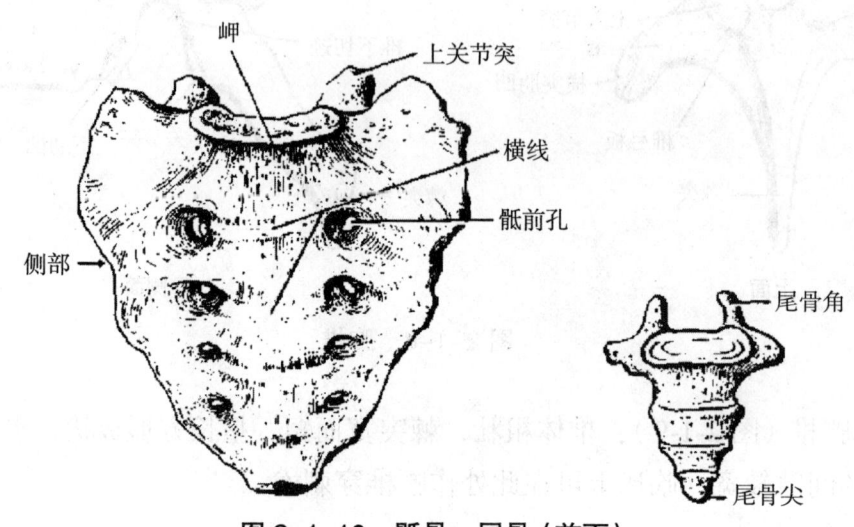

图2-1-10　骶骨、尾骨（前面）

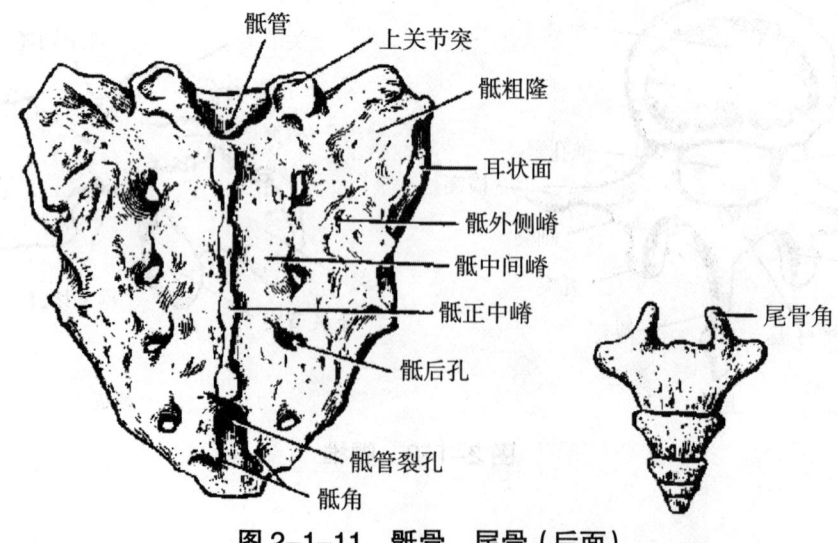

图2-1-11　骶骨、尾骨（后面）

2. 胸骨

胸骨（图2-1-12）属于扁骨，位于胸前壁正中。自上而下可分为胸骨柄、胸骨体和剑突三部分。胸骨柄上宽下窄，上缘中份为颈静脉切迹，两侧有锁切迹与锁骨相连结。柄外侧缘上份接第1肋。柄与体连接处微向前突，称胸骨角，可在体表扪及，两侧平对第2肋，是计数肋的重要标志。胸骨角向后平对第4胸椎体下缘。外侧缘接第2~7肋软骨。剑突扁而薄，下端游离。

3. 肋

肋由肋骨与肋软骨组成，共12对。

（1）肋骨

肋骨（图2-1-13）为细长弓状扁骨。分为前、后两端和中部的体。后端膨大，称肋头，有关节面与胸椎肋凹相关节。外侧稍细，称肋颈。颈外侧的粗糙突起，称肋结节，有关节面与相应胸椎的横突肋凹相关节。肋体长而扁，分内、外两面和上、下两缘。内面近下缘处有肋沟，有肋间神经、血管经过。前端稍宽，与肋软骨相接。

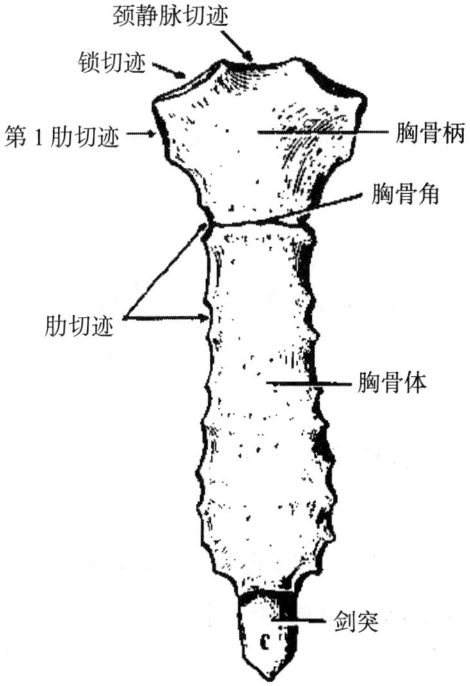

图 2-1-12　胸骨（前面） 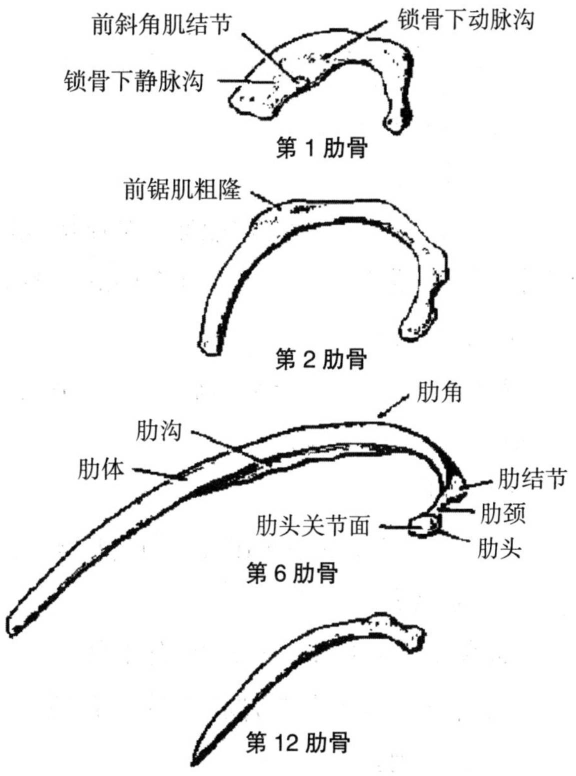　　　图 2-1-13　肋骨

（2）肋软骨

肋软骨位于各肋骨的前端，由透明软骨构成。

（二）颅

颅位于第一颈椎上方，由扁骨和不规则骨组成，共23块（中耳的3对听小骨未计入）。颅以眶上缘和外耳门上缘的连线为界，分为后上部的脑颅和前下部的面颅。

1. 脑颅骨

脑颅由8块组成。其中不成对的有额骨、筛骨、蝶骨和枕骨，成对的有颞骨和顶骨。它们构成颅腔。

（1）额骨

额骨，1块，位于颅的前上方，内含空腔称额窦。

（2）筛骨

筛骨，1块，为最脆弱的含气骨。位于颅底，在两眶之间，参与构成鼻腔上部、鼻腔外侧壁和鼻中隔。骨内含有许多含气的小空腔，称筛窦。

（3）蝶骨

蝶骨，1块，形似蝴蝶，居颅底中央。蝶骨体位于蝶骨的中央，其内的含气空腔，称为蝶窦。

（4）颞骨

颞骨，1对，形状不规则，参与构成颅底和颅腔侧壁。它参与构成颅底的部分，称为颞骨岩部，其内含有前庭蜗器。

（5）枕骨

枕骨，1块，位于颅的后下部，呈勺状。前下部有枕骨大孔。侧部下方有椭圆形关节面，称枕髁。

（6）顶骨

顶骨，1对，外隆内凹，呈四边形。位于颅顶中部，左右各一。

2. 面颅骨

面颅有15块骨。成对的有上颌骨、腭骨、颧骨、鼻骨、泪骨及下鼻甲，不成对的有犁骨、下颌骨和舌骨。面颅骨围成眶腔、鼻腔和口腔。

（1）下颌骨

下颌骨（图2-1-14），1块，为面颅骨最大者，分一体两支。下颌体为弓状

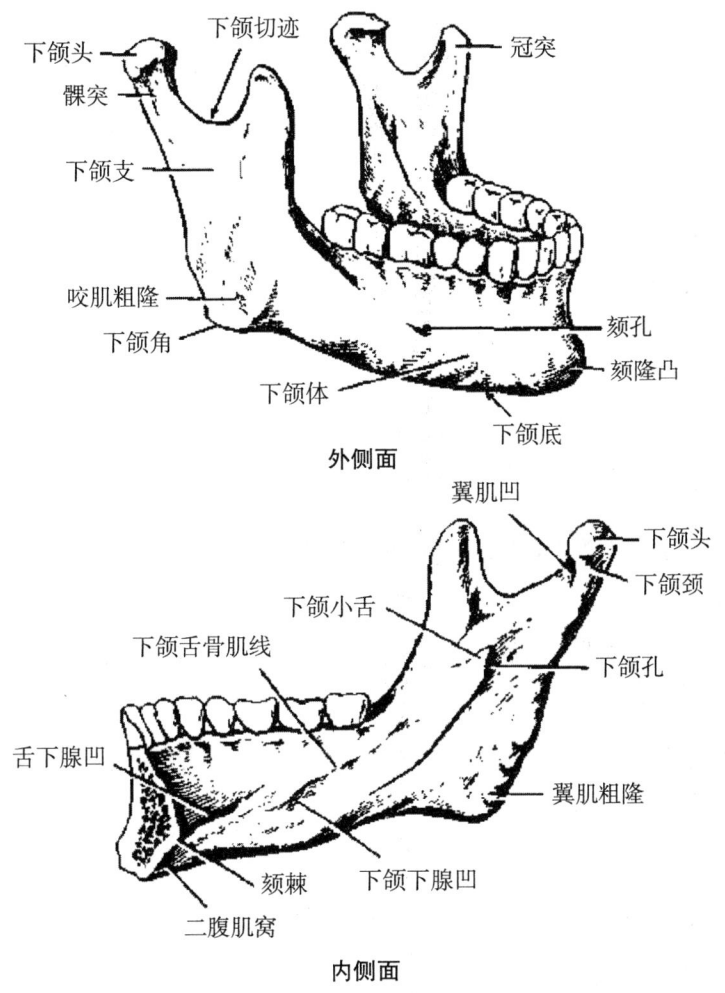

图 2-1-14 下颌骨

骨板，有上、下两缘及内、外两面。上缘构成牙槽弓，有容纳下牙根的牙槽。体前外侧面有颏孔。下颌支是由位于体后方上耸的方形骨板，上端有两个突起，前方的称冠突，后方的称髁突，髁突上端的膨大为下颌头，与下颌窝相关节。下颌支后缘与下颌骨下缘相交处，称下颌角。下颌支内面中央有下颌孔，由此孔通入下颌管，此管贯穿骨质，开口于颏孔。

（2）舌骨

舌骨，1块，居下颌骨下后方，呈马蹄铁形。中间部称体，向后外延伸的长突为大角，向上的短突为小角。大角和体都可在体表扪到。

（3）犁骨

犁骨，1块，为斜方形骨板，组成鼻中隔后下份。

（4）上颌骨

上颌骨，1对，构成颜面的中央部，几乎与全部面颅骨相接。骨内有一大含气腔，称为上颌窦。上颌骨下缘游离，有容纳上颌牙根的牙槽。

（5）腭骨

腭骨，1对，位于上颌骨后方。

（6）鼻骨

鼻骨，1对，为成对的长方形骨板。上窄下宽，构成鼻背的基础。

（7）泪骨

泪骨，1对，位于眶内侧壁的前份。

（8）下鼻甲

下鼻甲，1对，为薄而卷曲的骨板，附着于鼻腔外侧壁。

（9）颧骨

颧骨，1对，呈菱形，位于眶的外下方，形成面颊的骨性突起。

3. 颅的整体观

颅骨除下颌骨和舌骨外，借膜、软骨和骨牢固结合成为一体，没有活动。全颅的重要形态特征如下：

（1）颅顶面观

颅顶面观呈卵圆形，前窄后宽，光滑隆凸。顶骨中央最隆凸处，称顶结节。额骨与两侧顶骨连接构成冠状缝。两侧顶骨连接为矢状缝，两侧顶骨与枕骨连接成人字缝。

（2）颅后面观

颅后面观可见人字缝和枕部中央最突出的枕外隆凸。隆凸向两侧的弓形骨嵴称上项线。

（3）颅底内面观

颅底内面观（图2-1-15），颅底内面高低不平，呈阶梯状的窝，分别称颅前、中、后窝。窝中有很多孔、裂，大都与颅底外面相通。

1）颅前窝：中央为筛骨的筛板，上有许多筛孔，有嗅神经穿过。

2）颅中窝：中央是蝶骨体，上面有垂体窝，窝前外侧有视神经管，管的外侧为眶上裂，两者均通入眶。蝶骨体两侧，由前内向后外，依次有圆孔、卵圆孔和棘孔。

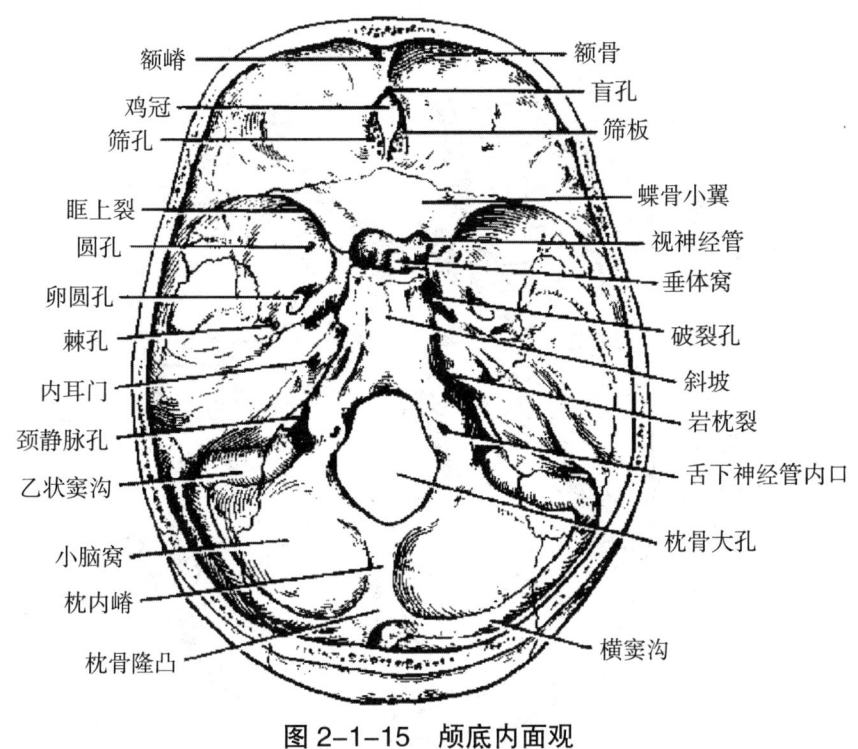

图 2-1-15 颅底内面观

3）颅后窝：窝中央有枕骨大孔，孔前上方的平坦斜面称斜坡。孔前外缘有舌下神经管内口，孔后上方有呈十字形的隆起，其交会处称枕内隆凸。由此向上的浅沟为上矢状窦沟，向两侧续于横窦沟，继转向前下内走行改称乙状窦沟，末端终于颈静脉孔。颞骨岩部后面有向前内的开口，即内耳门，通内耳道。

（4）颅底外面观

颅底外面观（图 2-1-16）：颅底外面高低不平。由前向后可见：由两侧牙槽突合成的牙槽弓和由上颌骨腭突与腭骨水平板构成的骨腭。骨腭上方被鼻中隔后缘（犁骨）分成左右两半的是鼻后孔。鼻后孔两侧的垂直骨板，即翼突内侧板。翼突外侧板根部后外方，可见较大的卵圆孔和较小的棘孔。鼻后孔后方中央可见枕骨大孔，孔两侧有椭圆形关节面，称枕髁。髁前外侧稍上有舌下神经管外口；枕髁外侧，枕骨与颞骨岩部交界处有一不规则的孔，称颈静脉孔，其前方的圆形孔，为颈动脉管外口。颈静脉孔的后外侧，有细长的茎突。颧弓根部后方有下颌窝，与下颌头相关节。窝前缘的隆起称关节结节。

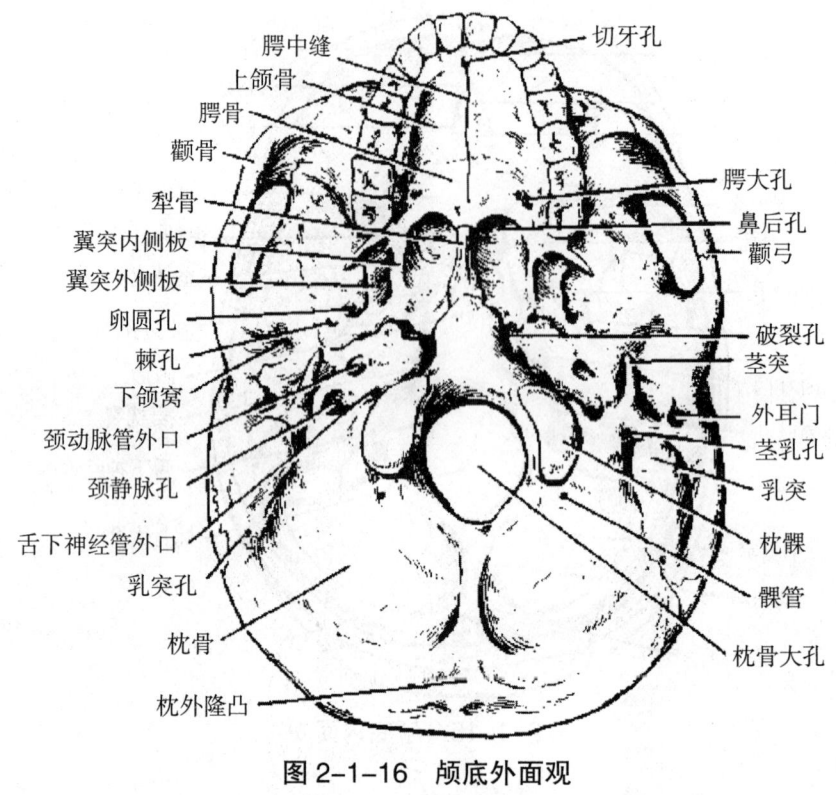

图 2-1-16 颅底外面观

(5) 颅侧面观

颅侧面观（图2-1-17），中部有外耳门，门后方为乳突，前方是颧弓，两者在体表均可摸到。颧弓将颅侧面分为上方的颞窝和下方的颞下窝。

(6) 颅前面观（图2-1-18）

1) 眶：为底朝前外，尖向后内的一对四棱锥形空腔，容纳眼球及附属结构。眶上缘中内1/3交界处有眶上孔或眶上切迹，眶下缘中份下方有眶下孔。尖端有视神经管，通入颅中窝。上壁与颅前窝相邻，前外侧有泪腺窝，容纳泪腺。内侧壁前下份有一长圆形泪囊窝，容纳泪囊。此窝向下经鼻泪管通鼻腔。

2) 骨性鼻腔（图2-1-19）：位于面颅中央，介于两眶和上颌骨之间，由骨性鼻中隔，将其分为左右两半。

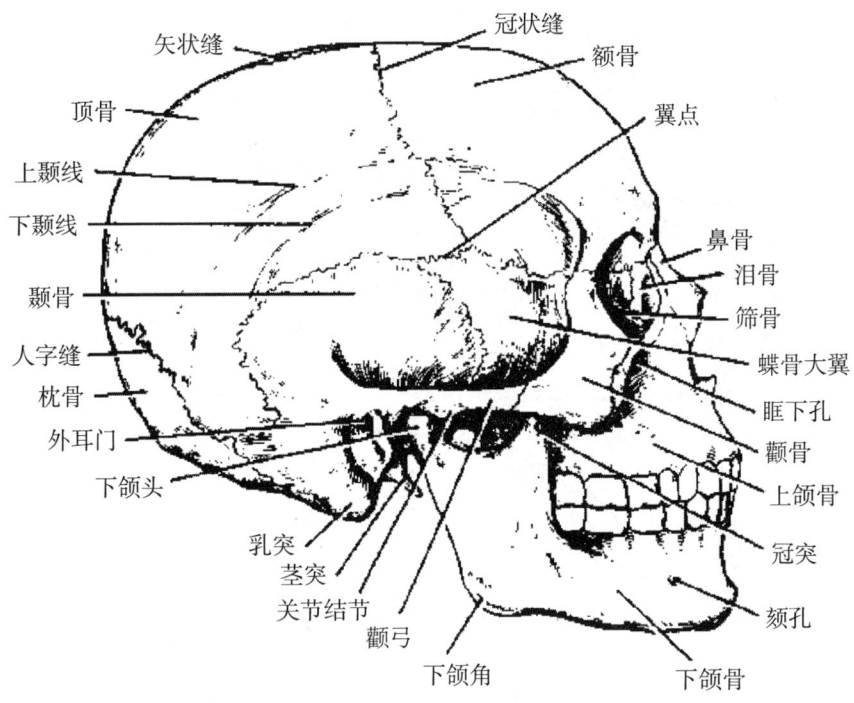

图 2-1-17　颅侧面观

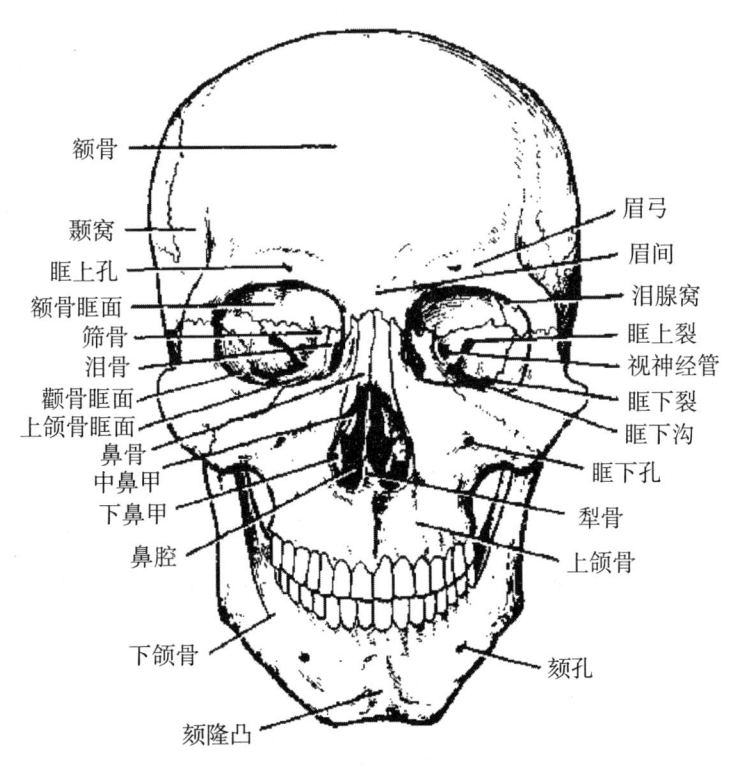

图 2-1-18　颅前面观

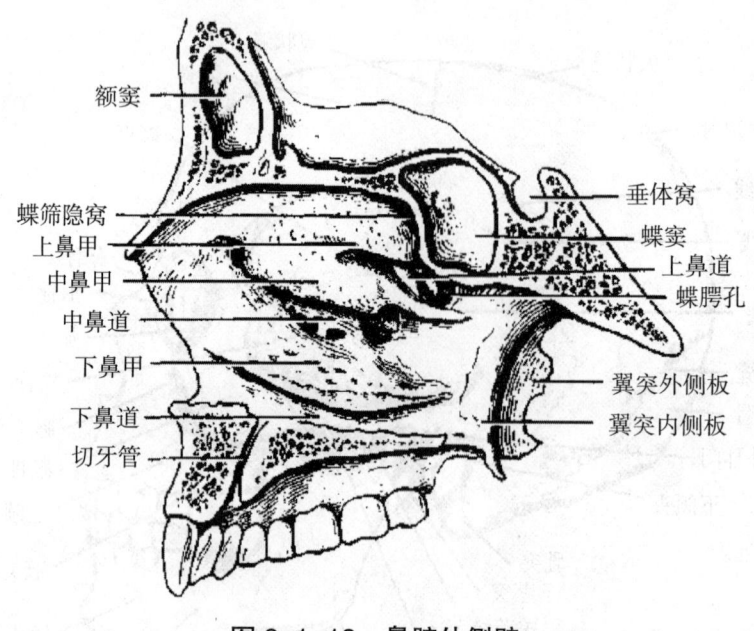

图 2-1-19 鼻腔外侧壁

鼻腔的顶主要由筛板构成，有筛孔通颅前窝。外侧壁由上而下有上、中、下三个鼻甲，每个鼻甲下方为相应的鼻道，分别称上、中、下鼻道。

3）鼻旁窦：位于鼻腔周围某些颅骨内的含气空腔，与鼻腔相通，称鼻旁窦。

①额窦：居眉弓深面，左右各一，窦口向后下，开口于中鼻道前部。

②筛窦：呈蜂窝状，分前、中、后三群，前、中群开口于中鼻道，后群开口于上鼻道。

③蝶窦：居蝶骨体内，被内板隔成左右两腔，多不对称，向前开口于蝶筛隐窝。

④上颌窦：最大，在上颌骨体内。开口通入中鼻道。窦口高于窦底，故窦内积液时直立体位不易引流。

4. 新生儿颅的特征及生后的变化

胎儿时期由于脑及感觉器官发育早，而咀嚼和呼吸器官，尤其是鼻旁窦尚不发达，所以，脑颅比面颅大得多。新生儿面颅（图2-1-20）占全颅的1/8，而成人为1/4。新生儿颅顶各骨尚未完全发育，骨缝间充满纤维组织膜，在多骨交接处，间隙的膜较大，称颅囟。颅囟主要有前囟（额囟），最大，呈菱形，位于矢状缝与冠状缝相接处。后囟（枕囟），位于矢状缝与人字缝会合处，呈三角形。前囟在生后1岁半左右闭合，其余各囟都在生后不久闭合。

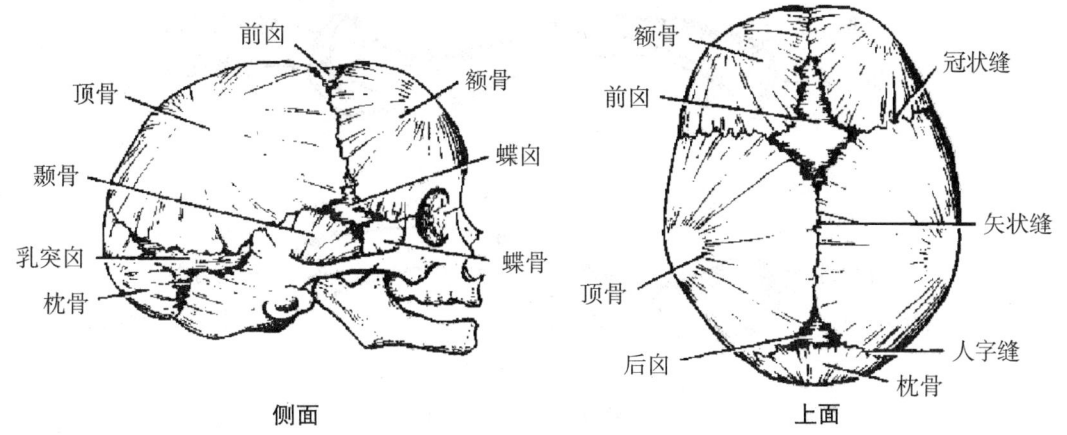

图 2-1-20 新生儿颅

（三）附肢骨骼

附肢骨包括上肢骨和下肢骨。上、下肢骨分别由肢带骨和自由肢骨组成。上、下肢骨的数目和排列方式基本相同。由于人体直立，上肢成为灵活的劳动器官。下肢起着支持和移位的作用。因而，上肢骨纤细轻巧，下肢骨粗大坚固。

1. 上肢骨

（1）上肢带骨

1）锁骨（图 2-1-21）呈"～"形弯曲，位于胸廓前上方两侧。内端粗大，为胸骨端，与胸骨柄相关节。外端扁平，为肩峰端，与肩胛骨肩峰相关节。锁骨全长可在体表扪到。锁骨将肩胛骨支撑于胸廓之外，以保证上肢的灵活运动。

2）肩胛骨（图 2-1-22）为三角形扁骨，贴于胸廓后外面，可分二面、三缘和三个角。前面与胸廓相对，为肩胛下窝。背侧面有一横嵴，称肩胛冈。冈上、下方分别称冈上窝和冈下窝。肩胛冈向外侧延伸的扁平突起，称肩峰，与锁骨外侧端相接。上缘外侧有向前的屈指状突起称喙突。上角平对第 2 肋。下角平对第 7 肋或第 7 肋间隙，为计数肋的标志。外侧角最肥厚，朝向外侧方的梨形浅窝，称关节盂，与肱骨头相关节。盂上、下方各有一粗糙隆起，分别称盂上结节和盂下结节。

肩胛冈、肩峰、肩胛骨下角及喙突都可在体表扪到。

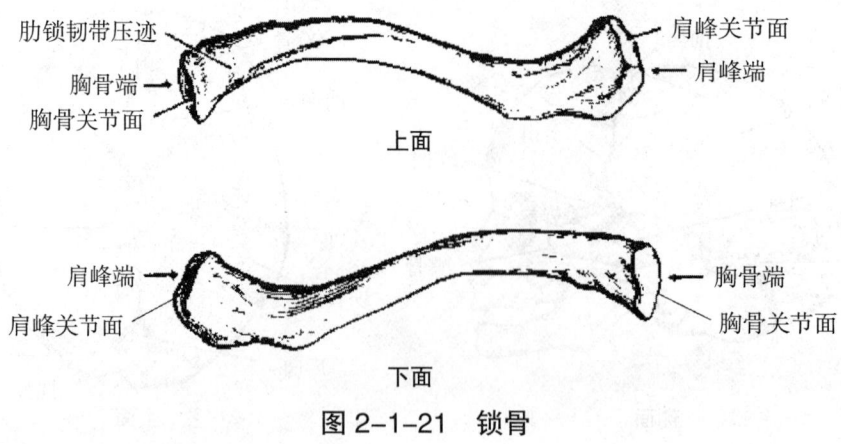

图 2-1-21 锁骨

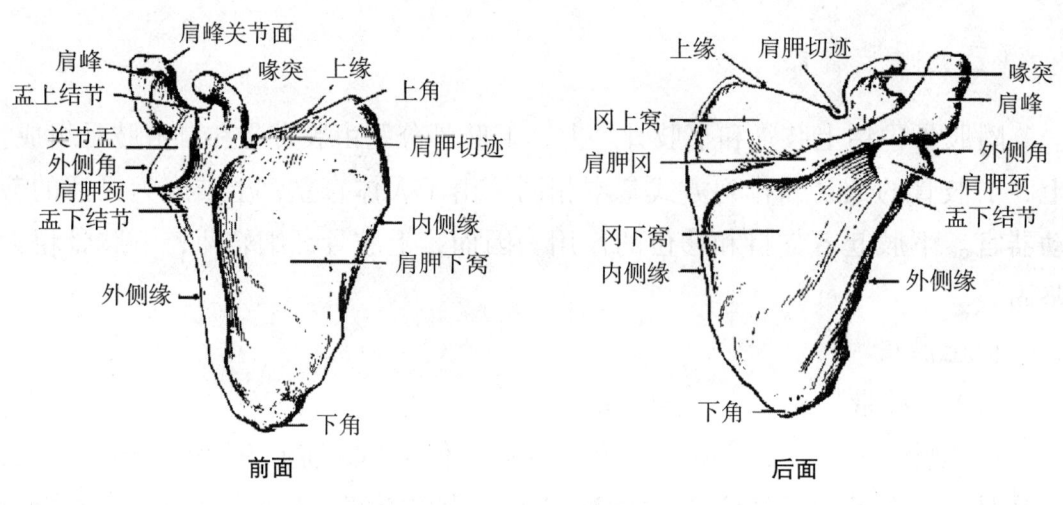

图 2-1-22 肩胛骨

（2）自由上肢骨

1）肱骨（图 2-1-23）分一体及上、下两端。

上端有朝向内后上方呈半球形的肱骨头，与肩胛骨的关节盂相关节。肱骨头的外侧和前方有隆起的大结节和小结节，向下各延伸一嵴，称大结节嵴和小结节嵴。两结节间有一纵沟，称结节间沟。上端与体交界处稍细，称外科颈，较易发生骨折。

肱骨体中部外侧面有粗糙的三角肌粗隆。后面中部，有一自内上斜向外下的浅沟，称桡神经沟。肱骨中部骨折可能伤及桡神经。下端较扁，外侧部前面有半球形的肱骨小头，与桡骨相关节；内侧部有滑车状的肱骨滑车，与尺骨形

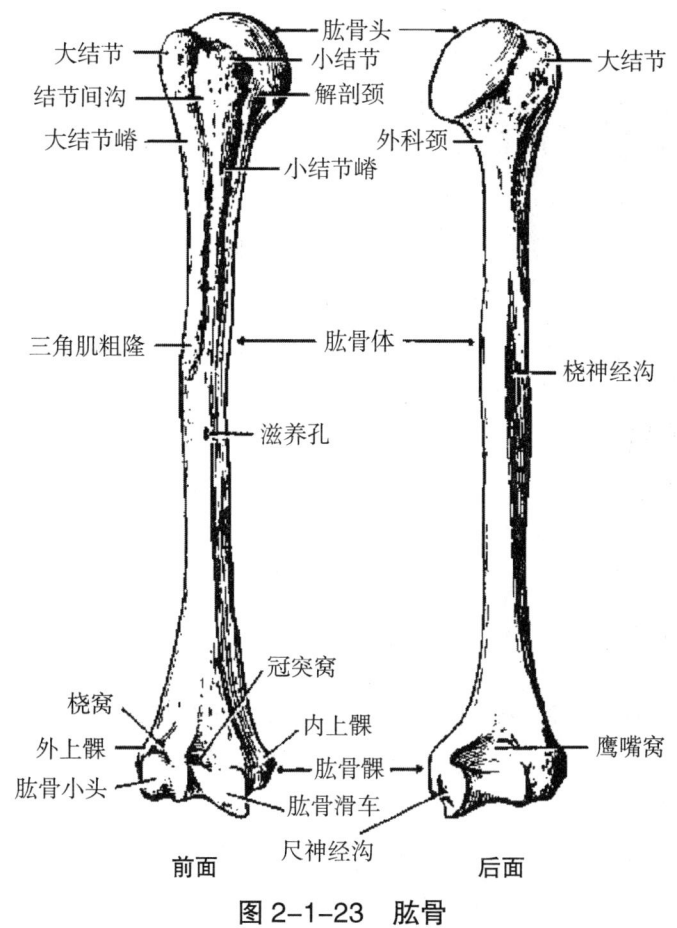

图 2-1-23 肱骨

成关节。滑车后上方有一深窝,称鹰嘴窝,伸肘时容纳尺骨鹰嘴。肱骨下端两侧各有一突起,分别称外上髁和内上髁。内上髁后方有一浅沟,称尺神经沟,尺神经由此经过。肱骨大结节和内、外上髁均可在体表扪及。

2)桡骨(图2-1-24)位于前臂外侧部,分一体两端。上端膨大称桡骨头,头上的关节凹与肱骨小头相关节周围的环状关节面;颈的内下方有突起的桡骨粗隆。桡骨体呈三棱柱形。下端外侧向下突出,称茎突。下端内面有尺切迹,与尺骨头相关节。下面有腕关节面与腕骨相关节。桡骨茎突和桡骨头在体表可扪到。

3)尺骨(图2-1-24)位于前臂内侧,分一体两端。上端粗大,后上方的突起称鹰嘴,前下方有一半圆形深凹,称滑车切迹,与肱骨滑车相关节。尺骨体上段粗,下段细。尺骨下端为尺骨头,头后内侧的锥状突起,称尺骨茎突。鹰嘴、尺骨头和茎突都可在体表扪到。

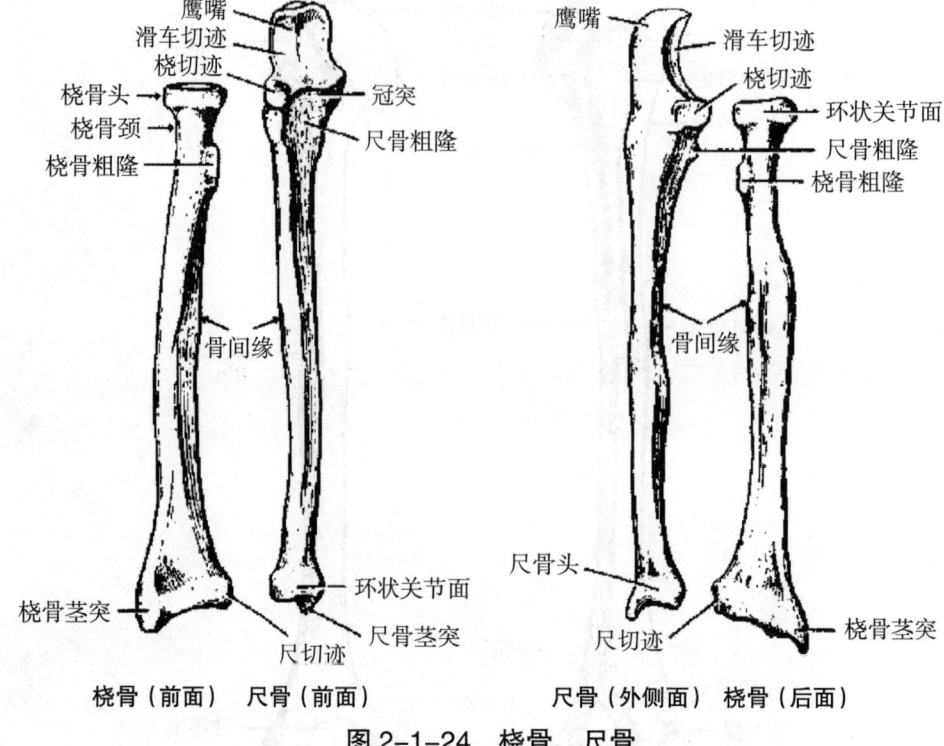

图 2-1-24 桡骨、尺骨

4）手骨（图 2-1-25）包括腕骨、掌骨和指骨。

①腕骨：属短骨，共 8 块。排成近远两列。近侧列由桡侧向尺侧为：手舟骨、月骨、三角骨和豌豆骨，豌豆骨位于三角骨前方。远侧列为：大多角骨、小多角骨、头状骨和钩骨。

②掌骨：（图 2-1-25）属长骨，5 块。由桡侧向尺侧，为第 1～5 掌骨。掌骨近端为底，接腕骨；远端为头，接指骨；中间部为体。

③指骨：属长骨，共 14 块。拇指有 2 节，分别为近节和远节指骨，其余各指为 3 节，为近节指骨、中节指骨和远节指骨。每节指骨的近端为底，中间部为体，远端为滑车。

2.下肢骨

（1）下肢带骨

髋骨（图 2-1-26、2-1-27）属于不规则骨，上部扁阔，中部窄厚，有朝向外下的深窝，称髋臼；下部有一大孔，称闭孔。左右髋骨与骶、尾骨组成骨盆。髋骨由髂骨、坐骨和耻骨组成，三骨会合于髋臼，16 岁左右完全融合。

1）髂骨：构成髋骨后上部，上缘肥厚，形成弓形的髂嵴。髂嵴前端为髂

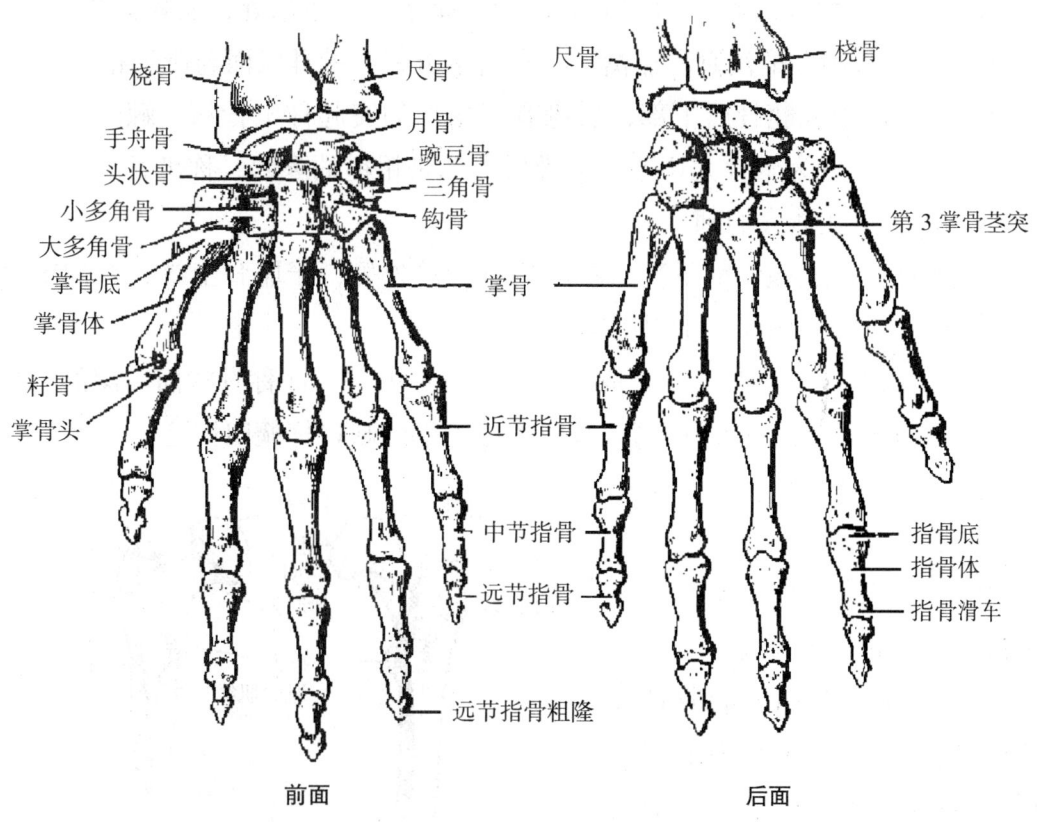

图 2-1-25 手骨

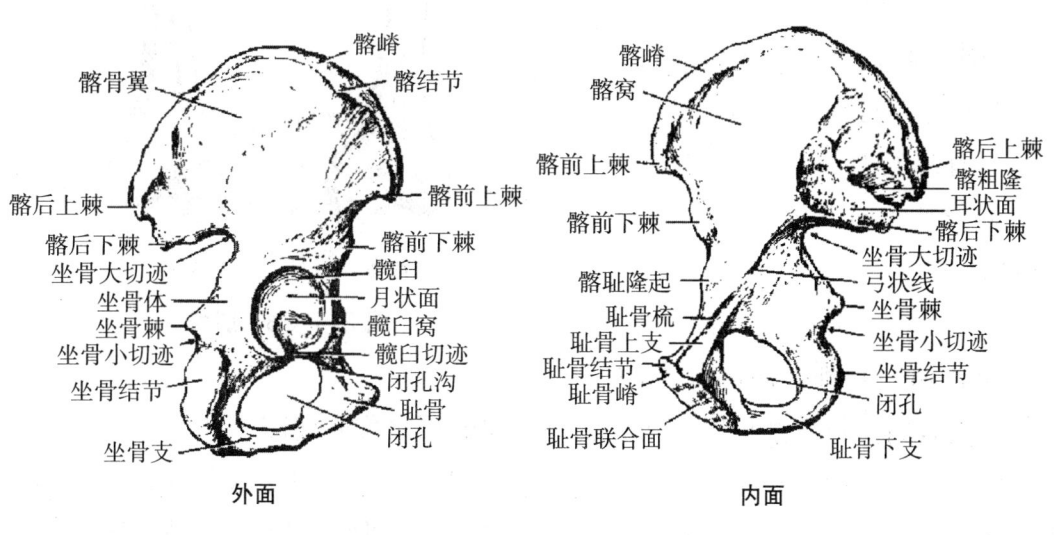

图 2-1-26 髋骨（外面）　　图 2-1-27 髋骨（内面）

前上棘，后端为髂后上棘。髂前上棘后方5厘米～7厘米处，髂嵴向外突起，称髂结节，髂骨内面的浅窝称髂窝，髂骨后下方粗糙的耳状面与骶骨相关节。

2）坐骨：构成髋骨后下部，后缘有三角形的突起称坐骨棘，棘的下方有坐骨小切迹。上方为坐骨大切迹。坐骨后下部是粗糙的隆起，称坐骨结节，是坐骨最低部，可在体表扪到。

3）耻骨：构成髋骨前下部，在两侧耻骨的外侧，于耻骨上缘，有向前突的耻骨结节。耻骨与坐骨共同围成闭孔。

髋臼，由髂、坐、耻三骨合成。窝内半月形的关节面称月状面。窝的中央未形成关节面的部分，称髋臼窝。髋臼边缘下部的缺口称髋臼切迹。

（2）自由下肢骨

1）股骨（图2-1-28）：是人体最长最结实的长骨，长度约为体高的1/4，分一体两端。

上端有朝向前内上的股骨头与髋臼相关节。头中央稍下有小的股骨头凹。头下外侧的狭细部称股骨颈。颈与体连接处上外侧的方形隆起，称大转子；后内下方的隆起，称小转子。大转子是重要的体表标志，可在体表扪到。

股骨体略弓向前，呈圆柱形，体后面有纵行骨嵴，为粗线。此线上端分叉，向上外延续于粗糙的臀肌粗隆。

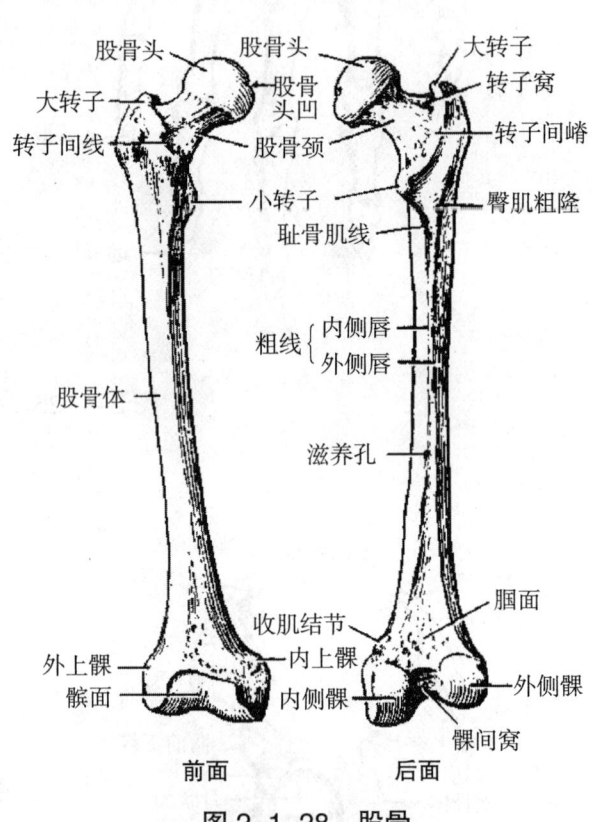

图2-1-28 股骨

下端有两个向后突出的膨大，为内侧髁和外侧髁。两髁前方的关节面称髌面，与髌骨相接。两髁后份之间的深窝称髁间窝。

2）髌骨（图2-1-29）：是人体最大的籽骨，位于股骨下端前面，在股四头肌腱内，上宽下尖，前面粗糙，后面为关节面，与股骨髌面相关节。髌骨可在体表扪到。

3）胫骨（图2-1-30）：位于小腿内侧，是粗大的长骨，分一体两端。上端膨大，向两侧突出，形成内侧髁和外侧髁。两髁上面各有上关节面，与股骨髁相关节。两上关节面之间的粗糙小隆起，称髁间隆起。外侧髁后下方有腓关节面与腓骨头相关节。上端前面的隆起称胫骨粗隆。外侧髁和胫骨粗隆于体表可扪到。体呈三棱柱形，前缘较锐。

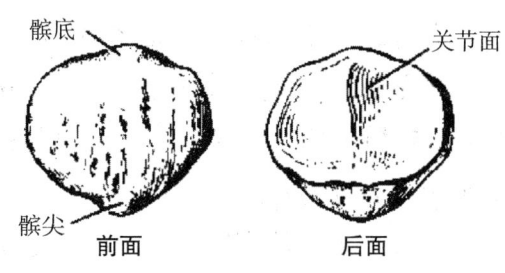

图 2-1-29　髌骨

胫骨下端稍膨大，其内下有一突起，称内踝。下端下面和内踝的外侧面有关节面与距骨滑车相关节。下端的外侧面有腓切迹与腓骨相接。内踝可在体表扪到。

4）腓骨（图 2-1-30）：细长，位于胫骨后外方，分一体两端。上端稍膨大，称腓骨头，有腓骨头关节面与胫骨相关节。头下方缩窄，称腓骨颈。下端膨大，形成外踝。腓骨头和外踝都可在体表扪到。

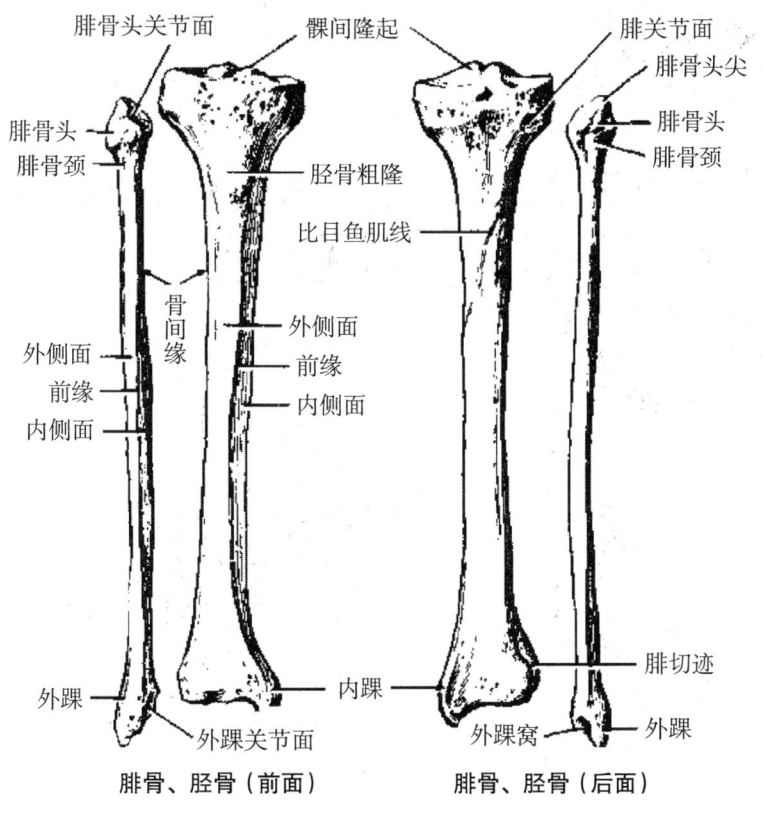

图 2-1-30　胫骨、腓骨

5）足骨（图2-1-31）包括跗骨、跖骨和趾骨。

①跗骨：7块，属短骨，分前、中、后三列。后列有上方的距骨和下方的跟骨；中列为位于距骨前方的足舟骨；前列为内侧楔骨、中间楔骨、外侧楔骨，及跟骨前方的骰骨。

距骨上面有前宽后窄的关节面，称距骨滑车，与内、外踝和胫骨的下关节面相关节。

距骨下方与跟骨相关节。跟骨后端隆突，为跟骨结节。距骨前接足舟骨，足舟骨前方与3块楔骨相关节，外侧的骰骨与跟骨相接。

②跖骨：5块。自内侧向外侧依次为第1～5跖骨，形状和排列大致与掌骨相当，但比掌骨粗大。第5跖骨底向后突出，称第5跖骨粗隆，在体表可扪到。

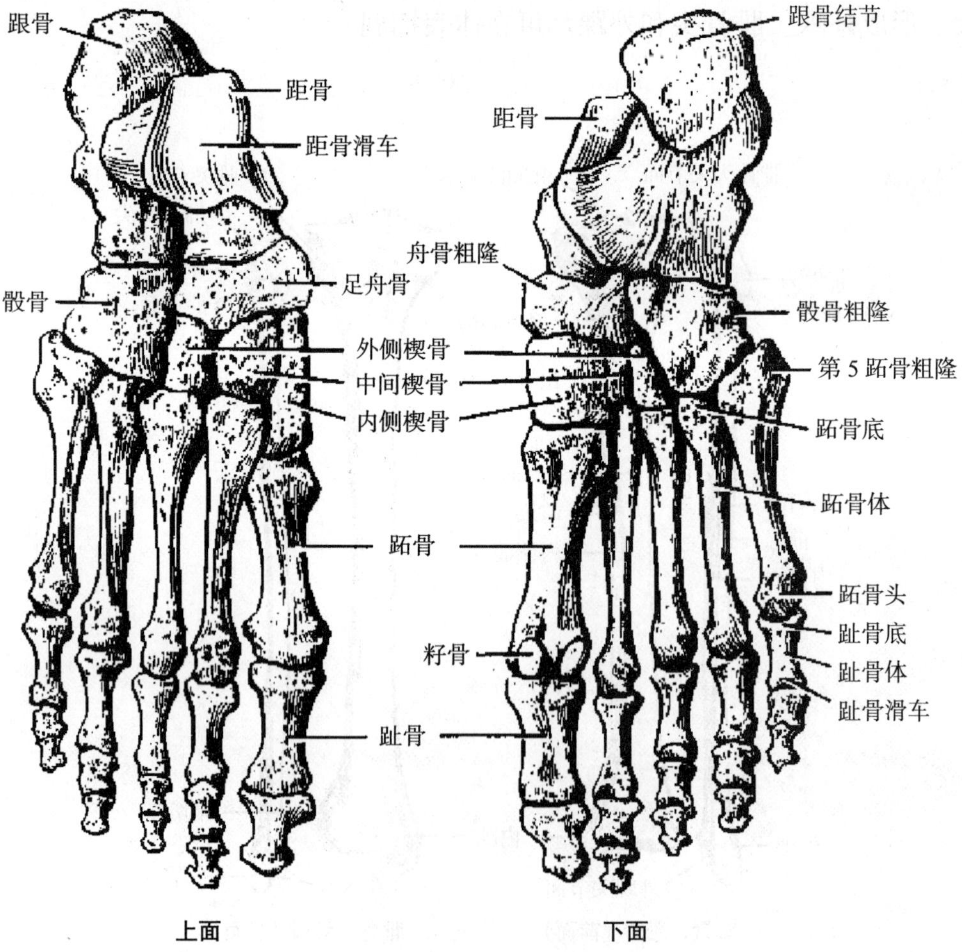

图2-1-31 足骨

③趾骨：共14块，除踇趾为2节，其余各趾均为3节。形态和命名与指骨相同。

第二节 骨连结

一、骨连结总论

骨与骨之间借纤维结缔组织、软骨或骨相连，形成骨连结（图2-2-1）。按骨连结的不同方式，可分为直接连结和间接连结两大类。

（一）直接连结

骨与骨借纤维结缔组织或软骨连结，期间一般无间隙，不活动或少活动，这种连结称为直接连结，可分为纤维连结、软骨连结和骨性连结三类。

1. 纤维连结

两骨之间借纤维结缔组织相连结，如颅骨的缝连结和椎骨棘突间的韧带连结等。

2. 软骨连结

两骨之间借软骨相连结，如椎骨的椎体之间的椎间盘及耻骨间的耻骨联合等。

3. 骨性结合

两骨间以骨组织连结，常由纤维连结或透明软骨骨化而成。如各骶椎之间的骨性结合及髂、耻、坐骨之间在髋臼处的骨性结合等。

（二）间接连结

间接连结又称为关节或滑膜关节，是骨连结的最高分化形式。关节的相对骨面间互相分离，之间具有充以滑液的腔隙，仅借其周围的结缔组织相连结。因而一般具有较大的活动性。

1. 关节的基本构造

（1）关节面

关节面（图2-2-2）是参与组成关节的各相关骨的接触面。每一关节至少包括两个关节面，一般为一凸一凹，凸者称为关节头，凹者称为关节窝。关节面

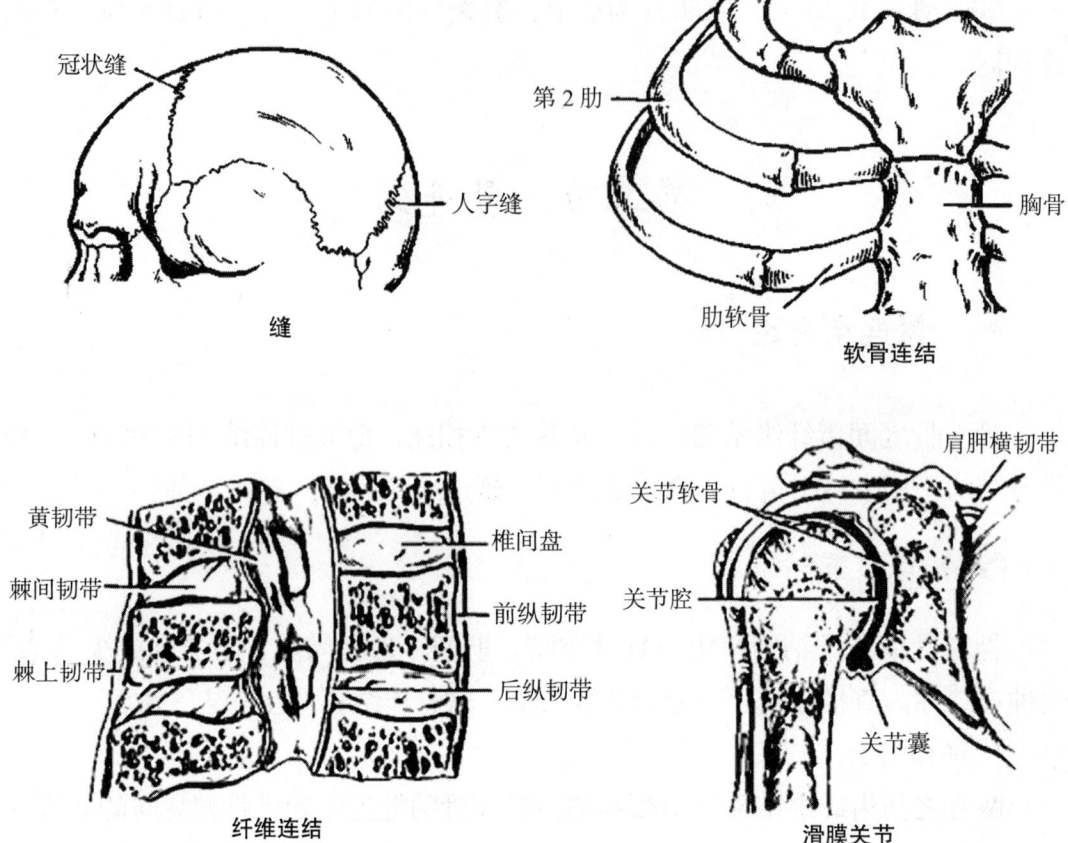

图 2-2-1 骨连接的分类

上被覆有关节软骨。关节软骨不仅使粗糙不平的关节面变为光滑，同时在运动时可以减少关节面的摩擦，缓冲震荡和冲击。

（2）关节囊

关节囊是由纤维结缔组织膜构成的囊，附着于关节的周围，并与骨膜融合续连。它包围关节，封闭关节腔。可分为内外两层。

1）外层为纤维膜，厚而坚韧，由致密结缔组织构成，含有丰富的血管和神经。纤维膜的厚薄通常与关节的功能有关，纤维膜的有些部分，还可明显增厚形成韧带，以增强关节的稳固，限制其过度运动。

2）内层为滑膜，由薄而柔润的疏松结缔组织膜构成，衬贴于纤维膜的内面，其边缘附于关节软骨的周缘。滑膜富含血管网，能产生滑液，不仅能起润滑作用，而且也是关节软骨、半月板等新陈代谢的重要媒介。

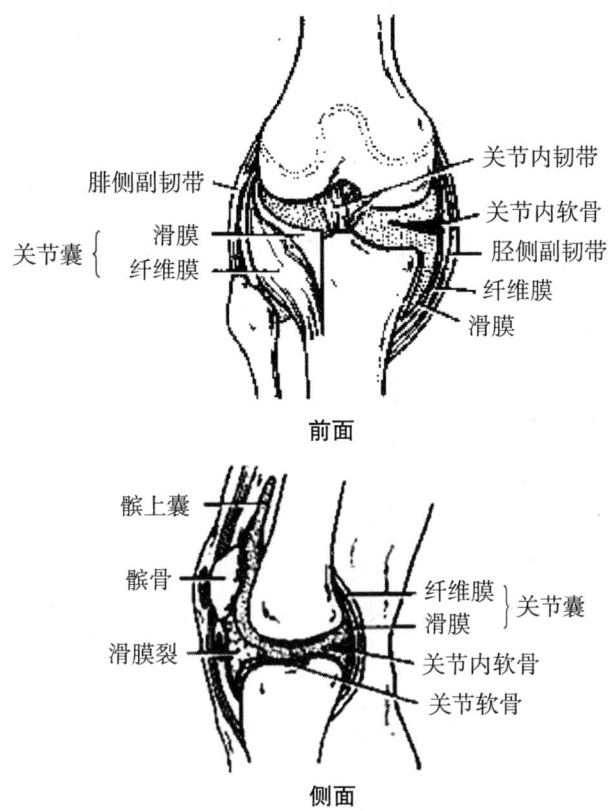

图 2-2-2 膝关节的构造

（3）关节腔

关节腔为关节囊滑膜层和关节面共同围成的密闭腔隙，腔内含有少量滑液，关节腔内呈负压，对维持关节的稳固有一定作用。

2. 关节的辅助结构

关节除了具备上述的三项基本结构外，一些关节为适应其功能还形成了特殊的辅助结构，这些辅助结构对于增加关节的灵活性或稳固性都有重要作用。

（1）韧带

韧带是连于相邻两骨之间的致密结缔组织纤维束，有加强关节的稳固或限制其过度运动的作用。位于关节囊外的称囊外韧带，位于囊两侧的称侧副韧带，位于关节囊内的称囊内韧带，如膝关节内的交叉韧带等。

（2）关节盘和关节唇

关节盘和关节唇是关节腔两种不同形态的纤维软骨。

关节盘位于两骨的关节面之间，其周缘附于关节囊，呈圆盘状，中部稍薄，周缘略厚。有的关节盘呈半月形，称关节半月板。关节盘可调整关节面使其更为适配，并减少外力对关节的冲击和震荡。

关节唇是附于关节窝周缘的纤维软骨环，它加深关节窝，增大关节面，如髋臼唇等，增加了关节的稳固性。

（3）滑膜囊

有些关节囊的滑膜表面积大于纤维层，滑膜重叠卷折突入肌腱与骨面之间，形成滑膜囊，可减少肌肉活动时与骨面之间的摩擦。

3. 关节的运动

滑膜关节的关节面的复杂形态、运动轴的数量和位置，决定了关节的运动形式和范围。滑膜关节的运动形式基本上是沿三个互相垂直的轴所作的运动。

（1）屈和伸

通常是指关节沿冠状轴进行的运动。运动时，相关节的两骨之间的角度变小称为屈；角度增大称为伸。一般关节的屈是指向腹侧面成角，而膝关节则相反，小腿向后贴近大腿的运动称为膝关节的屈，反之称为伸。

（2）收和展

收和展是关节沿矢状轴进行的运动。运动时，骨向正中矢状面靠拢称为收，反之，远离正中矢状面称为展。

（3）旋转

旋转是关节沿垂直轴进行的运动，如肱骨围绕骨中心轴向前内侧旋转，称旋内。向后外侧旋转，则称旋外。在前臂桡骨对尺骨的旋前、旋后运动，则是围绕桡骨头中心到尺骨头的轴线旋转，将手背转向前方的运动称旋前，将手掌恢复到向前，而手背转向后方的运动称旋后。

（4）环转

环转是指运动骨的上端在原位转动，下端则作圆周运动，运动时全骨描绘出一圆锥形的轨迹。能沿两轴以上运动的关节均可作环转运动，如肩关节、髋关节和桡腕关节等，环转运动实际上是屈、展、伸、收依次结合的连续动作。

二、骨连结各论

（一）躯干骨的连结

躯干骨借骨连接形成脊柱和胸廓。脊柱由躯干骨的24块椎骨、1块骶骨和1块尾骨连结而成，构成人体的中轴，上承载颅，下连肢带骨。胸廓由12块胸椎、12对肋和胸骨连接而成。

1. 脊柱

（1）椎骨间的连结（图 2-2-3）

各椎骨之间借韧带、软骨和滑膜关节相连，可分为椎体间连结和椎弓间连结。

1）椎体间的连结：椎体之间连结包括椎间盘、前纵韧带、后纵韧带。

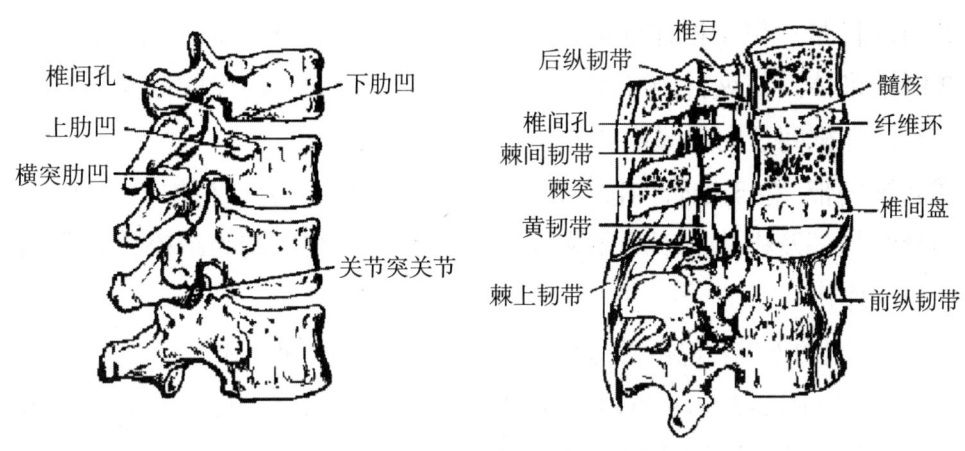

图 2-2-3 椎骨间的连结

①椎间盘（图 2-2-4）：是连结相邻两个椎体的纤维软骨盘（第 1 及第 2 颈椎之间除外），成人有 23 个椎间盘。椎间盘由两部分构成，中央部为髓核，是柔软而富有弹性的胶状物质。周围部为纤维环，由多层纤维软骨环按同心圆排

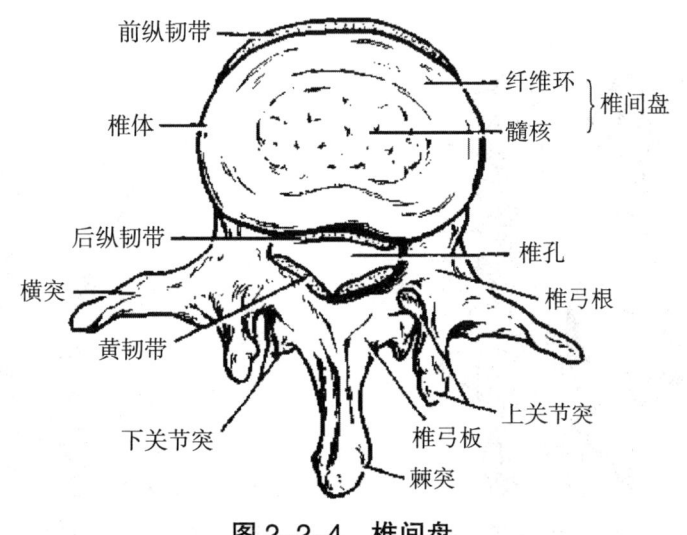

图 2-2-4 椎间盘

列组成，牢固连结各椎体上、下面，保护髓核并限制髓核向周围膨出。椎间盘既坚韧，又富弹性，承受压力时被压缩，除去压力后又复原，具有"弹性垫"样作用，可缓冲外力对脊柱的震动，也可增加脊柱的运动幅度。椎间盘的厚薄各不相同，中胸部较薄，颈部较厚，而腰部最厚，所以颈、腰椎的活动度较大。当纤维环破裂时，髓核容易向后外侧脱出，突入椎管或椎间孔，压迫相邻的脊髓或神经根引起牵涉性痛，临床称为椎间盘脱出症。

②前纵韧带：位于椎体前面，宽而坚韧，上起自枕骨大孔前缘，下达第1或第2骶椎椎体。其纵行的纤维牢固地附着于椎体和椎间盘的前面，有防止脊柱过度后伸和椎间盘向前脱出的作用。

③后纵韧带：位于椎管内椎体的后面，窄而坚韧，起自枢椎体，下达骶骨。与椎间盘纤维环及椎体上下缘紧密连结，而与椎体结合较为疏松，有限制脊柱过度前屈的作用。

2）椎弓间的连结：包括椎弓板、棘突、横突间的韧带和上、下关节突关节。

①黄韧带（图2-2-5）：位于椎管内，连结相邻两椎弓板间的韧带。黄韧带协助围成椎管，并有限制脊柱过度前屈的作用。

②棘间韧带（图2-2-6）：连结相邻棘突间的薄层纤维。

③棘上韧带和项韧带：棘上韧带是连结胸、腰、骶椎各棘突尖之间的纵行韧带，有限制脊柱前屈的作用。而在颈部，从颈椎棘突尖向后扩展成三角形板状的弹性膜层，称为项韧带。项韧带向上附于枕外隆凸，向下达第7颈椎棘突并续于棘上韧带。

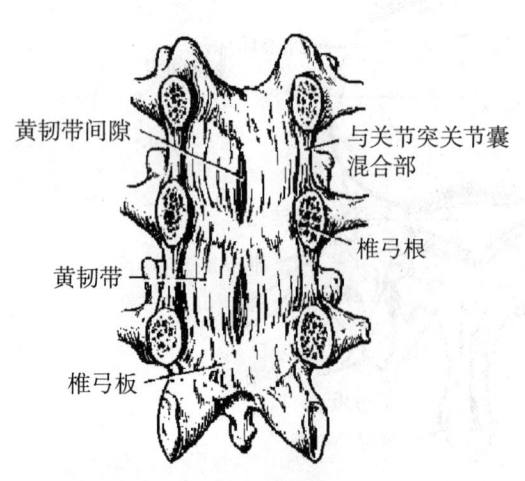

图2-2-5 黄韧带

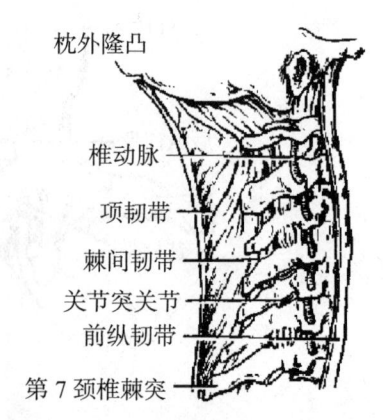

图2-2-6 棘间韧带、项韧带

④横突间韧带：连结相邻椎骨的横突之间的韧带。

⑤关节突关节（图2-2-3）：由相邻椎骨的上、下关节突的关节面构成，只能作轻微滑动。

3）寰椎与枕骨及枢椎的关节

①寰枕关节：为两侧枕髁与寰椎侧块的上关节凹构成的联合关节。两侧关节同时活动，可使头作俯仰和侧屈运动。

②寰枢关节：为寰椎与枢椎间的间接连结，能使头作俯仰、侧屈和旋转运动。

（2）脊柱的整体观及其运动

1）脊柱的整体观（图2-2-7）：脊柱的功能是支持躯干和保护脊髓。成年男性脊柱长约70厘米，女性的略短，约60厘米。椎间盘的总厚度约为脊柱全长的1/4。老年人可因椎间盘变薄，骨质萎缩，脊柱可变短。

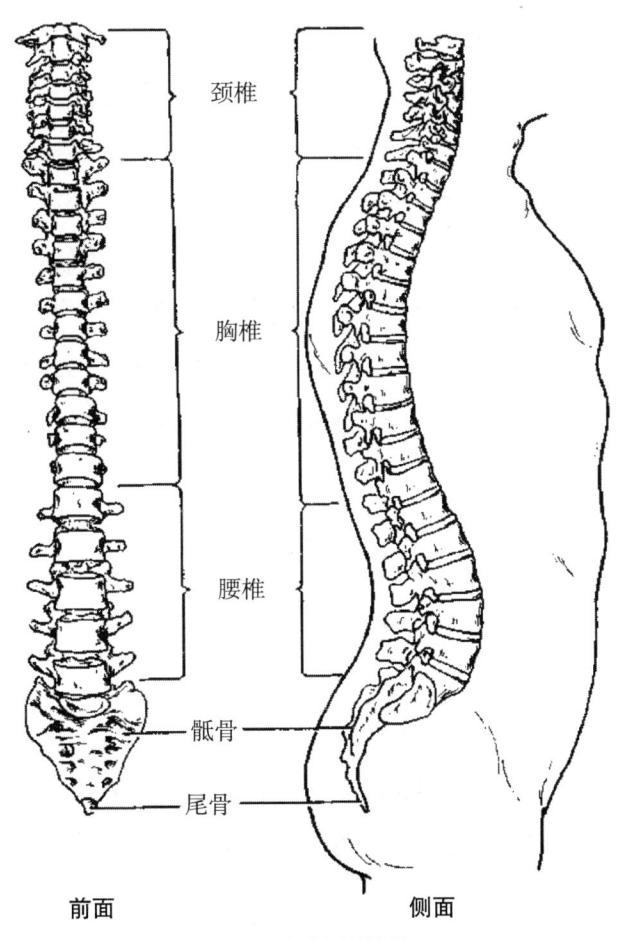

图2-2-7 脊柱的整体观

①脊柱前面观：从前面观察脊柱，自第2颈椎到第2骶椎的椎体宽度，自上而下随负载增加而逐渐加宽，至第2骶椎为最宽。由骶骨耳状面以下，由于重力经髂骨传至下肢骨，椎体已无承重意义，体积也逐渐缩小。

②脊柱后面观：从后面观察脊柱，可见所有椎骨棘突连贯形成纵嵴，位于背部正中线上。颈椎棘突短而分叉，近水平位。胸椎棘突细长，斜向后下方，呈叠瓦状。腰椎棘突呈长方形板状，水平伸向后方。

③脊柱侧面观：从侧面观察脊柱，可见成人脊柱有颈、胸、腰、骶4个生理性弯曲。

其中，颈曲和腰曲凸向前，胸曲和骶曲凸向后。脊柱的这些弯曲增大了脊柱的弹性，对维持人体的重心稳定和减轻震荡有重要意义。脊柱的每一个弯曲，都有它的机能意义，颈曲支持头的抬起，腰曲使身体重心垂线后移，以维持身体的前后平衡，保持稳固的直立姿势，而胸曲和骶曲在一定意义上扩大了胸腔和盆腔的容积。

2) 脊柱的运动：脊柱的运动在相邻两椎骨之间是有限的，但整个脊柱的活动范围较大。可作屈、伸、侧屈、旋转和环转运动。脊柱各部的运动性质和范围不同，主要取决于关节突关节的方向和形状、椎间盘的厚度、韧带的位置及厚薄等，同时也与年龄、性别和锻炼程度有关。在颈部，颈椎关节突的关节面略呈水平位，关节囊松弛，椎间盘较厚，故屈伸及旋转运动的幅度较大。在胸部，胸椎与肋骨相连，椎间盘较薄，关节突的关节面呈冠状位，棘突呈叠瓦状，这些因素限制了胸椎的运动，故活动范围较小。在腰部，椎间盘最厚，屈伸运动灵活，关节突的关节面几乎呈矢状位，限制了旋转运动。由于颈腰部运动灵活，故损伤也较多见。

2. 胸廓

胸廓由12块胸椎、12对肋、1块胸骨和它们之间的连结共同构成。构成胸廓的主要关节有肋椎关节和胸肋关节。

（1）肋椎关节

肋椎关节（图2-2-8）是指肋骨与脊柱的连结包括肋头关节和肋横突关节。肋头关节由肋头的关节面与相邻胸椎椎体边缘的肋凹构成。肋横突关节由肋结节关节面与相应椎骨的横突肋凹构成。这两个关节在功能上是联合关节，运动时使肋上升或下降，以增加或缩小胸廓的前后径和横径，从而改变胸腔的容积，有助于呼吸。

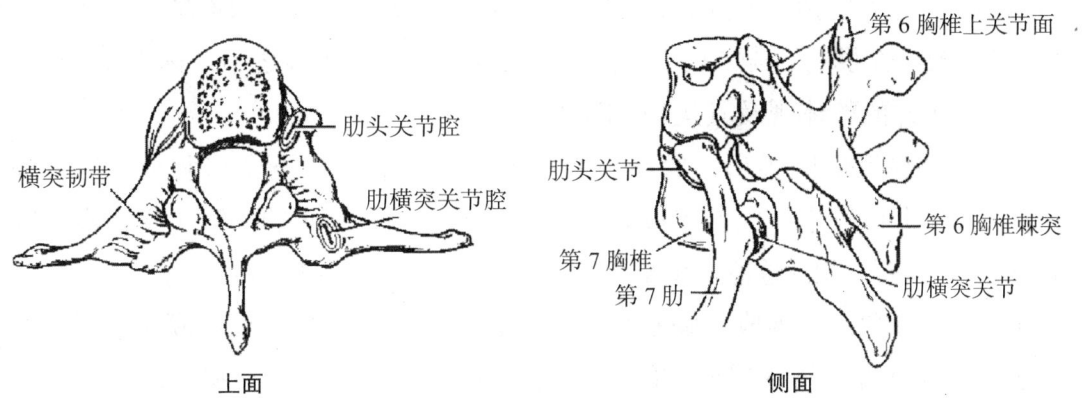

图 2-2-8 肋椎关节

（2）胸肋关节

胸肋关节（图2-2-9）：由第 2～7 肋软骨与胸骨相应的肋切迹构成，属微动关节。第 1 肋与胸骨柄之间的连结是一种特殊的不动关节，第 8～10 肋软

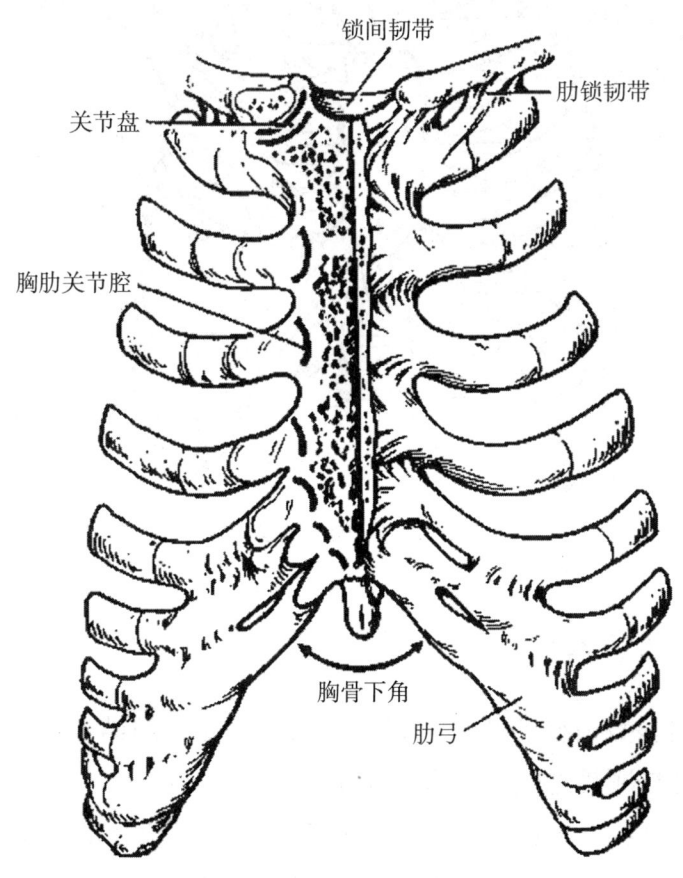

图 2-2-9 胸肋关节

骨的前端不直接与胸骨相连，而依次与上位肋软骨形成软骨间连结。因此，在两侧各形成一个肋弓。第11、12肋的前端游离于腹壁肌肉之中，称为浮肋。

（3）胸廓的整体观及其运动（图2-2-10）

成人胸廓近似圆锥形，容纳胸腔脏器。胸廓有上、下两口和前、后、外侧壁。胸廓上口较小，向前下倾斜，由胸骨柄上缘、第1肋和第1胸椎椎体围成，是胸腔与颈部的通道。胸廓下口宽而不整，由第12胸椎、第11及12对肋前端、肋弓和剑突围成，膈肌封闭胸腔底。两侧肋弓在中线构成向下开放的胸骨下角，角的尖部有剑突，剑突尖约平对第10胸椎下缘。相邻两肋之间称肋间隙。

胸廓除保护、支持功能外，主要参与呼吸运动。

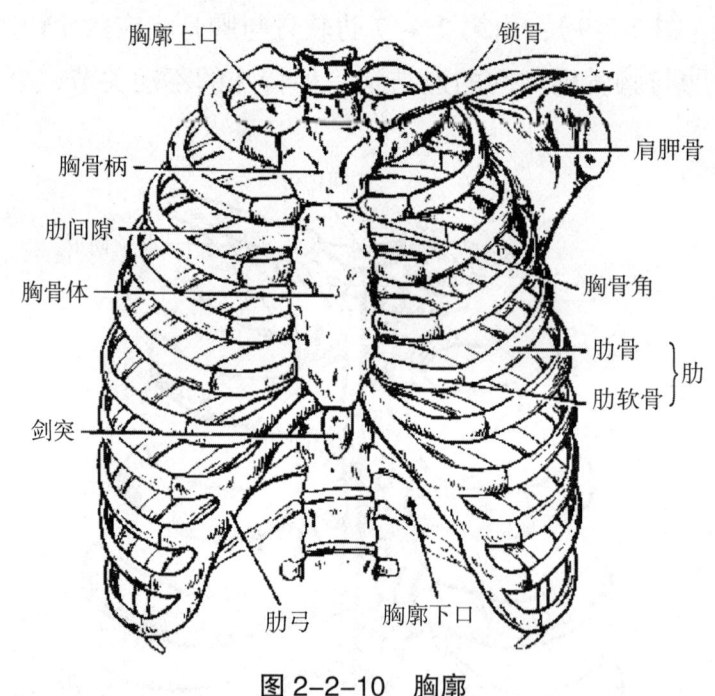

图2-2-10 胸廓

（二）颅骨的连结

各颅骨之间多数借缝、软骨和骨相连结，彼此之间结合较为牢固，无活动性。只有下颌骨与颞骨之间构成颞下颌关节。

颞下颌关节（图2-2-11），又称下颌关节，由下颌骨的下颌头与颞骨的下颌窝及关节结节构成。关节囊松弛，上方附于下颌窝和关节结节的周围，下方

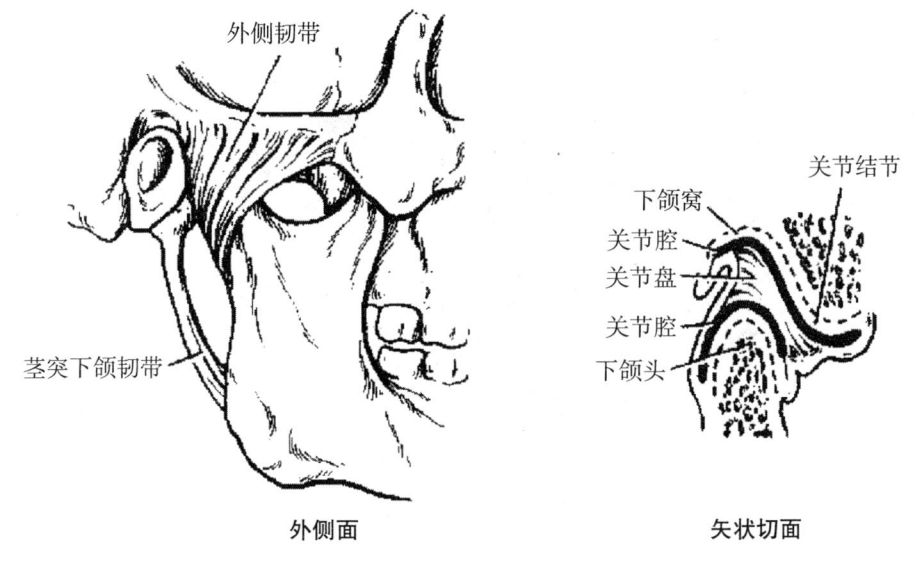

图 2-2-11 颞下颌关节

附于下颌颈，囊外有外侧韧带加强。关节囊内有纤维软骨构成的关节盘，关节盘的周缘与关节囊相连，将关节腔分为上、下两部分。颞下颌关节的运动关系到咀嚼、语言和表情等功能，能作开口、闭口和左右侧运动等。个别人关节囊前壁特别松弛，如张口过大、过猛，下颌关节盘向前滑到关节结的前面，形成颞下颌关节前脱位。复位时，必须先将下颌骨拉向下，超过关节结节，再将下颌骨向后推，才能将下颌头纳回下颌窝内。闭口则是下颌骨上提并伴下颌头和关节盘一起滑回关节窝的运动。

（三）附肢骨连结

附肢的主要功能是支持和运动，故附肢骨的连结以滑膜关节为主。人类由于直立，上肢获得了适于抓握和操作的很大活动度，因而上肢关节以运动的灵活为主；下肢起着支持身体的重要作用，所以下肢关节以运动的稳定为主。

1. 上肢骨的连结

上肢骨的连结包括上肢带的连结和自由上肢骨的连结。

（1）上肢带连结

1）胸锁关节（图 2-2-12）：是上肢骨与躯干骨连结的唯一关节。由锁骨的胸骨端与胸骨的锁切迹及第 1 肋软骨的上面构成。囊内有关节盘，为多轴微动关节。

2）肩锁关节：由锁骨的肩峰端与肩峰的关节面构成，是肩胛骨活动的支点。

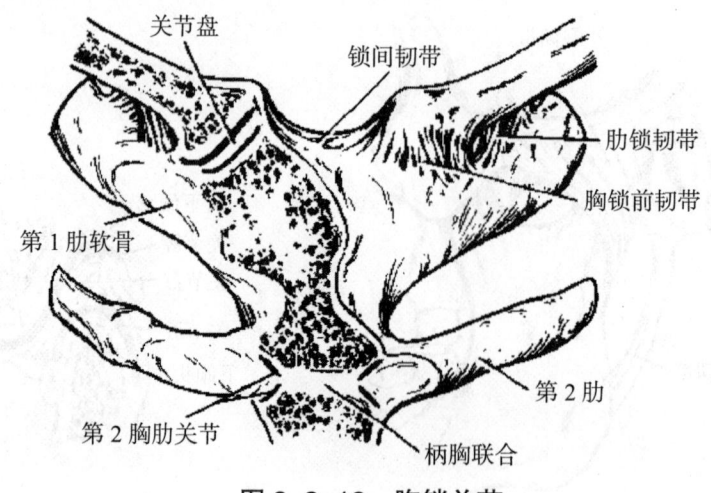

图 2-2-12 胸锁关节

（2）自由上肢骨连结

1）肩关节（图 2-2-13）：由肱骨头与肩胛骨关节盂构成。关节盂浅而小，关节盂周缘有纤维软骨构成的盂唇来加深关节窝，关节囊薄而松弛。有肱二头肌长头腱穿过关节，关节囊的上壁有喙肱韧带。囊的前壁和后壁也有许多肌腱加入，以增加关节的稳固性。囊的下壁相对最为薄弱，故肩关节脱位时，肱骨头常从下份脱出，发生前下方脱位。

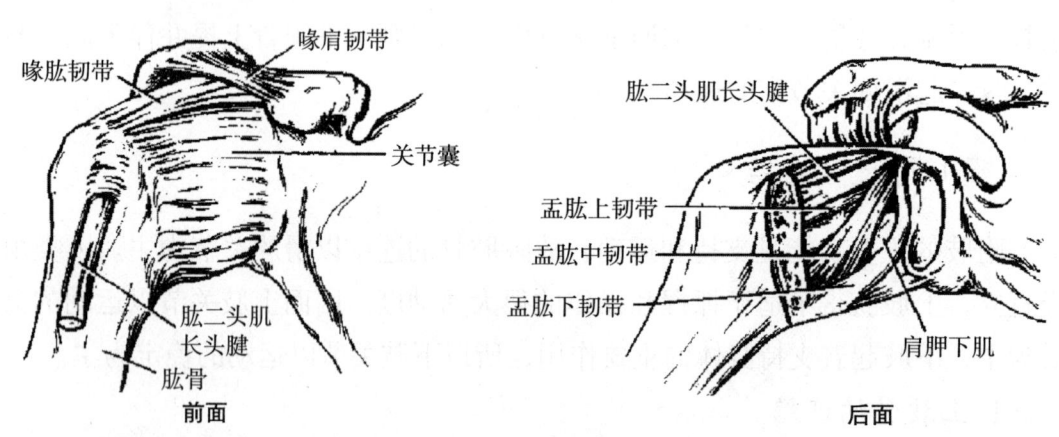

图 2-2-13 肩关节

肩关节为全身最灵活的关节，可做三轴运动，即冠状轴上的屈和伸，矢状轴上的收和展，垂直轴上旋内、旋外运动及环转运动。

2）肘关节（图2-2-14）：由肱骨下端与尺、桡骨上端构成复关节，包括三个关节。

肱尺关节：由肱骨滑车和尺骨滑车切迹构成。

肱桡关节：由肱骨小头和桡骨头的关节凹构成。

桡尺近侧关节：由桡骨环状关节面和尺骨桡切迹构成。

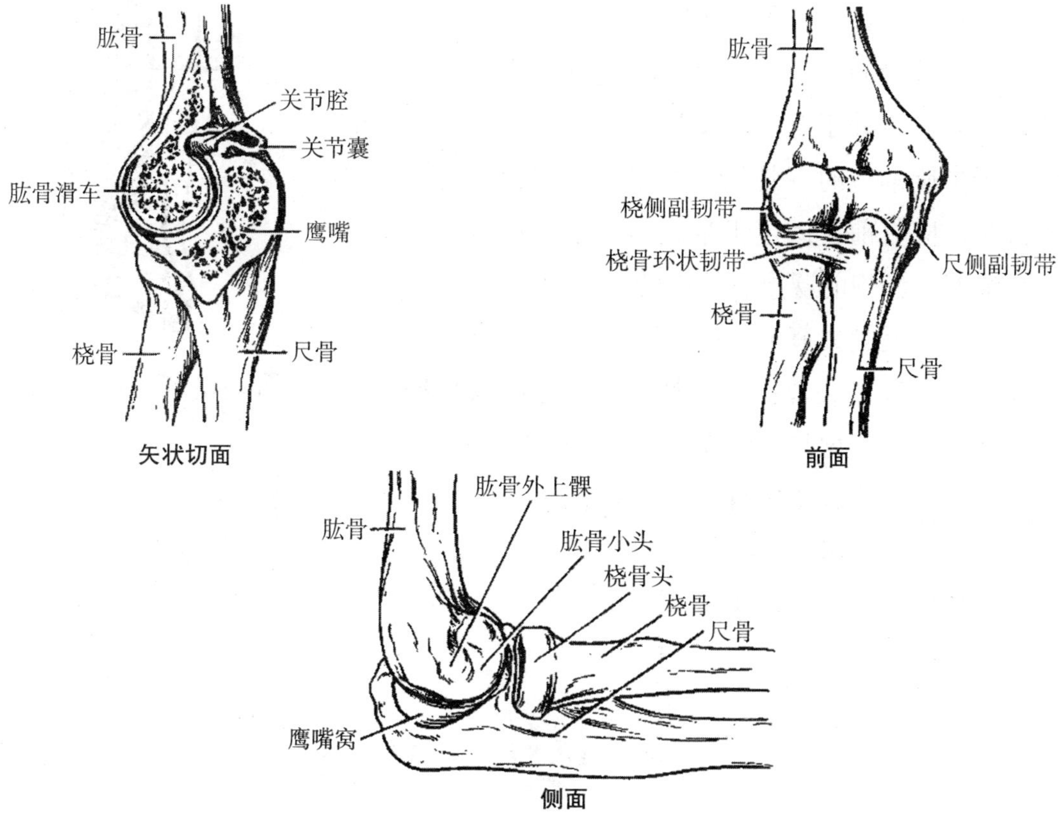

图2-2-14 肘关节

上述三个关节包在一个关节囊内，肘关节囊前、后壁薄而松弛，两侧壁厚而紧张，并有桡侧副韧带、尺侧副韧带加强。此外，位于桡骨环状关节面的周围，关节囊形成桡骨环状韧带，防止桡骨头脱出。幼儿4岁以前，桡骨头尚在发育之中，环状韧带松弛，在肘关节伸直位猛力牵拉前臂时，易发生桡骨头半脱位。

肘关节的运动以肱尺关节为主，主要沿冠状轴上的屈、伸运动，桡尺近侧关节与桡尺远侧关节联合可使前臂旋前和旋后。

肱骨内、外上髁和尺骨鹰嘴都易在体表扪及，当肘关节伸直时，此三点位于一条直线上，当肘关节屈至90°时，此三点的连线构成一尖端朝下的等腰三角形。肘关节发生脱位时，鹰嘴移位，三点位置关系发生改变，而肱骨髁上骨折时，三点位置关系不变。

3）桡尺连结（图2-2-15）：桡、尺骨借桡尺近侧关节、桡尺远侧关节和前臂骨间膜相连。

①前臂骨间膜：连结尺骨和桡骨体之间的坚韧纤维膜。当前臂处于旋前或旋后位时，骨间膜松弛。前臂处于半旋前位时，骨间膜最紧张。因此，处理前臂骨折时，应将前臂固定于半旋前或半旋后位，以防骨间膜挛缩，影响前臂愈后的旋转功能。

②桡尺近侧关节（见肘关节）。

③桡尺远侧关节：由尺骨头、桡骨的尺切迹及尺骨头下端的关节盘共同构成。

桡尺近侧和远侧关节是联合关节。前臂可作旋前和旋后运动。

4）手关节（图2-2-16）：包括桡腕关节、腕骨间关节、腕掌关节、掌骨间关节、掌指关节和指骨间关节。

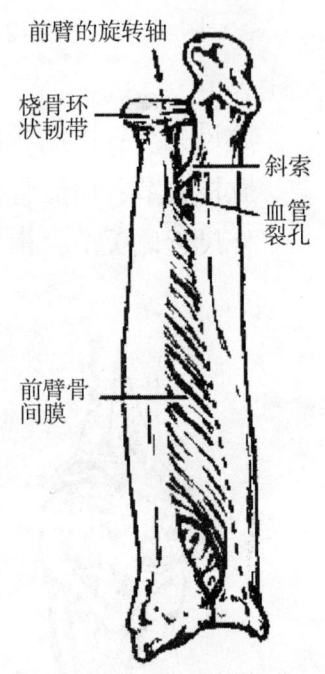

图2-2-15 桡尺连结

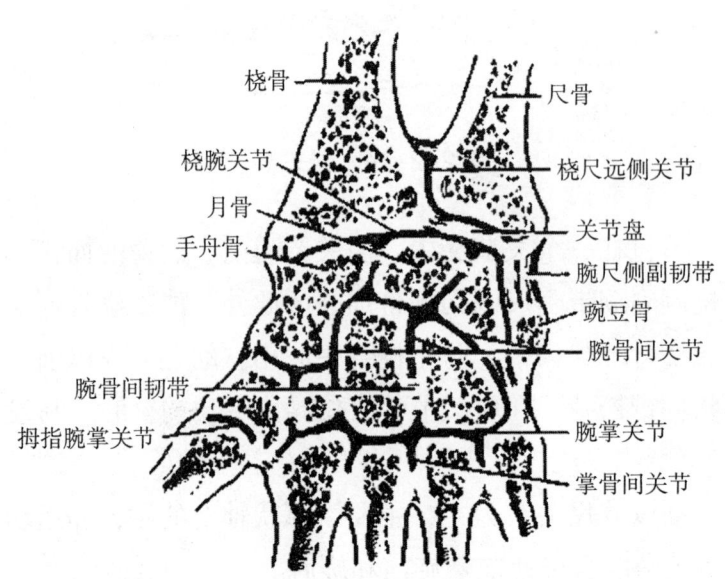

图2-2-16 手关节

①桡腕关节：由手的舟骨、月骨和三角骨的近侧关节面作为关节头，桡骨的腕关节面和尺骨头下方的关节盘作为关节窝而构成。关节囊松弛，关节的前、后和两侧均有韧带加强。桡腕关节可作屈、伸、展、收及环转运动。

②腕骨间关节：为相邻各腕骨之间构成的关节，可分为近侧列腕骨间关节、远侧列腕骨间关节和两列腕骨之间的腕中关节。各腕骨之间借韧带连结成一整体，各关节腔彼此相通，能做轻微的滑动和转动，属微动关节。

③腕掌关节：由远侧列腕骨与5个掌骨底构成。除拇指和小指的腕掌关节外，其余各指的腕掌关节运动范围极小。

拇指腕掌关节：由大多角骨与第1掌骨底构成，为人类及灵长目动物所特有。可作屈、伸、收、展、环转和对掌运动。由于第1掌骨的位置向内侧旋转了近90°，故拇指的屈、伸运动发生在冠状面上。而拇指的收、展运动发生在矢状面上。对掌运动则是拇指向掌心、拇指尖与其余四指尖掌侧面相接触的运动，是人类进行握持和精细操作时所必需的主要动作。

④掌骨间关节：是第2～5掌骨底相互之间的平面关节，其关节腔与腕掌关节腔相通。

⑤掌指关节：共5个，由掌骨头与近节指骨底构成。掌指关节可作屈、伸、收、展及环转运动。手指的收、展是以通过中指的正中线为准的，向中线靠拢为收，远离中线是展。

⑥指骨间关节：共9个，由各指相邻两节指骨的底和滑车构成。只能作屈、伸运动。

2. 下肢骨连结

下肢骨的连结包括下肢带的连结和自由下肢骨的连结。

（1）下肢带连结

1）骶髂关节：由骶骨和髂骨的耳状面构成，关节面凸凹不平，彼此结合十分紧密。关节囊紧张，有骶髂前、后韧带加强。骶髂关节具有相当大的稳固性，以适应支持体重的功能。

2）骶结节韧带：位于骨盆后方，起自骶、尾骨的侧缘，呈扇形，集中附于坐骨结节内侧缘。

3）骶棘韧带：位于骶结节韧带的前方，起自骶、尾骨侧缘，呈三角形，止于坐骨棘。

骶棘韧带与坐骨大切迹围成坐骨大孔，骶棘韧带、骶结节韧带和坐骨小切迹围成坐骨小孔，有肌肉、血管和神经等穿过。

4）耻骨联合：由两侧耻骨联合面借纤维软骨构成的耻骨间盘连结构成。耻骨间盘中有一矢状位的裂隙，女性较男性的厚，裂隙也较大，孕妇和经产妇尤为显著。耻骨联合的活动甚微，但在分娩过程中，耻骨间盘中的裂隙增宽，以增大骨盆的径线。

5）骨盆：由左右髋骨和骶、尾骨以及其间的骨连结构成。人体直立时，骨盆向前倾斜。骨盆可由骶骨岬向两侧至耻骨联合上缘构成的环形界线，分为上方的大骨盆和下方的小骨盆。

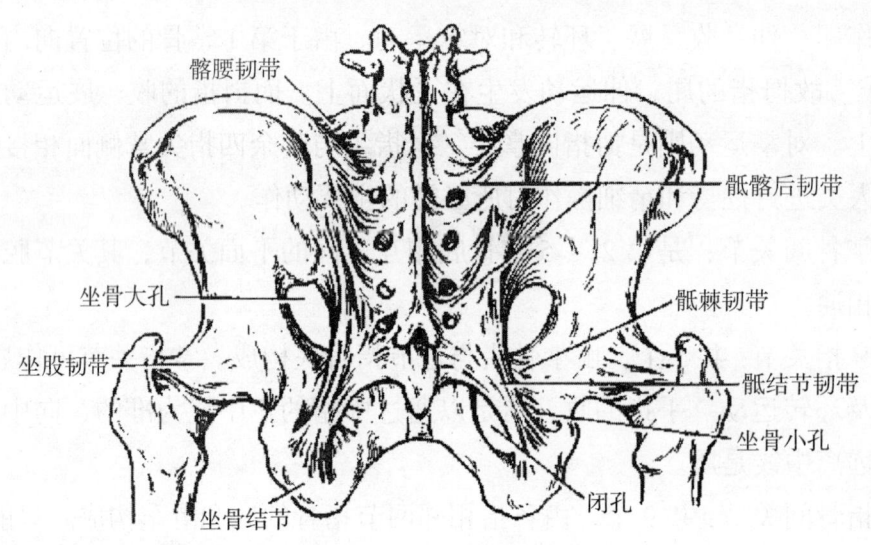

图 2-2-17　骨盆韧带

大骨盆，由界线上方的髂骨翼和骶骨构成。小骨盆，是大骨盆向下延伸的骨性狭窄部，可分为骨盆上口，骨盆下口和骨盆腔。骨盆上口由上述界线围成，呈圆形或卵圆形。骨盆下口由尾骨尖、骶结节韧带、坐骨结节、坐骨支、耻骨支和耻骨联合下缘围成，呈菱形。两侧坐骨支与耻骨下支连成耻骨弓，它们之间的夹角称为耻骨下角。小骨盆腔是胎儿娩出的通道。

女性骨盆特点：骨盆的主要功能是运动，但女性骨盆还要适合分娩的需要。因此，女性骨盆外形短而宽，骨盆上口近似圆形较宽大，骨盆下口和耻骨下角较大，女性耻骨下角可达 90°～100°，男性则为 70°～75°。

（2）自由下肢骨连结

1）髋关节（图 2-2-18）：由髋臼与股骨头构成。髋臼的周缘附有纤维软骨构成的髋臼唇，以增加髋臼的深度。髋臼切迹被髋臼横韧带封闭，使半月形的髋臼关节面扩大为环形的关节面，增大了髋臼与股骨头的接触面。股骨头的关节面约为圆球的 2/3，大部分纳入髋臼内，与髋臼的关节面接触，髋臼窝内充填有脂肪组织。

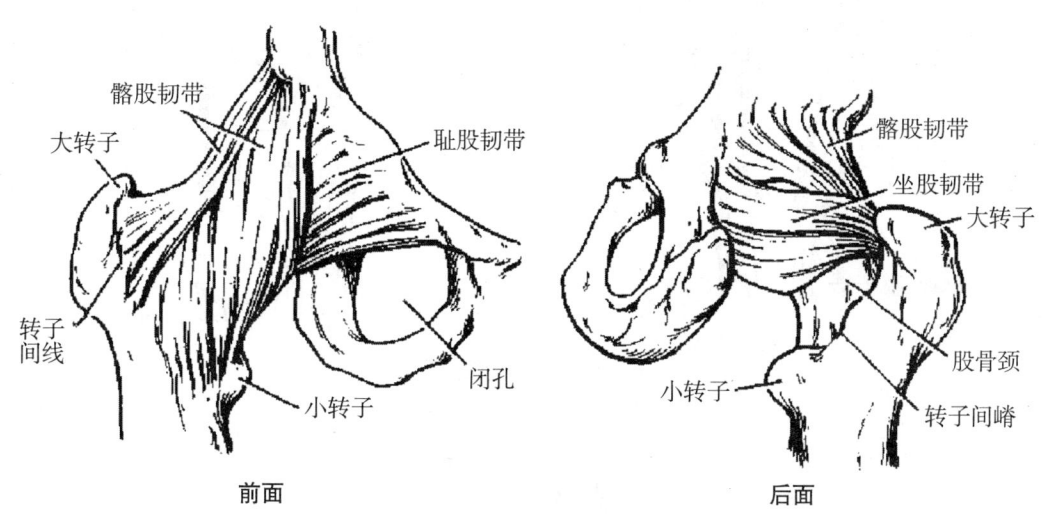

图 2-2-18　右髋关节

髋关节的关节囊紧张而坚韧，向上附于髋臼周缘及横韧带，向下附于股骨颈，前面达转子间线、后面包裹股骨颈的内侧 2/3，使股骨颈骨折有囊内、囊外骨折之分。关节囊周围有多条韧带加强，主要有髂股韧带，位于前壁，可限制大腿过伸，对维持人体直立姿势起很大作用。关节囊内有股骨头韧带，连结股骨头凹和髋臼横韧带之间。内含营养股骨头的血管。

髋关节可做三轴的屈、伸、展、收、旋内、旋外以及环转运动。

2）膝关节（图 2-2-19、2-2-20）：由股骨下端、胫骨上端和髌骨构成，是人体最大、最复杂的关节。

膝关节的关节囊薄而松弛，附于各关节面的周缘，周围有韧带加固，以增加关节的稳定性。主要韧带有：

①髌韧带：自髌骨向下止于胫骨粗隆，髌韧带扁平而强韧。

②腓侧副韧带：起自股骨外上髁，向下延伸至腓骨头，与外侧半月板不直接相连。

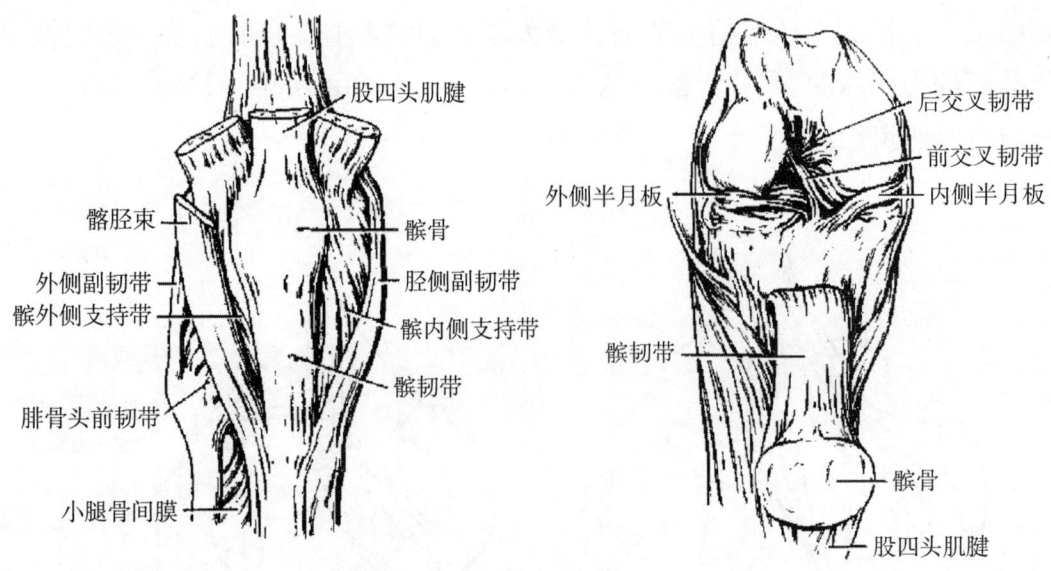

图 2-2-19 膝关节

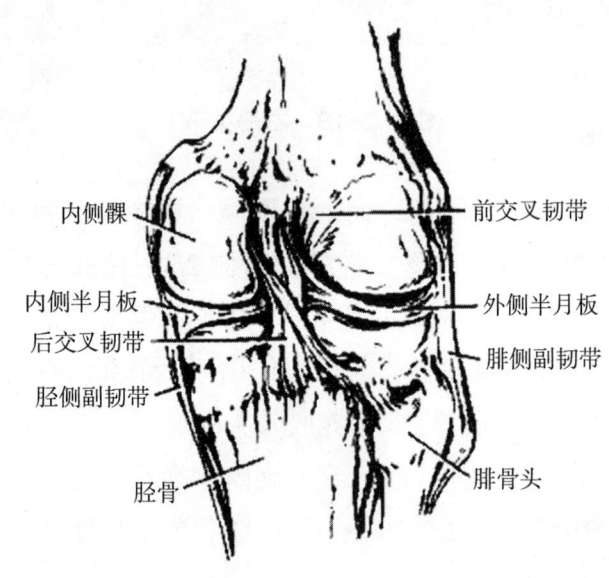

图 2-2-20 膝关节（后面）

③胫侧副韧带：呈宽扁索状，位于膝关节内侧后份，起自股骨内上髁，向下止于胫骨内侧髁及相邻骨体，与关节囊和内侧半月板紧密结合。胫侧副韧带和腓侧副韧带在伸膝时紧张，屈膝时松弛，半屈膝时最松弛。因此，在半屈膝位允许膝关节作少许旋内和旋外运动。

④膝交叉韧带（图2-2-21）：位于膝关节中央稍后方，非常强韧，可分为

前、后两条。前交叉韧带，起自胫骨髁间隆起的前方内侧，与半月板的前角愈着，斜向后上方外侧，附着于股骨外侧髁的内侧。后交叉韧带较前交叉韧带短而强韧，并较垂直。起自胫骨髁间隆起的后方，斜向前上内方，附着于股骨内侧髁的外侧面。

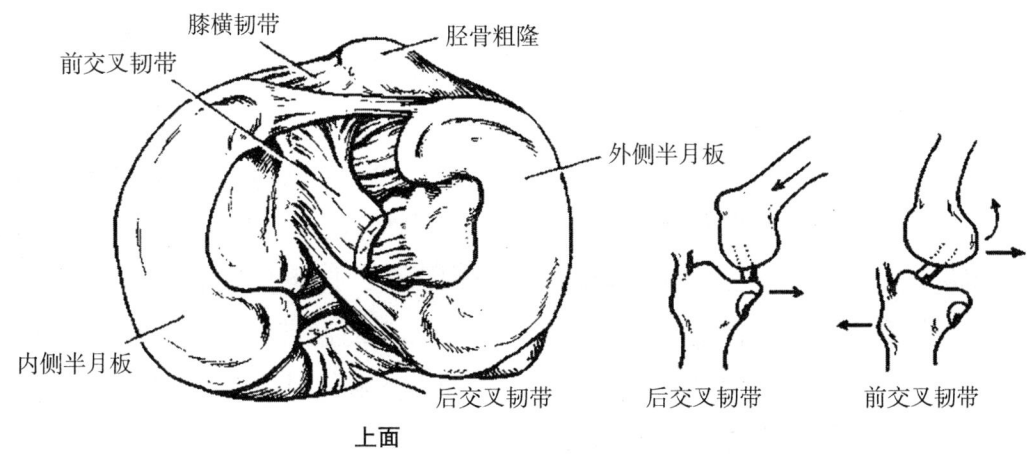

图 2-2-21 膝交叉韧带

膝交叉韧带牢固地连结股骨和胫骨，可防止胫骨沿股骨向前、后移位。前交叉韧带在伸膝时最紧张，能防止胫骨前移，后交叉韧带在屈膝时最紧张，可防止胫骨后移。

膝关节囊的滑膜宽阔、复杂。滑膜在髌骨上缘的上方，向上突起形成深达5厘米左右的髌上囊。在股四头肌腱和股骨体下部之间，髌骨下方的中线两侧部，滑膜层突向关节腔内，形成一对翼状襞。襞内含有脂肪组织，充填关节腔内的空隙。

半月板（图2-2-21）是垫在股骨内、外侧髁与胫骨内、外侧髁关节面之间的两块半月形纤维软骨板，分别称为内、外侧半月板。内侧半月板较大，呈"C"形，前端窄后份宽，外缘与关节囊及胫侧副韧带紧密相连；外侧半月板较小，近似"O"形，外缘亦与关节囊相连。半月板上面凹陷，下面平坦，外缘厚，内缘薄，两端借韧带附着于胫骨髁间隆起。半月板的存在：一是使关节面适合，既增大了关节窝的深度，使膝关节稳固，又可同股骨髁一起对胫骨做旋转运动；二是缓冲压力，吸收震荡，起弹性垫作用。由于半月板随膝关节的运动而移动，因此在强力骤然动作时，易造成损伤或撕裂。

膝关节主要作屈、伸运动。膝关节在半屈时，小腿可作约40°的旋转运动。

（3）胫腓连结

胫腓连结：胫、腓两骨之间的连结紧密，上端由胫骨外侧髁与腓骨头构成微动的胫腓关节，两骨干之间有坚韧的小腿骨间膜相连，下端借胫腓前、后韧带构成坚强的韧带连结。小腿两骨间的活动度甚小。

（4）足关节

足关节：包括距小腿（踝）关节、跗骨间关节、跗跖关节、跖骨间关节、跖趾关节和趾骨间关节。

1）距小腿关节（图2-2-22）：又称踝关节。由胫、腓骨的下端与距骨滑车构成。囊的前、后壁薄而松弛，两侧有韧带增厚加强。内侧有内侧韧带（或称三角韧带），为坚韧的三角形纤维索，起自内踝尖，向下呈扇形展开，止于足舟骨、距骨和跟骨；外侧韧带由不连续的3条独立的韧带组成，前为距腓前韧带，中为跟腓韧带，后为距腓后韧带。3条韧带均起自外踝，分别向前、向下和向后内止于距骨及跟骨，均较薄弱。

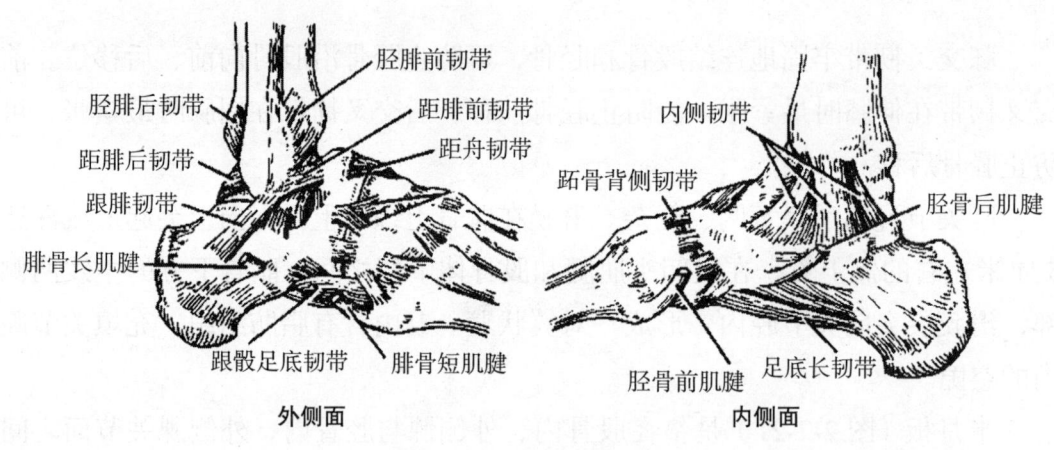

图2-2-22 距小腿关节

踝关节能作背屈（伸）和跖屈（屈）运动。距骨滑车前宽后窄，当背屈时，较宽的滑车前部嵌入关节窝内，踝关节较稳定。当跖屈时，由于较窄的滑车后部进入关节窝内，足能作轻微的侧方运动，关节不够稳定，故踝关节扭伤多发生在跖屈的情况。

2）跗骨间关节（图2-2-23）：是跗骨诸骨之间的关节，可作内翻和外翻运动，并常与踝关节协同运动，即内翻常伴有足的跖屈，外翻常伴有足的背屈。

3）跗跖关节：由 3 块楔骨和骰骨的前端与 5 块跖骨的底构成，可作轻微滑动。在内侧楔骨和第 1 跖骨之间可有轻微的屈、伸运动。

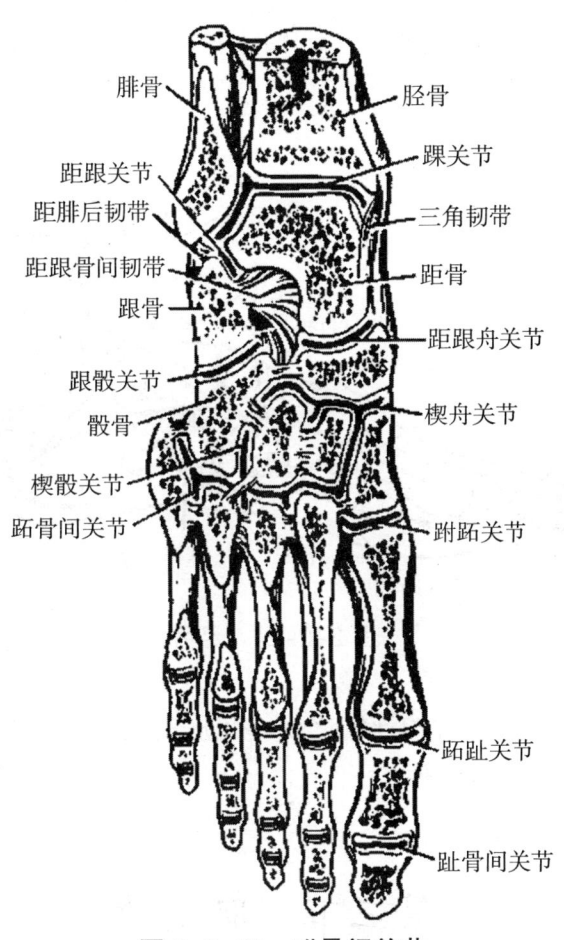

图 2-2-23　跗骨间关节

4）跖骨间关节：由第 2～5 跖骨底的毗邻面借韧带连结构成，活动甚微。

5）跖趾关节：由跖骨头与近节趾骨底构成，可作轻微的屈、伸、收、展运动。

6）趾骨间关节：由各趾相邻的两节趾骨的底与滑车构成，可作屈、伸运动。

（5）足弓

足弓（图 2-2-24）：跗骨和跖骨借其连结形成凸向上的弓，称为足弓。足弓习惯上可分为前后方向的内、外侧纵弓和内外方向的一个横弓。

内侧纵弓前端的承重点在第 1 跖骨头，后端的承重点是跟骨的跟结节，内侧纵弓比外侧纵弓高，活动性大，更具有弹性。

足弓增加了足的弹性，使足成为具有弹性的"三脚架"。人体的重力从踝关节经距骨向前、后传递到跖骨头和跟骨结节，从而保证直立时足底着地支撑的稳固性，在行走和跳跃时发挥弹性和缓冲震荡的作用。足弓还可保护足底的血管、神经免受压迫，减少地面对身体的冲击，以保护体内器官，特别是大脑免受震荡。

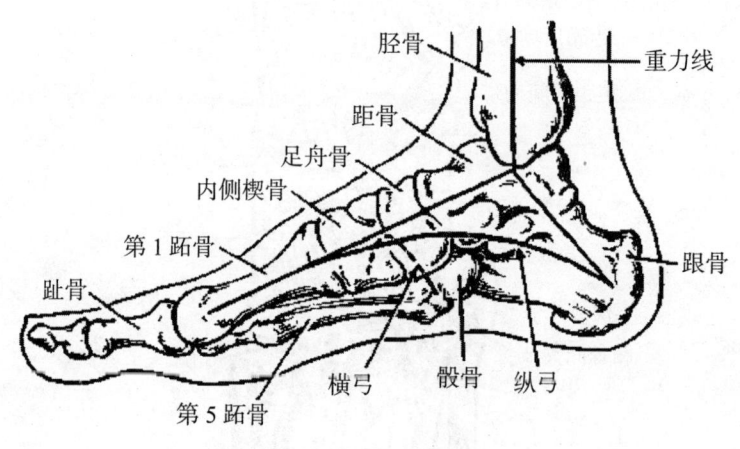

图 2-2-24　足弓

足弓的维持除依靠各骨的连结之外，足底的韧带以及足底的长、短肌腱的牵引对维持足弓也起着重要作用。

第三节　肌　学

一、肌学总论

肌根据构造不同可分为平滑肌、心肌和骨骼肌。平滑肌主要分布于内脏的中空器官及血管壁，舒缩缓慢而持久；心肌为构成心壁的主要部分；骨骼肌主要存在于躯干和四肢，收缩迅速而有力，但易疲劳。心肌与平滑肌受内脏神经调节，不直接受意志的管理，属于不随意肌；骨骼肌受躯体神经支配，直接受人的意志控制，故称为随意肌。

本章叙述的是骨骼肌，它是运动系统的动力部分，多数附着于骨骼。少数附着于皮肤者，称为皮肌。在人体内分布极为广泛，有 600 多块，约占体重的 40%。

每块肌都有一定的形态、结构、位置和辅助装置，执行一定的功能，且有丰富的血管和淋巴管分布，并接受神经的支配，所以每块肌都可视为一个器官。

（一）肌的形态和构造

肌的形态多样（图2-3-1），按其外形大致可分为长肌、短肌、阔肌和轮匝肌4种。

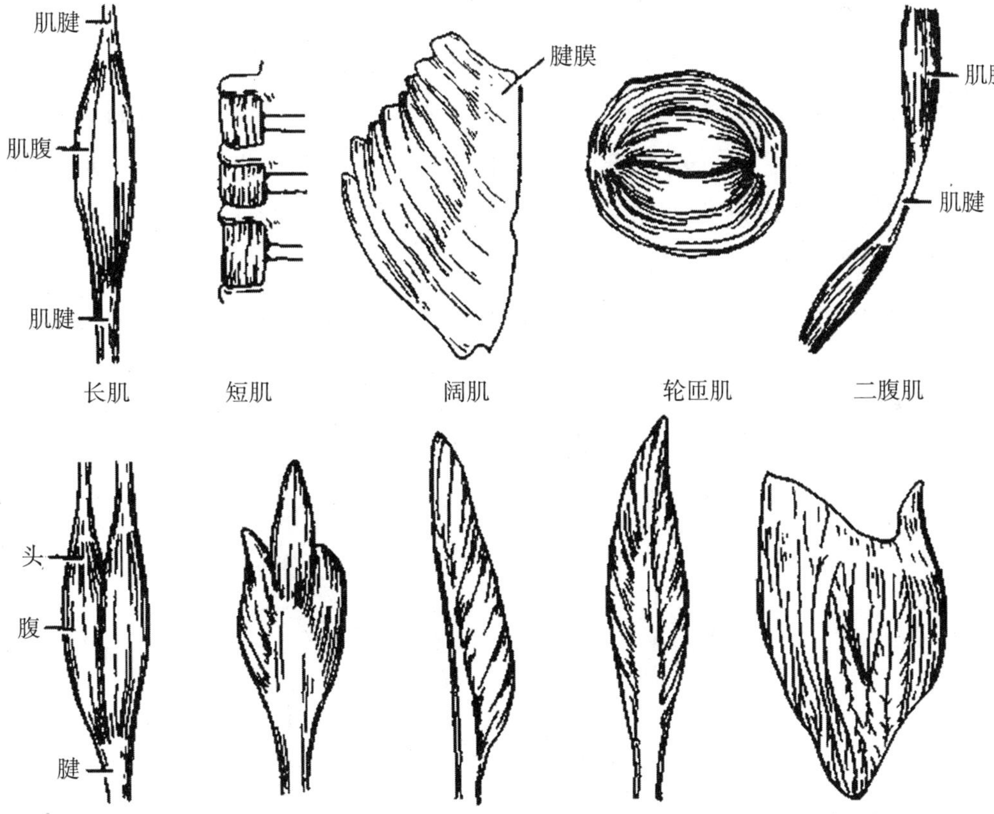

图 2-3-1 肌的形态

长肌多见于四肢，收缩时肌显著缩短而引起大幅度的运动。有些长肌的起端有两个以上的起始头，依其头数而被称为二头肌、三头肌或四头肌；短肌小而短，多分布于躯干深层，具有明显的节段性，收缩时运动幅度较小。阔肌宽扁呈薄片状，多分布于胸、腹壁，除运动躯干外还兼有保护及支持内脏的作用。

轮匝肌主要由环形的肌纤维构成，位于孔、裂的周围，收缩时可以关闭孔裂。

每块骨骼肌包括肌腹和肌腱两部分。肌腹主要由肌纤维（即肌细胞）组成，色红、柔软而有收缩能力。肌腱主要由平行致密的胶原纤维束构成，色白、强韧而无收缩功能，位于肌腹的两端，肌腹以腱附着于骨骼。长肌的肌腹呈梭形，两端腱较细小，呈索条状，有些长肌肌腹被中间腱划分成两个肌腹，称二腹肌；有的由多个肌腹融合而成，中间隔以腱划，称多腹肌。阔肌的肌腹和腱均呈薄膜状，阔肌的腱称腱膜。

（二）肌的起止、配布和作用

肌通常以两端附着在两块或两块以上的骨面上，中间跨过一个或多个关节。肌收缩时使两骨彼此靠近或分离而产生运动。一般来说，两块骨必定有一块骨的位置相对固定，而另一块骨相对地移动。通常把接近身体正中面或四肢部靠近近侧的附着点看做肌肉的起点或定点；把另一端则看做为止点或起点（图 2-3-2）。肌肉的定点和动点在一定条件下可以相互置换。即当移动骨被固定时，在肌的收缩牵引下，固定骨则变为移动骨，原来的动点或止点就变为定点或起点；而原来的定点或起点则变成动点或止点。

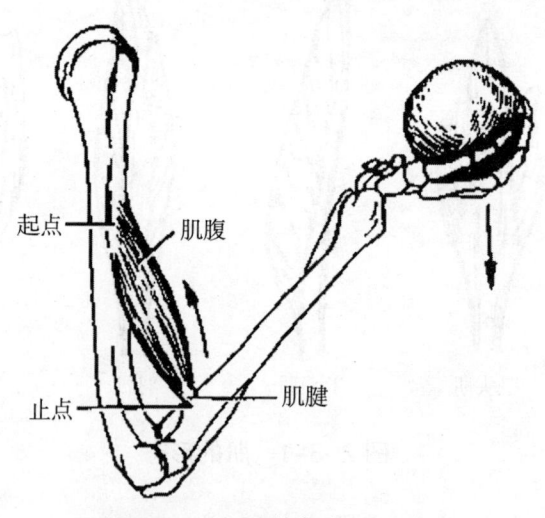

图 2-3-2　肌的起点、止点

肌在关节周围配布的方式和多少与关节的运动轴一致。在一个运动轴的相对侧有两个作用相反的肌或肌群，称为拮抗肌。如肘关节前方的屈肌群和后方的伸肌群。在运动轴的一侧，作用相同的肌，称为协同肌。如肘关节前方的屈肌。

（三）骨骼肌细胞的结构与收缩原理

1. 骨骼肌细胞的结构

骨骼肌细胞突出的特点是细胞内含有丰富的肌原纤维和肌小管（图2-3-3）。

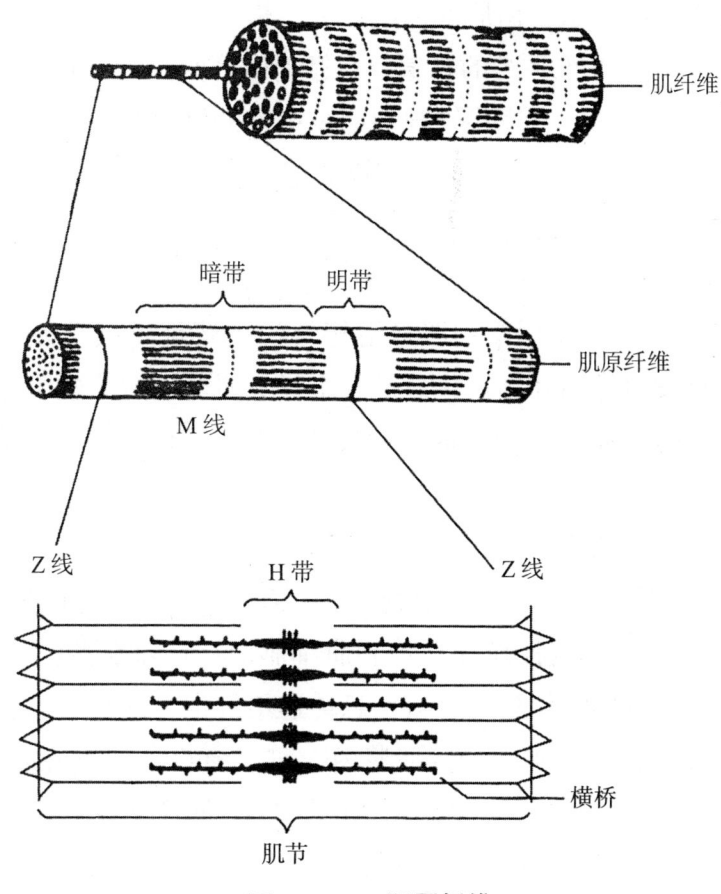

图 2-3-3　肌原纤维

（1）肌原纤维

肌原纤维可视为一种特殊细胞器，与肌细胞的纵轴平行排列，纵贯全长，可达上千条之多。每条肌原纤维又是由粗肌丝、细肌丝按一定的穿插顺序规律排列，使得肌原纤维上出现规律的明、暗相间的结构，分别称为明带和暗带。明带中只有细肌丝，其中央有一条相对较暗的线，叫Z线，是细肌丝的附着点。暗带的长度与粗肌丝等长，是由细肌丝向粗肌丝之间穿插形成的。在暗带的近中央区域只有粗肌丝，而无细肌丝穿插，这个区域在暗带中相对透明，称 H 带。在 H 带的中央（即暗带的中央）有一条暗线，称 M 线，是粗肌丝的附着点。肌原纤维上，相邻的两条 Z 线之间的区域，称为肌节，它包括一个位于中间的暗带和两侧各 1/2 的明带。它是肌原纤维的结构和功能单位。

（2）肌小管

肌小管位于肌细胞内，肌原纤维之间，分为横小管、纵小管两种。横小管是与肌原纤维垂直的管道，由肌膜内陷形成，横小管与细胞外液沟通。纵小管（即肌浆网）是与肌原纤维平行的管道。在靠近横管两侧时，其盲端管腔膨大形成终池，可贮存大量 Ca^{2+}。横小管与两侧纵小管的终池合称为三联体。其作用是把膜上的电变化和细胞内的收缩过程耦联起来。

2. 骨骼肌的收缩原理

（1）肌丝滑行过程

目前骨骼肌的收缩原理常用肌丝滑行学说来解释。该学说认为，肌收缩时，肌丝并没有发生卷曲和缩短，而是发生了细肌丝向粗肌丝中间滑行，使得明带缩短，相应的 H 带也缩短，但暗带长度不变，从而导致肌节缩短，肌细胞和整块肌肉收缩。

（2）兴奋—收缩耦联

兴奋—收缩耦联是指从肌细胞兴奋的电变化到引起肌肉收缩的变化过程。三联体是其结构基础。当神经冲动传到肌细胞时，肌细胞膜兴奋并传给相延续的横小管，在三联体结构处将兴奋信息传递给终池，终池膜通透性增大，其内的 Ca^{2+} 顺浓度梯度经钙通道流入肌浆内，肌浆中 Ca^{2+} 浓度升高，Ca^{2+} 与粗、细肌丝相对应的特定部位发生结合，牵拉细肌丝向粗肌丝中间滑行，肌节缩短，出现肌纤维收缩（图 2-3-4）。随后，肌浆网上钙泵工作，将肌浆中 Ca^{2+} 泵入终池贮存，肌浆中 Ca^{2+} 浓度下降，粗、细肌丝的结合解除，细肌丝向外滑行，肌节恢复原长度，出现肌细胞舒张。

3. 骨骼肌的收缩形式

肌肉长度缩短或肌张力增强称肌肉收缩。按其负荷大小和刺激频率的不同，分为以下两组收缩形式。

（1）等长收缩和等张收缩

肌肉收缩时，张力增加而长度不变的收缩，称等长收缩；长度缩短而张力不再增加的收缩，称等张收缩。在人体内，骨骼肌收缩大多数情况下为两

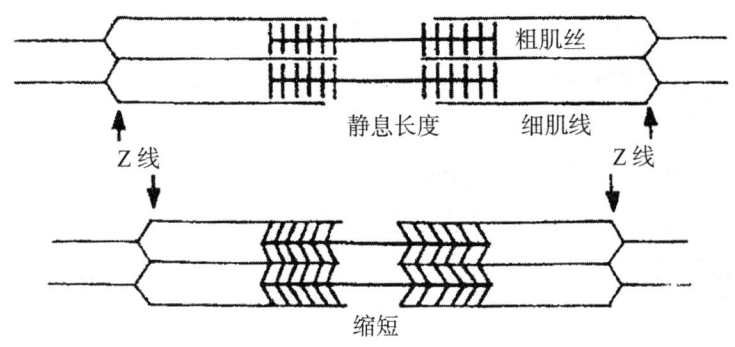

图 2-3-4 肌丝滑行示意图

者混合。

（2）单收缩和强直收缩

骨骼肌受到一次短促而有效的刺激时，迅速产生一次收缩过程，称单收缩。当受到连续的有效刺激时，可出现强而持久的收缩，称强直收缩。由于刺激频率不同，强直收缩可分为不完全强直收缩和完全强直收缩两种（图2-3-5）。正常体内骨骼肌收缩都属于不同程度的强直收缩。

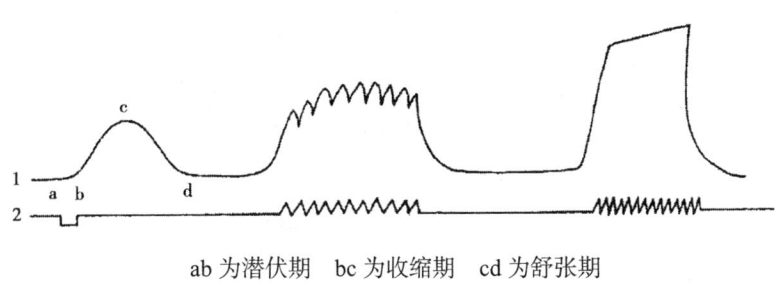

ab 为潜伏期　bc 为收缩期　cd 为舒张期

图 2-3-5　肌肉单收缩和强直收缩曲线

（四）肌的辅助装置

在肌的周围有辅助装置协助肌的活动，具有保持肌的位置、减少运动时的摩擦和保护等功能，肌的辅助装置包括筋膜、滑膜囊和腱鞘。

1. 筋膜

筋膜遍布全身，分浅筋膜和深筋膜两种（图2-3-6）。

（1）浅筋膜

浅筋膜又称皮下筋膜，位于真皮之下，包被全身各部，由疏松结缔组织构成,内富有脂肪。人体某些部位浅筋膜内缺乏脂肪组织,如眼睑、耳郭。浅动脉、皮下静脉、皮神经、淋巴管走行于浅筋膜内。

(2)深筋膜

深筋膜又称固有筋膜,由致密结缔组织构成,位于浅筋膜的深面,它包被体壁、四肢的肌和血管神经等。深筋膜与肌的关系非常密切,随肌的分层而分层。在四肢,深筋膜插入肌群之间,并附着于骨,构成肌间隔;包绕肌群的深筋膜构成筋膜鞘保证肌单独活动;深筋膜还包绕血管、神经形成血管神经鞘。在肌数目众多而骨面不够广阔的部位,它可供肌的附着或作为肌的起点。

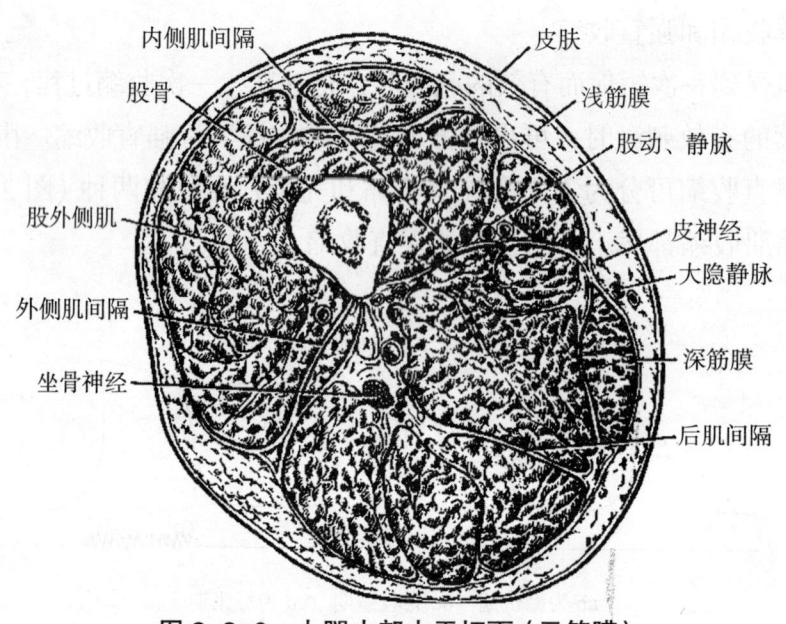

图 2-3-6 大腿中部水平切面(示筋膜)

2. 滑膜囊

滑膜囊为封闭的结缔组织囊,壁薄,内有滑液,多位于腱与骨面相接触处,以减少两者之间的摩擦。有的滑膜囊在关节附近和关节腔相通。滑膜囊炎症可影响肢体局部的运动功能。

3. 腱鞘

腱鞘(图 2-3-7)是包围在肌腱外面的鞘管,存在于活动性较大的部位,如腕、踝、手指和足趾等处。腱鞘可分纤维层和滑膜层两部分。腱鞘的纤维层位于外层,为深筋膜增厚所形成的骨性纤维性管道,它对肌腱起滑车和约束肌腱的作用。腱鞘的滑膜层位于腱纤维鞘内，是由滑膜构成的双层圆筒形的鞘。鞘的内层包在肌腱的表面，称为脏层；外层贴在腱纤维层的内面和骨面，称为壁层。脏、壁两层互相移行，之间含少量滑液，使肌腱能在鞘内自由滑动。若手指不恰当地作长期、过度且快速的活动，可导致腱鞘损伤，产生疼痛并影响肌腱的滑动，称为腱鞘炎。

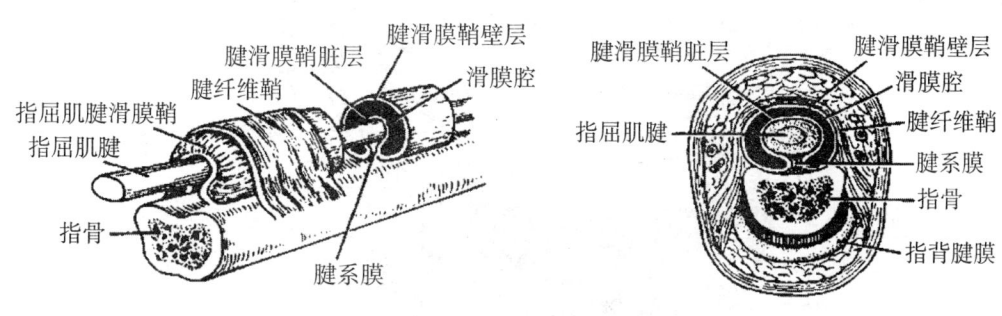

图 2-3-7　腱鞘示意图

二、肌学各论

（一）头肌

头肌可分为面肌和咀嚼肌两部分（图 2-3-8、图 2-3-9）。

1. 面肌

面肌为扁薄的皮肌，位置浅表，大多起自颅骨的不同部位，止于面部皮肤，主要分布于面部口裂、眼裂、鼻孔周围，可分为环形肌和辐射肌两种，有闭合或开大上述孔裂的作用，同时牵动面部皮肤显示喜怒哀乐等各种表情，故面肌又叫表情肌。人耳周围肌已明显退化。

（1）颅顶肌

颅顶肌阔而薄，左右各有一块枕额肌，它由两个肌腹和中间的帽状腱膜构成。前方的肌腹位于额部皮下称额腹，后方的肌腹位于枕部皮下称枕腹。帽状腱膜很坚韧，连于两肌腹，并与头皮紧密结合。枕腹起自枕骨，额腹止于眉部皮肤。枕腹可向后牵拉帽状腱膜，额腹收缩时可提眉并使额部皮肤出现皱纹。

（2）眼轮匝肌

眼轮匝肌位于眼裂周围，呈扁椭圆形。作用：使眼裂闭合。

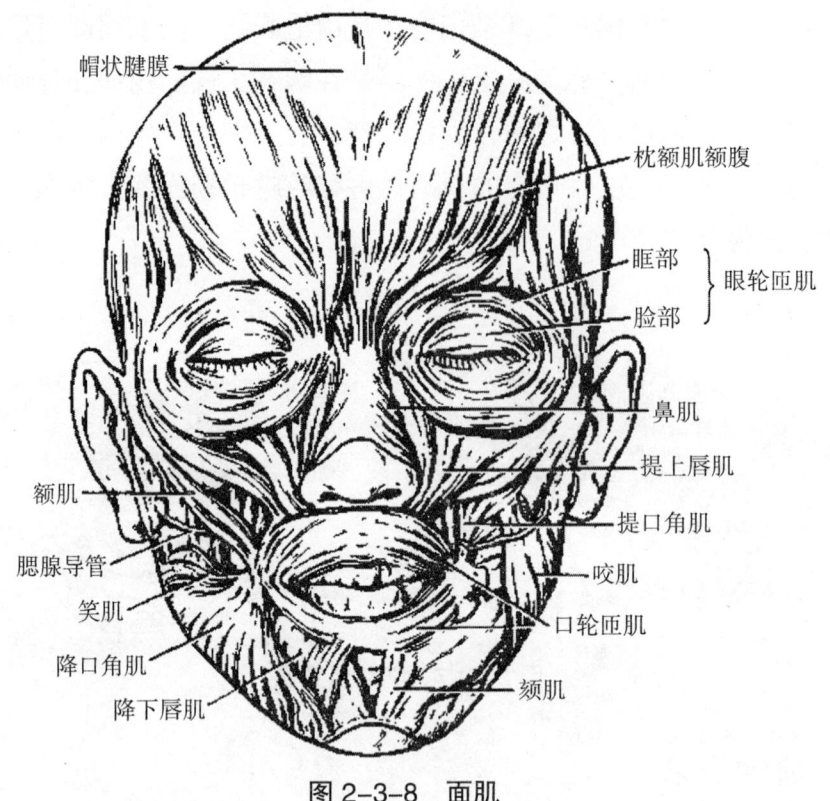

图 2-3-8 面肌

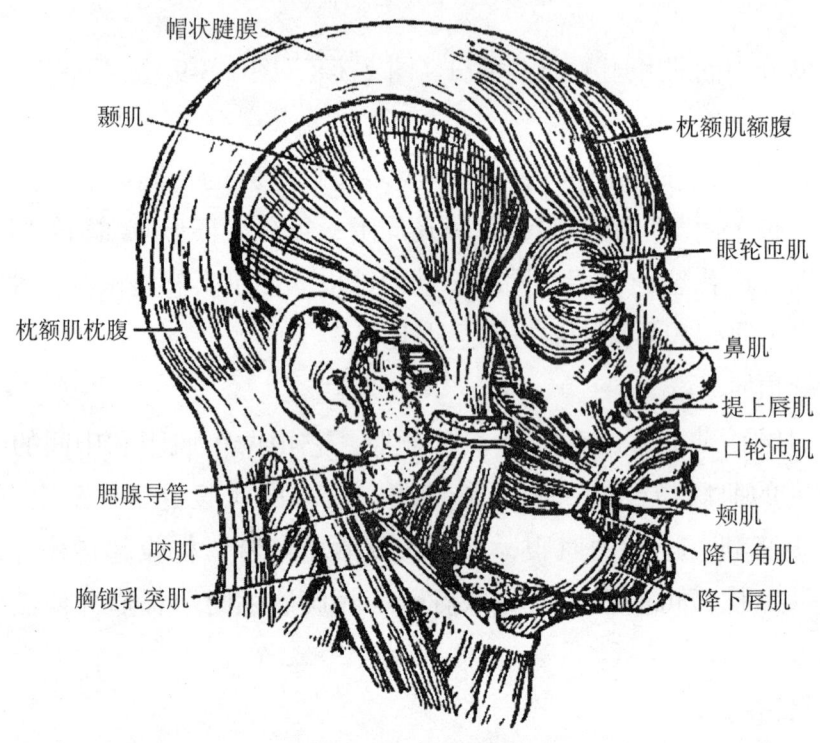

图 2-3-9 咀嚼肌

（3）口周围肌

口周围肌位于口裂周围，包括辐射状肌和环形肌。辐射状肌分别位于口唇的上、下方，能上提上唇、降下唇或拉口角向上、向下或向外。在面颊深部有一对颊肌，此肌紧贴口腔侧壁，可以外拉口角，使唇、颊紧贴牙齿，帮助咀嚼和吸吮，与口轮匝肌共同作用，能作吹口哨的动作，故又称吹奏肌。环绕口裂的环形肌称口轮匝肌，收缩时闭口。

2. 咀嚼肌

咀嚼肌主要有咬肌和颞肌，配布于下颌关节周围，参加咀嚼运动。

（1）咬肌

咬肌起自颧弓的下缘和内面，纤维斜向后下止于咬肌粗隆，收缩时上提下颌骨。

（2）颞肌

颞肌起自颞窝，肌束如扇形向下会聚，通过颧弓的深面，止于下颌骨的冠突，收缩时使下颌骨上提。

（二）颈肌

颈以斜方肌前缘分为前后两部，后部为项部，前部为狭义的颈。颈肌可依其所在位置可分为颈浅肌、颈前肌和颈深肌三组。

1. 颈浅肌

主要有胸锁乳突肌（图2-3-10），位于颈部两侧皮下。起自胸骨柄前面和锁骨的胸骨端，二头会合斜向后上方，止于颞骨的乳突。作用：一侧肌收缩使头向同侧倾斜，脸转向对侧；两侧同时收缩可使头后仰。一侧病变使肌挛缩时，可引起斜颈。

2. 颈前肌

颈前肌（图2-3-11）包括舌骨上肌群和舌骨下肌群。

（1）舌骨上肌群

舌骨上肌群在舌骨与下颌骨之间，有二腹肌、下颌舌骨肌、茎突舌骨肌、颏舌骨肌。主要作用：吞咽时上提舌骨，并可使舌升高，推挤食团入咽，并关闭咽峡。当舌骨固定时，能使拉下颌骨向下而张口。

（2）舌骨下肌群

舌骨下肌群位于颈前部，在舌骨下方正中线的两旁，居喉、气管、甲状腺

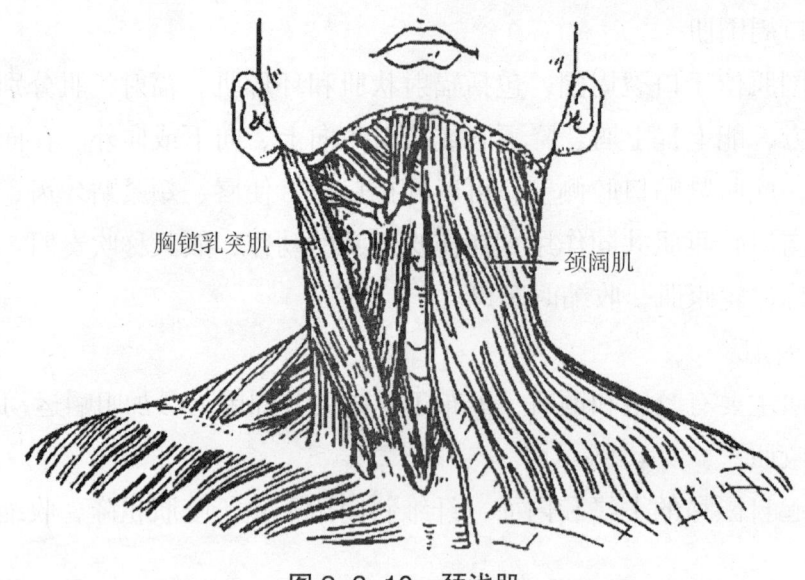

图 2-3-10 颈浅肌

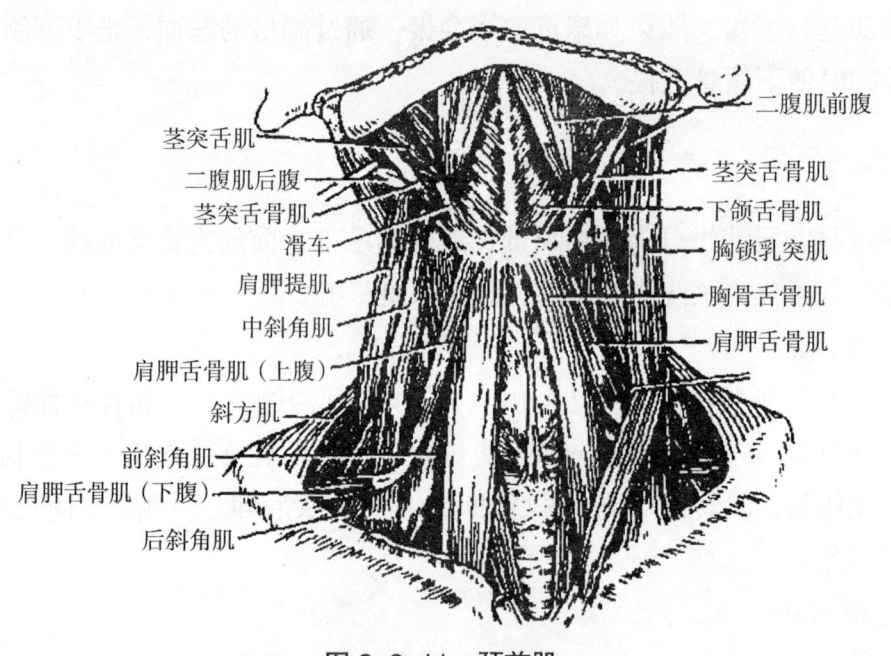

图 2-3-11 颈前肌

的前方。有胸骨舌骨肌、肩胛舌骨肌、胸骨甲状肌和甲状舌骨肌，主要作用：下降舌骨和喉，甲状舌骨肌在吞咽时可使喉靠近舌骨，有助于吞咽活动。

3. 颈深肌

颈深肌（图2-3-12）位于脊柱颈段的两侧，有前斜角肌、中斜角肌和后斜角肌。各肌均起自颈椎横突，其中前、中斜角肌止于第1肋，后斜角肌止于第

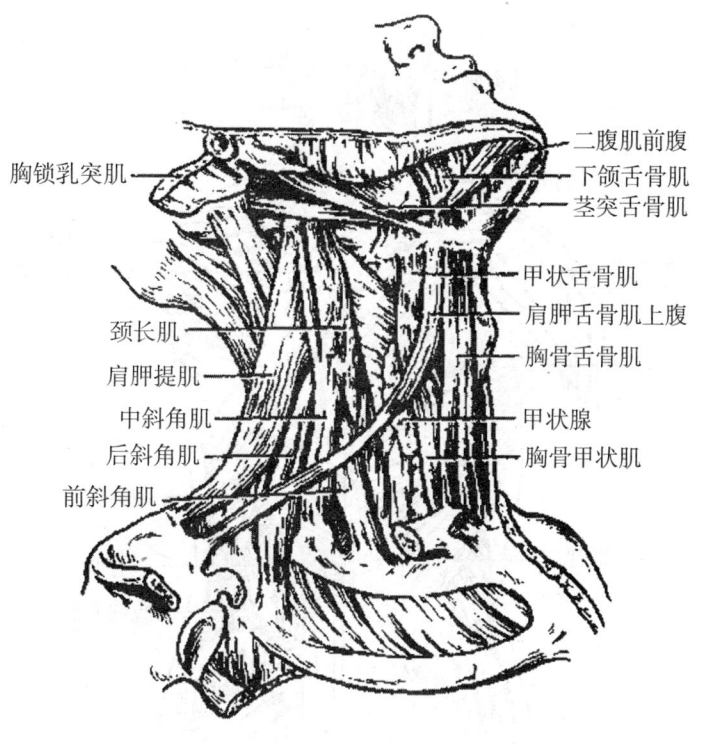

图 2-3-12 颈深肌

2 肋。前、中斜角肌与第 1 肋之间的空隙为斜角肌间隙，有锁骨下动脉和臂丛通过。前斜角肌肥厚或痉挛可压迫这些结构，产生相应症状，称前斜角肌综合征。作用：一侧肌收缩，使颈侧屈；两侧肌同时收缩可上提第 1、2 肋助深吸气。如肋骨固定，则可使颈前屈。

（三）躯干肌

躯干肌可分为背肌、胸肌、膈、腹肌等。

1. 背肌

背肌（图 2-3-13）分为浅、深两层，浅层有斜方肌、背阔肌和肩胛提肌，深层有竖脊肌。

（1）斜方肌

斜方肌位于项部和背上部的浅层，为三角形的阔肌，左右两侧合在一起呈斜方形，故而得名。该肌起自枕外隆凸、项韧带、第 7 颈椎和全部胸椎的棘突，上部的肌束斜向外下方，中部的肌束平行向外，下部的肌束斜向外上方，止于锁骨的外侧 1/3 部、肩峰和肩胛冈。作用：使肩胛骨向脊柱靠拢，上部肌束可

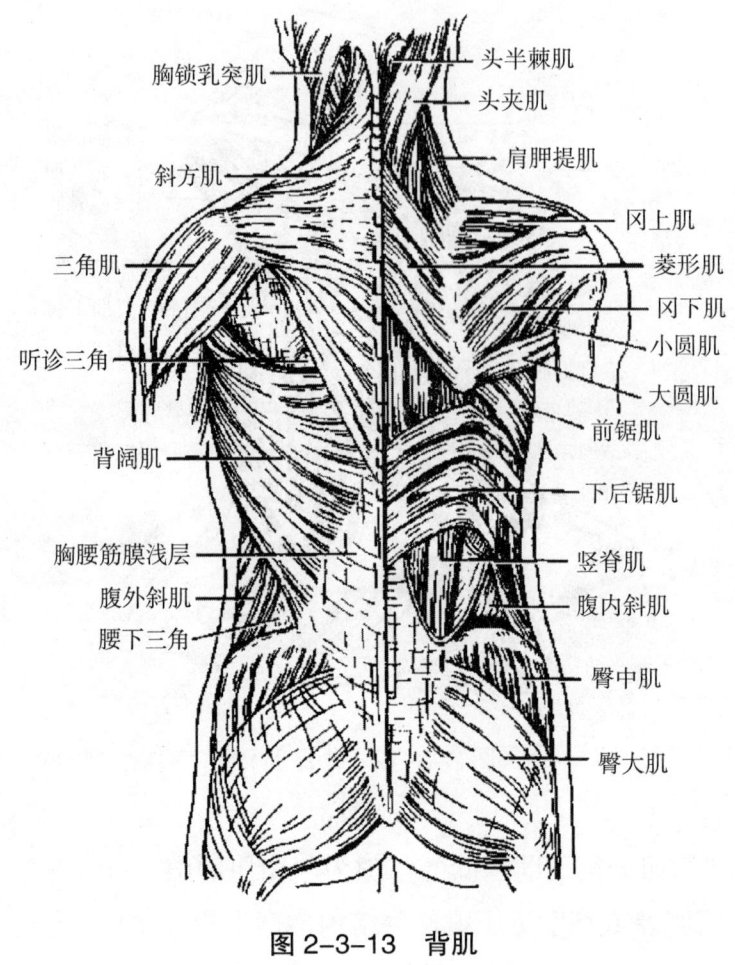

图 2-3-13 背肌

上提肩胛骨，下部肌束使肩胛骨下降。如果肩胛骨固定，两侧同时收缩可使头后仰。

（2）背阔肌

背阔肌为全身最大的阔肌，位于背的下半部及胸的后外侧，以腱膜起自下6个胸椎的棘突、全部腰椎的棘突、骶正中嵴及髂嵴后部等处。肌束向外上方集中，经肱骨的内侧至其前方，以扁腱止于肱骨小结节嵴。作用：使肱骨内收、旋内和后伸。当上肢上举固定时，可引体向上。

（3）肩胛提肌

肩胛提肌位于项部两侧，斜方肌的深面，起自上4个颈椎的横突，止于肩胛骨的上角。作用：上提肩胛骨，并使肩胛骨下角转向内，如肩胛骨固定，可使颈向同侧屈曲。

（4）竖脊肌（骶棘肌）

竖脊肌（骶棘肌）为背肌中最长、最大的肌。纵列于躯干的背面，脊柱两侧的沟内。起自骶骨背面和髂嵴的后部，向上分出三群肌束，就近止于椎骨和肋骨，向上可到达颞骨乳突。作用：使脊柱后伸和仰头，一侧收缩使脊柱侧屈。

（5）背部筋膜

背部筋膜被覆于斜方肌和背阔肌表面的深筋膜较薄弱，但在竖脊肌周围的筋膜特别发达，称胸腰筋膜。

胸腰筋膜包裹在竖脊肌和腰方肌的周围，腰部筋膜明显增厚，可分为浅、中和深层。浅层位于竖脊肌的浅面，向内附于棘上韧带，向外侧附于肋角，向下附于髂嵴，也是背阔肌的起始腱膜，白色而有光泽。中层分隔竖脊肌和腰方肌，中层和浅层在外侧会合，构成竖脊肌鞘。深层覆盖腰方肌的前面，三层筋膜在腰方肌外侧缘会合而成为腹内斜肌和腹横肌的起部。由于腰部活动度大，在剧烈运动中，胸腰筋膜常可扭伤，为腰背劳损病因之一。

2. 胸肌

胸肌可分为胸上肢肌和胸固有肌。

（1）胸上肢肌

胸上肢肌主要有胸大肌（图 2-3-14），位置表浅，宽而厚，呈扇形，覆盖胸廓前壁的大部，起自锁骨的内侧半、胸骨和第 1~6 肋软骨等处，各部肌束聚合向外，以扁腱止于肱骨大结节嵴。

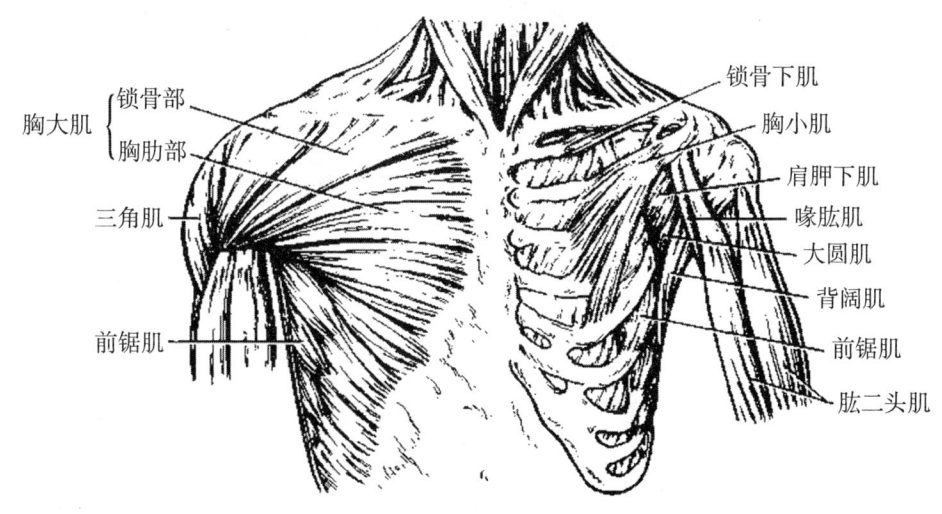

图 2-3-14　胸肌

作用：使关节内收、旋内和前屈。如上肢固定，可上提躯干，与背阔肌一起完成引体向上的动作，也可提协助吸气。

（2）胸固有肌

1）肋间外肌：位于各肋间隙的浅层，起自肋骨下缘，肌束斜向前下，止于下一肋骨的上缘。作用：提肋，使胸廓纵径及横径均扩大，以助吸气。

2）肋间内肌：位于肋间外肌的深面，起自下位肋骨的上缘，止于上位肋骨的下缘，肌束方向与肋间外肌相反。作用：降肋助呼气。

3. 膈

膈（图2-3-15）是向上膨隆呈穹隆形的扁薄阔肌，膈的肌纤维起自胸廓下口的内面和腰椎前面，各部肌纤维向中央移行于中心腱，故膈的外周是肌性部，而中央部分是腱膜。

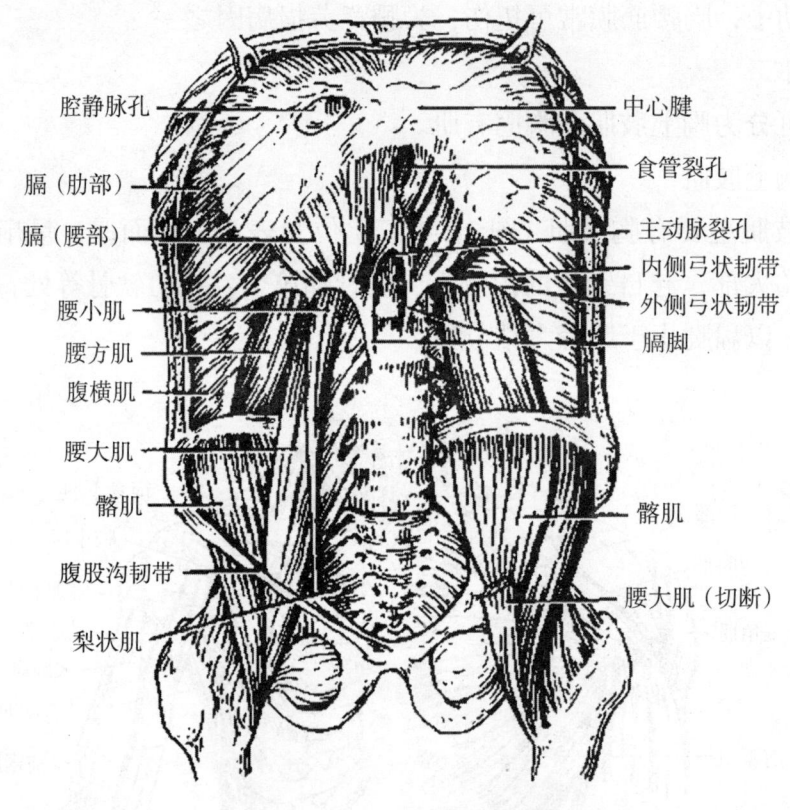

图 2-3-15 膈与腹后壁肌

膈上有三个裂孔：在第12胸椎前方为主动脉裂孔，有主动脉和胸导管通过；主动脉裂孔的左前上方，约在第10胸椎水平，有食管裂孔，有食管和迷走神经通过；在食管裂孔的右前上方的中心腱内有腔静脉孔，约在第 8 胸椎水平，有下腔静脉通过。

作用：膈为主要的呼吸肌，收缩时，膈穹窿下降，胸腔容积扩大，以助吸气；松弛时，膈穹窿上升恢复原位，胸腔容积减小，以助呼气。膈与腹肌同时收缩，则能增加腹压，协助排便、呕吐、咳嗽、喷嚏及分娩等活动。

4. 腹肌

腹肌位于胸廓与骨盆之间，参与腹壁的组成。按其部位可分为前外侧群、后群两部分。

（1）前外侧群

前外侧群（图 2-3-16）构成腹腔的前外侧壁，包括带形的腹直肌和 3 块宽阔的扁肌：腹外斜肌、腹内斜肌和腹横肌。

1）腹直肌：位于腹前壁正中线的两旁，居腹直肌鞘中，上宽下窄，起自耻骨联合至耻结节上缘，肌束向上止于胸骨剑突和第 5～7 肋软骨的前面，肌的全长被 3～4 条横行的腱划分成几个肌腹。

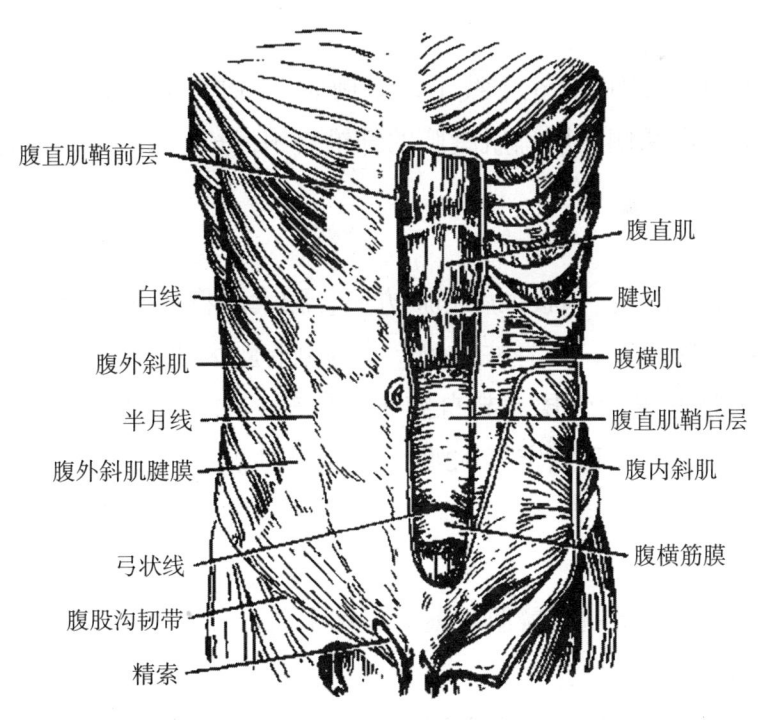

图 2-3-16 腹肌

2）腹外斜肌：为宽阔扁肌。位于腹前外侧部的浅层，以 8 个肌齿起自下

8个肋骨的外面，肌纤维斜向前下，后部肌束向下止于髂嵴前部，其余肌束向内移行于腱膜，经腹直肌的前面，并参与构成腹直肌鞘的前层，终于腹前正中线。腹外斜肌腱膜的下缘卷曲增厚连于髂前上棘与耻骨结节之间，称为腹股沟韧带。

3）腹内斜肌：在腹外斜肌深面。起始于胸腰筋膜、髂嵴和腹股沟韧带的外侧1/2，止于下位3个肋骨，大部分肌束向前上方延为腱膜，在腹直肌外侧缘分为前后两层包裹腹直肌，参与构成腹直肌鞘的前层及后层，终于腹前正中线。

4）腹横肌：在腹内斜肌深面，起自下6个肋软骨的内面、胸腰筋膜、髂嵴和腹股沟韧带的外侧1/3，肌束横行向前延为腱膜，腱膜越过腹直肌后面参与组成腹直肌鞘后层，止于白线。

腹前外侧群肌的作用：三块扁肌肌纤维互相交错，结构如三合板，薄而坚韧，与腹直肌共同形成牢固而有弹性的腹壁，保护腹腔脏器，维持腹内压，而腹内压对腹腔脏器位置的固定有重要意义。当腹肌收缩时，可增加腹内压以完成排便、分娩、呕吐和咳嗽等生理功能，能使脊柱前屈、侧屈与旋转，还可降肋助呼气。

5）白线：位于腹前壁正中线上，坚韧而少血管，上部较宽，为左右腹直肌鞘之间的隔，由两侧三层扁肌腱膜的纤维交织而成。上方起自剑突，下方止于耻骨联合。

（2）后群

后群（图2-3-15）：有腰大肌和腰方肌，腰大肌将在下肢肌中叙述。

腰方肌位于腹后壁，在脊柱两侧，其内侧有腰大肌，其后方有竖脊肌，两者之间隔有胸腰筋膜的中层。起自髂嵴的后部，向上止于第12肋和第1~4腰椎横突。作用：下降和固定第12肋，并使脊柱侧屈。

（四）上肢肌

上肢肌分为上肢带肌、臂肌、前臂肌和手肌。

1. 上肢带肌

上肢带肌（图2-3-17、图2-3-18）配布于肩关节周围，均起自上肢带骨，而止于肱骨。能运动肩关节，又能增强关节的稳固性。

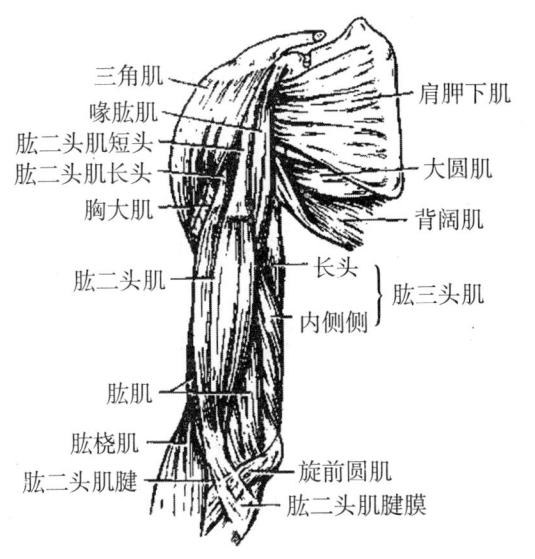

图 2-3-17 上肢带肌与臂肌前群

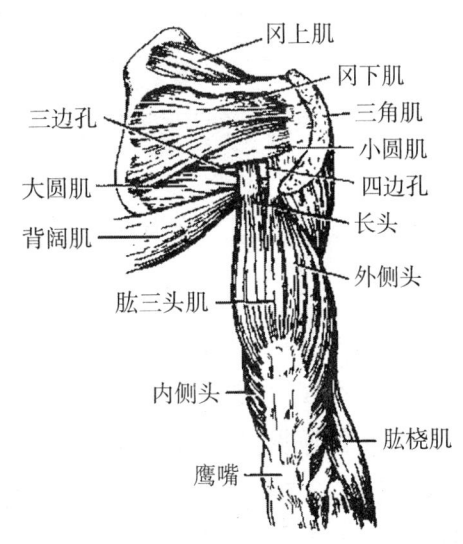

图 2-3-18 上肢带肌与臂肌后群

（1）三角肌

三角肌位于肩部，呈三角形。起自锁骨的外侧段、肩峰和肩胛冈，肌束从前、外、后包裹肩关节，逐渐向外下方集中，止于肱骨体中部外侧的三角肌粗隆。作用：外展肩关节。前部肌束可以使肩关节屈和旋内，后部肌束能使肩关节伸和旋外。

（2）冈上肌

冈上肌位于斜方肌深面，起自肩胛骨的冈上窝，肌束向外经肩峰和喙肩韧带的下方，跨越肩关节，止于肱骨大结节的上部。作用：使肩关节外展。

（3）冈下肌

冈下肌位于冈下窝内，肌的一部分被三角肌和斜方肌覆盖。起自冈下窝，肌束向外经肩关节后面，止于肱骨大结节的中部。作用：使肩关节旋外。

（4）小圆肌

小圆肌位于冈下肌的下方，起自肩胛骨外侧缘背面，止于肱骨大结节的下部。作用：使肩关节旋外。

（5）大圆肌

大圆肌位于小圆肌的下方，其下缘被背阔肌遮盖。起自肩胛骨下角的背面，肌束向上外方，止于肱骨小结节嵴。作用：使肩关节内收和旋内。

（6）肩胛下肌

肩胛下肌呈三角形，起自肩胛下窝，肌束向上外经肩关节的前方，止于肱骨小结节。作用：使肩关节内收和旋内。

2. 臂肌

臂肌覆盖肱骨，分为前、后两群。前群为屈肌，后群为伸肌。

（1）前群

前群（图2-3-17）：主要为肱二头肌。肱二头肌呈梭形，起端有两个头，长头以长腱起自肩胛骨盂上结节，通过肩关节囊，经结节间沟下降；短头在内侧，起自肩胛骨喙突。两头在臂的下部合并成一个肌腹。向下移行为肌腱止于桡骨粗隆。作用：屈肘关节；当前臂在旋前位时，能使其旋后。此外，还能协助屈肩关节。

（2）后群

后群（图2-3-18）：肱三头肌起端有三个头，长头以长腱起自肩胛骨盂下结节，向下行经大、小圆肌之间；外侧头与内侧头分别起自肱骨后面桡神经沟的外上方和内下方的骨面，三个头向下以一坚韧的肌腱止于尺骨鹰嘴。作用：伸肘关节，长头还可使肩关节后伸和内收。

3. 前臂肌

前臂肌位于尺、桡骨的周围，分为前（屈肌）后（伸肌）两群。主要运动腕关节、指间关节。前臂肌大多数是长肌，肌腹位于近侧，细长的腱位于远侧，所以前臂的上半部膨隆，下半部逐渐变细。其命名与功能、位置关系密切。

（1）前群

前群：共9块，称为屈肌群，可分为浅深两层。

1）浅层（图2-3-19）有6块肌，自桡侧向尺侧依次为：

①肱桡肌：起自肱骨外上髁的上方，向下止于桡骨茎突，作用为屈肘关节。

下列五块肌共同以屈肌总腱起自肱骨内上髁以及前臂深筋膜。

②旋前圆肌：止于桡骨外侧面的中部，作用为前臂旋前、肘关节前屈。

③桡侧腕屈肌：以长腱止于第2掌骨底。作用为屈肘、屈腕和腕外展。

④掌长肌：肌腹很小而腱细长，连于掌腱膜，作用为屈腕和紧张掌腱膜。

⑤尺侧腕屈肌：止于豌豆骨，作用力屈腕和腕内收。

⑥指浅屈肌：起自肱骨内上髁、尺骨和桡骨前面，肌束往下移行为四条肌腱，通过腕管和手掌，分别进入第2～5指的屈肌腱鞘，止于中节指骨体的两

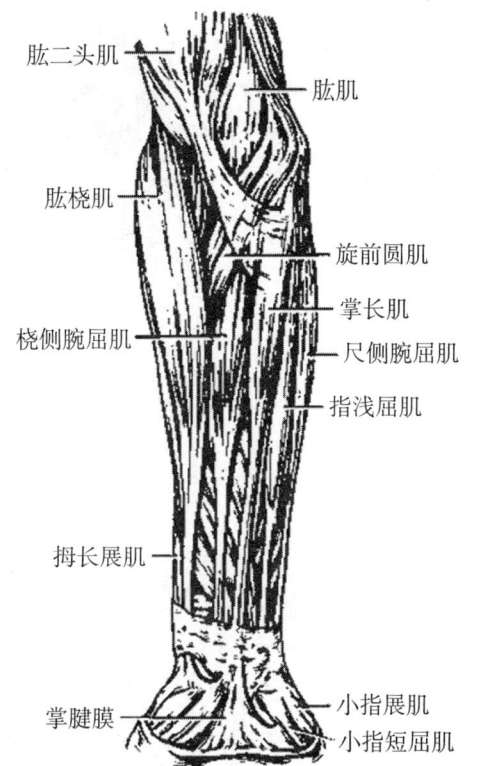

图 2-3-19 前臂肌前群（浅层）

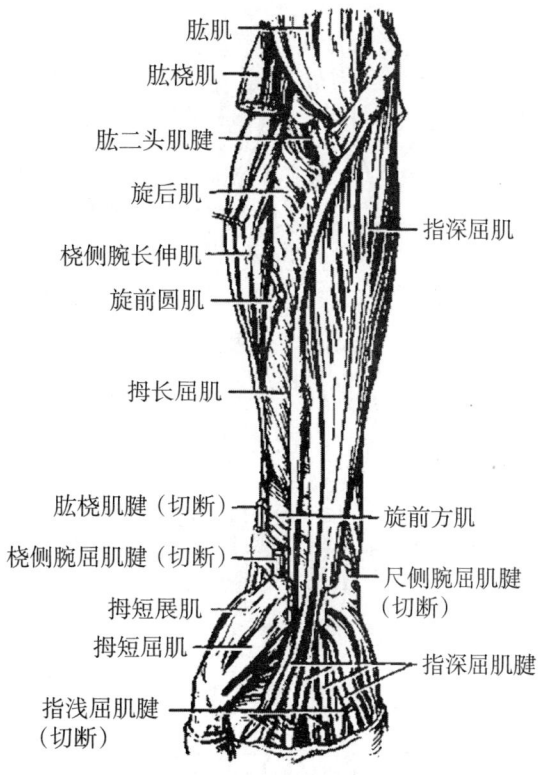

图 2-3-20 前臂肌前群（深层）

侧。作用：屈近侧指骨间关节、屈掌指关节和腕关节。

2）深层（图 2-3-20）有 3 块肌。

①拇长屈肌：位于前臂外侧半，作用为屈拇指指间关节和掌指关节。

②指深屈肌：位于前臂内侧半，作用为屈指间关节、掌指关节和屈腕关节。

③旋前方肌：位于桡、尺骨远端的前面。作用为前臂旋前。

（2）后群

后群：共 10 块肌，称为伸肌群，分浅、深两层排列。

1）浅层（图 2-3-21）有 5 块肌，以一个共同的腱即伸肌总腱起自肱骨外上髁以及邻近的深筋膜。自桡侧向尺侧依次为：

①桡侧腕长伸肌：向下以长腱至手背，止于第 2 掌骨底，作用为伸腕，还可使腕外展。

②桡侧腕短伸肌：在桡侧腕长伸肌的后内侧，止于第 3 掌骨底，作用为伸腕、腕外展。

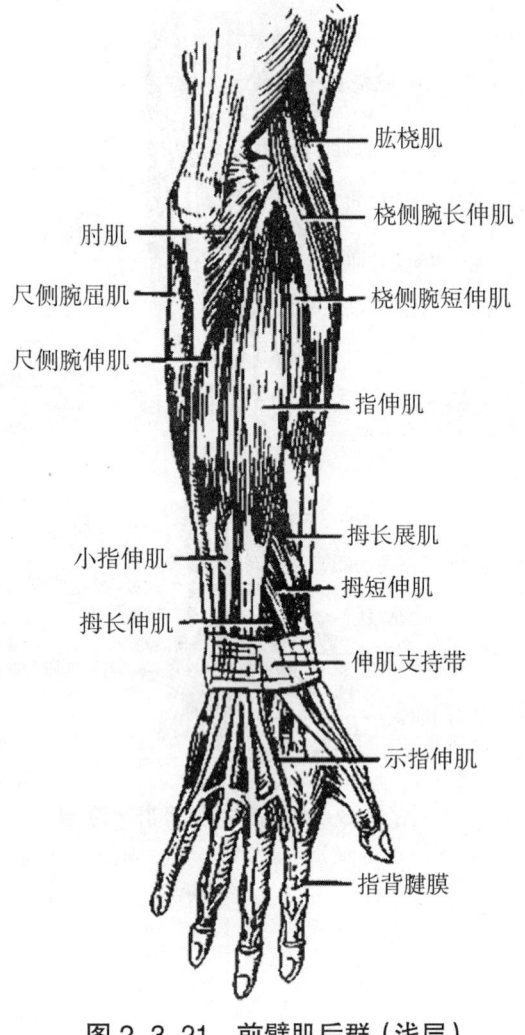

图 2-3-21 前臂肌后群（浅层）

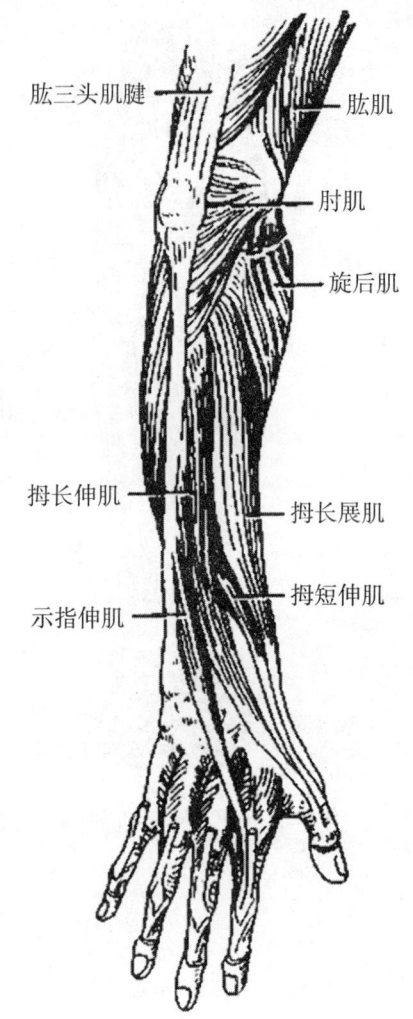

图 2-3-22 前臂肌后群（深层）

③指伸肌：肌腹向下移行为四条肌腱，经手背，分别到第 2～5 指。在手背远侧部，掌骨头附近，四条腱之间有腱间结合相连，各腱到达指背时向两侧扩展为扁的腱膜，称指背腱膜，止于中节和远节指骨底，作用为伸指和伸腕。

④小指伸肌：是一条细长的肌，附于指伸肌内侧，肌腱移行为指背腱膜，止于小指中节和远节指骨底。作用为伸小指。

⑤尺侧腕伸肌：止于第 5 掌骨底，作用为伸腕及腕内收。

2）深层（图 2-3-22）5 块肌，从上外向下内依次为：

①旋后肌：起自尺骨近侧，肌纤维斜向外下并向前包绕桡骨，止于桡骨前面的上部。作用为使前臂旋后。

下列 4 块肌皆起自桡、尺骨和骨间膜的背面，其作用与名称相同。

②拇长展肌：止于第1掌骨底。
③拇短伸肌：止于拇指近节指骨底。
④拇长伸肌：止于拇指远节指骨底。
⑤示指伸肌：止于示指的指背腱膜。

4. 手肌

手的固有肌位于手的掌侧，短小纤细，其作用为运动手指。人类手指灵巧，除可作屈、伸、收、展外，还有对掌运动，因而也配备了相应的肌。手肌可分为外侧、中间和内侧三群（图2-3-23）。

（1）外侧群

外侧群较为发达，在手掌拇指侧形成一隆起，称为鱼际，共有4块。分别为拇短展肌、拇短屈肌、拇对掌肌和拇收肌，其作用使拇指作展、屈、对掌和收等动作。

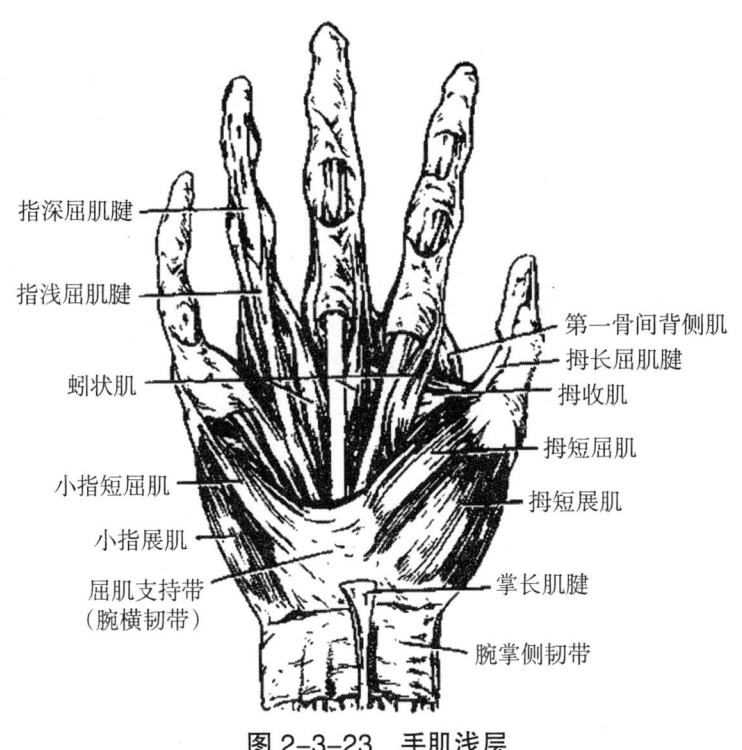

图 2-3-23　手肌浅层

（2）内侧群

在手掌小指侧，形成一隆起称小鱼际，有3块肌。分别为小指展肌、小指短屈肌和小指对掌肌，分别使小指做外展和对掌等动作。

（3）中间群

中间群位于掌心，包括蚓状肌和骨间肌。

1）蚓状肌：屈2～5指掌指关节、伸指间关节。

2）骨间肌分为骨间掌侧肌和骨间背侧肌。作用分别为使第2、4、5指向中指靠拢（内收）和以中指为中心，能外展第2、3、4指。

5. 上肢的局部记载

（1）腋窝

腋窝位于臂上部内侧和胸外侧壁之间的锥形空隙，有顶、底和前、后、内侧及外侧四个壁。前壁为胸大、小肌；后壁为肩胛下肌、大圆肌、背阔肌和肩胛骨；内侧壁为上部胸壁和前锯肌；外侧壁为喙肱肌、肱二头肌短头和肱骨。顶即上口，由锁骨、肩胛骨的上缘和第1肋围成的三角形间隙，向上通向颈部。腋动、静脉和臂丛等即经此口进入腋窝。底由腋筋膜和皮肤构成。此外，底内还有大量的脂肪及淋巴结、淋巴管等。

（2）肘窝

肘窝位于肘关节前面，为三角形凹窝。外侧界为肱桡肌，内侧界为旋前圆肌，上界为肱骨内、外上髁之间的连线。窝内自外向内有肱二头肌腱、肱动脉及分支、正中神经。

（3）腕管

腕管位于腕掌侧，由腕横韧带和腕骨沟围成。管内有浅、深屈肌腱、拇长屈肌腱和正中神经通过。

（五）下肢肌

下肢肌可分为髋肌、大腿肌、小腿肌和足肌。由于下肢功能主要是维持直立姿势、支持体重和行走，故下肢肌均比上肢肌粗壮。

1. 髋肌

髋肌（图2-3-24）主要起自骨盆的内面和外面，跨过髋关节，止于股骨上部，是主要的运动髋关节。按其所在的部位和作用，可分为前、后两群。

（1）前群

前群主要由腰大肌和髂肌组成。腰大肌起自腰椎体侧面和横突。髂肌呈扇形，位于腰大肌的外侧，起自髂窝。两肌向下会合，经腹股沟韧带深面，止于股骨小转子。作用：使髋关节前屈和旋外。下肢固定时，可使躯干前屈，如仰卧起坐。

（2）后群肌（图2-3-25）

位于臀部，故又称臀肌，主要有4块。

1）臀大肌：位于臀部浅层、大而肥厚，形成特有的臀部隆起。起自髂骨翼外面和骶骨背面，肌束斜向下外，止于髂胫束和股骨的臀肌粗隆。作用：使髋关节伸和外旋。下肢固定时，能伸直躯干，防止躯干前倾，是维持人体直立的重要肌肉。

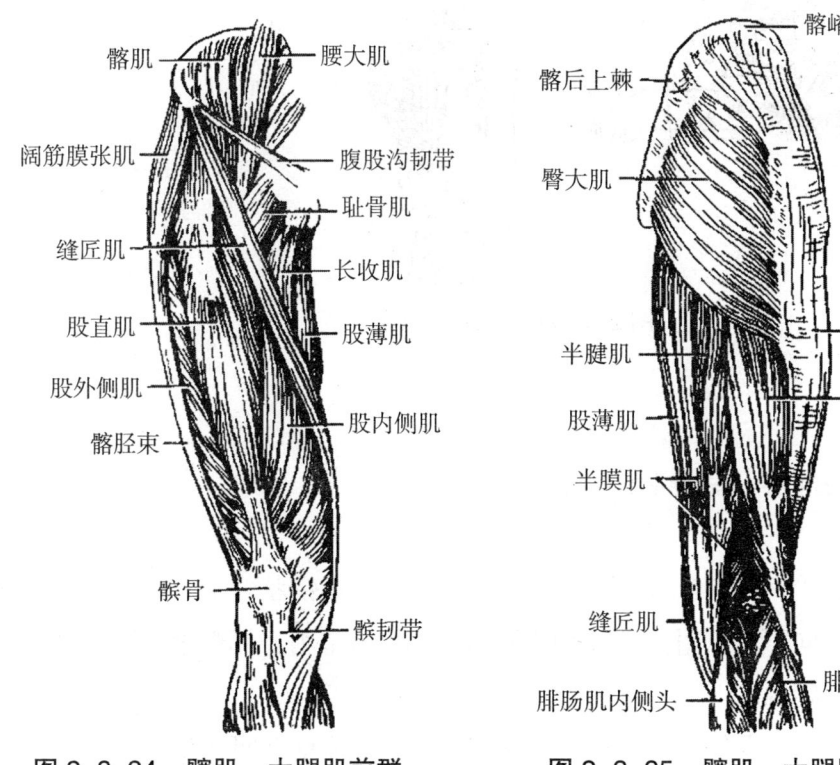

图2-3-24　髋肌、大腿肌前群　　图2-3-25　髋肌、大腿肌后群（浅层）

2）臀中肌（图2-3-26）：前上部位于皮下，后下部位于臀大肌的深面。

3）臀小肌：位于臀中肌的深面。两肌都呈扇形，皆起自髂骨翼外面，肌束向下集中形成短腱，止于股骨大转子。作用：二肌作用相同，使髋关节外展，前部肌束能使髋关节旋内，后部肌束则使髋关节旋外。

4）梨状肌：起自盆内骶骨前面，纤维向外出坐骨大孔达臀部，止于股骨大转子。作用：外旋、外展髋关节。

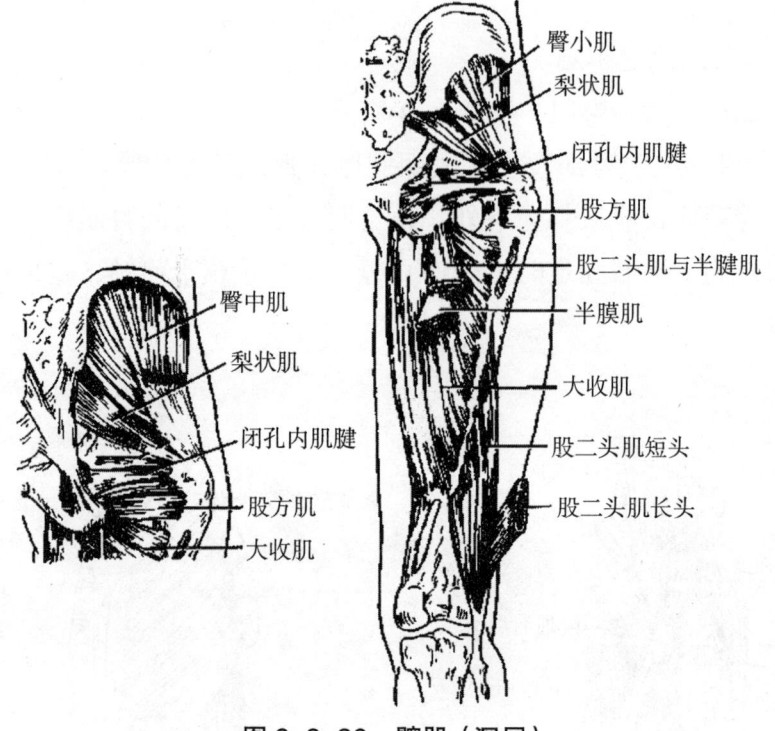

图 2-3-26　髋肌（深层）

2. 大腿肌

大腿肌分为前群、后群和内侧群。

（1）前群

1）缝匠肌（图 2-3-24）：是全身最长的肌，呈扁带状。起于髂前上棘，经大腿的前面，斜向下内，止于胫骨上端的内侧面。作用：屈髋和屈膝关节，并使已屈的膝关节旋内。

2）股四头肌：是全身最大的肌，有四个头，即股直肌、股内侧肌、股外侧肌和股中间肌。股直肌起自髂前下棘；股内侧肌和股外侧肌分别起自股骨粗线内、外侧；股中间肌位于股直肌的深面，在股内、外侧肌之间，起自股骨体的前面。四个头向下形成一腱，包绕髌骨的前面和两侧，向下续为髌韧带，止于胫骨粗隆。作用：是膝关节强有力的伸肌，股直肌还可屈髋关节。

（2）内侧群肌

内侧群肌（图 2-3-27）：共有 5 块肌，位于大腿的内侧。均起自闭孔周围的耻骨支、坐骨支和坐骨结节等骨面，分层排列。

浅层自外侧向内侧有耻骨肌、长收肌和股薄肌。在耻骨肌和长收肌的深面，为短收肌。在上述肌的深面，有一块大而厚，呈三角形的大收肌。

除股薄肌止于胫骨上端的内侧以外，其他各肌都止于股骨粗线。作用：主要使髋关节内收。

（3）后群

后群（图2-3-25）：有股二头肌、半腱肌、半膜肌，均起自坐骨结节，跨越髋、膝两个关节，常称之为"腘绳肌"。

1）股二头肌：位于股后部的外侧，有长、短两个头，长头起自坐骨结节，短头起自股骨粗线，两头会合后，以长腱止于腓骨头。

2）半腱肌：位于股后部的内侧，肌腱细长，几乎占肌的一半，止于胫骨上端的内侧。

3）半膜肌：在半腱肌的深面，上部是扁薄的腱膜，几乎占了一半，肌的下端以腱止于胫骨内侧髁的后面。

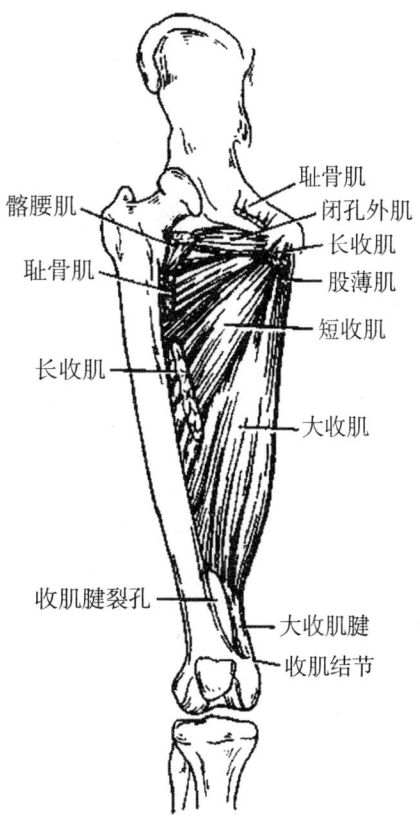

图 2-3-27　内侧群肌

作用：后群3块肌可以屈膝关节、伸髋关节。屈膝时股二头肌可以使小腿旋外，半腱肌和半膜肌使小腿旋内。

3. 小腿肌

小腿肌可分为三群：前群在小腿骨间膜的前面，后群在骨间膜的后面，外侧群在腓骨的外侧面。

（1）前群

前群（图2-3-28）：由内侧向外侧排列，有3块肌。

1）胫骨前肌：起自胫骨外侧面，止于内侧楔骨内侧面和第1跖骨底。作用为伸踝关节（背屈），使足内翻。

2）趾长伸肌：起自腓骨前面、胫骨上端和小腿骨间膜，至足背分为4个腱到第2～5趾，成为趾背腱膜，止于中节、远节趾骨底。作用为伸踝关节、伸蹈趾。

3）蹈长伸肌：位于上述二肌之间，起自腓骨内侧面的中份和骨间膜，止于蹈趾远节趾骨底。作用为伸踝关节、伸蹈趾。

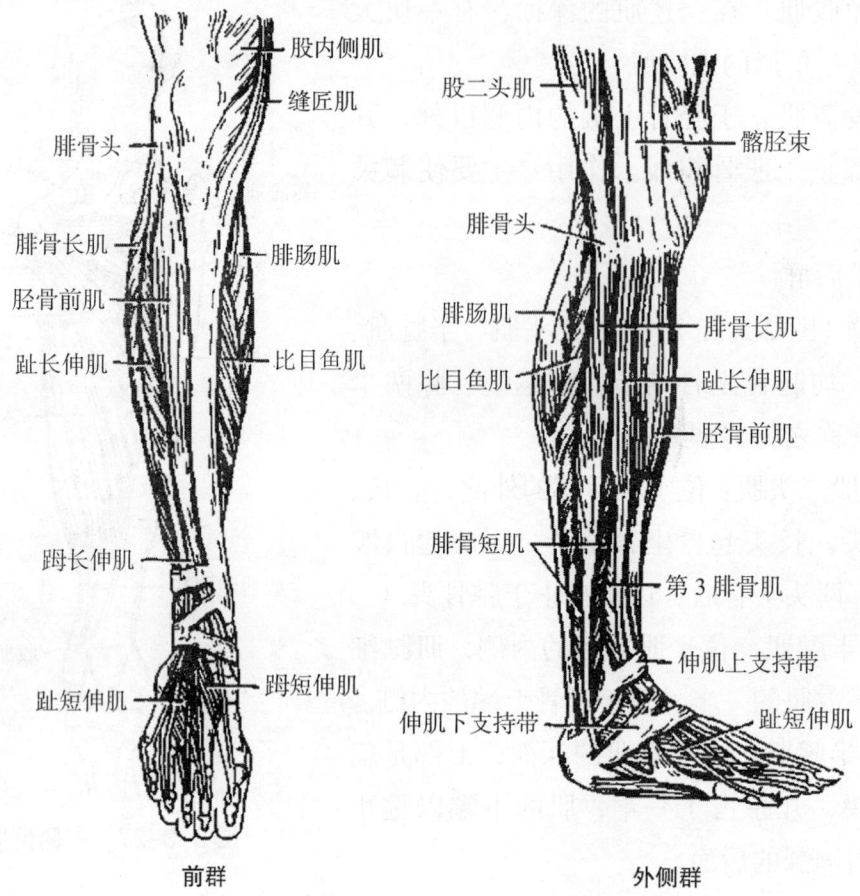

图 2-3-28 小腿肌前群、外侧群

（2）外侧群

外侧群有腓骨长肌和腓骨短肌，两肌皆起自腓骨外侧面，长肌起点较高，并掩盖短肌。两肌的腱经外踝后方转向前，短肌腱向前止于第 5 跖骨粗隆，长肌腱绕至足底，斜行至足内侧，止于内侧楔骨和第 1 跖骨底。

作用：使足外翻和屈踝关节（跖屈）。此外，腓骨长肌腱和胫骨前肌腱共同形成"腱环"，对维持足横弓，调节足的内翻、外翻有重要作用。

（3）后群

后群（图 2-3-29）：分浅、深两层。

1）浅层：有强大的小腿三头肌，浅表的两个头称腓肠肌，起自股骨内、外侧髁的后面，内、外两头相合，约在小腿中点移行为腱；位置较深的一个头是比目鱼肌，起自胫腓骨上端的后面。三个头汇合，在小腿上部形成膨隆的小腿肚肌束向下移行为跟腱（即肌腱），止于跟骨的跟结节。作用：屈踝关节和屈膝关节。在站立时，能固定踝关节和膝关节，以防止身体向前倾斜。

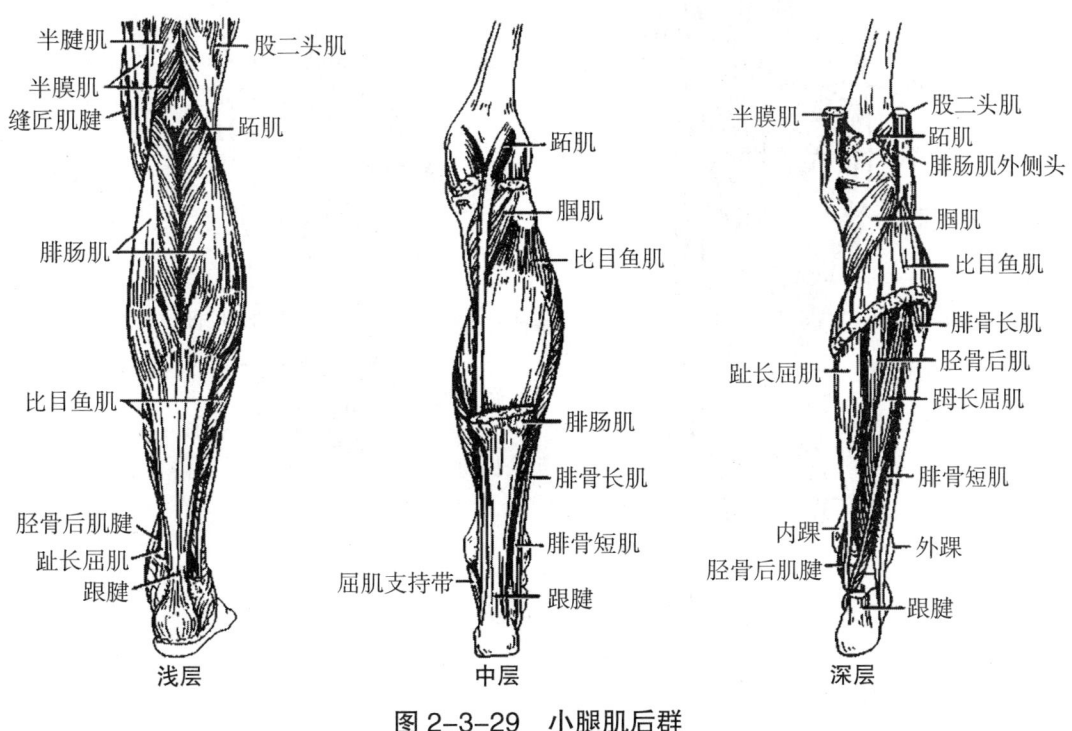

图 2-3-29 小腿肌后群

2）深层：主要有3块肌。分别为：

①趾长屈肌：位于胫侧。作用：屈踝关节（跖屈）和屈第 2～5 趾。

②𧿹长屈肌：位于腓骨后面。作用：屈踝关节（跖屈）和屈𧿹趾。

③胫骨后肌：位于趾长屈肌和𧿹长屈肌之间。作用：屈踝关节（跖屈）和使足内翻。

4. 足肌

足肌可分为足背肌和足底肌（图 2-3-30）。足背肌较薄弱，为伸趾的短伸肌和伸第 2～4 趾的趾短伸肌。足底肌的配布情况和作用与手掌肌相似，足底肌也分为内侧群、外侧群和中间群，但没有与𧿹指和小指相当的对掌肌。

5. 下肢的局部记载

（1）梨状肌上孔和梨状肌下孔

梨状肌上孔和梨状肌下孔位于臀大肌的深面，在梨状肌上、下两缘和坐骨大孔之间。梨状肌上孔有臀上血管和神经出骨盆，梨状肌下孔有坐骨神经、臀下血管和神经、阴部血管和神经出骨盆。

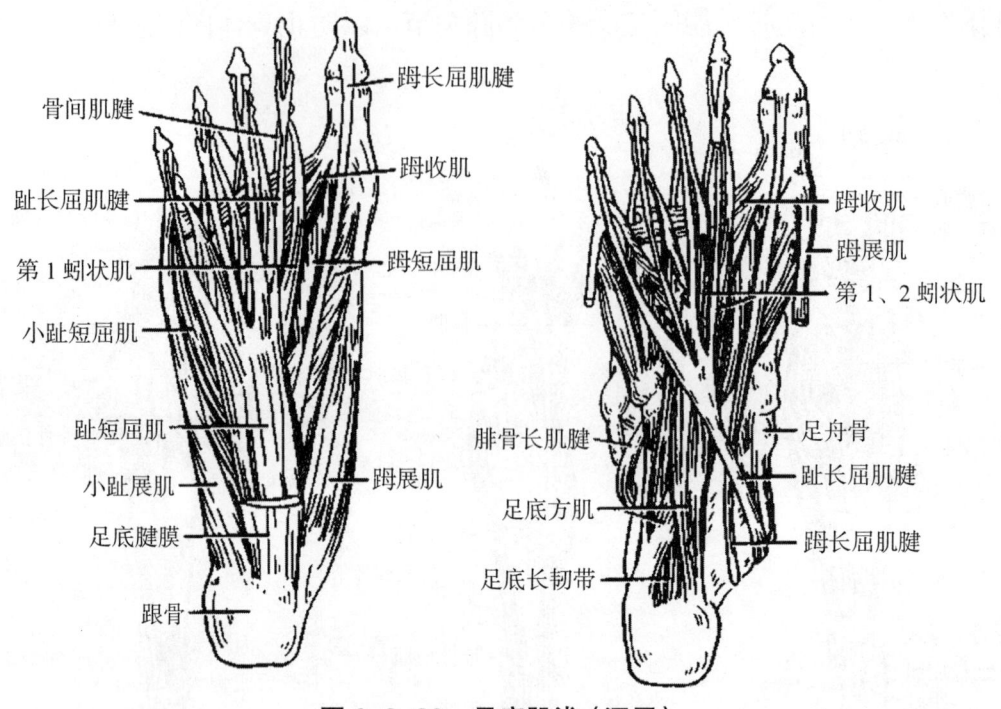

图 2-3-30 足底肌浅（深层）

（2）股三角

股三角在大腿前面的上部。上界为腹股沟韧带，内侧界为长收肌内侧缘，外侧界为缝匠肌的内侧缘。三角内有股神经、股血管和淋巴结等。

（3）腘窝

腘窝在膝关节的后方，呈菱形。窝的上外侧界为股二头肌，上内侧界为半腱肌和半膜肌，下外侧界和下内侧界分别为腓肠肌的外侧头和内侧头，底为膝关节囊。窝内有腘血管、胫神经、腓总神经、脂肪和淋巴结等。

（六）体表的肌性标态

1. 头颈部

（1）咬肌

咬肌：当牙咬紧时，在下颌角的前上方，颧弓下方可摸到坚硬的条状隆起。

（2）颞肌

颞肌：当牙咬紧时，在颞窝，于颧弓上方可摸到坚硬的隆起。

（3）胸锁乳突肌

胸锁乳突肌：当头向外侧转动时，可明显看到从前下方斜向后上方呈长条状的隆起。

2. 躯干部

（1）斜方肌

斜方肌：在项部和背上部，可见斜方肌的外上缘的轮廓。

（2）背阔肌

背阔肌：在背下部可见此肌的轮廓，它的外下缘参与形成腋后壁。

（3）竖脊肌

竖脊肌：脊柱两旁的纵形肌性隆起。

（4）胸大肌

胸大肌：胸前壁较膨隆的肌性隆起，其下缘构成腋前壁。

（5）前锯肌

前锯肌：在胸部外侧壁，发达者可见其肌齿。

（6）腹直肌

腹直肌：腹前正中线两侧的纵形隆起，肌肉发达者可见脐以上有三条横沟，即腹直肌的腱划。

3. 上肢部

（1）三角肌

三角肌：在肩部形成圆隆的外形，其止点在臂外侧中部呈现一小凹。

（2）肱二头肌

肱二头肌：当屈肘握拳旋后时，可明显在臂前面见到膨隆的肌腹。在肘窝中央，可摸到此肌的肌腱。

（3）肱三头肌

肱三头肌：在臂的后面，三角肌后缘的下方可见到肱三头肌长头。

（4）肱桡肌

肱桡肌：当握拳用力屈肘时，在肘部可见到肱桡肌的膨隆肌腹。

（5）掌长肌

掌长肌：当手用力半握拳屈腕时，在腕前面的中份、腕横纹的上方可明显见此肌的肌腱。

（6）桡侧腕屈肌

桡侧腕屈肌：握拳时，在掌长肌腱的桡侧，可见此肌的肌腱。

(7)尺侧腕屈肌

尺侧腕屈肌:用力外展手指半屈腕时,在腕的尺侧,可见此肌的肌腱。

(8)鼻烟窝

鼻烟窝:在腕背侧面,当拇指伸直外展时,自桡侧向尺侧可见拇长展肌、拇短伸肌和拇长伸肌腱。在后二肌腱之间有深的凹陷,称鼻烟窝。

(9)指伸肌腱

指伸肌腱:在手背,伸直手指,可见此肌至第2~5指的肌腱。

4. 下肢部

(1)股四头肌

股四头肌:在大腿屈和内收时,可见股直肌在缝匠肌和阔筋膜张肌所组成的夹角内。股内侧肌和股外侧肌在大腿前面的下部,分别位于股直肌的内、外侧。

(2)臀大肌

臀大肌:在臀部形成圆隆外形。

(3)股二头肌

股二头肌:在腘窝的外上界,可摸到它的肌腱止于腓骨头。

(4)半腱肌、半膜肌

半腱肌、半膜肌:在腘窝的内上界,可摸到它们的肌腱止于胫骨。其中半腱肌腱较窄,位置浅表且略靠外,而半膜肌腱粗而圆钝,它位于半腱肌腱的深面和靠内。

(5)踇长伸肌

踇长伸肌:当用力伸踇趾时,在踝关节前方和足背可摸到此肌的肌腱。

(6)胫骨前肌

胫骨前肌:在踝关节的前方,踇伸肌腱的内侧可摸到此肌的肌腱。

(7)趾长伸肌

趾长伸肌:当背屈时,在踝关节前方,踇长伸肌腱的外侧可摸到此肌的肌腱。伸趾时,在足背可清晰见到至各趾的肌腱。

(8)小腿三头肌(腓肠肌和比目鱼肌)

小腿三头肌(腓肠肌和比目鱼肌):在小腿后面,可明显见到该肌膨隆的肌腹及跟腱。

第三章 消化系统

一、消化系统的组成与基本功能

（一）消化系统的组成

消化系统由消化管和消化腺两部分组成（图3-1-1）。

1. 消化管

消化管是从口腔至肛门的迂曲管道，其各部的功能不同，形态各异，可分为口腔、咽、食管、胃、小肠（十二指肠、空肠和回肠）和大肠（盲肠、阑尾、结肠、直肠和肛管）等部。临床上通常把口腔至十二指肠的一段，称为上消化道；空肠以下的部分，称为下消化道。

2. 消化腺

消化腺是分泌消化液的腺体，包括大消化腺和小消化腺两种。大消化腺是肉眼可见，独立存在的器官，如大唾液腺、肝、胰等。小消化腺则是散在于整个消化管壁内的无数小腺体，如胃腺和肠腺等。

（二）消化系统的基本功能

消化系统的基本功能是摄取食物，使食物在消化管内进行消化、吸收其中的营养物质，并将剩余的糟粕排出体外。消化是食物在消化道内被分解成小分子的过程。消化方式有两种，一种是通过消化道肌肉的舒缩活动，将食物磨碎，并使之与消化液充分混合，以及将食物不断地向消化道的远端推送，这种方式称为机械性消化；另一种方式是通过消化腺分泌的消化液完成的，消化液含有各种消化酶，能分别分解蛋白质、脂肪和糖类等物质，使之成为小分子物质，这种方式称为化学性消化。正常情况下，这两种化上同时进行相互配合。食物经过消化后，通过消化道黏膜，进入血液和淋巴循环的过程，称为吸收。

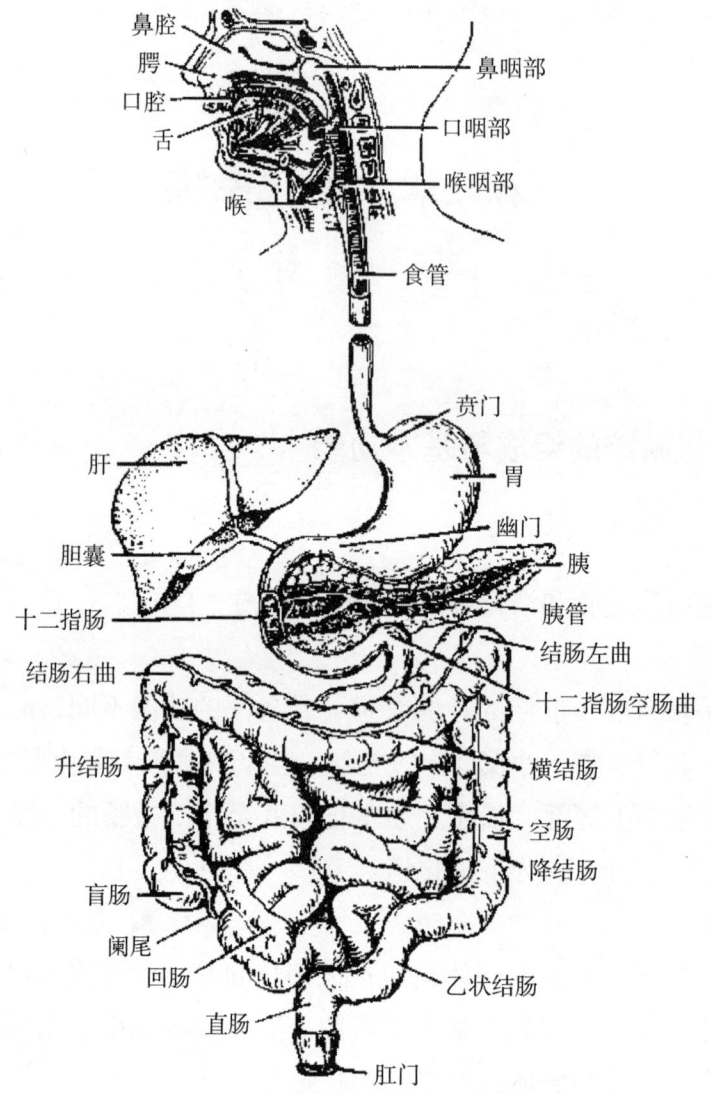

图 3-1-1 消化系统模式图

消化系统是保证人体新陈代谢正常进行的一个重要系统。

二、消化管的一般结构

消化管（图 3-1-2）大部分管道由内向外依次为：黏膜、黏膜下组织、肌织膜和外膜。黏膜是消化管壁最内层结构，具有保护、吸收、分泌等功能。黏膜下组织位于黏膜与肌织膜之间，内含丰富的血管、淋巴管和神经等。肌织膜（肌层）多由平滑肌组成，一般可分为内环、外纵两层。环肌、纵肌交替收

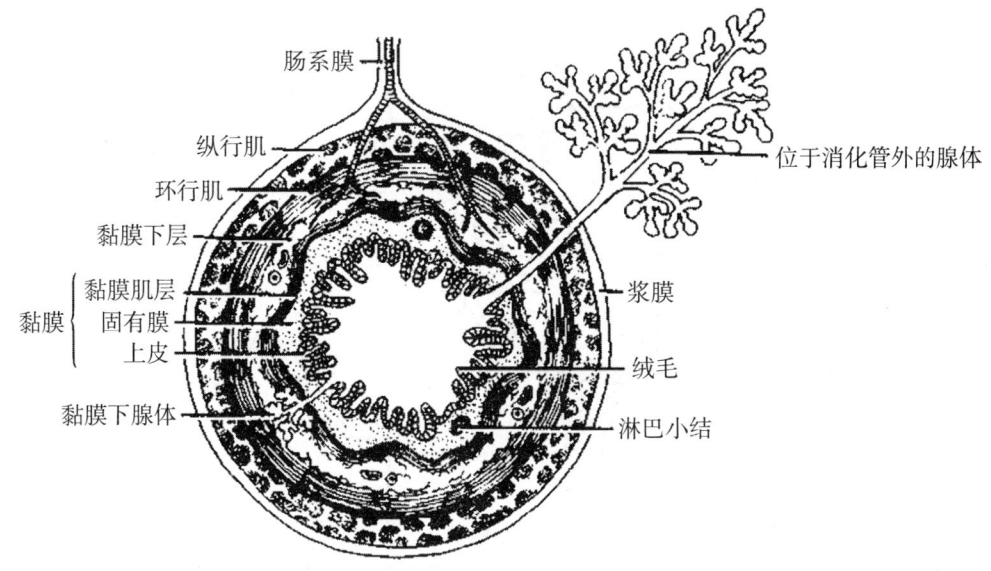

图 3-1-2 消化管壁模式图（横切面）

缩，可推动食物逐渐下移。外膜是消化管的最外层，又称为浆膜。浆膜能分泌浆液，减少器官之间的摩擦。

三、胸部标志线和腹部分区

内脏大部分器官在胸、腹、盆腔内占据相对固定的位置，而掌握内脏器官的正常位置，具有重要实用意义。为了描述胸、腹腔内脏各器官的位置，通常在胸、腹部体表，确定若干标志线及分区（图 3-1-3）。

（一）胸部标志线

1. 胸部标志线
（1）前正中线
前正中线：沿身体前面正中线所作的垂直线。
（2）胸骨线
胸骨线：沿胸骨最宽处的外侧缘所作的垂直线。
（3）锁骨中线
锁骨中线：经锁骨中点所作的垂线。此线通过男性乳头。

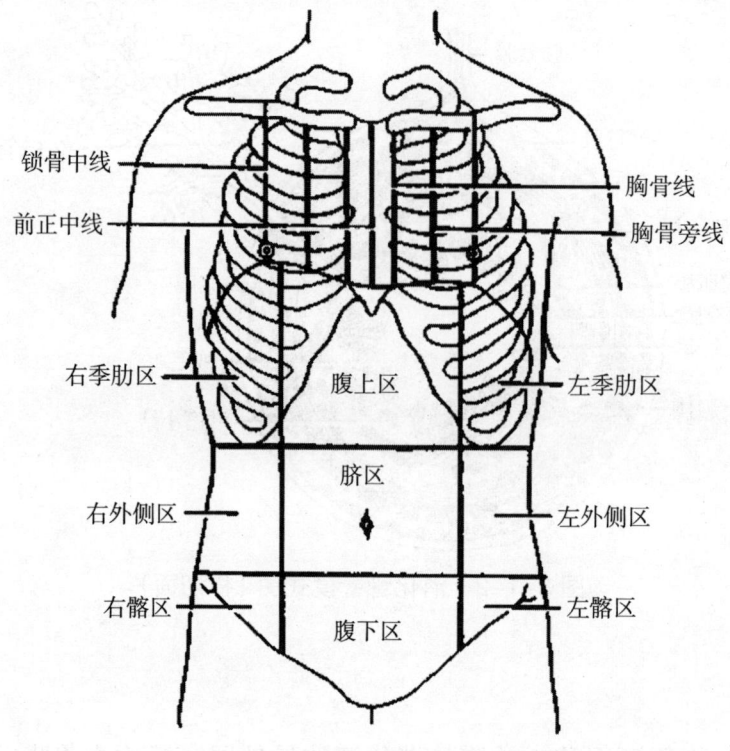

图 3-1-3　胸、腹部标志线和分区

（4）腋前线

腋前线：沿腋前襞向下所作的垂线。

（5）腋后线

腋后线：沿腋后襞向下所作的垂线。

（6）腋中线

腋中线：沿腋前、后线之间连线的中点所作的垂直线。

（7）肩胛线

肩胛线：通过肩胛骨下角所作的垂线。

（8）后正中线

后正中线：沿身体后面正中线（通过椎骨棘突）所作的垂线。

（二）腹部标志线及分区

1. 腹部标志线

（1）上横线

上横线：通过左、右肋弓最低点（第 10 肋的最低点）所作的水平线。

（2）下横线

下横线：通过两侧髂结节所作的水平线。

（3）垂线

垂线：由左、右腹股沟韧带中点向上所作的垂线。

2.腹部分区

由以上四条线将腹部分成三部九区。其中两条水平线将腹部分为腹上、中、下三部，再由两条垂线与上述两条水平线相交，就把腹部分成九区。即腹上部分成中间的腹上区和左、右季肋区；腹中部分成中间的脐区和左、右腹外侧区；腹下部分成中间的耻区（腹下区）和左、右腹股沟区（髂区）。

第一节 消化管

一、口腔

（一）口腔的构造和分部

1.口腔的构造

口腔是消化管的起始部，其前壁为口唇，侧壁为颊，上壁为口腔顶，下壁为口腔底。口腔向前以口裂通体外，向后经咽峡通咽腔。

（1）口腔的前壁

口腔的前壁：为口唇，由皮肤、口轮匝肌及黏膜构成。分上唇和下唇，上、下唇之间的裂隙称口裂，口裂的两端称口角。从鼻翼两旁至口角两侧各有一浅沟，称鼻唇沟，是唇与颊的分界线。

（2）口腔的侧壁

口腔的侧壁：为颊，由皮肤、颊肌和黏膜等构成。

（3）口腔顶

口腔顶：称为腭。腭由硬腭和软腭两部分组成。其前2/3为硬腭，后1/3为软腭。硬腭是以骨为基础，表面覆以黏膜构成。软腭续于硬腭之后，由骨骼肌被覆黏膜构成，其后缘游离，中央有一向下悬垂的突起称为腭垂（悬雍垂）；自腭垂两侧向下各有两条弓形黏膜皱襞，其前方的一条向下连于舌根，称为腭舌弓；后方的一条向下连于咽的侧壁，称为腭咽弓。两弓之间的窝内有腭扁桃体。

（4）口腔底

口腔底：由封闭口腔底的软组织和舌构成。

（5）咽峡

咽峡（图3-1-4）：是口腔通向咽门户，由腭垂、左、右腭舌弓和舌根共同围成。

2. 口腔的分部

口腔由上、下牙弓分为口腔前庭和固有口腔两部分。牙弓与唇、颊之间有一蹄形腔隙，称为口腔前庭；牙弓以内的腔隙为固有口腔。当上、下牙咬合时，口腔前庭和固有口腔仍可借最后磨牙后方的间隙相通。

（二）口腔内结构

口腔内主要器官是牙与舌。

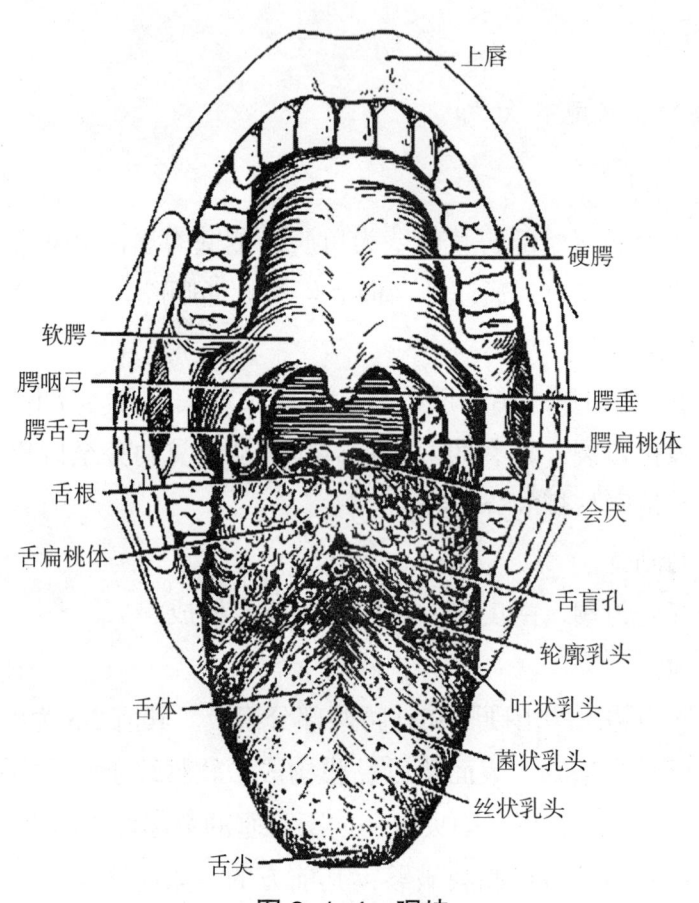

图 3-1-4　咽峡

1. 牙

牙是人体最坚硬的器官,嵌入上、下颌牙槽内,分别排列成上牙弓和下牙弓,主要功能是咬切和磨碎食物,并对语言、发音有辅助作用。

(1) 牙的形态和构造

牙的形态和构造(图3-1-5):每个牙都分为牙冠、牙根和牙颈三部分。牙冠是露在牙龈外面的部分;牙根嵌入牙槽内,借牙周膜与牙槽骨牢固相连,牙根尖部有一小孔,称为牙根尖孔,借牙根管与牙冠腔相通,内有神经、血管、淋巴管出入;牙颈为牙冠和牙根之间稍细的部分,外包以牙龈。

牙主要由牙(本)质构成。牙(本)质致密坚硬,构成牙的主体,位于牙的内部;在牙冠部牙质的表面有一层洁白的釉质,其钙化程度最高;而在牙根和牙颈的表面包有一层牙骨质。牙冠内的空腔,叫牙冠腔。牙冠腔和牙根管合称牙腔。牙腔内充满牙髓,牙髓是由神经、血管、淋巴管和结缔组织组成。

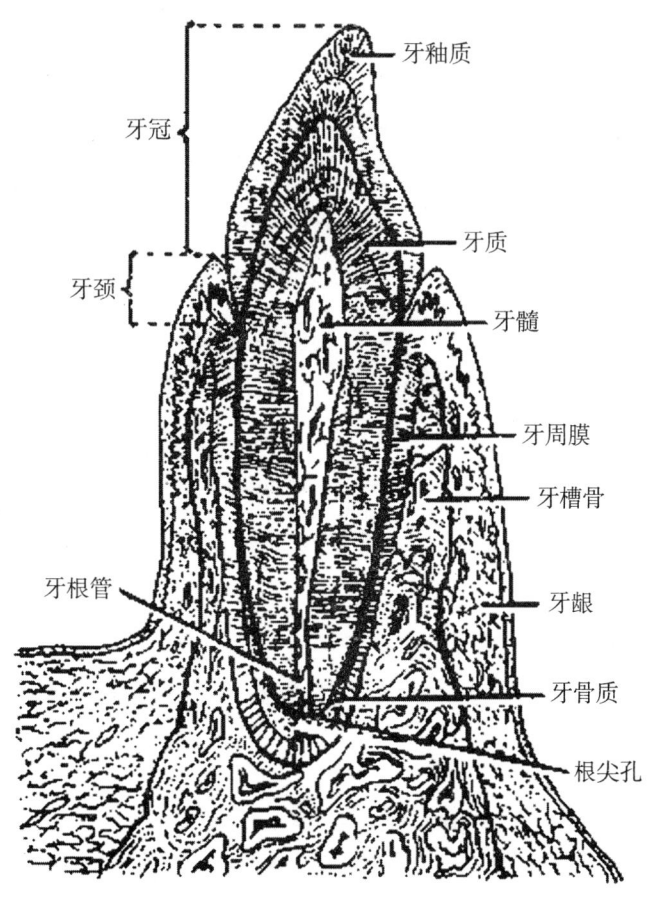

图 3-1-5　牙的形态及结构

（2）牙的萌出

人的一生中，先后有两组牙发生，即乳牙和恒牙。乳牙共20颗，包括切牙、尖牙和磨牙；恒牙共32颗，包括切牙、尖牙、前磨牙和磨牙。它们的形态各不相同。切牙、尖牙、前磨牙为单根牙，下磨牙为2根牙，上磨牙有3个根。

幼儿自6个月开始萌出乳牙，2～3岁内出齐。6～7岁开始由恒牙替换，至12岁左右除第3磨牙外，全部出齐。第3磨牙长出较晚，约18～30岁萌出，故称迟牙（智牙），迟牙有人可终生不出。因此恒牙数为28～32个均属正常。

2. 舌

舌位于口腔底，是以骨骼肌为基础，表面覆以黏膜构成。有协助咀嚼、吞咽食物、辅助发音和感受味觉等功能。

（1）舌的形态

舌（图3-1-6）有上、下两面。上面又称舌背，被一"V"字形的界沟分为后1/3的舌根和前2/3的舌体。舌体的前端称舌尖。舌下面正中线处有一黏膜皱襞，称为舌系带，连于口腔底。在舌系带根部的两侧各有一小黏膜隆起，称舌下阜，阜的顶端有下颌下腺管和舌下腺管的共同开口。由舌下阜向两侧延伸，各有一黏膜隆起，称为舌下襞，其深面有舌下腺。

（2）舌黏膜

淡红色，被覆于舌的上、下面。舌上面的黏膜上有许多小突起，称为舌乳头。按其形状可分为丝状乳头、菌状乳头、叶状乳头和轮廓乳头共四种。丝状乳头数量最多，体积最小，呈白色丝绒状，遍布于舌背；菌状乳头稍大于丝状乳头，数量较少，为红色钝圆形小突起，形如蕈状，散在于丝状乳头之间，多见于舌尖及舌侧缘；叶状乳头位于舌侧缘的后部，每侧为4～8条并列的叶片形黏膜皱襞，小儿较清楚；轮廓乳头最大，有7～11个，排列于界沟前方，其中央隆起，周围有环沟。轮廓乳头、菌状乳头、叶状乳头中含有味蕾，为味觉感受器，具有感受酸、甜、苦、咸等味觉功能。由于丝状乳头中无味蕾，故只有一般感觉。

（3）舌肌

为骨骼肌，可分为舌内肌和舌外肌。舌内、外肌共同协调活动，不但使舌改变形态，而且能使舌的运动灵活。

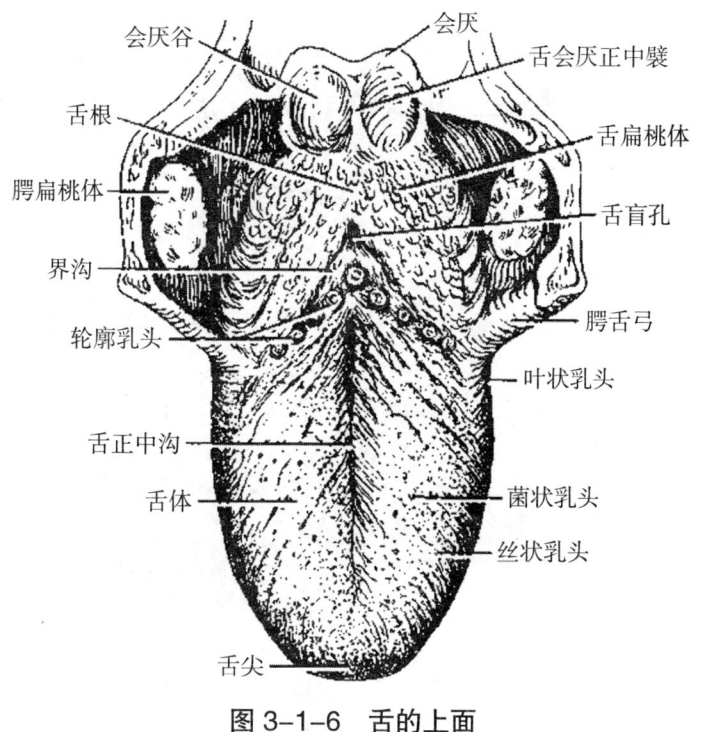

图 3-1-6　舌的上面

（三）大唾液腺

在口腔周围，共有三对大唾液腺（图 3-1-7），即腮腺、下颌下腺和舌下腺。

1. 腮腺

为最大的一对唾液腺，略呈三角楔形，位于耳郭前下方。腮腺管由腮腺前缘穿出，在颧弓下缘一横指处紧贴咬肌表面前行，至咬肌前缘处弯转向内侧，穿过颊肌，开口于平对上颌第 2 磨牙的颊黏膜上。

2. 下颌下腺

呈卵圆形，位于下颌骨体的内面，其下颌下腺管开口于舌下阜。

3. 舌下腺

是最小的一对，呈扁长杏核状，位于口腔底舌下襞深面。舌下腺大管常与下颌下腺管汇合或单独开口于舌下阜。

唾液腺分泌唾液，唾液为无色无味近于中性的低渗液体，唾液中水分约占 99%，正常人每日分泌量为 1.5 升。除水和无机物外，主要成分有黏蛋白，唾液淀粉酶和溶菌酶等。唾液的主要作用为：一是可以湿润与溶解食物，以引

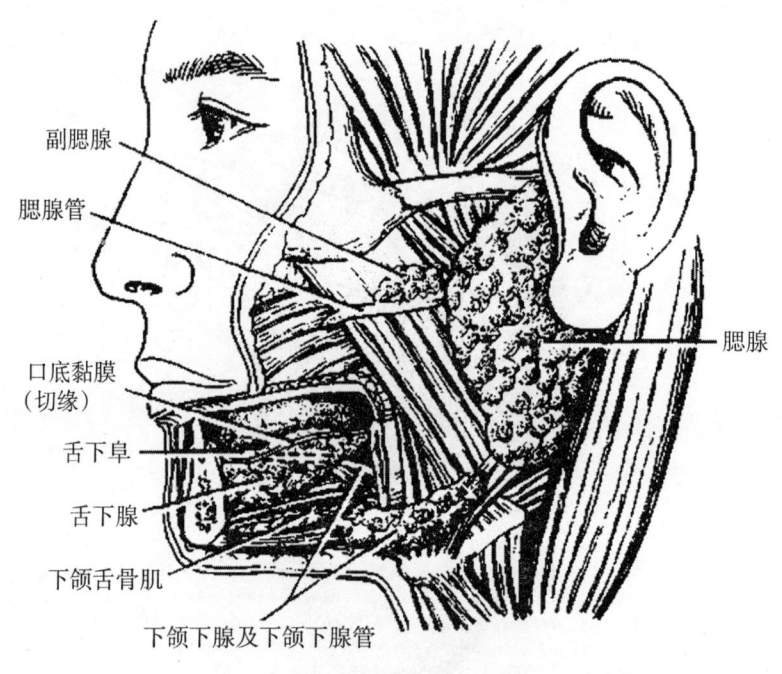

图 3-1-7 大唾液腺

起味觉并易于吞咽。二是清洁和保护口腔，它可清除口腔中残余食物，当有害物质进入口腔时，它可冲淡、中和这些物质，并将它们从口腔黏膜上洗掉，唾液中的溶菌酶还有杀菌的作用。三是唾液淀粉酶可使淀粉分解成为麦芽糖，唾液淀粉酶发挥作用的最适宜的 pH 值在中性范围内。

二、咽

（一）咽的形态和位置

咽是消化管上端扩大的部分，是消化管和呼吸道的共同通道。咽呈上宽下窄、前后略扁的漏斗形肌性管道。位于第 1～6 颈椎的前方，上起自颅底，下至第 6 颈椎体下缘高度连于食管，全长约 12 厘米。咽的前壁不完整，自上向下分别有通向鼻腔、口腔和喉腔的开口。咽的两侧壁与颈部大血管和甲状腺侧叶等相毗邻。

（二）咽的分部和结构

按照咽的前方毗邻，可将咽分为鼻咽、口咽和喉咽三部分（图 3-1-8）。

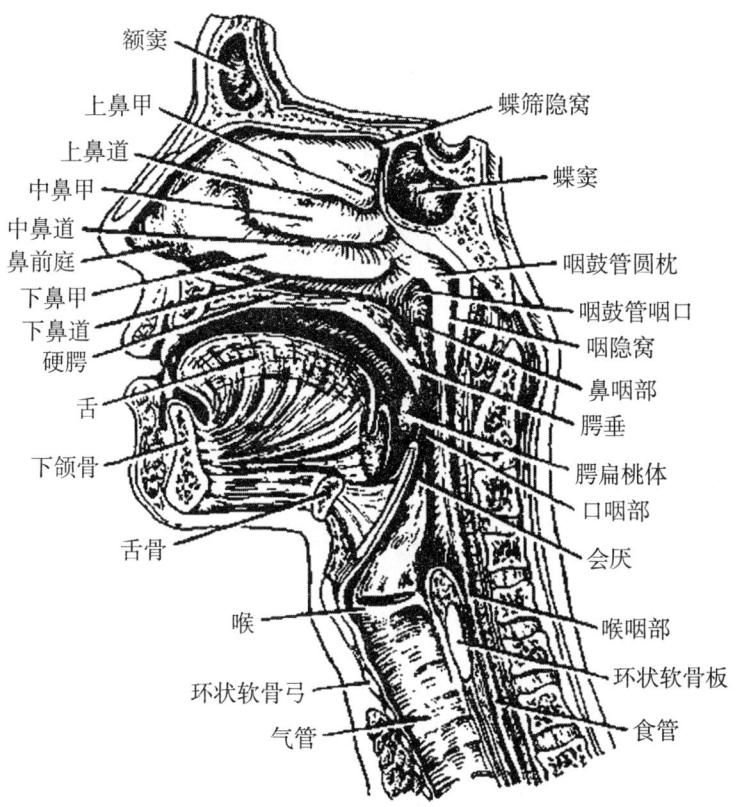

图 3-1-8　头颈部正中矢状切面

1. 鼻咽

是咽的上部，位于鼻腔的后方，上达颅底，向前借鼻后孔与鼻腔相通。在其两侧壁相当于下鼻甲后方约 1 厘米处各有一咽鼓管咽口，空气由此口经咽鼓管进入中耳鼓室。该口后上方与咽后壁之间有一纵行深窝，称咽隐窝，该处是鼻咽癌的好发部位。

2. 口咽

位于口腔的后方，向前借咽峡与口腔相通，上续鼻咽，下通喉咽。在其侧壁上，腭舌弓和腭咽弓之间有一凹窝，叫扁桃体窝，窝内容纳腭扁桃体。腭扁桃体是淋巴器官，具有防御功能。

3. 喉咽

是咽的最下部，稍狭窄，位于喉的后方，向前经喉口通喉腔，为会厌上缘平面至第 6 颈椎下缘之间的一段，向下续于食管。在喉口两侧各有一个深窝，称梨状隐窝，是异物易滞留的部位。

三、食管

食管是一个前后略扁的肌性管道，长约25厘米，依其行程可分颈、胸、腹三段。颈部较短，胸部较长，腹部最短。

（一）食管的位置

食管（图3-1-9）上端起自第6颈椎体下缘处，续于咽，下端至第11胸椎左侧连于胃。食管在颈部沿脊柱的前方和气管的后方下行入胸腔，在胸部先行于气管与脊柱之间（稍偏左），继穿过左主支气管之后，再沿胸主动脉右侧下行，至第9胸椎平面斜跨胸主动脉的前方至其左侧，然后穿膈的食管裂孔至腹腔，续于胃的贲门。

（二）食管的狭窄

食管全长有3个生理性狭窄（图3-1-9）。第1个狭窄：位于咽与食管相续

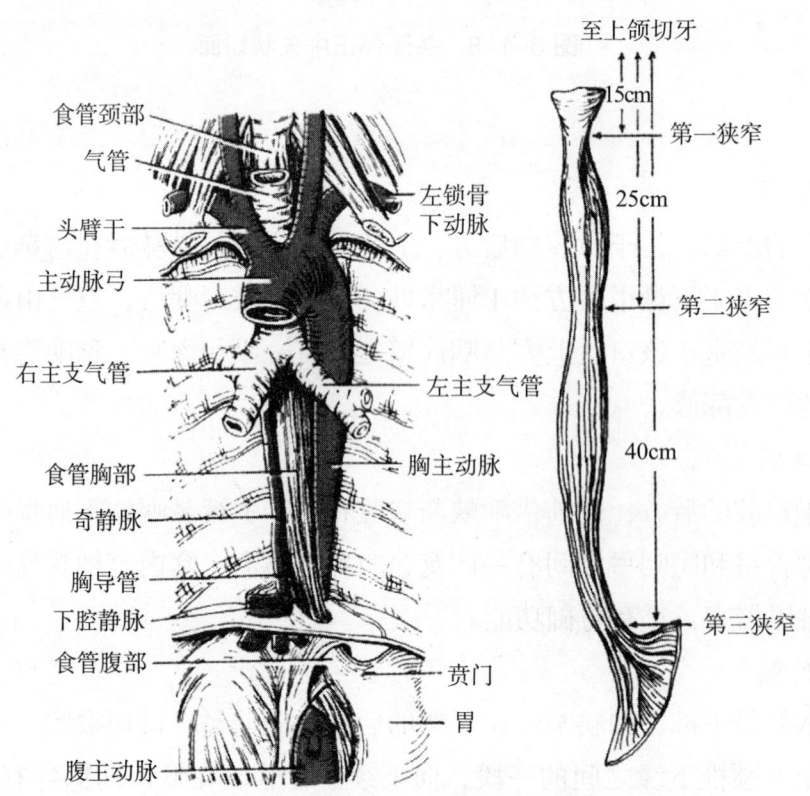

图3-1-9 食管的位置及三处狭窄

处，距中切牙 15 厘米。第 2 个狭窄：位于食管与左主支气管交叉处，约平第 4、5 胸椎体之间，距中切牙约 25 厘米。第 3 个狭窄：位于食管穿过膈的食管裂孔处，约平第 10 胸椎平面，距中切牙约 40 厘米。

这些狭窄处是食管异物易滞留的部位，也是肿瘤的好发部位。

（三）吞咽

吞咽是一种复杂的反射性动作，它使食团从口腔进入胃。

开始时舌尖上举触及硬腭，然后主要由下颌舌骨肌的收缩把食团推向软腭后方而至咽部。食团刺激了软腭部的感受器，引起一系列肌肉的反射性收缩，结果使软腭上升，咽后壁向前突出，封闭了鼻咽通路，声带内收，喉头升高，向前紧贴会厌，封闭了咽与气管的通路，呼吸暂时停止。由于喉头前移，食管上口张开，食团就从咽被挤入食管。食管肌肉的顺序收缩，它是一种向前推动的波形运动，在食团下端为一舒张波，上端为一收缩波。这样，食团很自然地被推进胃。

四、胃

胃是消化管中最膨大的部分，上连食管，下续十二指肠。除具有受纳食物、分泌胃液的作用外，还有内分泌功能。

（一）胃的形态

胃的形态（图 3-1-10）可受体位、体型、年龄、性别和胃的充盈状态等多种因素的影响。成年人胃容量约为 1500 毫升，空虚时可缩成管状。胃有上下两口、前后两壁、大小两弯。上口为入口称贲门，与食管相接；下口为出口称幽门，与十二指肠相连。

胃前壁朝向前上方；胃后壁朝向后下方。胃的右上缘为凹缘，称为胃小弯，该弯的最低点弯曲成角状，叫角切迹；胃的左下缘为凸缘，称为胃大弯。

（二）胃的分部

胃可分为 4 部分（图 3-1-10）。靠近贲门的部分叫贲门部；贲门平面以上，向左上方膨出的部分称为胃底；胃的中间大部称为胃体；在角切迹至幽

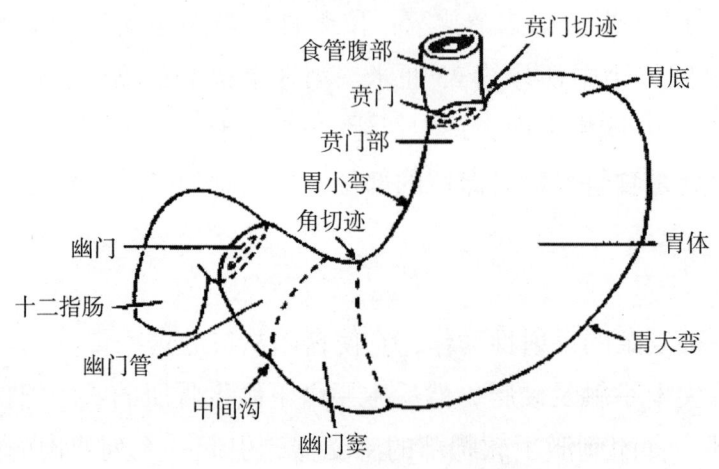

图 3-1-10 胃的分部

门之间的部分称幽门部。幽门部紧接幽门而呈管状的部分称为幽门管；幽门管向左至角切迹之间稍膨大的部分，称为幽门窦。胃小弯和幽门部是溃疡的好发部位。

（三）胃的位置

胃在中等充盈时，其大部位于左季肋区，小部位于腹上区。贲门位于第11胸椎左侧，幽门位于第1腰椎右侧。当胃特别充盈时，胃大弯可降至脐以下。胃前壁的右侧贴于肝左叶下面；左侧则被膈和左肋弓所掩盖；剑突下，胃部分直接与腹前壁相贴，该处是胃的触诊部位。胃后壁与左肾、左肾上腺及胰相邻。胃底与膈、脾相贴，胃大弯的后下方有横结肠横过。

（四）胃壁的构造

胃壁（图3-1-11）由四层结构构成。即黏膜、黏膜下组织、肌织膜和外膜。胃黏膜呈淡红色，有丰富的胃腺。胃空虚时，黏膜形成许多不规则的皱襞；充盈时则皱襞减少或展平。在胃小弯处皱襞多为纵行，约4～5条；在贲门和幽门附近的皱襞则呈放射状排列；在幽门括约肌内表面的黏膜向内形成环状皱襞，称幽门瓣，有阻止胃内容物进入十二指肠的功能。胃黏膜下组织富含血管、淋巴管和神经丛。胃的肌织膜比较发达，由内斜、中环、外纵三层平滑肌构成。在幽门处环形肌特别增厚，形成幽门括约肌。胃的外膜为浆膜。

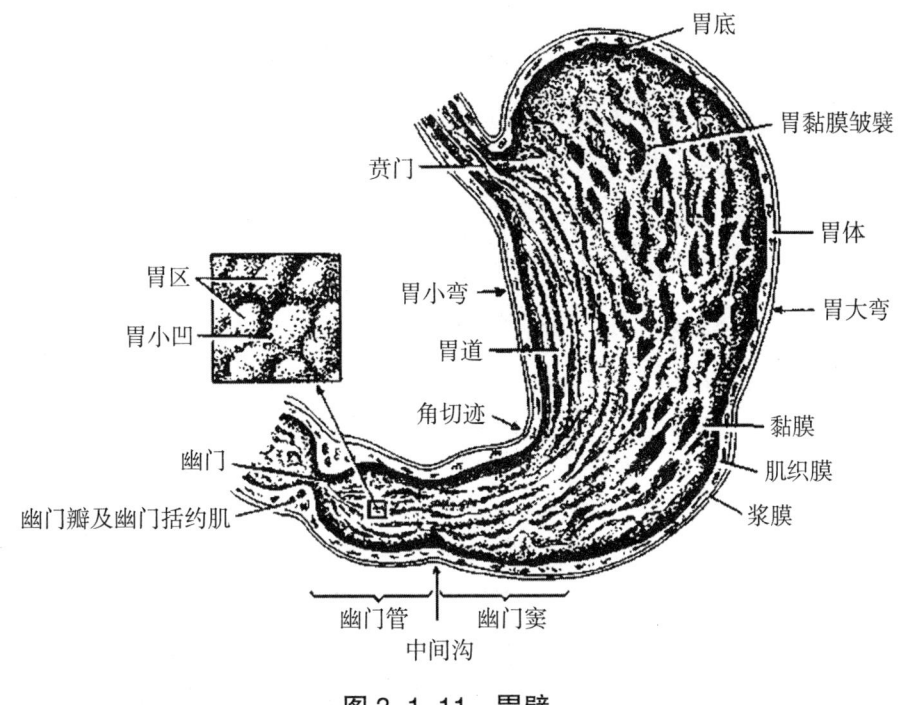

图 3-1-11　胃壁

（五）食物在胃内的消化

胃液主要是由胃腺分泌的无色、酸性液体，pH 值为 0.9 ~ 1.5。正常成人每日分泌胃液 1.5 ~ 2.5 升。胃液的主要成分包括盐酸、胃蛋白酶原、黏液、内因子，以及钠、钾、氯等。

1. 盐酸

盐酸是由胃腺壁细胞分泌的，又称胃酸。

盐酸的作用：一是激活胃蛋白酶原，并为胃蛋白酶发挥作用提供适宜的酸性环境。二是使食物中的蛋白质变性而易于水解。三是可杀死进入胃内的细菌。四是进入小肠后，可促进胰液、肠液和胆汁的分泌。五是盐酸造成的酸性环境有利于小肠对铁和钙的吸收。

胃酸分泌过少或缺乏时，胃内细菌容易生长，可引起腹胀、腹痛和嗳气等消化不良症状。胃酸分泌过多，有可能侵蚀胃和十二指肠黏膜，产生溃疡。

2. 胃蛋白酶原

胃蛋白酶原由胃腺分泌，无活性。在盐酸的激活下成为胃蛋白酶。已被激活的胃蛋白酶也可激活胃蛋白酶原。胃蛋白酶在强酸环境中能使蛋白质水解。

（六）胃排空

食糜由胃经幽门进入十二指肠的过程，称为胃排空。胃运动使胃内压增高是胃排空的动力。每次排空可使1～3毫升的食糜排入十二指肠。幽门括约肌过度收缩或脂肪多的食物、十二指肠酸性食糜堆积均可延缓胃的排空。胃的体积和食物的理化性质影响胃排空的速度。胃内容物多，体积大，排空快；流体食物排空快于固体食物。在三种营养物质中，糖类排空最快，蛋白质次之，脂肪最慢。一餐混合性食物，由胃完全排空约需4～6小时。

五、小肠

（一）小肠的位置、分布及形态

小肠是消化管中最长的一段，也是食物消化吸收最重要的场所。上起于胃的幽门，下接盲肠，全长5～7米，分为十二指肠、空肠和回肠3部分。

1. 十二指肠

十二指肠（图3-1-12）为小肠的起始段，长约25厘米，约相当于十二手指并列横向的距离，因而得名。此肠上起于幽门，下续于空肠，呈"C"字形包绕胰头，可分为上部、降部、水平部和升部。在降部中份肠腔后内侧壁有一乳头状隆起，称十二指肠大乳头，为胆总管与胰管的共同开口。

2. 空肠和回肠

上端起自十二指肠空肠曲，下端接盲肠。位于腹腔的中部和下部，周围为大肠所环抱。空肠于第2腰椎左侧起于十二指肠空肠曲，约占空、回肠全长的上2/5，主要占据腹腔的左上部（左腹外侧区和脐区）；回肠约占全长的下3/5，主要占据腹腔的右下部（脐区和右腹股沟区），其末端连接盲肠。

（二）小肠壁的组织结构

小肠壁的组织结构为典型的消化管壁构造，由内向外分为黏膜层、黏膜下层、肌层、外膜四层（图3-1-13）。

黏膜层表面有环行皱襞和绒毛，增加了小肠与食物的接触面积，有利于营养物质的吸收，小肠绒毛内含一根贯穿全长的中央乳糜管（毛细淋巴管），在乳糜管周围有毛细血管网（图3-1-14）。

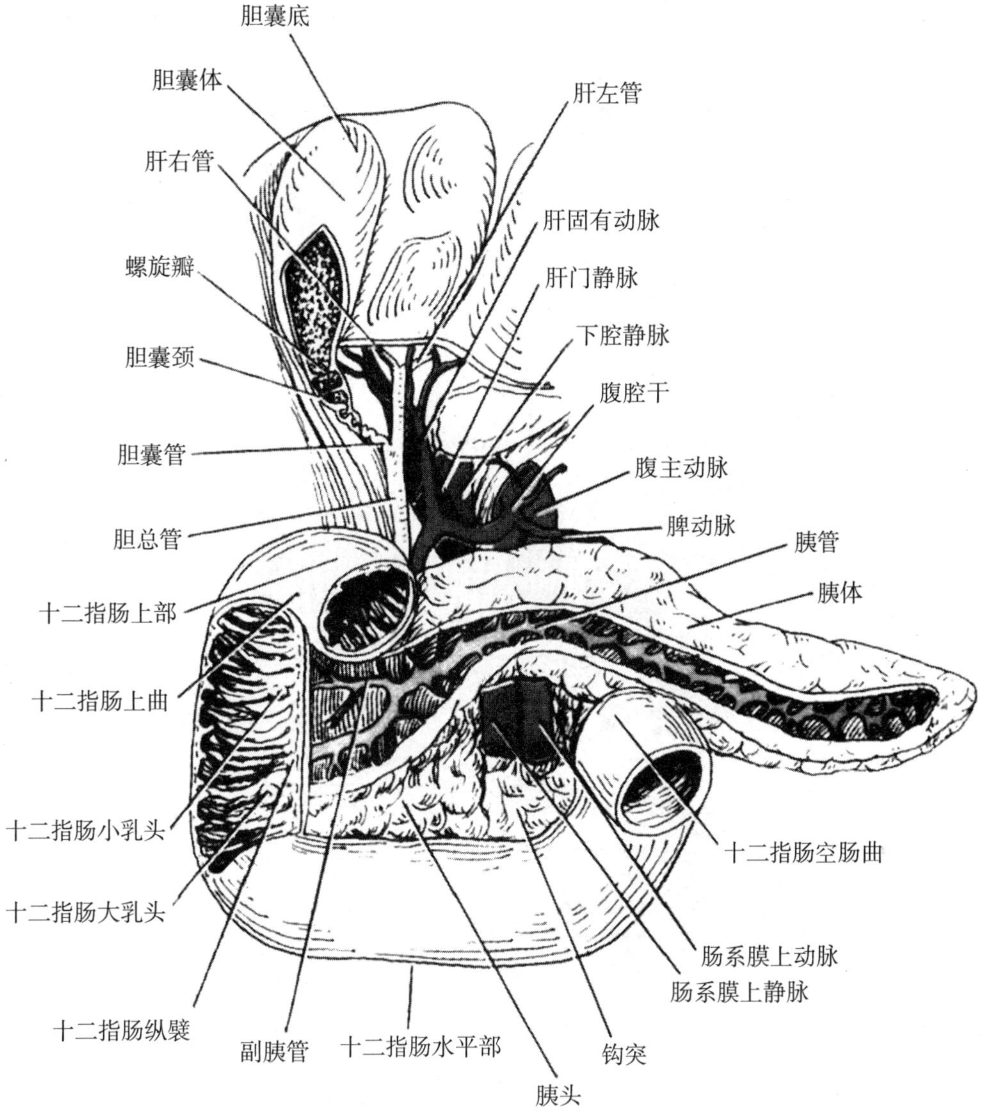

图 3-1-12 十二指肠和胰

(三) 小肠液及作用

小肠液是由小肠腺分泌的一种弱碱性（pH值约7.6）液体，成人每日分泌约1~3升。小肠液中的肠激酶，可激活胰蛋白酶原；肠淀粉酶水解淀粉为麦芽糖；双糖酶（包括麦芽糖酶、蔗糖酶和乳糖酶）水解双糖为单糖；肠肽酶水解多肽为氨基酸。此外，大量的小肠液能稀释消化产物，有利于小肠黏膜的吸收。

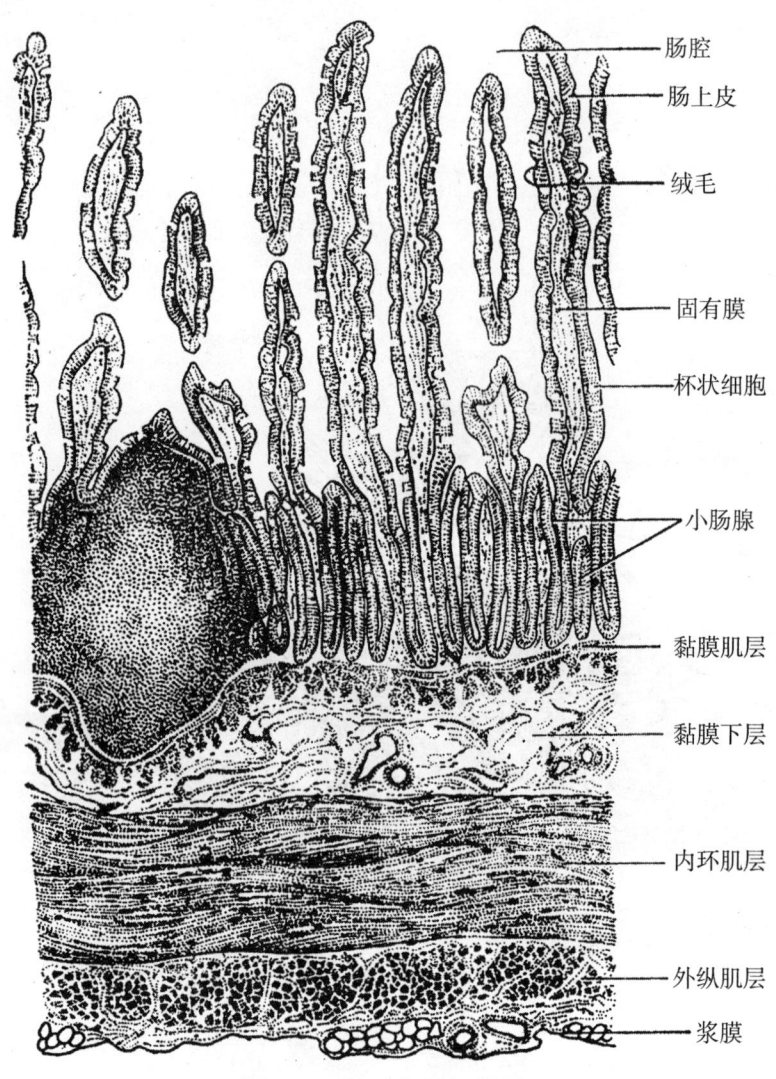

图 3-1-13 小肠切片图

（四）食物在小肠内的消化与吸收

1. 吸收的部位

在消化道的不同部位，吸收的物质、吸收的速度不尽相同，这主要取决于该处消化道的组织结构、内容物的成分和停留的时间。在口腔和食管内，食物基本上是不被吸收的，但某些药物（如硝酸甘油）可被口腔黏膜吸收。胃内可吸收酒精和少量水分。大肠主要是吸收水分和盐类。小肠是各种营养物质吸收的主要部位。其原因：一是小肠的吸收面积大。小肠长约 6 米，其黏膜具有环状皱褶、大量绒毛，因而使其表面积可达 200 平方米。二是食物在小肠已被消

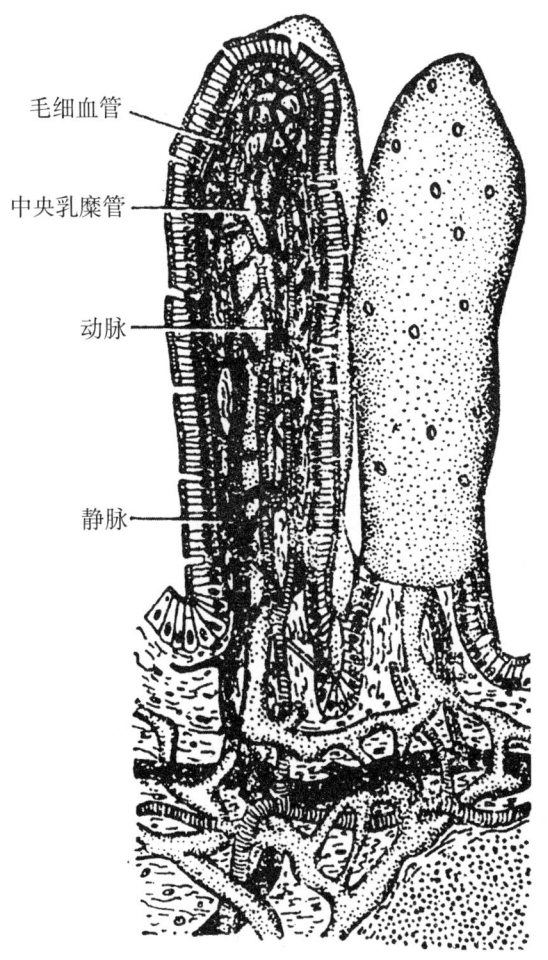

图 3-1-14 绒毛立体图

化成适于吸收的小分子物质。三是食物在小肠内停留的时间较长，可达 3～8 个小时。四是小肠有丰富的毛细血管网和淋巴管网，提供了输送营养物质的途径。这些都是小肠吸收的有利条件。

2. 主要营养物质的吸收

（1）糖的吸收

食物中的淀粉和糖原需要消化成单糖后，才被吸收。在肠道中吸收的主要单糖是葡萄糖，而半乳糖和果糖较少。糖被吸收后，主要通过毛细血管进入血液，而进入淋巴的很少。

（2）蛋白质的吸收

蛋白质食物分解为氨基酸后，由小肠全部吸收。氨基酸吸收后，全部通过毛细血管进入血液。

(3) 脂肪的吸收

脂肪吸收以淋巴途径为主。脂肪的消化产物有甘油、脂肪酸和甘油一酯等。

(4) 水分的吸收

水分主要由小肠吸收。

六、大肠

(一) 大肠的分布及形态特点

大肠是消化管的下段,全长 1.5 米,全程围绕空、回肠的周围。可分为盲肠、阑尾、结肠、直肠和肛管 5 部分。大肠的主要功能为吸收水分、维生素和无机盐,并将食物残渣形成粪便,排出体外。

1. 盲肠

盲肠(图 3-1-15)是大肠的起始部。长 6～8 厘米。其下端为盲端,上续升结肠,左侧与回肠相连接。盲肠一般位于右髂窝内。

回肠末端向盲肠的开口,称回盲口。此处肠壁内的环行肌增厚,并覆以黏膜而形成上、下两片半月形的皱襞称回盲瓣,此瓣的作用为阻止小肠内容物过快地流入大肠,以便食物在小肠内充分消化吸收,并可防止盲肠内容物逆流回小肠。在回盲口下方约 2 厘米处,有阑尾的开口。

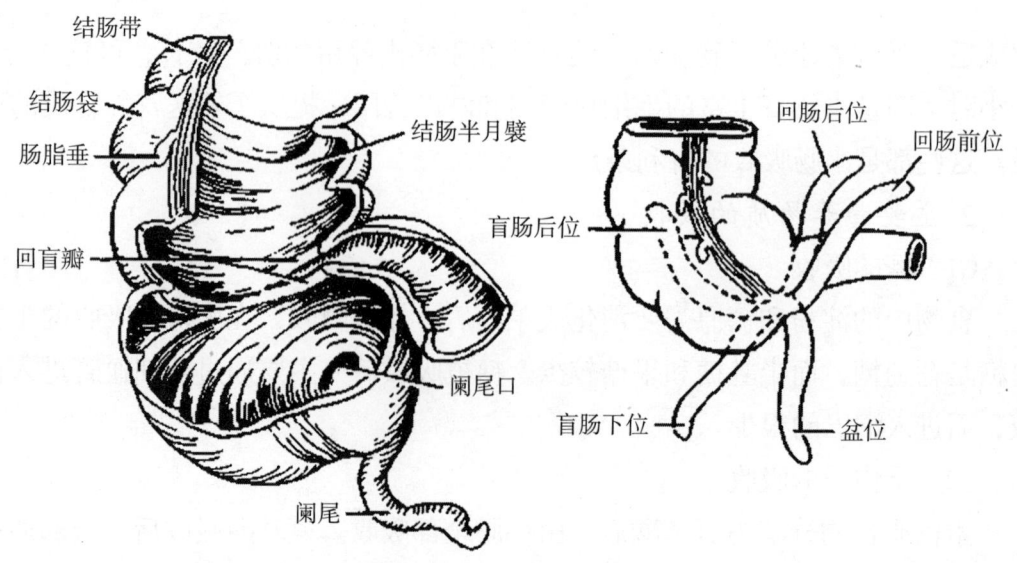

图 3-1-15 盲肠和阑尾

2. 阑尾

阑尾（图 3-1-15）是附属于盲肠的一段肠管，形似蚯蚓，又称蚓突。其长度因人而异，一般长 5～7 厘米。阑尾根部较固定，连于盲肠后内侧壁，并经阑尾孔通盲肠腔；阑尾尖端为游离的盲端，位置不固定；阑尾的外径介于 0.5～1.0 厘米之间，管腔狭小，排空欠佳，易形成阻塞性阑尾炎。

阑尾的位置，一般常与盲肠一起位于右髂窝内，但变化甚大，因人而异。阑尾根部的体表投影点，在右髂前上棘与脐连线的中、外 1/3 交点处。

3. 结肠

结肠（图 3-1-16）是介于盲肠与直肠之间的一段大肠，整体呈"M"形，包绕于空、回肠周围。结肠分为升结肠、横结肠、降结肠和乙状结肠 4 部分。

4. 直肠

直肠（图 3-1-17）是消化管位于盆腔下部的一段，全长 10～14 厘米。直肠在第 3 骶椎前方起自乙状结肠，下端终于肛门。肛门周围有内、外括约肌，肛门外括约肌为骨骼肌，围绕于肛门内括约肌的外下方。肛门外括约肌受意识支配，有较强的控制排便功能。

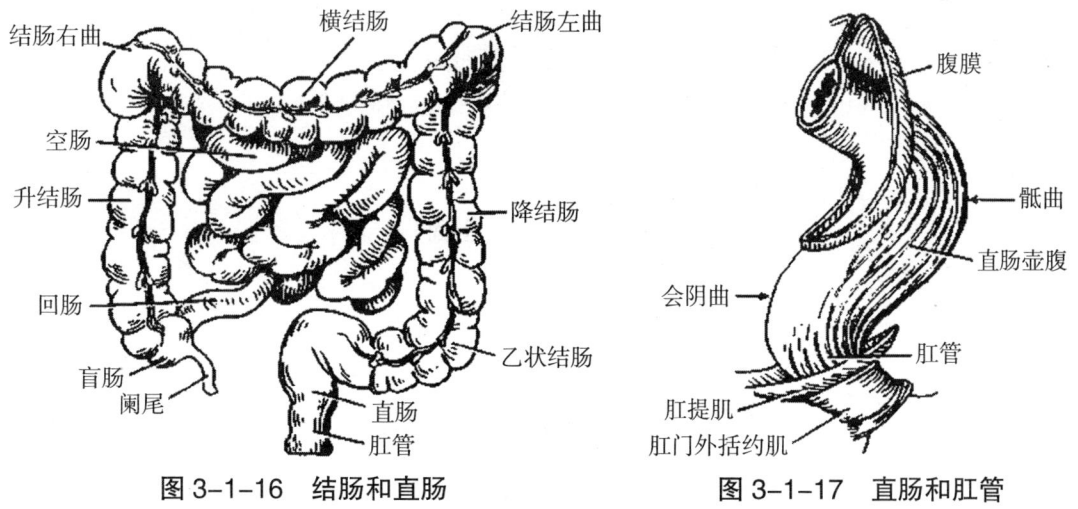

图 3-1-16　结肠和直肠　　　　图 3-1-17　直肠和肛管

（二）大肠的功能

食糜在小肠内被充分消化吸收后，食物残渣便通过回盲瓣进入大肠。大肠的主要功能是暂时贮存食物残渣，吸收水分，形成和排出粪便。

第二节 消化腺

一、肝

(一) 肝的形态

肝(图3-2-1、图3-2-2)是人体内最大的腺体,也是体内最大的消化腺。肝呈不规则的楔形,可分为上、下两面,前、后、左、右4缘。肝上面膨隆,与膈相接触,故又称膈面。肝膈面上有矢状位的镰状韧带附着,借此将肝分为左、右两叶。肝左叶小而薄,肝右叶大而厚。肝下面凹凸不平,邻接一些腹腔

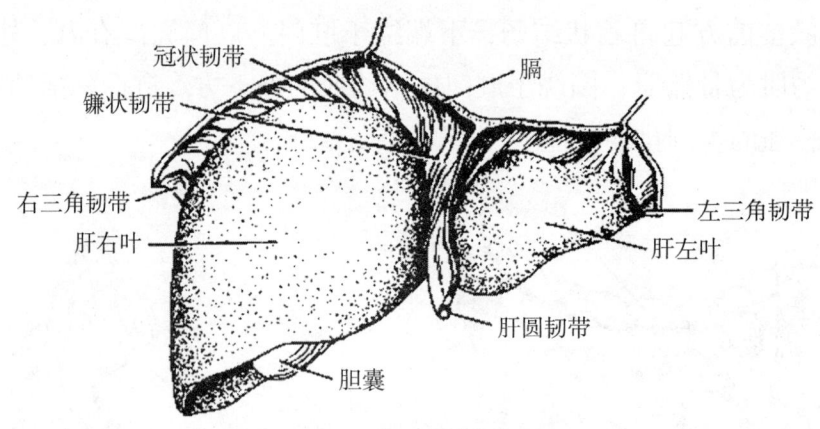

图 3-2-1 肝(上面)

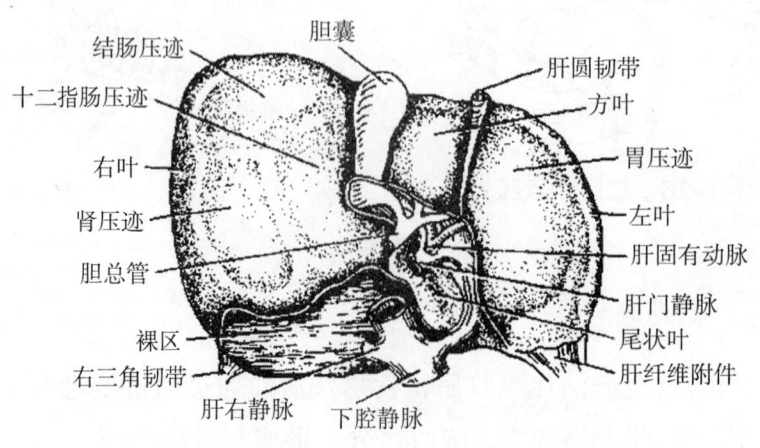

图 3-2-2 肝(下面)

器官，又称脏面。脏面中部有略呈"H"形的 3 条沟。其中横行的沟位于脏面正中，有肝左、右管，肝固有动脉左、右支，肝门静脉左、右支和肝的神经、淋巴管等由此出入，故称肝门。出入肝门的这些结构被结缔组织包绕，构成肝蒂。左侧的纵沟较窄而深，沟的前部内有肝圆韧带通过；后部容纳静脉韧带。右侧的纵沟比左侧的宽而浅，沟的前部为一浅窝，容纳胆囊，故称胆囊窝；后部为腔静脉沟，容纳下腔静脉。

肝的前缘（也称下缘）是肝的脏面与膈面之间的分界线，薄而锐利。肝的右缘是肝右叶的右下缘，亦钝圆。肝的左缘即肝左叶的左缘，薄而锐利。

（二）肝的位置

肝大部分位于右季肋区和腹上区，小部分位于左季肋区。肝的前面大部分被肋所掩盖，仅在腹上区的左、右肋弓之间，有一小部分露出于剑突之下，直接与腹前壁相接触。

（三）肝外胆道系统

肝外胆道系统（图 3-2-3）是指走出肝门之外的胆道系统而言，包括胆囊和输胆管道（肝左管、肝右管、肝总管和胆总管）。这些管道与肝内胆道一起，将肝分泌的胆汁输送到十二指肠。

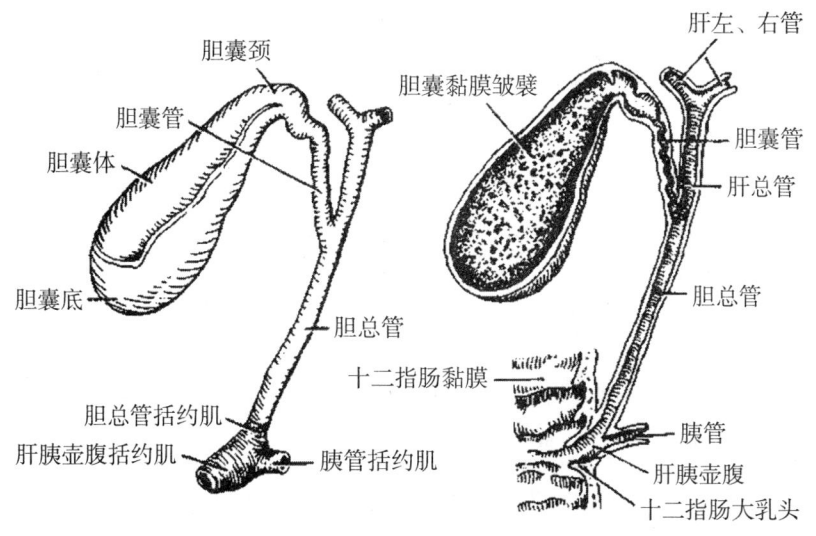

图 3-2-3　胆囊及输胆管道

1. 胆囊

胆囊为贮存和浓缩胆汁的囊状器官，呈长梨形，容量 40~60 毫升。胆囊位于肝下面的胆囊窝内。

胆囊分底、体、颈、管 4 部分，胆囊底是胆囊突向前下方的盲端。当充满胆汁时，胆囊底可贴近腹前壁。胆囊底体表投影位置在右锁骨中线与右肋弓交点附近。胆囊发炎时，该处可有压痛。胆囊体是胆囊的主体部分，与底之间无明显界限。胆囊体向后逐渐变细，约在肝门右端附近移行为胆囊颈。胆囊颈是胆囊体向下延续并变细的部分，常以直角向左下弯转，移行于胆囊管。胆囊管比胆囊颈稍细，与左侧的肝总管汇合，延续为胆总管。

2. 肝管与肝总管

肝左、右管分别由左、右半肝内的毛细胆管逐渐汇合而成，走出肝门之后即合成肝总管。肝总管长约 3 厘米，下行与胆囊管以锐角结合成胆总管。

3. 胆总管

胆总管由肝总管和胆囊管汇合而成，开口于十二指肠大乳头。由肝分泌的胆汁，经肝左右管、肝总管、胆囊管进入胆囊内贮存。进食后，尤其进食高脂肪食物，胆汁自胆囊经胆囊管、胆总管、肝胰壶腹、十二指肠大乳头，排入十二指肠腔内。

（四）胆汁的作用

胆汁是浓稠味苦的液体，颜色决定于胆色素的种类和浓度。肝胆汁为金黄或橘黄色，浓缩后颜色较深。

胆汁中与消化、吸收有关的成分主要是胆盐。胆盐是各种结合胆酸形成的钠盐的总称。胆盐的作用：一是激活胰脂肪酶，加速它对脂肪的分解作用。二是乳化脂肪，使脂肪乳化成极小的微粒，增加脂肪与脂肪酶的接触面积，利于消化。卵磷脂、胆固醇也有相同的作用。三是胆盐可以与脂肪酸结合形成水溶性复合物，促进脂肪酸的吸收。四是促进脂溶性维生素的吸收。

肝脏、胆道患病者，胆汁分泌减少或排放受阻，会出现脂肪的消化和吸收不良，以及脂溶性维生素吸收障碍。

二、胰

（一）胰的位置与毗邻

胰（图3-2-4）是位于腹后壁的一个狭长腺体，质地柔软，呈灰红色。胰横置于腹上区和左季肋区，平对第1～2腰椎体。胰的前面与胃相邻，其右端被十二指肠环抱，左端抵达脾门。

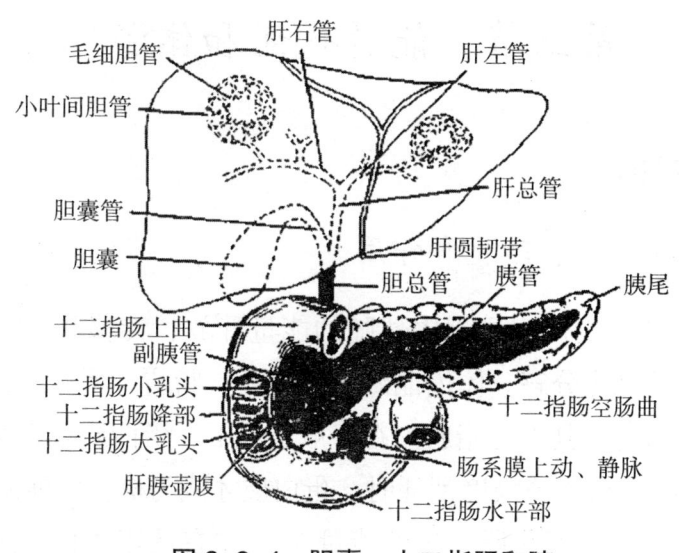

图3-2-4 胆囊、十二指肠和胰

（二）胰的分部

胰可分头、颈、体、尾4部分，各部之间无明显界限。头、颈部在腹中线右侧，体、尾部在腹中线左侧。

胰头为胰右端膨大部分，位于第2腰椎体的右前方，被十二指肠"C"形凹槽所包绕。

（三）胰液的成分及作用

胰液是胰腺分泌的无色液体，胰液中含水、多种消化酶等。

1. 胰淀粉酶

胰淀粉酶对生熟淀粉均有催化作用，其催化效率高，可将淀粉分解成麦芽糖和葡萄糖。

2. 胰脂肪酶

胰脂肪酶催化脂肪分解成甘油和脂肪酸。

3. 胰蛋白酶

胰蛋白酶可以催化蛋白质的分解。

胰液含的消化酶种类全、数量多，是消化力最强的消化液。若胰液分泌过少或缺乏，将出现消化不良，食物中的脂肪和蛋白质不能被完全消化和吸收。

第三节 能量代谢和体温

一、能量代谢

（一）能量的来源、转化和作用

能量代谢是指物质代谢过程中伴随的能量释放、转移和利用。机体的能量来自体内物质的氧化分解。体内能源物质有糖、脂肪、蛋白质，机体能量约70%来自糖类的氧化，其次是脂肪。在一般情况下，蛋白质很少作为能源被氧化利用，只有在长期饥饿或极度消耗时，蛋白质才成为机体的能源物质。

体内各种能源物质氧化所产生的能量50%左右迅速转化为热能，以维持体温，并不断通过体表散发；其余部分则供机体各种功能活动的需要。然而机体不能直接利用物质氧化所释放的能量，而是先生成高能物质——三磷酸腺苷（ATP）。ATP广泛存在于组织细胞内，当细胞进行各种活动需用能量时，ATP便分解同时释放能量。由此可见，ATP既是体内的贮能物质，又是直接的供能物质。

ATP分解所产生的能量，在体内可以发生转化，以不同的形式表现出来，如肌肉收缩所需要的机械能、神经兴奋传导所需要的电能、腺体分泌所需要的渗透能等。现将体内能量的释放、转移、贮存和利用之间的关系概括，如图3-3-1。

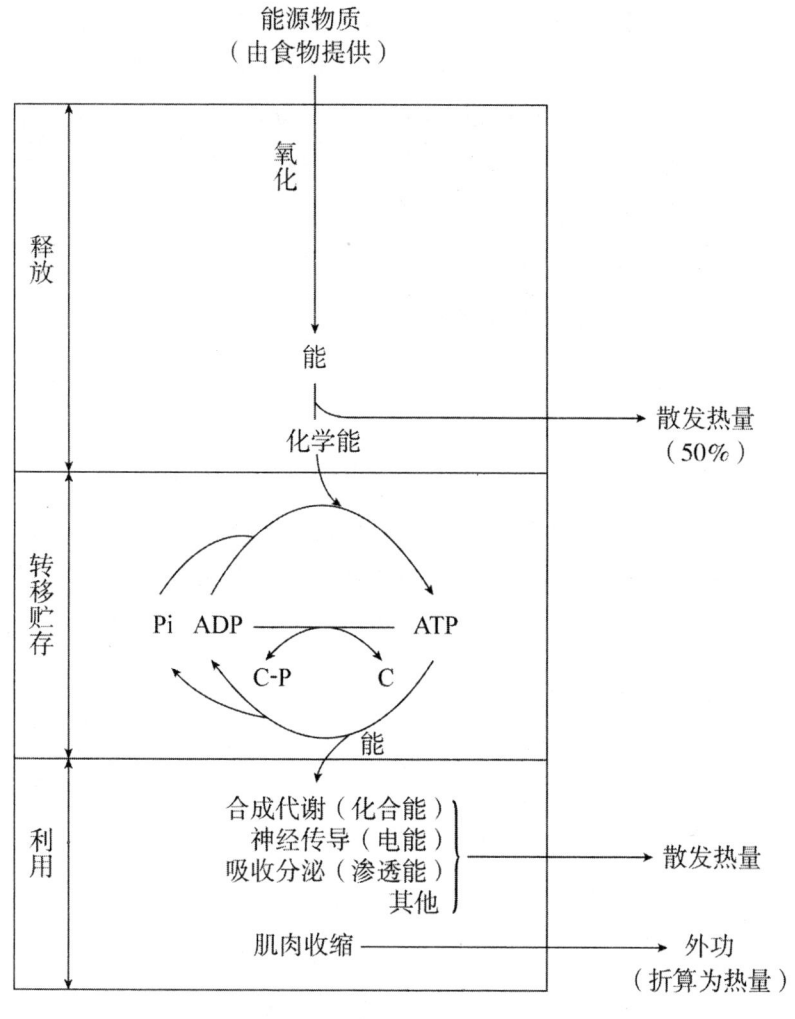

图 3-3-1　体内能量的释放、转移、贮存和利用之间的关系概括

（二）影响能量代谢的主要因素

1. 肌肉活动

　　肌肉活动对能量代谢的影响最大，任何轻微的肌肉活动都会使能量代谢率提高，能量代谢率是指机体在单位时间内的产热量。肌肉剧烈活动时的能量代谢率比安静时要高出许多倍（表 3-3-1）。

表 3-3-1　劳动或运动时的能量代谢率

活动情况	产热量	活动情况	产热量
躺卧	2.729（0.652）	扫地	11.368（2.716）
开会	3.399（0.812）	打排球	17.043（4.072）
擦窗子	8.300（1.983）	打篮球	24.213（5.765）
洗衣	9.886（2.362）	踢足球	24.967（5.965）

*单位为 kJ（$m^2 \cdot min$）；括号内数字单位为 kcal/（$m^2 \cdot min$）。

2. 环境温度

机体安静时的能量代谢率在20℃～30℃的环境中最为稳定。在低温下能量代谢率的提高是由于寒冷刺激反射性地引起寒战及肌肉紧张性增强所致。在高温下能量代谢率的提高则可能由于体内化学过程的反应加速，此外呼吸、循环、出汗等活动的增强也有一定作用。

3. 食物的特殊动力效应

人在进食后，虽仍保持安静状态，但能量代谢率却较进食前有所提高，这种食物使机体产生"额外"热量的作用，称之为食物的特殊动力效应。若所进食物是蛋白质，额外增加的产热量可达30%，混合食物增加10%左右。

4. 精神活动

人的精神处于紧张状态，如恐惧、发怒或其他强烈情绪活动时，能量代谢率显著增高。这是由于紧张的精神活动伴随有无意识的肌肉紧张性增强及某些激素（如肾上腺皮质和髓质激素）分泌增多的缘故。这些因素都具有促进物质代谢和能量代谢的作用。

以上因素对能量代谢影响的大小，难以精确计量。在实际临床工作中为避免上述因素的影响，通常用基础代谢率作为判断能量代谢是否正常的指标。

（三）基础代谢

人体在基础状态下的能量代谢称为基础代谢。单位时间内的基础代谢称为基础代谢率（BMR）。基础状态是指人在清晨、醒觉、静卧、禁食12小时以上，室温在18℃～25℃，并且应尽可能让受试者当夜睡眠良好，精神安定，这样就最大限度地减少了各种影响因素的作用。此时体内能量的消耗主要用于维持心跳、呼吸等一些最基本的生命活动，机体处于所谓的基础状态。

表 3-3-2 我国正常人基础代谢率平均值

性别	年龄（岁）						
	11～15	16～17	18～19	20～30	31～40	41～50	51 以上
男性	195.5	193.4	166.2	157.8	158.6	154.0	149.0
	（46.7）	（46.2）	（39.7）	（37.7）	（37.9）	（36.8）	（35.6）
女性	172.4	181.7	154.0	146.5	146.9	142.3	138.5
	（41.2）	（43.4）	（36.8）	（35.0）	（35.1）	（34.0）	（33.1）

* 单位为 kJ $(m^2 \cdot h)$；括号内数字单位为 kcal/ $(m^2 \cdot h)$。

正常人基础代谢率因年龄、性别不同而有所差异，在相同条件下男性基础代谢率高于女性，幼年高于成年，年龄越大基础代谢率越低。

一般情况下，基础代谢率与表 3-3-2 中的正常平均值比较，如相差 15% 之内，无论是较高或较低，都属于正常范围，若相差 20% 以上则属病理变化。甲状腺功能亢进时，基础代谢率可高于正常平均值 20%～80%；甲状腺功能低下时，基础代谢率可低于正常平均值 20%～40%。因此测定基础代谢率是临床诊断甲状腺疾病的重要辅助手段。

二、体温

体温是指人体深部的平均温度。人和高等动物的体温是相对恒定的，这是保证机体正常新陈代谢和生命活动的必要条件。体温过高或过低，都将使酶的活性减低或丧失而影响新陈代谢和生命活动，甚至危及生命。

（一）正常体温及生理变化

人体深部的温度不易测定，实际工作中通常测定直肠、口腔或腋窝的温度来代表体温。这三个部位以直肠温度（肛温）最高，正常值为 36.9℃～37.9℃；口腔温度（口温）为 36.7℃～37.7℃；腋下温度（腋温）为 36℃～37.4℃。生理情况下，人的体温可随昼夜、性别、年龄、肌肉活动和精神因素等而有所变化。

1. 昼夜变化

清晨 2～6 时体温最低，下午 1～6 时体温最高，波动幅度一般不超过 1℃。体温的周期性变化同肌肉活动状态及耗氧量无关，而是由一种内在的生物节律所决定的。

2. 性别的影响

女性体温比男性体温平均约高 0.3℃。女性体温还随月经周期呈现周期性变化：在月经期及排卵前期基础体温较低，排卵日最低，排卵后体温升高且高于排卵前，直至本次月经周期结束（图 3-3-2）。连续测定女性的基础体温可了解有无排卵及确定排卵日期。

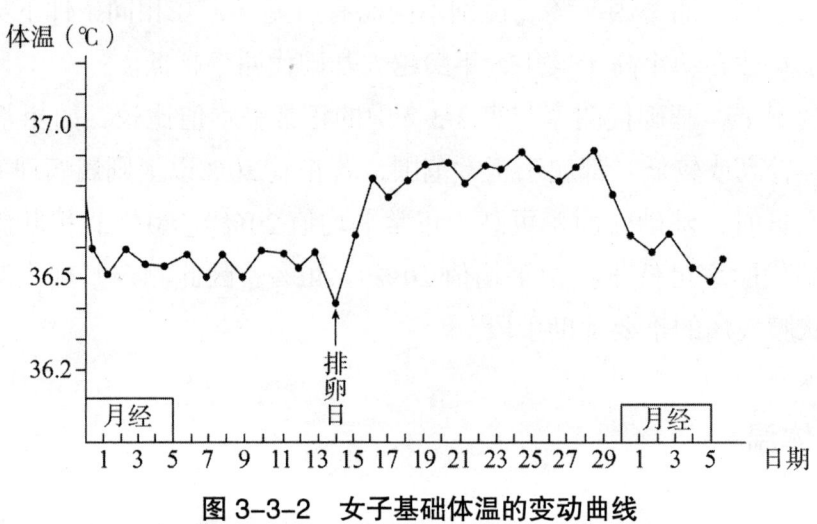

图 3-3-2　女子基础体温的变动曲线

3. 年龄的影响

新生儿体温略高于成年人，并且新生儿尤其是早产儿，体温调节机构发育不完善，温度调节能力差，其体温易受环境温度的影响而产生较大的波动。因此，新生儿应注意保温护理。老年人基础代谢率低，因而体温也偏低。

4. 其他因素的影响

肌肉活动、情绪激动都可使体温略有升高，因而，应在安静状态下测定体温，测定小儿体温时应避免哭闹。此外，精神紧张、环境温度、进食等对体温也有一定影响。

(二）机体的产热与散热

在体温调节机构的控制下，机体产热与散热过程保持动态平衡，从而使人体体温能维持相对恒定。

1. 产热

体内热量主要来自生物氧化过程。安静状态下，内脏是主要产热器官，尤以肝脏产热最多。运动或劳动时，骨骼肌是主要产热器官。此外，一些激素的分泌水平也影响产热量，甲状腺激素、肾上腺素分泌增多时，可促进物质的分解代谢使产热量增加。

2. 散热

皮肤是机体散热的主要部位。当环境温度低于体表温度时，大部分体热可通过皮肤的辐射、传导、对流和蒸发等方式向外界散发。此外，还有小部分热量通过肺、肾、消化道等途径，随呼吸、尿及粪便散发到体外。在温和气候、轻体力劳动的条件下，一个人产热量每日约 3000 千卡，通过各种途径和方式散热量的百分比大体如表 3-3-3。

表 3-3-3 机体的散热方式及其所占比例

散热方式	散热量（kJ）	百分数（%）
辐射、传导、对流	8790	70
皮肤水分蒸发	1821	14.5
呼吸道水分蒸发	1005	8.0
呼气	440	3.5
加温吸入气	314	2.5
尿、粪	188	1.5
合计	12558	100.0

（1）皮肤散热的四种方式

1）辐射散热：是指机体以热射线的形式将体热传给外界的一种散热方式。安静状态下，辐射散热量约占机体总散热量的 60%。辐射散热量的多少取决于皮肤与周围环境的温度差以及机体的有效辐射面积。皮肤与环境的温度差越大，或机体的有效辐射面积越大，散热量就越多。

2）传导散热：是指机体的热量直接传给与它接触的较冷物体的一种散热方式。传导散热速度决定于皮肤与接触物的温度差、接触面积以及所接触物的导热性。所以，临床上常用冰袋、冰帽为高热病人降温。

3）对流散热：是指机体的热量直接传给与皮肤接触的流动空气的一种散热方式。因而，是传导散热的一种特殊形式。通过对流散热，使与皮肤接触的冷空气升温，由于空气的不断流动，使皮肤总是接触温度较低的空气而散热速度加快。对流散热速度取决于环境温度及风速。

4）蒸发散热：以上几种散热方式只有在环境温度低于皮肤温度时才能进行，当环境温度高于或接近皮肤温度时，蒸发散热成为唯一有效的散热方式。

蒸发散热是指通过水分从体表蒸发而带走体热的一种散热方式。蒸发分为不感蒸发和可感蒸发两种形式。不感蒸发是指皮肤及呼吸道黏膜表面水分的蒸发，皮肤表面无汗液形成，故又称不显汗。可感蒸发是指汗腺分泌的汗液在皮肤表面被蒸发，又称显汗。在环境温度升高或剧烈运动、劳动时，汗液分泌增多，可感蒸发加快。临床上对发热病人所采用的物理降温方法，即用稀释酒精或温水擦浴，就是运用了蒸发散热的原理。

（2）皮肤血流量对散热的影响

如上所述，辐射、传导、对流等直接散热方式的散热量，取决于皮肤与环境的温度差，而皮肤的温度与皮肤的血流量有关。在炎热的环境中，皮肤血管扩张，血流量增加。一方面可将机体深部的热量带到体表，使皮肤表面温度升高；另一方面有助于汗液分泌，均有利于机体散热。

三、体温的调节

人体体温能在不同的环境温度下维持相对恒定，是由于机体具有自主性体温调节和行为性体温调节功能。

（一）自主性体温调节

当体内外温度发生变化时，由温度感受器将这种信息传递给体温调节中枢，体温调节中枢再发出指令，或减少皮肤血流量、寒战，或增加皮肤血流量、出汗等生理活动来调节机体产热和散热过程，这种调节称为自主性体温调节。

(二)行为性体温调节

自主性体温调节是在体温调节中枢控制下的体温自动调节过程,是非意识的。人类还可有意识的通过各种行为来适应环境温度的变化,如随着季节的变化来增减衣物、使用空调等,这种调节称为行为性体温调节。

第四章 呼吸系统

呼吸系统（图 4-1）由呼吸道和肺组成。呼吸道包括鼻、咽、喉、气管和主支气管等。

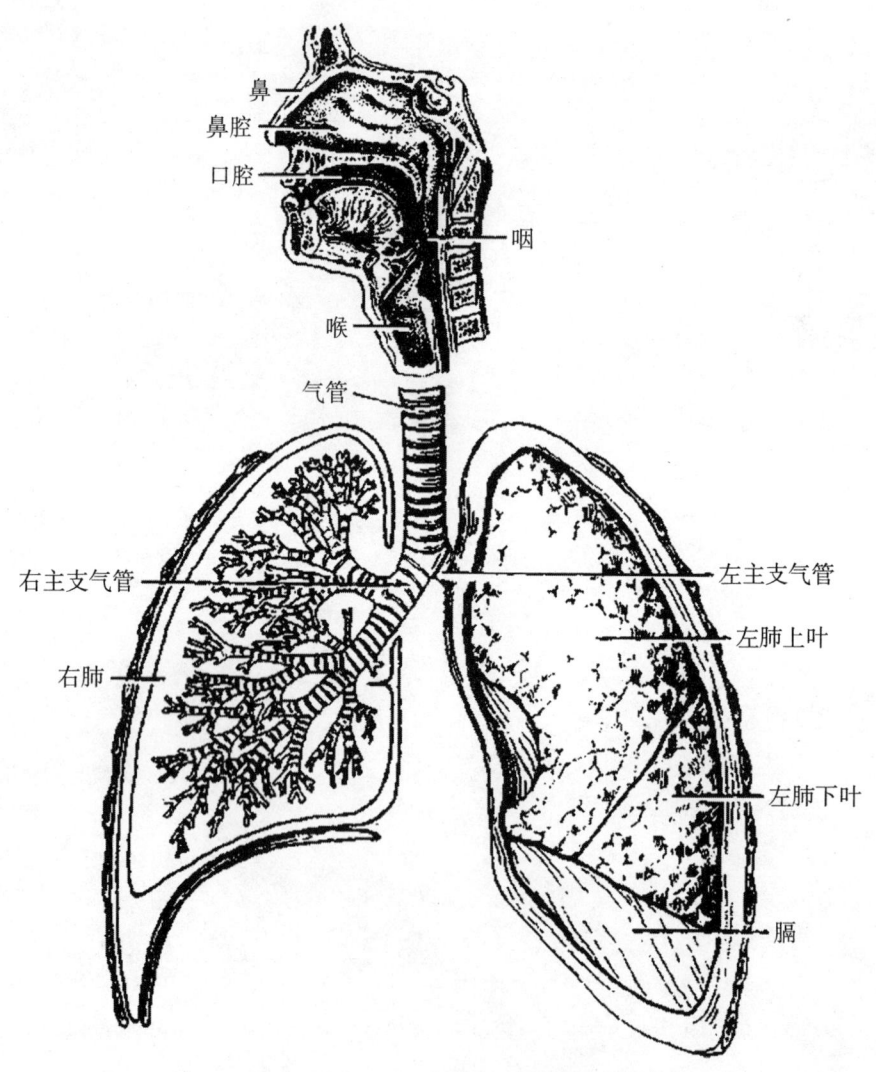

图 4-1 呼吸系统模式图

通常称鼻、咽、喉为上呼吸道，气管和各级支气管为下呼吸道。肺由实质组织和间质组织组成，前者包括支气管树和肺泡；后者包括结缔组织、血管、淋巴管、淋巴结和神经等。

呼吸系统的主要功能是进行气体交换，即吸入氧，排出二氧化碳。此外，还有发音、嗅觉、协助静脉血回流入心等功能。呼吸的生理意义是维持机体内环境氧和二氧化碳含量的相对稳定，保证组织细胞代谢的正常进行。呼吸过程的任何一个环节发生障碍，都可引起组织缺氧和二氧化碳积聚，从而影响新陈代谢，尤其是脑、心、肾的正常活动，甚至危及生命。

机体在新陈代谢过程中，需要不断地从外界环境中摄取氧气并排出二氧化碳。机体与环境间的氧和二氧化碳气体交换过程，称为呼吸。呼吸过程由四个互相联系的环节组成：①肺通气，即肺与大气间的气体交流。②肺换气，即肺泡与血液间的气体交换。肺通气和肺换气合称为外呼吸。③血液循环对气体的运输。④组织换气，即组织细胞与血液间的气体交换，又称内呼吸。

第一节　呼吸道

一、鼻

鼻分三部，即外鼻、鼻腔和鼻旁窦。它既是呼吸道的起始部，又是嗅觉器官。

（一）外鼻

外鼻以鼻骨和软骨为支架，外被皮肤、内覆黏膜，分为骨部和软骨部。软骨部的皮肤因其富含皮脂腺和汗腺，成为痤疮、酒糟鼻和疖肿的好发部位。外鼻与额相连的狭窄部称鼻根，向下延续为鼻背，末端称鼻尖，鼻尖两侧扩大称鼻翼，从鼻翼向外下至口角的浅沟称鼻唇沟。

（二）鼻腔

鼻腔是由骨和软骨围成的空腔，内面覆以黏膜和皮肤而构成。鼻腔被鼻中隔分为左、右两腔，向前以鼻孔通外界，向后经鼻后孔通鼻腔。鼻腔内的黏膜可分为嗅部和呼吸部。嗅部黏膜呈淡黄色，内含嗅细胞能感受嗅觉刺激。呼吸部为嗅部以外的部分，此部黏膜呈粉红色，有丰富的血管、黏液腺及纤毛，可调节吸入空气的温度和湿度以及净化其中的细菌和灰尘（图4-1-1）。

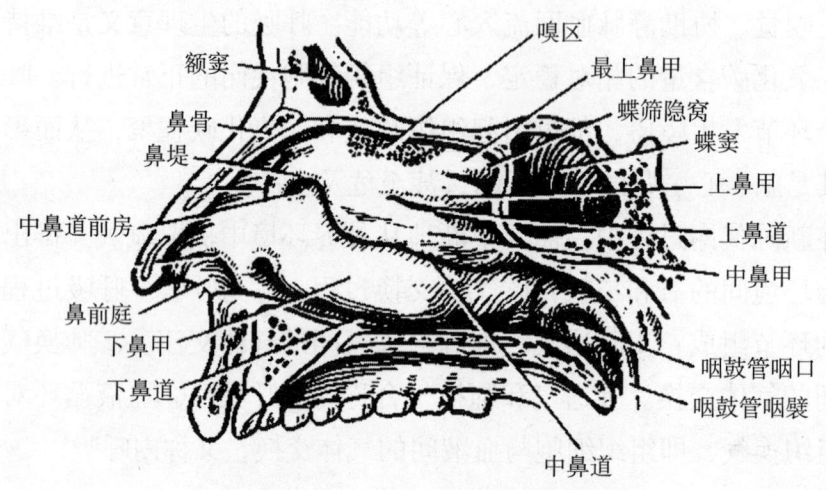

图 4-1-1　鼻腔外侧壁

（三）鼻旁窦

鼻旁窦是鼻腔周围含气颅骨的腔，开口于鼻腔。窦壁衬以黏膜并与鼻腔黏膜相移行。鼻旁窦有4对，左右对称排列，称额窦、筛窦、蝶窦和上颌窦。能温暖与湿润空气，对发音产生共鸣（详见第二章）。

二、咽
（见消化系统）。

三、喉

喉由软骨和喉肌构成，它既是呼吸的管道，又是发音的器官。位于颈前部正中，居皮下。借喉口通喉咽部，以环状软骨连接气管。

（一）喉软骨

喉的支架是喉软骨，由甲状软骨、环状软骨、会厌软骨和成对的杓状软骨等构成。

1. 甲状软骨

甲状软骨（图4-1-2）构成喉的前壁和侧壁，由前缘互相愈着的呈四边形的左、右软骨板组成。愈着处称前角，前角上端向前突出，在成年男子尤为明显，称喉结。喉结上方呈"V"形的切迹，称上切迹。

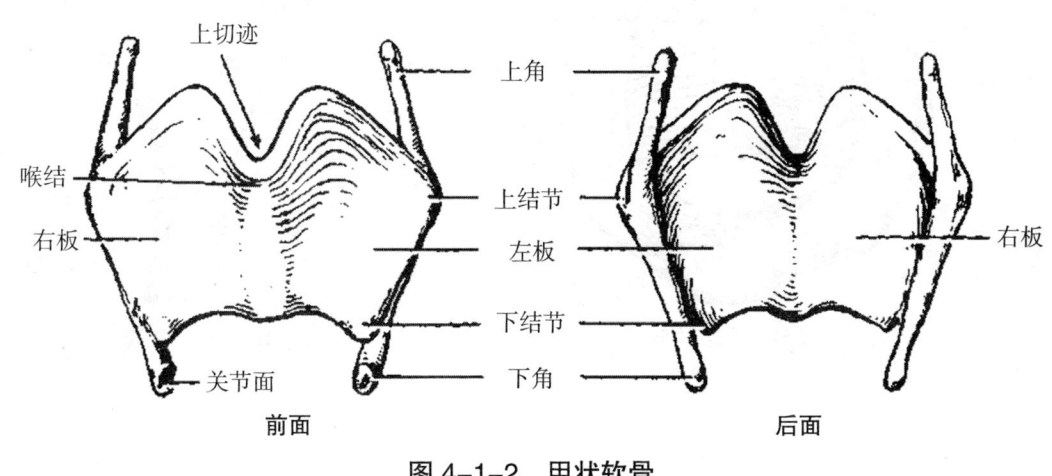

图4-1-2 甲状软骨

2. 环状软骨

环状软骨（图4-1-3）位于甲状软骨的下方是喉软骨中唯一完整的软骨环。它由前部低窄的环状软骨弓和后部高阔的环状软骨板构成。环状软骨对支撑呼吸道保持其畅通有重要作用，损伤后能产生喉狭窄。

3. 杓状软骨

杓状软骨（图4-1-3）成对，呈三棱椎体形。

4. 会厌软骨

会厌软骨（图4-1-4）位于舌根后下方，上宽下窄呈叶状，是喉口的活瓣，吞咽时喉随咽上提并向前移，会厌封闭喉口、阻止食团入喉而引导食团进咽。

（二）喉肌

喉肌系横纹肌，是发音的动力器官。具有紧张或松弛声带、缩小或开大声门裂以及缩小喉口的作用。按其部位分内、外两群；依其功能分声门开大肌和声门括约肌。

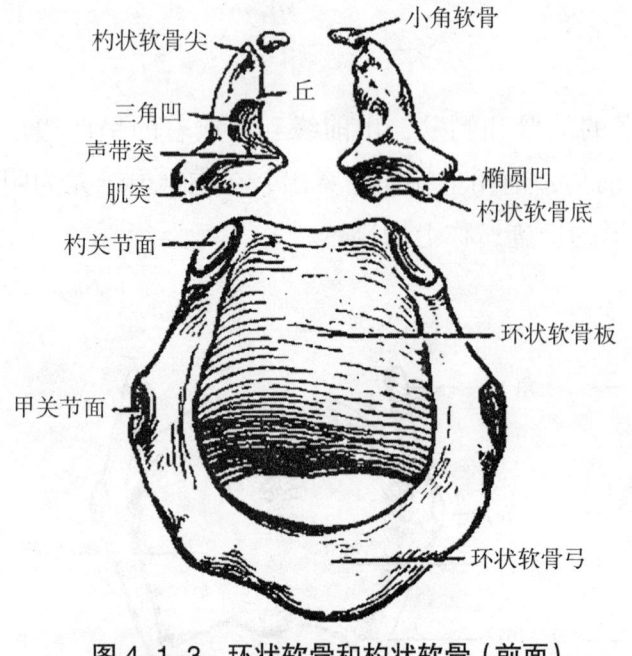

图 4-1-3　环状软骨和杓状软骨（前面）

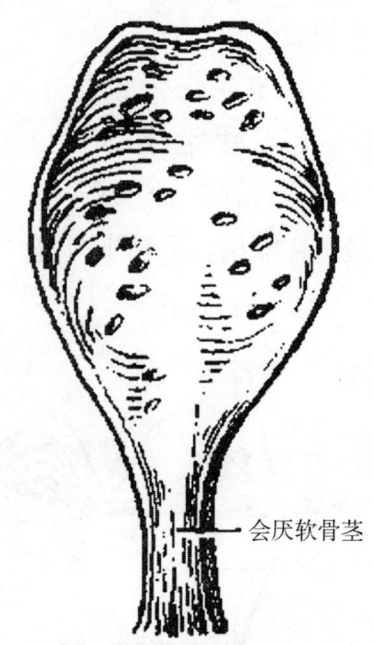

图 4-1-4　会厌软骨

（三）喉腔

喉腔是由喉软骨、韧带和纤维膜、喉肌、喉黏膜等围成的管腔。上起自喉口，与咽腔相通；下连气管，与肺相通。

1. 喉口

喉口（图 4-1-5）是喉腔的上口。喉腔的侧壁上、下分别有一对突入腔内的黏膜皱襞，即上方的前庭襞和下方的声襞。前庭襞是呈矢状位粉红色的黏膜皱襞，两侧前庭襞之间的裂隙称前庭裂，较声门裂宽。声襞张于甲状软骨前角后面与杓状软骨声带突之间，它较前庭襞更突向喉腔。

2. 喉前庭

喉前庭位于喉口与前庭襞之间，呈上宽下窄漏斗状。

3. 喉中间腔

喉中间腔是喉腔中声襞与前庭襞之间的部位、向两侧经前庭襞和声襞间的裂隙至喉室。声带由声韧带、声带肌和喉黏膜构成。声门裂是位于两侧声襞及杓状软骨底和声带突之间的裂隙，比前庭裂长而窄，是喉腔最狭窄之处。声带和声门裂合称为声门。

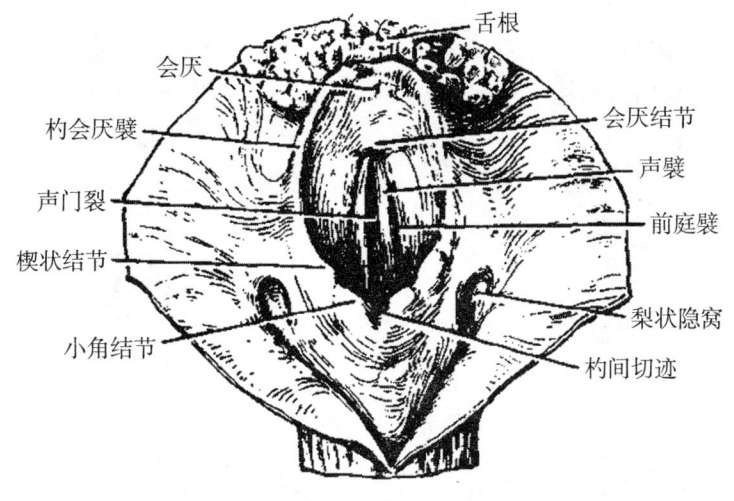

图 4-1-5 喉口（上面）

4.声门下腔

声门下腔是声襞与环状软骨下缘之间的部分。其黏膜下组织疏松，炎症时易发生喉水肿，尤以婴幼儿更易产生急性喉水肿而致喉梗塞，从而产生呼吸困难。

四、气管和主支气管

（一）气管

气管（图4-1-6）位于喉与左、右主支气管分叉处的气管杈之间，起于环状软骨下缘（平第6颈椎体下缘），向下至胸骨角平面（平第4胸椎体下缘）。气管全长以胸廓上口界，分为颈部和胸部。

气管由气管软骨、平滑肌和结缔组织构成。气管软骨由14～17个缺口向后，呈"C"形的透明软骨环构成。气管后壁缺口由气管膜壁封闭，该膜壁由弹性纤维与被称为气管肌的平滑肌构成。甲状腺峡部多位于第2～4气管软骨环前方，气管切开术常在第3～5气管软骨环处施行。

（二）主支气管

支气管（图4-1-6）是由气管分出的各级分支，其中一级分支为左、右主支气管。

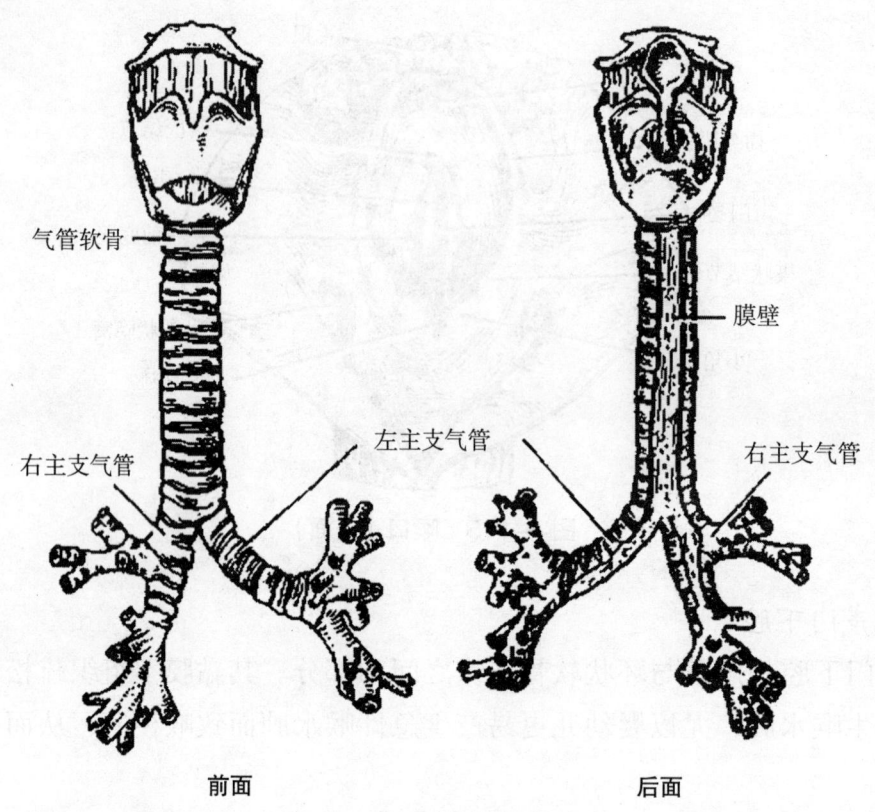

图 4-1-6 气管和主支气管

左、右主支气管的区别：前者细而长，较水平；后者短而粗，较垂直，故气管坠入的异物多进入右侧。

第二节 肺

一、肺的位置及形态

肺位于胸腔内，在膈肌的上方、纵隔的两侧。肺的表面被覆脏胸膜。正常肺呈浅红色，质柔软呈海绵状，富有弹性。成人肺的重量约等于自己体重的 1/50，男性平均 1000～1300 克，女性平均为 800～1000 克。

两肺外形不同（图 4-2-1），右肺宽而短，左肺狭而长。肺呈圆锥形，分一尖、一底、三面、三缘。肺尖钝圆，经胸廓上口伸入颈根部，在锁骨内侧 1/3 段向上突至锁骨上方达 2.5 厘米。肺底在膈肌上方，受膈肌压迫使肺底呈半月形凹陷。肋面与胸廓的外侧壁和前、后壁相邻。纵隔面中央有椭圆形凹陷，称肺门。其内有支气管、血管、神经、淋巴管的出入并为结缔组织包裹，称肺根。膈面即肺底。肺前缘锐利，左肺前缘下部有心切迹，后缘在脊柱两侧，为肋面与纵隔面在后方的移行处。下缘为膈面与肋面、纵隔面的移行部，其位置随呼吸运动而显著变化。

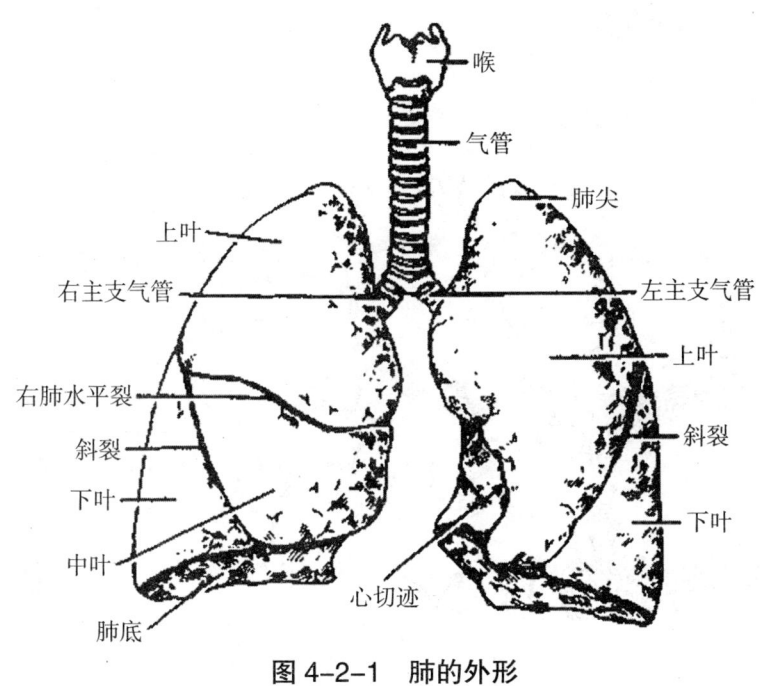

图 4-2-1　肺的外形

左肺斜裂由后上斜向前下，将左肺分为上、下两叶。右肺的斜裂和水平裂将右肺分为上、中、下三叶。

二、肺的基本组织结构

肺是由表面的浆膜和内部的肺实质两部分组成，肺实质主要包括导管部和呼吸部（图4-2-2）。

（一）导管部

即肺内的各级支气管，又称肺内呼吸道。左、右主支气管分别分为肺叶支气管进入每个肺叶，再反复分支，越分越细，形成树枝状，称为支气管树。小

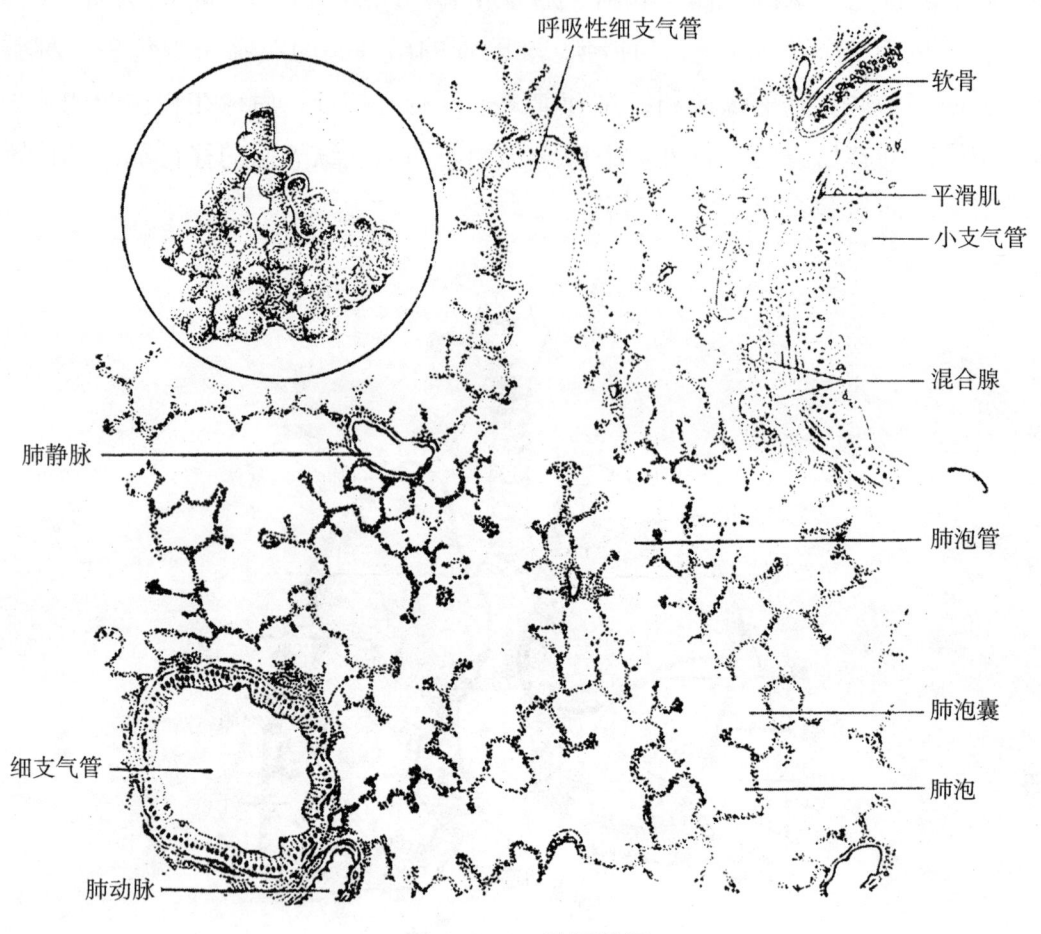

图 4-2-2 肺切片图

支气管管径在 0.5～1 毫米之间者称为细支气管,细支气管再分支,称为终末细支气管。每一细支气管及其所属的肺组织形成一个肺小叶。肺小叶呈大小不等的锥体形,锥体尖端朝向肺门,底面向肺表面,肺小叶之间界限清晰。

(二)呼吸部

呼吸部是指能够进行气体交换的部分,主要由呼吸性细支气管和肺泡组成。呼吸性细支气管是终末细支气管的进一步分支,管壁结构与终末细支气管相似,但在某些部分向外突出形成肺泡。

肺泡是接续呼吸性细支气管的半球囊泡,成群存在。肺泡壁由单层上皮细胞构成,细胞外衬有一层基膜。在肺泡之间有少量结缔组织形成肺泡隔,肺泡隔内有丰富的毛细血管网及弹力纤维等。肺泡是肺的呼吸单位,肺泡内的氧气通过肺泡壁和毛细血管壁进入血液循环；血液中的二氧化碳透过毛细血管壁和肺泡壁进入肺泡内，被呼出体外。肺泡隔内还有尘细胞，尘细胞是一种吞噬细胞，可以游走进入肺泡，吞噬入肺泡的极微粉尘，以将其清除（图4-2-3）。

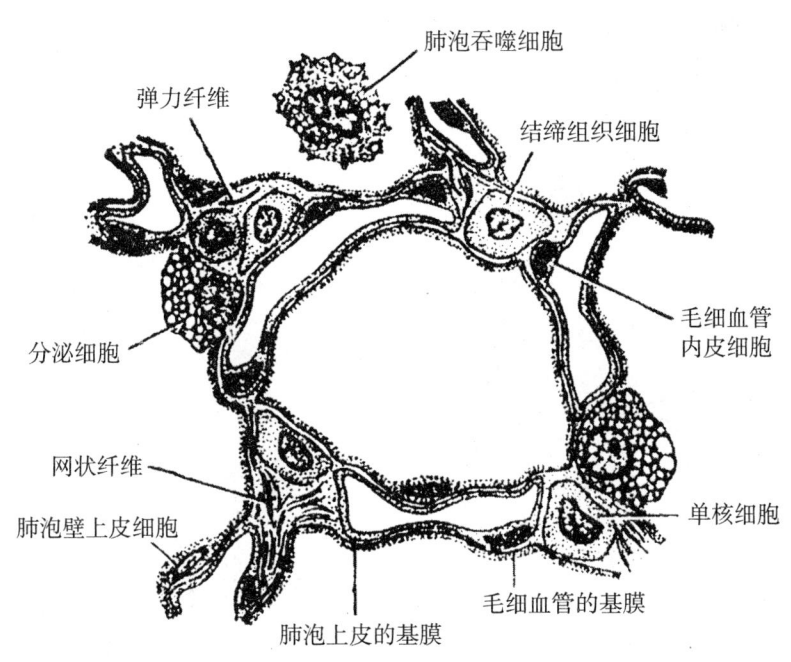

图4-2-3 肺泡结构模式图

三、肺通气

肺通气是指气体经呼吸道进出肺的过程。呼吸运动是肺通气的原动力。其过程所造成的肺内压与大气间的压力差是肺通气的直接动力。

由呼吸肌舒缩引起的胸廓扩大和缩小的活动，称为呼吸运动，包括吸气动作和呼气动作。通常所说的"呼吸"是指呼吸运动而言。呼吸运动按其深度不同，可分为平静呼吸和用力呼吸两种。

（一）平静呼吸和用力呼吸

人在安静时平稳、均匀的呼吸，称为平静呼吸；人在劳动或运动时用力而加深的呼吸，称为用力呼吸或深呼吸。平静呼吸是由膈肌和肋间外肌舒缩引起。平静吸气时，膈肌收缩，膈顶下降，使胸廓上下径增大（图4-2-4）；同时，肋间外肌收缩，牵动肋骨上提并略外展，胸骨也随着上移，使胸廓前后径和左右径都增大（图4-2-5）。胸廓扩大使肺扩张，肺内压下降，当低于大气压1～2毫米汞柱时，空气进入肺，即吸气。平静呼气时，膈肌和肋间外肌舒张，膈顶、肋骨和胸骨均回到原位，使胸廓和肺容积缩小，肺内压上升，当高于大气压1～2毫米汞柱时，气体出肺，产生呼气。吸气末或呼气末，肺内压等于大气压，此时肺通气停止。平静呼吸的特点是：吸气动作是吸气肌收缩的主动过程，而呼气动作是由吸气肌舒张引起的被动过程。

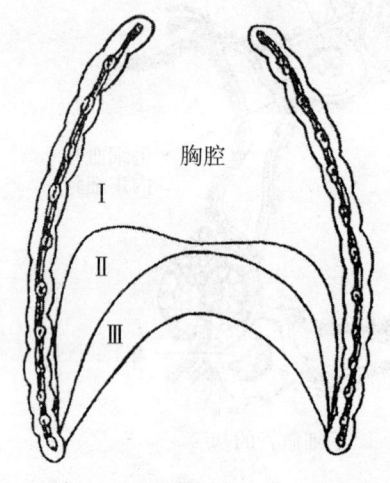 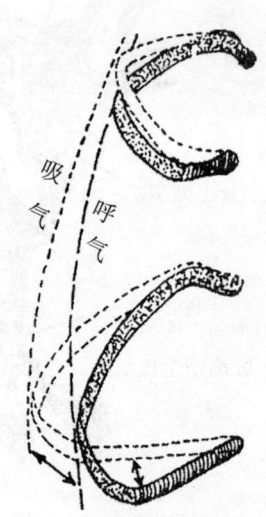

Ⅰ：呼气　Ⅱ：平静吸气　Ⅲ：深吸气

图4-2-4　膈肌在呼吸运动中的位置变化　　图4-2-5　呼吸时肋骨位置的变化

用力吸气时，除膈肌和肋间外肌收缩加强外，还有胸锁乳突肌、胸大肌等辅助吸气肌参加收缩，使胸廓及肺容积更加扩大，吸气量增加。用力呼气时，除吸气肌舒张外，尚有肋间内肌和腹肌等呼气肌参加收缩，使胸廓和肺容积更加缩小，呼气量增加。因此，用力呼吸的吸气和呼气动作都是主动过程。

（二）胸式呼吸和腹式呼吸

由肋间外肌舒缩为主的呼吸运动，胸壁起伏明显称为胸式呼吸。由膈肌舒缩为主的呼吸运动，腹壁起伏明显称为腹式呼吸。正常人胸式和腹式呼吸同时进行，女性和青年人胸式呼吸占优势，成年男性和儿童腹式呼吸占优势。当妊娠或腹水、腹腔肿瘤时，膈肌活动受限制，胸式呼吸加强；而胸膜炎或胸腔积液等患者，胸部活动受限制，腹式呼吸加强。

（三）呼吸周期和呼吸频率

一次呼吸运动称为一个呼吸周期。每分钟呼吸运动的次数，称为呼吸频率。正常成人安静时的呼吸频率为 12～18 次/分。它可因年龄、性别、运动、情绪激动等情况不同而变化。

四、肺活量

肺活量是指作一次最大吸气后再尽力呼气所能呼出的气体量。正常成年男性约 3500 毫升，女性约 2500 毫升。但是它有较大的个体差异，与性别、年龄、身材大小、呼吸肌强弱等有关。肺活量反映一次呼吸的最大通气能力，常作为肺通气功能好坏的指标之一。

五、气体的运输

气体在血液中运输的形式有物理溶解和化学结合两种形式。物理溶解的量很少，但很重要。因为它是化学结合或释放的必要前提。

（一）氧的运输

1. 物理溶解

O_2 在血液中溶解量很少，每 100 毫升血液中仅溶解 0.3 毫升，仅占血液运输 O_2 总量的 1.5%。

2. 化学结合

O_2 与血红蛋白（Hb）结合，是 O_2 在血液中运输的主要形式。O_2 与红细胞结合，生成氧合血红蛋白（HbO_2）。

$$Hb + O_2 \underset{O_2\text{分压低（组织）}}{\overset{O_2\text{分压高（肺）}}{\rightleftharpoons}} HbO_2$$

这一过程是可逆的，这种结合不需要酶参与，HbO_2 呈鲜红色，而 Hb 呈暗蓝色。动脉血 O_2 饱和度高，呈鲜红色；静脉血 O_2 饱和度低，呈紫蓝色。当毛细血管血液中还原血红蛋白含量超过 50 克/升时，黏膜或甲床等部位就呈现紫蓝色，称发绀。这是人体缺 O_2 的标志。另外 CO 与 Hb 的结合力较强，比 O_2 大 210 倍。结合形成一氧化碳血红蛋白（HbCO），Hb 与 CO 结合后失去了运输 O_2 的能力，此时病人虽有严重缺 O_2，但口唇黏膜呈樱桃红色，无发绀。发生 CO 中毒（煤气中毒）时应立即离开 CO 环境，给予患者足够的 O_2，改善缺 O_2 状态。如果有 50% 以上的 Hb 与 CO 结合后，就会因组织缺 O_2 而致死。

（二）二氧化碳的运输

1. 物理溶解

CO_2 在血浆中的溶解度比 O_2 大，约占血液运输 CO_2 总量的 5%。

2. 化学结合

形成碳酸氢盐是血液运输 CO_2 的主要形式，约占 CO_2 运输总量的 88%。

$$CO_2 + H_2O \rightleftharpoons H_2CO_3 \rightleftharpoons H^+ + HCO_3^-$$

第三节　胸膜及纵隔

一、胸膜

胸膜是衬覆于胸壁内面、膈上面和肺表面的一层浆膜。被覆于胸腔各壁内面的称壁胸膜，覆盖于肺表面的称脏胸膜，两层胸膜之间密闭、狭窄、呈负压的腔隙称胸膜腔。壁、脏两层胸膜在肺根处互相移行，移行处两层胸膜重叠形成的三角形皱襞称肺韧带。

（一）壁胸膜

壁胸膜依其衬覆部位不同分为以下四部分。

1. 肋胸膜

衬覆于肋骨、胸骨、肋间肌、胸横肌及胸内筋膜等诸结构内面的浆膜。其前缘位于胸骨后方，后缘达脊柱两侧，下缘以锐角移行为纵隔胸膜，上部移行为胸膜顶。

2. 腹胸膜

覆盖于膈上面，两者紧密相贴，不易剥离。

3. 纵隔胸膜

衬覆于纵隔两侧面，其中部包裹肺根并移行为脏胸膜。纵隔胸膜上缘移行为胸膜顶，下缘连接膈胸膜，前后缘连接肋胸膜。

4. 胸膜顶

是肋胸膜和纵隔胸膜向上的延续，直至胸廓上口平面以上、包被肺尖上方。在胸锁关节与锁骨中、内 1/3 交界处之间，胸膜顶高出锁骨上方 2.5（1 ~ 4）厘米。

（二）脏胸膜

脏胸膜是不仅贴附于肺表面，而且伸入至叶间裂内的一层浆膜。因其与肺实质连接紧密故又称肺胸膜。在肺根下方，脏胸膜与壁胸膜相移行，移行处的胸膜皱襞称为肺韧带。

（三）胸腹腔

胸膜腔是指脏、壁胸膜在肺根处相互移行，两者之间形成的左、右两个封闭的、呈负压的胸膜间隙。间隙内仅有少许浆液，可减少摩擦。

（四）胸膜与肺的体表投影

脏、壁胸膜返折部位称胸膜返折线。肋胸膜与纵隔胸膜前缘的返折线是胸膜前界；肋胸膜与纵隔胸膜后缘的返折线是胸膜后界；肋胸膜与膈胸膜的返折线则是胸膜下界（图 4-3-1）。

1. 胸膜前界体表投影

其上端起自锁骨中、内 1/3 交界处上方约 2.5 厘米的胸膜顶，向内下斜行，在第 2 胸肋关节水平，两侧互相靠拢，在正中线附近垂直下行。右侧于第 6 胸肋关节处越过剑肋角与胸膜下界相移行。左侧在第 4 胸肋关节转向外下方，沿胸骨的外侧缘约 2 ~ 2.5 厘米下行，于第 6 软骨后方与胸膜下界相移行。在第 4 胸肋关节平面以下则两侧胸膜返折线互相分开，形成位于胸骨体下部与左侧

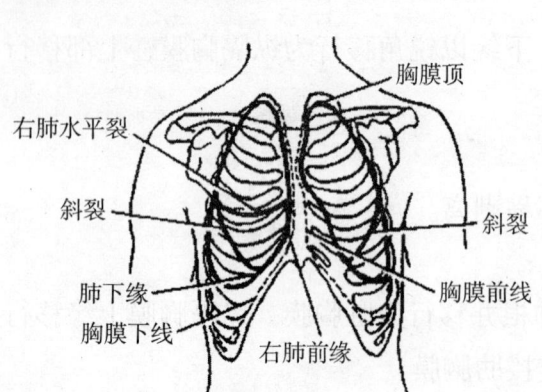
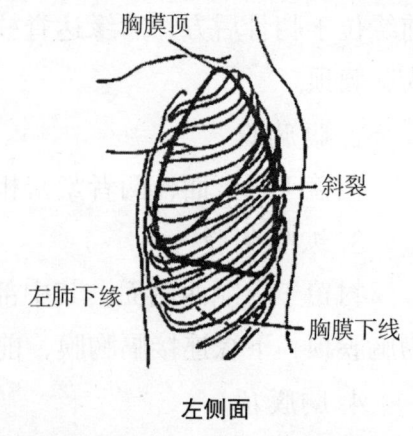
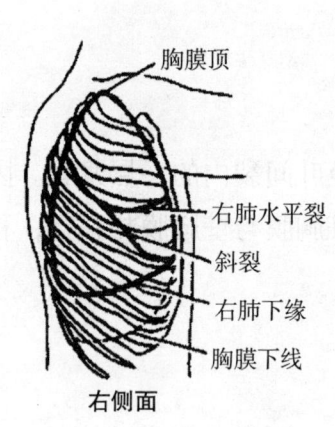
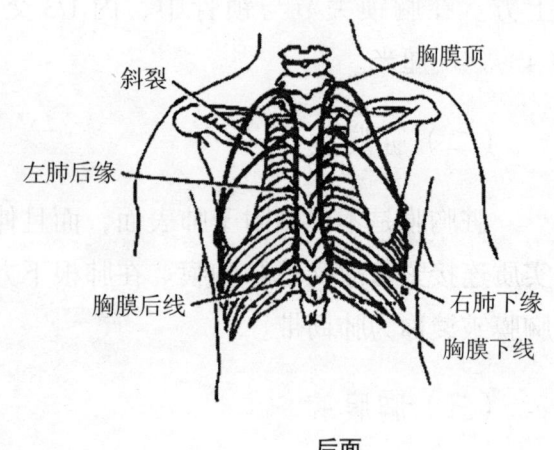

图 4-3-1 肺和胸膜的体表投影

第 4、5 肋软骨后方的三角形区称心包区。

胸膜下界内侧端右侧起于第 6 胸肋关节，左侧则起于第 6 肋软骨。两侧都斜向外下，在锁骨中线与第 8 肋相交，腋中线与第 10 肋相交，肩胛线与第 11 肋相交，终止于第 12 胸椎高度。

2. 肺的体表投影

两肺前缘都由肺尖起始，向内下经胸锁关节后方至第 2 胸肋关节水平，左右靠拢垂直下降，到第 4 胸肋关节时，左、右肺开始分离。右肺前缘仍继续垂直下降，至第 6 胸肋关节处弯向外下，移行与肺下缘。左肺前缘因有心切迹，故在第 4 胸肋关节处即沿第 4 肋软骨弯向外下方，至第 6 肋软骨中点处移行于肺下缘。平静呼吸时，两肺下缘各沿第 6 肋向外后走行，在腋中线处与第 8 肋相交，在肩胛线处与第 10 肋相交，继续向到达第 10 胸椎棘突的外侧。

当深呼吸时，两肺下缘均可向上、下各移动 2～3 厘米两肺下缘的投影相同，于锁骨中线处与第 6 肋相交，腋中线处与第 8 肋相交，肩胛线处与第 10 肋相交，再向内至第 11 胸椎棘突外侧 2 厘米左右向上与后缘相移行。

二、纵隔

纵隔是两侧纵隔胸膜间全部器官、结构与结缔组织的总称。纵隔稍偏左，为上窄下宽、前短后长的矢状位。其前界为肋骨，后界为脊柱胸段，两侧为纵隔胸膜，上界是胸廓上口，下界是膈。在胸骨角水平面将纵隔分为上纵隔和下纵隔（图 4-3-2）。

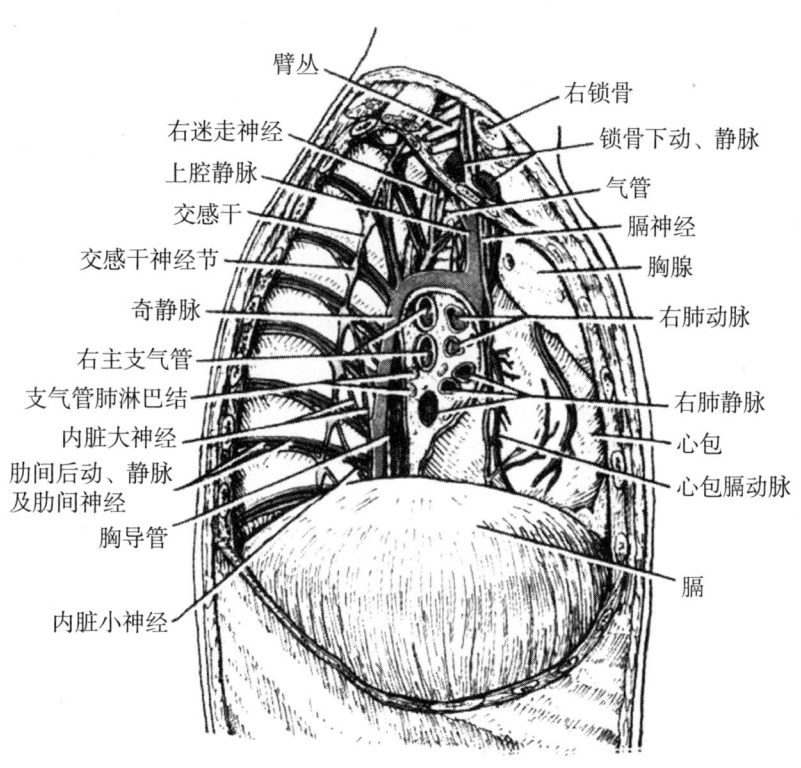

图 4-3-2　纵隔右侧面观

（一）上纵隔

上纵隔上界为胸廓上口，下界为胸骨角与第 4 胸椎体下缘平面，前方为胸骨柄，后方为第1~4胸椎体。其内自前向后有胸腺，左、右头臂静脉，上腔静脉、膈神经、迷走神经、喉返神经、主动脉弓及其三大分支，以及后方的食管、气管、胸导管等。

（二）下纵隔

下纵隔其上界是上纵隔的下界，下界是膈，两侧为纵隔胸膜。下纵隔分三部，心包前壁前方与胸骨体之间为前纵隔；心包前、后壁之间是中纵隔；心包后壁后方与脊柱胸段之间称后纵隔。

第五章 泌尿系统

泌尿系统（图5-1）由肾、输尿管、膀胱和尿道组成。其主要功能是排出机体中多余的水和溶于水的代谢废物，保持机体内环境的平衡和稳定。肾生成尿液，输尿管输送尿液至膀胱，膀胱为储存尿液的器官，尿道将尿液排出体

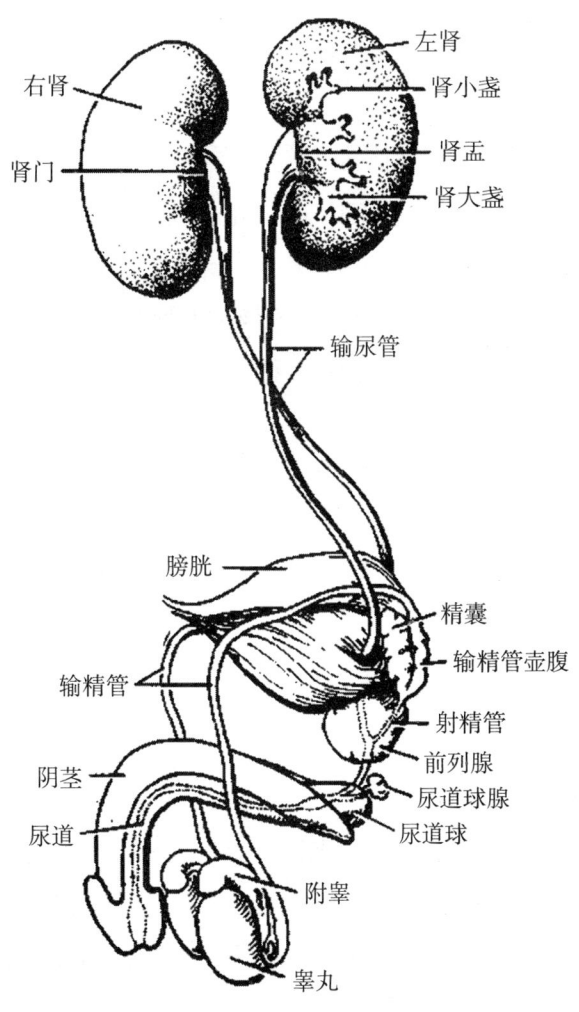

图5-1 男性泌尿系统模式图

外。此外，肾还有内分泌功能。

排泄是新陈代谢的最后一个环节。新陈代谢过程中所产生的终产物以及不需要或过剩的物质，经血液循环由排泄器官向体外输送的过程，称为排泄。人体具有排泄功能的器官有肾脏、肺脏、皮肤、消化道等，其主要排泄物见表5-1所示。至于粪便中的食物残渣，因并未进入机体内环境，故不属于排泄物。

表5-1 人体的排泄途径及其排泄物

排泄途径	排泄物	排泄形式
肾脏	水、尿素、肌酐、盐类、药物、毒物、色素等	尿
肺脏	CO_2、水、挥发性药物等	气体
皮肤及汗腺	水、盐类、少量尿素等	发汗不感蒸发
消化道	钙、镁、铁、磷等无机盐，胆色素，毒物等	粪便

在诸多排泄途径中，经肾脏排出的物质不仅种类最多，数量也最大。肾脏的主要功能是通过排泄调节体内水、电解质以及酸碱平衡。因此，肾脏在维持机体内环境相对稳定的过程中，起着很重要的作用。此外，肾脏还有产生激素的功能，例如产生肾素、促红细胞生成素、前列腺素、胆钙化醇等激素。因此，肾脏是一个具有多种功能的器官。本章重点讨论肾脏的排泄功能。

第一节 肾

一、肾的形态

肾（图5-1-1）是实质性器官，左、右各一，形似蚕豆，位于腹后壁。因受肝的影响，右肾较左肾约低1～2厘米。肾分内、外两缘、前、后两面及上、下两端。内侧缘中部的凹陷称肾门。肾门是肾动脉、肾静脉、肾盂、神经、淋巴等出入肾的部位，这些出入肾的结构总称肾蒂。肾的前面较为隆凸，后面略微凹陷紧贴腹后壁，上端宽而薄，下端厚而窄。

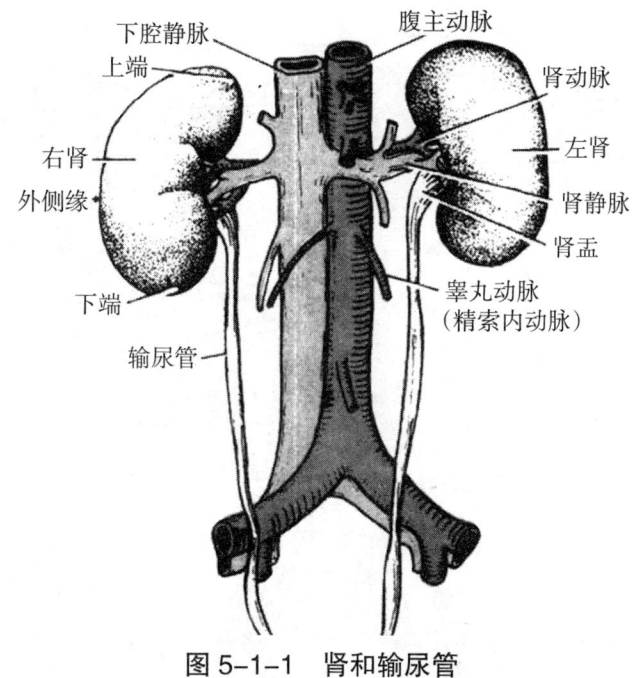

图 5-1-1　肾和输尿管

二、肾的位置

肾的位置（图 5-1-2）：肾位于脊柱两侧，腹膜后间隙内。左肾在第 11 胸椎体下缘至第 2~3 腰椎间盘之间；右肾则在第 12 胸椎体上缘至第 3 腰椎体上缘之间。两肾上端相距较近，下端相距较远，肾门约在第 1 腰椎体平面，相当于第 9 肋软骨前端附近，在正中线外侧约 5 厘米。在腰背部，肾门的体表投影点在竖脊肌外缘与第 12 肋的夹角处，称肾区。肾病患者触压和叩击该处可引起疼痛。

三、肾的结构

观察肾的冠状切面，肾实质可分位于表层的肾皮质和深层的肾髓质（图 5-1-3）。肾皮质厚约 1~1.5 厘米，新鲜标本为红褐色，富含血管并可见许多红色点状细小颗粒，由肾小体与肾小管组成。肾髓质色淡红，约占肾实质厚度的 2/3。可见 15~20 个呈圆锥形、底朝皮质、尖向肾窦、光泽致密、有许多颜色较深放射状条纹的肾锥体。肾锥体的条纹由肾直小管和血管平行排列形成，称为髓放线。2~3 个肾锥体尖端合并成肾乳头，并突入肾小盏，肾乳头

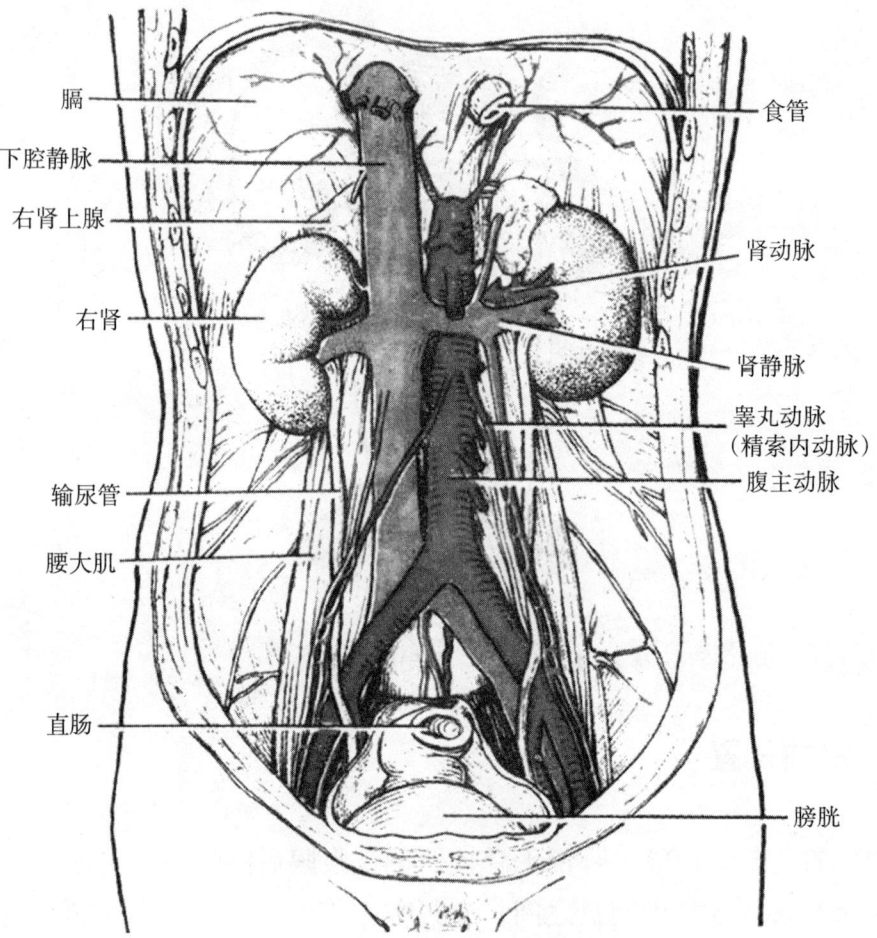

图 5-1-2 肾的位置（前面）

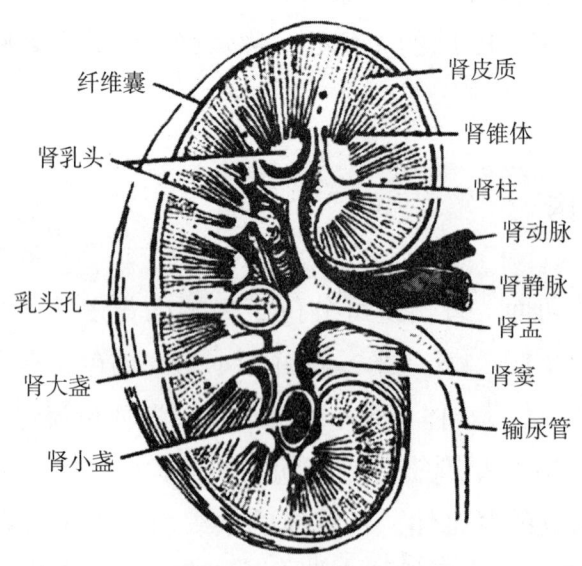

图 5-1-3 肾的结构

顶端有许多小孔称乳头孔，肾产生的终尿就是经乳头孔流入肾小盏内。伸入肾锥体之间的皮质称肾柱。肾小盏呈漏斗形，共有 7~8 个，其边缘包绕肾乳头，承接排出的尿液。在肾窦内，2~3 个肾小盏合成一个肾大盏，再由 2~3 个肾大盏汇合形成一个肾盂。肾盂离开肾门向下弯行，约在第 2 腰椎上缘水平，逐渐变细与输尿管相移行。

四、肾的基本组织结构

肾实质是由许多肾单位和集合管组成，其间有少量的结缔组织和丰富的血管等。

（一）肾单位

是肾的结构和功能的基本单位。每个肾约有 100 万~150 万个肾单位，每个肾单位由肾小体和肾小管组成。肾单位各部名称如下：

1. 肾小体

位于皮质内，包括血管球和肾小囊两部分。

（1）血管球

血管球位于肾小囊内，是由较粗的输入小动脉进入肾小囊后分支弯曲而成的动脉性毛细血管球。血管球的毛细血管又逐渐汇集成一条较细的输出小动脉，然后离开肾小囊。

（2）肾小囊

肾小囊是肾小管盲端凹陷而成的杯状双层囊，两层之间的间隙称肾小囊腔。肾小囊的外层（壁层）是由单层扁平细胞构成，与近端小管曲部相接；内层（脏层）有单层多突细胞构成，紧贴于血管球毛细血管基膜上。电镜下，肾小囊内层的细胞，称为足细胞。细胞伸出若干大突起，大突起又伸出许多小突起，附着于基膜上，并与相邻的小突起相互交错，形成许多裂孔。足细胞突起可收缩和胀大以调节裂孔的宽度。

血管球毛细血管内皮、基膜和肾小囊内层足细胞共同构成肾小体滤过膜。若滤过膜受损，蛋白质甚至血细胞均可漏出，导致蛋白尿和血尿。

2. 肾小管

是一条长而弯曲的管道，连接肾小囊，根据肾小管结构的不同，分为近端小管、细端和远端小管。近端小管最初盘曲于肾小体附近，此部称为近端小管曲部，然后在髓放线中直深入髓质，称为近端小管直部。继之管径骤然变细，名细段。细段返折上行，管径增粗，成为远端小管直部。由近端小管直部、细段和远端小管直部组成"U"字形襻状结构，称髓襻。远端小管直部从髓质沿髓放线回到皮质，到自身的肾小体附近再度盘曲而形成远端小管曲部。肾小管各段均为单层上皮，但各段的上皮形态有所不同。

（二）集合管

是一些直的小管，经髓放线入髓质，沿途接受许多肾单位的远端小管曲部的汇入，使管径逐渐变粗，最后汇成乳头管，开口于肾乳头。

五、尿的生成

（一）尿液

1. 尿的组成成分

尿的主要成分是水，占95%~97%，其余是溶解于水中的固体物质。固体物质以电解质和非蛋白含氮化合物为主。此外，正常尿中还含有微量的葡萄糖和蛋白质，但临床一般检查方法不易测出，故可忽略不计。若查出尿中有蛋白质或红细胞时，可以考虑肾功能障碍。

2. 尿的理化性质

（1）尿量

正常成人一昼夜尿量约为1000~2000毫升，摄入水量或通过其他途径排出水量的多少对尿量都有直接影响，使尿量呈现出一定幅度的变化。每昼夜尿量经常超过2500毫升时，称为多尿；在100~500毫升之间称为少尿；低于100毫升时，称为无尿。多尿可因水分丢失过多而发生脱水，少尿或无尿可使代谢产物蓄积体内，形成氮质血症和水盐代谢紊乱，甚至产生严重后果。

（2）颜色

新鲜尿液呈淡黄色。尿的颜色主要来源于尿色素，其深浅程度与尿量成反比关系，即尿多则色淡，尿少则色深。食物和药物的色素也可影响尿颜色，如食用大量胡萝卜或服用维生素B_2时，尿呈亮黄色。在某些病理情况下，如尿中出现较多红细胞时，尿呈淡红色，称为血尿。

（3）比重

尿的比重与尿中所含溶质浓度成正比。正常尿比重一般在 1.015～1.025 之间；最大变动范围为 1.001～1.035 之间。

（4）酸碱度

正常尿液呈弱酸性，其 pH 值一般在 5.0～7.0 之间，最大变动范围为 4.5～8.0 之间。尿的 pH 值主要受食物成分的影响，荤素杂食者，尿液为酸性；素食者，尿液呈碱性。

（二）尿的生成过程

尿在肾单位及集合管生成，其过程包括 3 个互相联系的环节：一是肾小球的滤过作用；二是肾小管和集合管的重吸收作用；三是肾小管和集合管的分泌与排泄作用。

1. 肾小球的滤过作用

血液流经肾小球毛细血管时，血浆中的水、无机离子和小分子溶质经滤过膜滤入肾小囊形成原尿的过程，称为肾小球的滤过作用。

2. 肾小管和集合管的重吸收作用

肾小球滤过的原尿进入肾小管后，称为小管液。小管液中的绝大部分水和某些溶质，经肾小管和集合管上皮细胞的转运，重新回到周围血液的过程，称为肾小管和集合管的重吸收作用。

几种主要物质的重吸收。

（1）葡萄糖的重吸收

葡萄糖的重吸收：葡萄糖在近端小管全部被重吸收。

（2）氨基酸的重吸收

氨基酸的重吸收：氨基酸在近端小管全部被重吸收。

（3）Na^+、Cl^- 的重吸收

Na^+、Cl^- 的重吸收：小管液中的 Na^+，99%以上被重吸收。

（4）K^+ 的重吸收

K^+ 的重吸收：小管液中的 K^+ 绝大部分在近端小管主动重吸收。

（5）水的重吸收

水的重吸收：原尿中 99%的水被重吸收。

表 5-1-1　肾小管各段和集合管的重吸收和分泌简况

肾小管各段和集合管	重吸收的主要物质		分泌的主要物质
近端小管	全部：葡萄糖、氨基酸、维生素、蛋白质		H^+、NH_3、有机酸
	大部：水（65%～70%）HCO_3^-、K^+、Na^+、Cl^-		
	部分：硫酸盐、磷酸盐、尿素、尿酸		
髓袢	部分：水（10%）Na^+、Cl^-		
近端小管	部分：水（10%）Na^+、Cl^-、HCO_3^- 水		H^+、K^+、NH_3
集合管	部分：水（10%～20%）Na^+、Cl^-、尿素		H^+、K^+、NH_3

3. 肾小管和集合管的分泌与排泄作用

肾小管和集合管的上皮细胞将代谢产物或血液中的某些物质排入小管液中的过程称分泌或排泄作用。

（1）H^+ 的分泌

H^+ 的分泌：近端小管是 H^+ 分泌的主要部位。通过肾分泌 H^+ 活动对机体酸碱平衡的调节有着重要意义。

（2）K^+ 的分泌

K^+ 的分泌：远端小管和集合管是 K^+ 分泌的主要部位。

（3）NH_3 的分泌

NH_3 的分泌：NH_3 的分泌同样具有排酸保碱、维持机体酸碱平衡的作用。

（4）其他物质的排泄

其他物质的排泄：肾小管可将血浆中的某些物质，如肌酐、对氨基马尿酸等，直接排入管腔。此外，进入体内的某些物质，如青霉素、酚红等，也主要通过肾小管的排泄作用。这些物质的排泄，大多在近端小管进行。

（三）调节和影响尿生成的因素

1. 肾小球血浆流量的改变

正常时，当动脉血压在一定范围内波动时，由于肾血管的自身调节，肾小球血浆流量可保持相对稳定。当剧烈运动、剧痛、大失血、休克、严重缺氧时，交感神经兴奋性增强，可使肾血管收缩，肾小球血浆流量减少。另外，肾上腺素、去甲肾上腺素、血管紧张素等也可使肾血管收缩，肾小球血浆流量减少。由此使肾小球滤过率下降，致使尿量减少。

2. 肾小球滤过膜的改变

（1）滤过膜的面积

滤过膜的面积：正常时人的两肾全部肾小球均处在活动状态，总的滤过面积约为 1.5 平方米。当某些疾病，如急性肾小球肾炎，由于炎症部位肾小球毛细血管管径变窄或完全阻塞，有效滤过面积减少，肾小球滤过率随之降低，导致尿量减少。

（2）滤过膜的通透性

滤过膜的通透性：正常时人的肾小球滤过膜通透性较为稳定。如肾小球受到炎症、缺氧或中毒侵害，造成滤过膜的某些部位损害时，大分子蛋白质甚至红细胞滤出，出现蛋白尿和血尿。

3. 小管液溶质浓度

小管液溶质浓度是对抗肾小管和集合管重吸收水分的力量。例如糖尿病患者，由于小管液中含糖量增加，妨碍水的重吸收，故出现多尿。又如临床使用可被滤过而不易被肾小管重吸收的药物甘露醇等，通过增加小管液中溶质浓度，达到利尿和消除水肿的目的。这种增加小管液溶质浓度，而使尿量增加的现象，称为渗透性利尿。

第二节　输尿管、膀胱和尿道

一、输尿管

输尿管（图 5-2-1）是细长的肌性管道，左右各一。成人长约 25～30 厘米。输尿管起自肾盂，沿腹后壁向内下方斜行，达小骨盆入口处。左输尿管越过左髂总动脉末端前方，右输尿管则经过右髂外动脉起始部的前方。两者向下进入骨盆腔再走向前内侧，斜穿膀胱壁开口于膀胱。正常情况下当膀胱充盈时，膀胱内压的升高可引起壁内部的管腔闭合，可阻止尿液由膀胱向输尿管反流。

输尿管全程有 3 处狭窄：一是上狭窄位于肾盂输尿管移行处；二是中狭窄位于骨盆上口，输尿管跨过髂血管处；三是下狭窄在输尿管的壁内部，狭窄处口径只有 0.2～0.3 厘米。尿路结石常被阻塞于这些狭窄部位，引起绞痛和尿

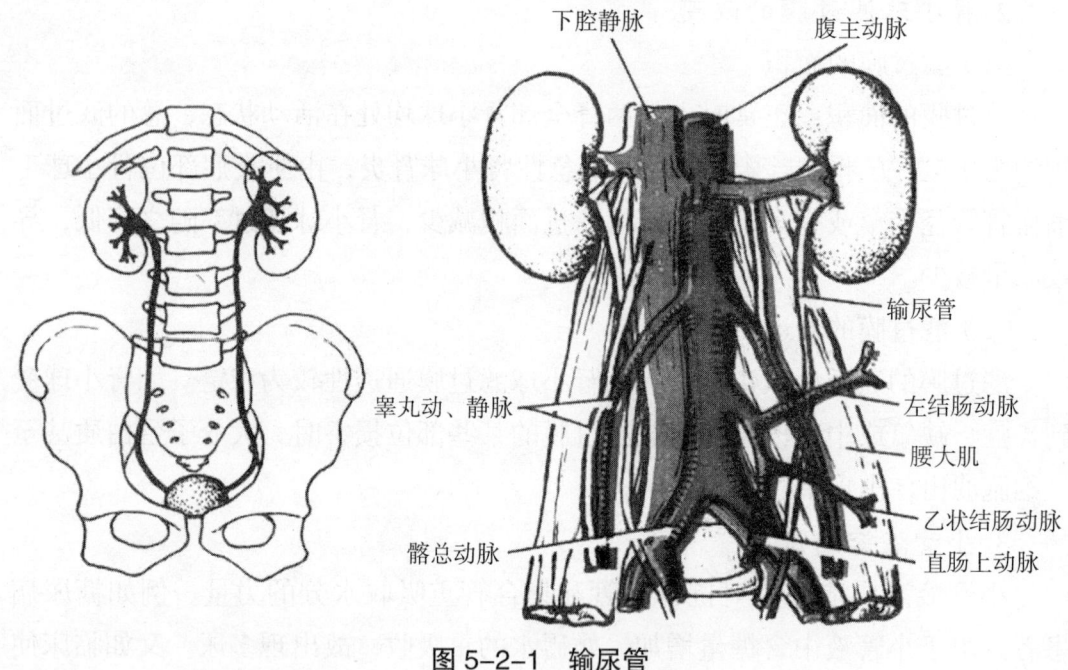

图 5-2-1 输尿管

路阻塞等病症。

二、膀胱

膀胱是储存尿液的肌性囊状器官，其形状、大小、位置和壁的厚度随尿液充盈程度而异。一般正常成年人的膀胱容量为 350～500 毫升，超过 500 毫升时，因膀胱壁张力过大而产生疼痛。膀胱的最大容量为 800 毫升，新生儿膀胱容量约为成人的 1/10，女性的容量小于男性，老年人因膀胱肌张力低而容量增大。

（一）膀胱的形态

空虚的膀胱呈三棱锥体形，分尖、体、底和颈四部（图 5-2-2、图 5-2-3）。膀胱尖朝向前上方。膀胱的后面朝向后下方，呈三角形，为膀胱底。膀胱尖与底之间为膀胱体。膀胱的最下部称膀胱颈，与前列腺底（男性）或与盆膈（女性）相接。

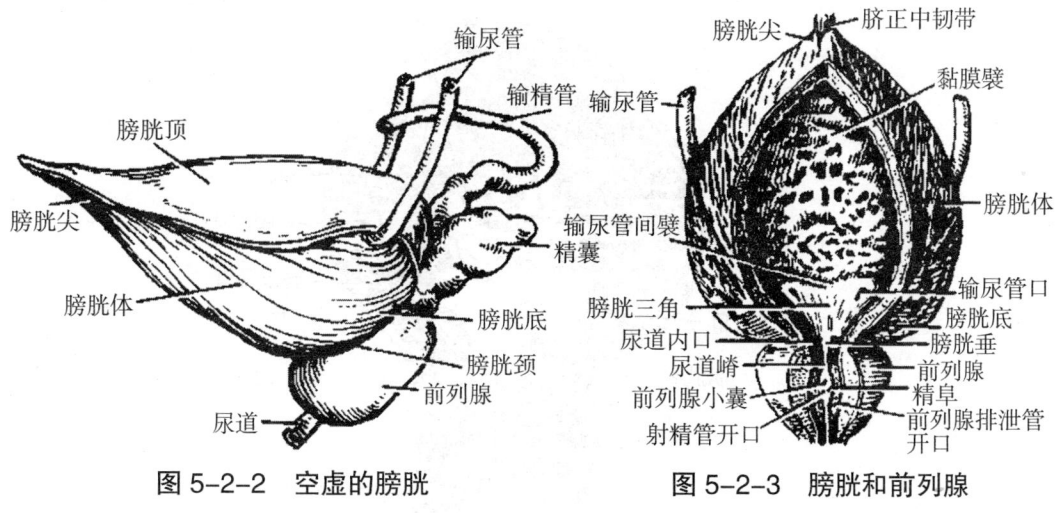

图 5-2-2　空虚的膀胱　　　　图 5-2-3　膀胱和前列腺

（二）膀胱的内面结构

膀胱内面被覆黏膜，当膀胱壁收缩时，黏膜聚集成皱襞称膀胱襞。而在膀胱底内面，有一由两个输尿管口和尿道内口形成的三角区，此处膀胱黏膜与肌层紧密连接，缺少黏膜下层组织，无论膀胱扩张或收缩，始终保持平滑，称膀胱三角。膀胱三角是肿瘤、结核和炎症的好发部位，膀胱镜检查时应特别注意。

（三）膀胱的位置

空虚时膀胱全部位于盆腔内，此时膀胱尖可达耻骨联合上方，当膀胱充盈时，膀胱上升，前下壁可与腹前壁直接相贴。

三、尿道

男性尿道见男性生殖系统。女性尿道（图5-2-4）长约3～5厘米，直径约0.6厘米，较男性尿道短而直。上端起自膀胱的尿道内口，沿阴道的前方向前下行，尿道中段和周围有尿道括约肌，为骨骼肌，可受意识支配。下端开口于阴道前庭，称为尿道外口。由于女性尿道短而直，泌尿系逆行性感染较为常见。

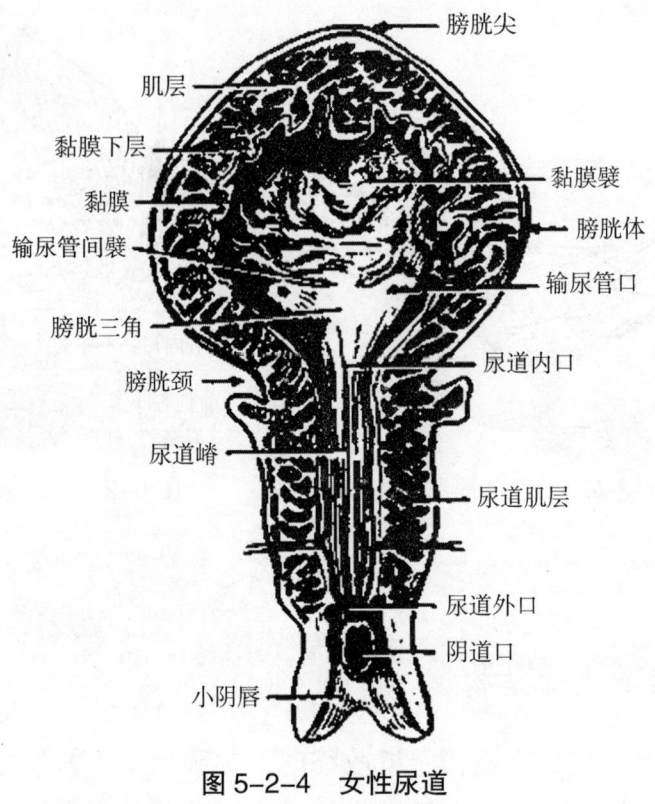

图 5-2-4　女性尿道

四、尿的排放

尿在肾脏持续生成，并且不断送入肾盂进入输尿管，通过输尿管的蠕动进入膀胱。膀胱的功能是暂时储存尿液和参与快速排尿。

第六章 生殖系统

生殖系包括男性生殖器和女性生殖器。男、女性生殖器又各分为内生殖器和外生殖器。

第一节 男性生殖器

男性内生殖器由生殖腺（睾丸）、输精管道（附睾、输精管、射精管、男性尿道）和附属腺（精囊、前列腺、尿道球腺）组成。睾丸产生精子和分泌男性激素，精子先储存于附睾内，当射精时经输精管、射精管和尿道排出体外。精囊、前列腺和尿道球腺的分泌物参与精液的组成，并供给精子营养及有利于精子的活动。男性外生殖器为阴茎和阴囊，前者是男性交接的器官，后者容纳睾丸和附睾（图 6-1-1）。

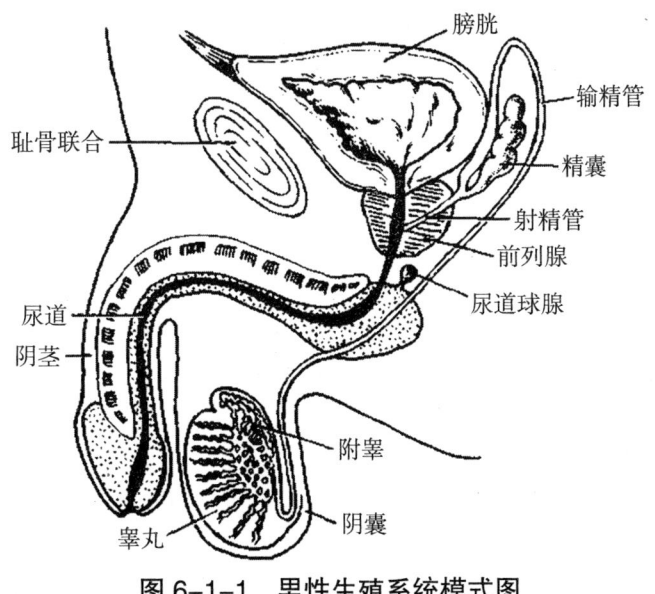

图 6-1-1 男性生殖系统模式图

一、男性内生殖器

(一) 睾丸

睾丸（图 6-1-2）为男性生殖腺，是产生男性生殖细胞——精子和分泌男性激素的器官。睾丸位于阴囊内，左、右各一，一般左侧略低于右侧。

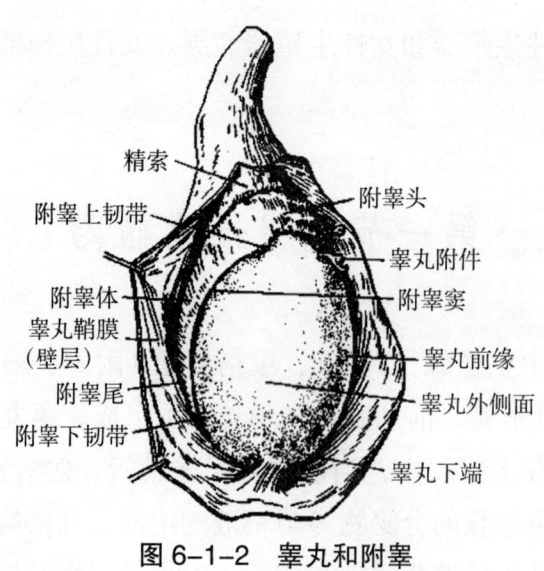

图 6-1-2 睾丸和附睾

1. 位置和形态

睾丸是微扁的椭圆体，表面光滑，分前、后缘，上、下端和内、外侧面。成人两睾丸约重 20～30 克。新生儿的睾丸相对较大，性成熟期以前发育较慢，随着性成熟迅速生长，老年人的睾丸随着性功能的衰退而萎缩变小。

2. 结构

睾丸表面有一层坚厚的纤维膜，称为白膜。白膜在睾丸后缘增厚，并凸入睾丸内形成睾丸纵隔。从纵隔发出许多睾丸小隔，呈扇形伸入睾丸实质并与白膜相连，将睾丸实质分为 100～200 个睾丸小叶。每个小叶内含有 2～4 条盘曲的精曲小管，其上皮能产生精子。小管之间的结缔组织内有分泌男性激素的间质细胞。精曲小管汇合成精直小管，进入睾丸纵隔后交织成睾丸网。从睾丸网发出 12～15 条睾丸输出小管，出睾丸后缘的上部进入附睾。

（二）附睾

附睾（图6-1-2）呈新月形，紧贴睾丸的上端和后缘而略偏外侧。上端膨大为附睾头，中部为附睾体，下端为附睾尾。睾丸输出小管进入附睾后，弯曲盘绕形成膨大的附睾头，末端汇合成一条附睾管。附睾管迂曲盘回而成附睾体和尾，附睾尾向上弯曲移行为输精管。

附睾为暂时储存精子的器官，并分泌附睾液供精子营养，促进精子进一步成熟。

（三）输精管和射精管

1. 输精管

输精管（图6-1-3）是附睾管的直接延续，长度约50厘米，管壁较厚，肌层较发达而管腔细小。输精管较长，其末端变细，与精囊的排泄管汇合成射精管。

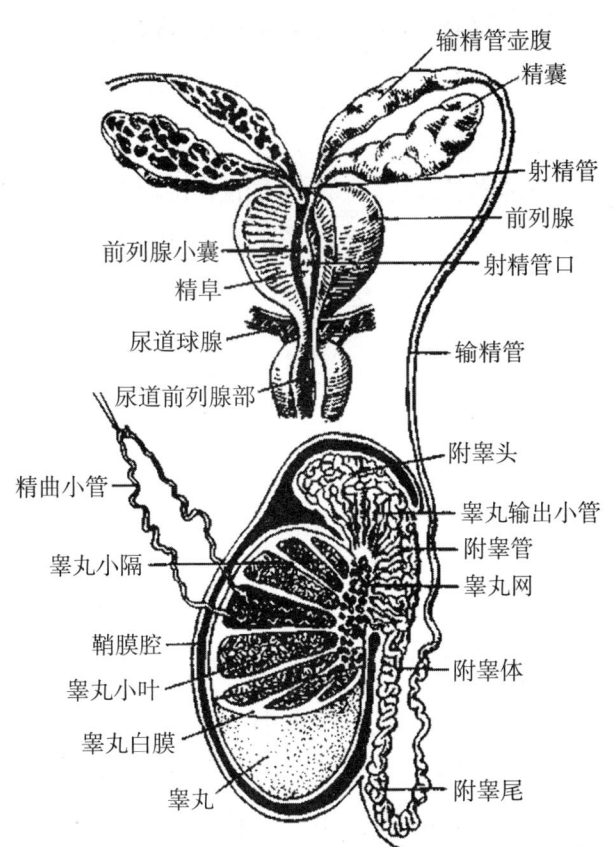

图 6-1-3　睾丸、附睾结构及排精路径

2. 射精管

射精管由输精管的末端与精囊的排泄管汇合而成，长约2厘米，向前下穿前列腺实质，开口于尿道的前列腺部。

（四）精囊

精囊又称精囊腺，为长椭圆形的囊状器官，表面凹凸不平，位于膀胱底的后方，输精管壶腹的下外侧，左右各一，由迂曲的管道组成，其排泄管与输精管壶腹的末端汇合成射精管。精囊分泌的液体参与精液的组成。

（五）前列腺

前列腺是不成对的实质性器官，由腺组织和平滑肌组织构成。前列腺的大小和形状如板栗，重8～20克。底向上，紧贴膀胱。腺体中央有尿道通过。后方邻接直肠，活体可经直肠指诊触及前列腺的后面。老年人因激素平衡失调，前列腺结缔组织增生而引起的前列腺肥大，从而压迫尿道，造成排尿困难甚至尿潴留。前列腺的分泌物是精液的主要组成部分。

（六）精液

精液由输精管道各部及附属腺，特别是前列腺和精囊的分泌物组成，内含精子。精液呈乳白色，弱碱性，适于精子的生存和活动。正常成年男性一次射精约2～5毫升，含精子3亿～5亿个。

二、男性外生殖器

（一）阴囊

阴囊（图6-1-4）是位于阴茎后下方的囊袋状结构。阴囊壁由皮肤和肉膜组成。阴囊的皮肤薄而柔软，有少量阴毛，色素沉着明显。肉膜为浅筋膜，其内含有平滑肌纤维，可随外界温度的变化而舒缩、以调节阴囊内的温度，有利于精子的发育与生存。阴囊皮肤表面沿中线有纵行的阴囊缝，其对应的肉膜向深部发出阴囊中隔将阴囊分为左、右两腔，分别容纳左右睾丸、附睾及精索等。阴囊深面有包被睾丸和精索的被膜，由外向内有精索外筋膜、提睾肌、精索内筋膜、睾丸鞘膜。脏、壁两层在睾丸后缘处互相返折移行，两者之间的腔隙即为鞘膜腔，内有少量浆液。若腹膜鞘突上部闭锁不全或鞘膜腔感染而发炎时，可形成鞘膜积液。

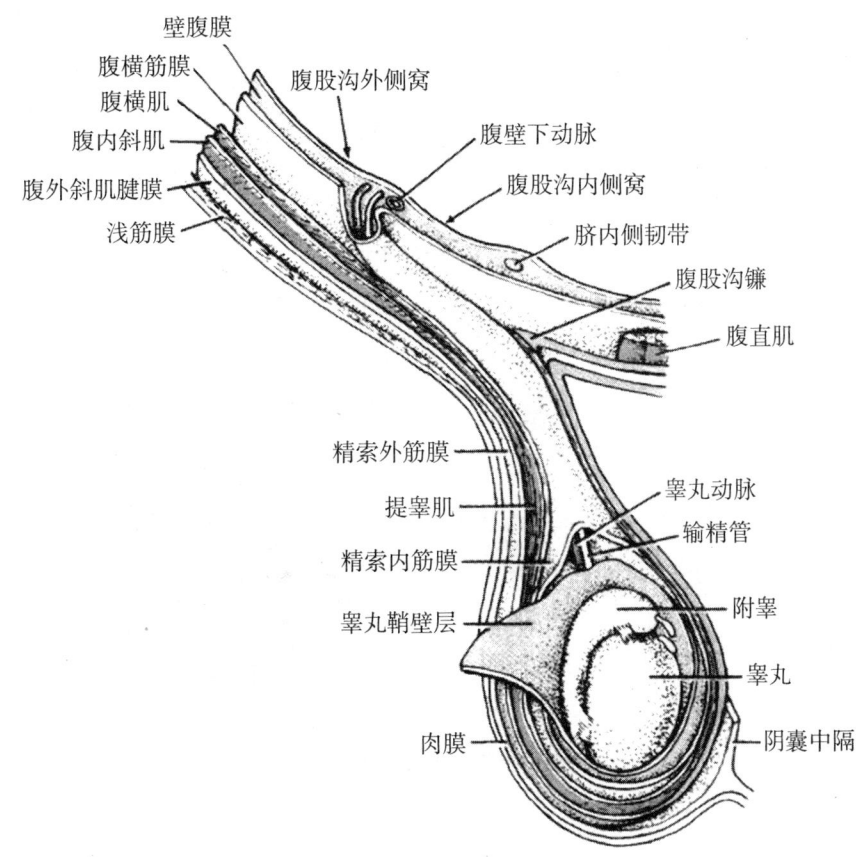

图 6-1-4　阴囊结构及内容物模式图

（二）阴茎

阴茎（图 6-1-5）为男性的性交器官，可分为头、体和根三部分。后端为阴茎根，藏于阴囊和会阴部皮肤的深面，固定于耻骨下支和坐骨支，为固定部。中部为阴茎体，呈圆柱形，以韧带悬于耻骨联合的前下方，为可动部。阴茎前端膨大，称阴茎头，头的尖端有较狭窄的尿道外口，呈矢状位。头后较细的部分称阴茎颈。

阴茎主要由两条阴茎海绵体和一条尿道海绵体组成，富有伸展性。它在阴茎颈的前方形成双层游离的环形皱襞，外包筋膜和皮肤。阴茎海绵体为两端细的圆柱体，左、右各一，位于阴茎的背侧。左、右两者紧密结合，向前伸延，尖端变细,嵌入阴茎头内面的凹陷内。尿道海绵体位于阴茎海绵体的腹侧,尿道贯穿其全长。尿道海绵体中部呈圆柱形,前端膨大为阴茎头,后端膨大称为尿道球,位于两侧的阴茎脚之间,固定于尿生殖膈的下面。

三、男性尿道

男性尿道(图6-1-6)兼有排尿和排精的功能。起自膀胱的尿道内口,止于阴茎头的尿道外口,成人尿道长16~22厘米,管径平均5~7毫米。男性尿道可分3部分:前列腺部、膜部和海绵体部。

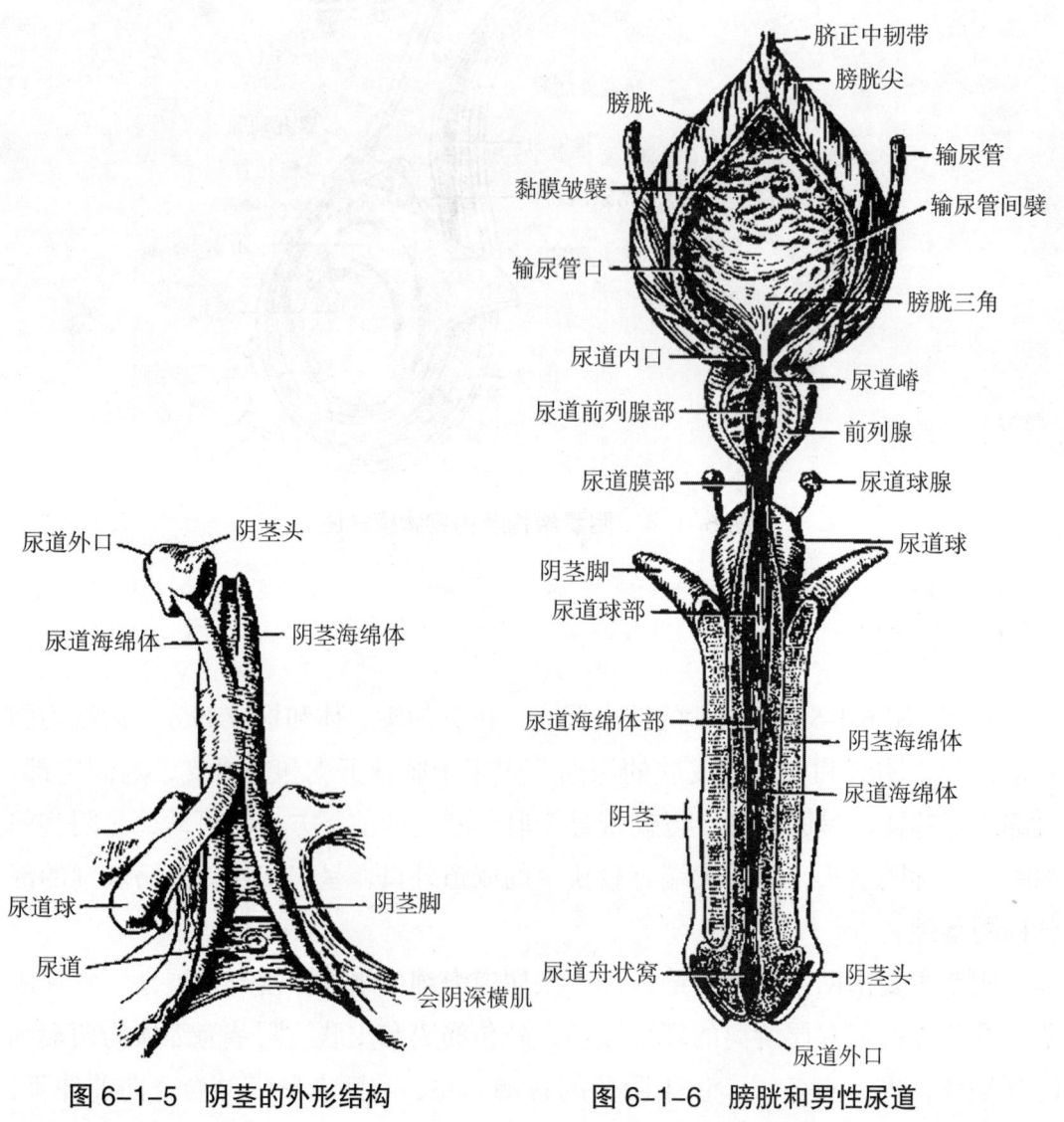

图6-1-5 阴茎的外形结构　　图6-1-6 膀胱和男性尿道

第二节 女性生殖器

一、女性内生殖器

（一）卵巢

卵巢（图 6-2-2）为女性生殖腺，是产生女性生殖细胞——卵子和分泌女性激素的器官。

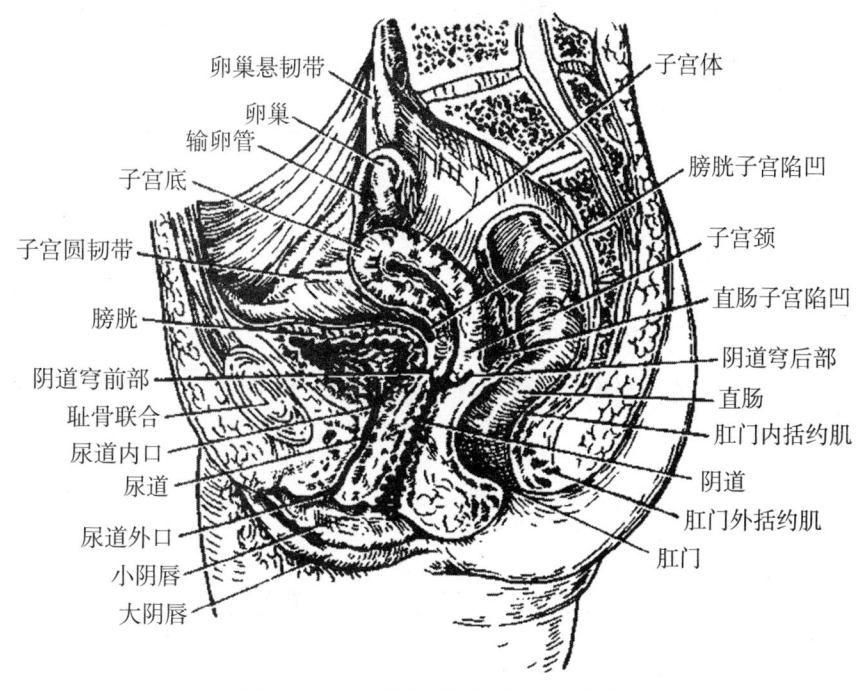

图 6-2-1 女性盆腔正中矢状面

卵巢左、右各一，位于盆腔内，贴靠髂内、外动脉的夹角处。

卵巢呈扁卵圆形，略呈灰红色，被子宫阔韧带后层所包绕。可分为内、外侧两面，前、后两缘和上、下两端。成年女子的卵巢约 4×3×1 厘米大小。卵巢的大小和形状随年龄而有差异：幼女的卵巢较小，表面光滑；性成熟期卵巢最大，以后由于多次排卵，卵巢表面出现瘢痕，显得凹凸不平；35 岁之后开始缩小，50 岁左右随月经停止而逐渐萎缩。

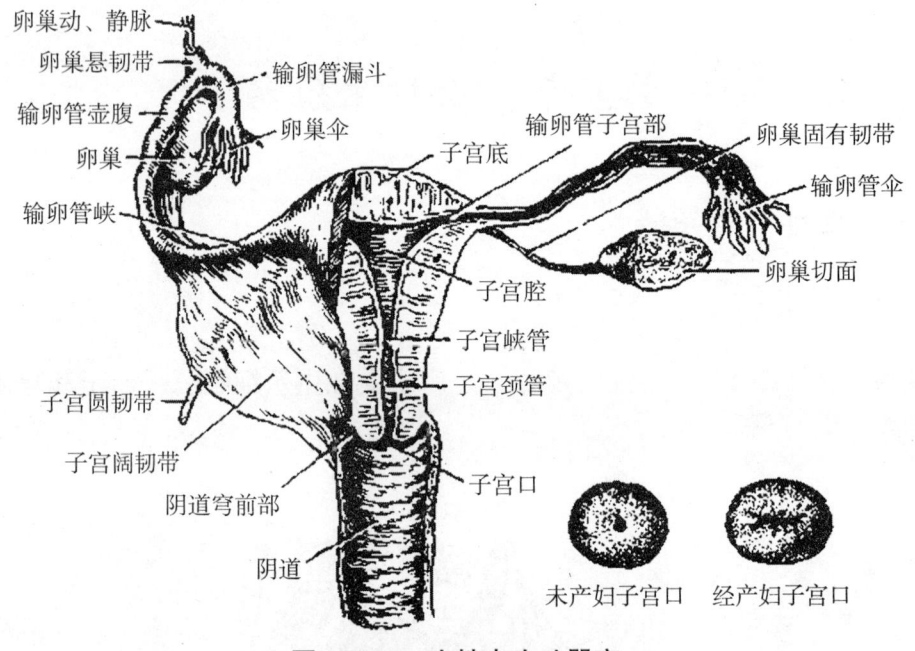

图 6-2-2　女性内生殖器官

（二）输卵管

输卵管是输送卵子的肌性管道，左、右各一，由卵巢上端连于子宫底的两侧，位于子宫阔韧带的上缘内。其内侧端以输卵管子宫口与子宫腔相通，外侧端以输卵管腹腔口开口于腹膜腔。

输卵管较为弯曲，由内侧向外侧分为 4 部分：

1. 输卵管子宫部

为输卵管穿过子宫壁的部分，直径最细，以输卵管子宫口通子宫腔。

2. 输卵管峡

短直而狭窄，壁较厚，血管较少。峡部是输卵管结扎术的常选部位。

3. 输卵管壶腹

约占输卵管全长的 2/3，粗而弯曲，血管丰富，卵细胞通常在此部受精，与精子结合后的受精卵，经输卵管子宫口入子宫，植入子宫内膜中发育成胎儿。若受精卵未能迁移入子宫而在输卵管或腹膜腔内发育，即成为宫外孕。

4. 输卵管漏斗

为输卵管外侧端呈漏斗状膨大的部分。漏斗末端的中央有输卵管腹腔口开口于腹膜腔，卵巢排出的卵子即由此进入输卵管。腹腔口周围，输卵管末端的边缘形成许多细长的指状突起，称为输卵管伞。

(三) 子宫

子宫是壁厚腔小的肌性器官，胎儿在此发育生长。

1. 子宫的形态

成人未孕子宫呈前后稍扁，倒置的梨形。子宫分为底、体、颈三部：子宫底为输卵管子宫口以上的部分，宽而圆凸。子宫颈为下端较窄而呈圆柱状的部分，由突入阴道的子宫颈阴道部和阴道以上的子宫颈阴道上部组成。子宫底与子宫颈之间为子宫体。子宫与输卵管相接处称子宫角。子宫体与子宫颈阴道上部的上端之间较为狭细的部分称子宫峡。

2. 子宫壁的结构

子宫壁分三层：外层为浆膜，为腹膜的脏层；中层为强厚的肌层，由平滑肌组成；内层为黏膜，称子宫内膜。子宫腔的内膜随着月经周期而有增生和脱落的变化。脱落的内膜由阴道流出成为月经，约 28 天为一个月经周期。

3. 子宫的位置

子宫位于骨盆中央，膀胱与直肠之间，下端接阴道。两侧有输卵管和卵巢，临床上统称子宫附件，附件炎即指输卵管炎和卵巢炎。未妊娠时，子宫底位于小骨盆入口平面以下，朝向前上方。当膀胱空虚时，成人子宫呈轻度的前倾前屈位，人体直立时，子宫体伏于膀胱上面。

4. 子宫的固定装置

子宫借韧带、阴道、尿生殖膈和盆底肌等保持其正常位置。

(四) 阴道

阴道为连接子宫和外生殖器的肌性管道，是排出月经和娩出胎儿的管道，由黏膜、肌层和外膜组成，富于伸展性。阴道有前壁、后壁和侧壁，前、后壁互相贴近，下部较窄，下端以阴道口开口于阴道前庭。处女的阴道口周围有处女膜附着，处女膜可呈环形、半月形或伞状，处女膜破裂后，阴道口周围留有处女膜痕。阴道位于小骨盆中央，前有膀胱和尿道，后邻直肠。阴道下部穿过尿生殖膈，膈内的尿道阴道括约肌以及肛提肌均对阴道有括约作用。

二、女性外生殖器

女性外生殖器（图6-2-3），即女阴，包括以下结构。

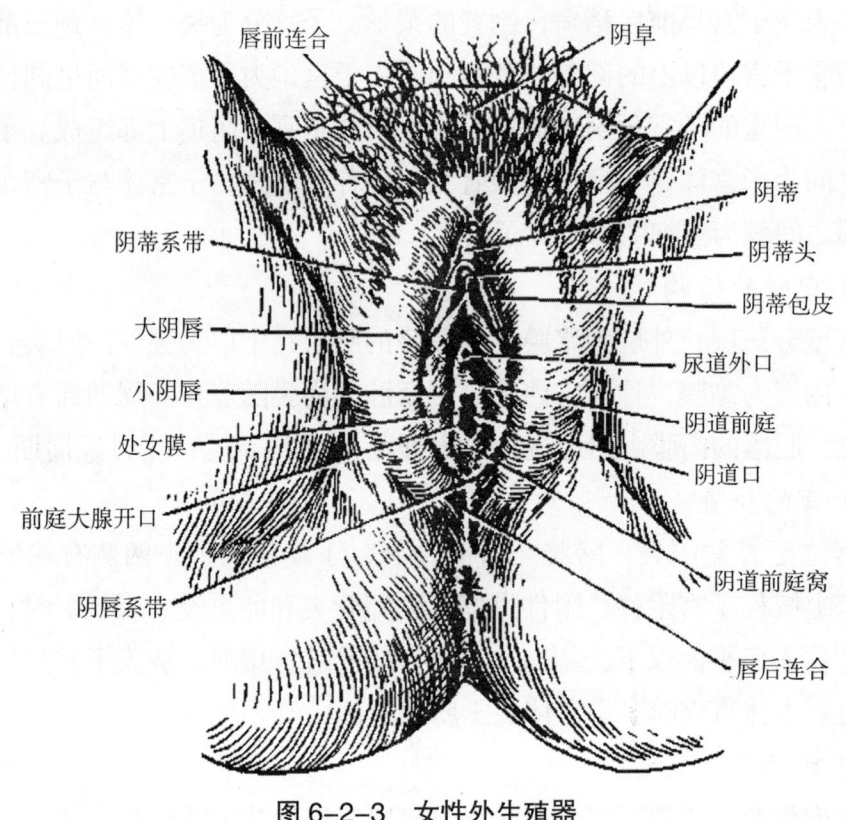

图6-2-3 女性外生殖器

（一）阴阜

阴阜为耻骨联合前方的皮肤隆起，皮下富有脂肪。性成熟期以后，生有阴毛。

（二）大阴唇

大阴唇为一对纵长隆起的皮肤皱襞。大阴唇的前端和后端左右互相连合形成唇前连合和唇后连合。

（三）小阴唇

小阴唇位于大阴唇的内侧，为一对较薄的皮肤皱襞，表面光滑无毛。

（四）阴道前庭

阴道前庭是位于两侧小阴唇之间的裂隙。阴道前庭的前部有尿道外口，后部有阴道口，阴道口两侧各有一个前庭大腺导管的开口。

[附] 乳房

乳房为人类和哺乳动物特有的结构。男性乳房不发达，但乳头的位置较为恒定，多位于第4肋间隙，或第4及第5肋骨水平，常作为定位标志。女性乳房于青春其开始发育生长，妊娠和哺乳期有分泌活动。

1. 位置

乳房位于胸前部，胸大肌和胸筋膜的表面，上起第2～3肋，下至第6～7肋，内侧至胸骨旁线，外侧可达腋中线。

2. 形态

成年未产妇女的乳房（图6-2-4）呈半球形，紧张而有弹性。乳房中央有乳头，其位置因发育程度和年龄而异，通常在第4肋间隙或第5肋间隙与锁骨中

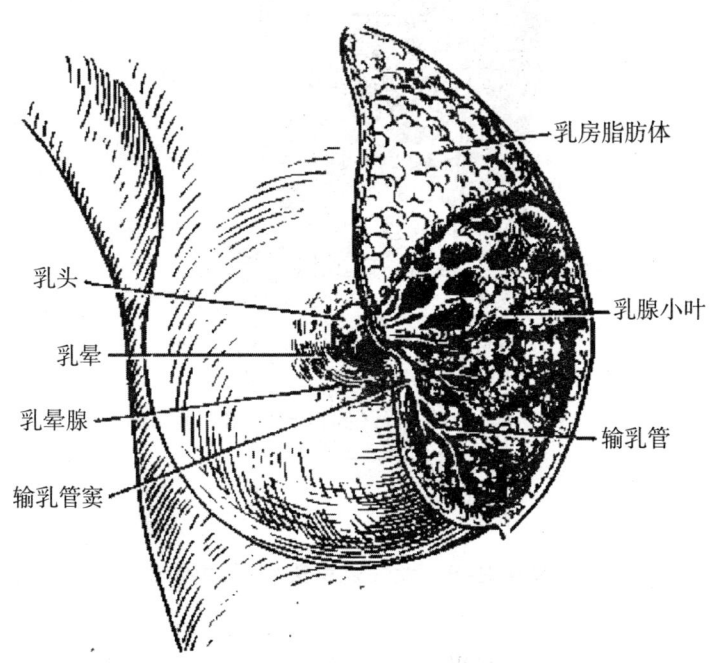

图6-2-4 成年女性乳房

线相交处。乳头顶端有输乳管的开口。乳头周围的皮肤色素较多,形成乳晕,表面有许多小隆起,其深面为乳晕腺,可分泌脂性物质滑润乳头。妊娠期和哺乳期,乳腺增生,乳房增大;停止哺乳后,乳腺萎缩,乳房变小;老年时,乳房萎缩而下垂。

3. 结构

乳房由皮肤、皮下脂肪、纤维组织和乳腺构成(图6-2-5)。纤维组织主要包绕乳腺,形成不完整的囊,并嵌入乳腺内,将腺体分割成15~20个乳腺叶,叶又分为若干乳腺小叶。一个乳腺叶有一个排泄管,称为输乳管,行向乳头,在近乳头处膨大称输乳管窦,其末端变细,开口于乳头。乳腺叶和输乳管均以乳头为中心呈放射状排列。乳腺周围的纤维组织还发出许多小的纤维束,向深面连于胸筋膜,向浅面连于皮肤和乳头,对乳房起支持和固定作用,称为乳房悬韧带。当乳腺癌侵及此韧带时,纤维组织增生,韧带缩短,牵引皮肤向内凹陷,致使皮肤表面出现许多点状小凹,类似橘皮,临床上称橘皮样变,是乳腺癌早期常有的一个体征。

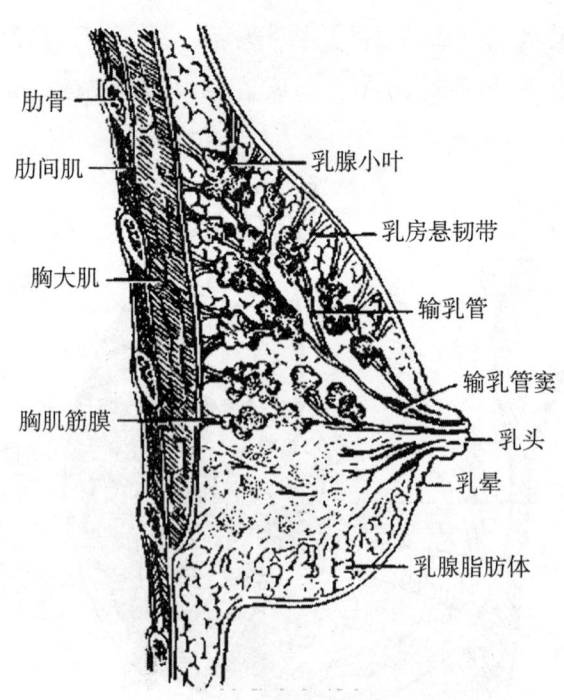

图6-2-5 女性乳房矢状切面图

第三节　性腺与生殖

性腺是生殖器官的主性器官。男性性腺为睾丸；女性性腺为卵巢。从青春期开始所出现的一系列与性有关的特征，称为副性征。在男性表现为生长胡须、喉结突出、体格高大、发音低沉等；在女性表现为乳腺发达、骨盆宽阔、皮下脂肪丰满、音调高等。

生殖是保持种族延续的各种生理过程的总称。人的生殖是通过两性生殖器官的活动而实现的。因此，生殖过程包括生殖细胞（卵子和精子）的形成、交配、受精、妊娠和分娩等环节。

一、睾丸的功能

（一）生精功能

睾丸由许多曲细精管组成，其间分布有间质细胞。曲细精管含有生精细胞和支持细胞。原始的生精细胞称精原细胞，从青春期后，精原细胞最后发育成精子，储于附睾。支持细胞对各阶段精细胞的发育起着支持、营养等作用。

精子的生成需要适宜的温度。阴囊壁平滑肌的舒缩活动，能调节阴囊内部温度，使其低于腹腔1℃~8℃，并且较为稳定，适合精子生成。如果睾丸滞留在腹腔内或腹股沟管内，称隐睾症。由于睾丸滞留处温度较高，不利精子生成。正常人，从青春期到老年，睾丸都有生精能力，但40岁以后，生精能力逐渐减弱。

（二）内分泌功能

睾丸的间质细胞分泌雄激素，主要是睾酮，其生理作用有：一是促进男性性生殖器官的生长发育和副性征的出现。睾酮能刺激附睾、阴茎、阴囊、尿道等生长发育，并在青春期后，刺激出现男性副性征，如生有胡须、骨骼粗壮、喉结突出、声调较低等。二是促进机体蛋白质的合成，特别是骨骼、肌肉和生殖器官的蛋白质合成，因而可以促进机体的生长发育。三是维持正常的性欲。四是促进精子的发育和成熟。五是促进红细胞的生成。

二、卵巢的功能

（一）生卵功能

青春期后，由于腺垂体分泌的促性腺激素的作用，每月有 15～60 个原始卵泡生长发育，但通常只有一个原始卵泡发育成为成熟卵泡，其他卵泡在发育的不同阶段先后退化。卵泡成熟后与卵泡液一同排入腹腔，称为排卵。排卵后，残存的卵泡壁内陷，卵泡膜血管出血，卵泡变成血体。随后，在黄体生成素作用下发育成黄体。若排出的卵没有受精，黄体在排卵后第 10 天左右转变成白体。如排出的卵受精，则黄体在胎盘分泌的绒毛膜促性腺激素作用下继续发育成妊娠黄体，一直维持到妊娠 5～6 个月后退化成白体。

（二）内分泌功能

卵巢分泌多种激素，其中主要的是雌激素和孕激素，另有少量的雄激素。

1. 雌激素的生理作用

一是促进女性附性生殖器官的生长发育和副性征的出现。雌激素可促进子宫、输卵管、阴道和外生殖器的生长发育，并使子宫内膜增生和其中的血管、腺体增长。青春期后，刺激出现女性副性征，如乳腺发达、骨盆宽大、皮下脂肪丰富、声调较高等。二是促进阴道上皮细胞增生合成大量糖原，糖原分解成乳酸后，降低阴道 pH 值，增强阴道抗菌能力。三是增强输卵管和子宫平滑肌收缩，从而影响卵子与精子的运行。四是使子宫颈口松弛，宫颈黏液分泌增加、变稀，有利于精子通过宫颈管。五是促进成骨细胞的活动、钠与水的保留及肌肉蛋白质的合成。

2. 孕激素的生理作用

一是促进子宫内膜增殖变厚，血管及腺体增生，并引起腺体分泌，为胚泡着床提供良好条件。二是抑制子宫及输卵管平滑肌的运动，降低子宫平滑肌对催产素的敏感性，有利于维持妊娠，即"安胎"作用。三是减少子宫颈黏液分泌，使黏液黏稠，不利于精子通过。四是刺激机体产热，使基础体温在排卵后期升高。五是与雌激素一起，促进乳腺腺泡及导管发育。

（三）月经周期及其形成机制

1. 月经周期

女性自青春期起至生殖功能停止，生殖器官在结构和功能上表现出有规律的周期性变化，其中最突出的表现就是在非妊娠期，每月1次子宫内膜崩溃、脱落和出血，经阴道流出的现象，称为月经。这种变化周而复始地出现，故称月经周期。月经周期的长短，因人而异，一般为28天，在20～40天范围内均属正常。

女性第1次来月经称为初潮，年龄大多在12～14岁之间。到45～50岁，月经周期渐不规则，开始步入更年期。之后，卵巢功能显著衰退，月经停止，进入绝经期。

2. 月经周期的形成机制

根据子宫内膜及卵巢的变化，可将月经周期分为3期，依次为月经期、增殖期和分泌期。

（1）月经期

月经期：从月经来潮到出血停止，即月经周期第1～4天。此期的出现是由于排出的卵子未受精，从而导致黄体萎缩，雌激素和孕激素分泌迅速减少。子宫内膜因失去这两种激素的支持而崩溃、脱落和出血。月经期内，由于子宫内膜形成创面，容易感染，所以需要注意经期卫生。

（2）增殖期（排卵前期或卵泡期）

增殖期（排卵前期或卵泡期）：从月经停止到排卵为止，即月经周期第5～14天。在雌激素的作用下，子宫内膜增殖变厚，其中的血管、腺体增长。此期末，血中雌激素浓度很高，使促性腺激素释放激素和黄体生成素进一步增多，使促成熟卵泡排卵。

（3）分泌期（排卵后期或黄体期）

分泌期（排卵后期或黄体期）：从排卵后到下一次月经前，即月经周期第15～28天。此期是由于雌激素的作用引起的黄体生成素分泌明显增加，导致排卵后的残余卵泡形成黄体并分泌雌激素和大量的孕激素，从而使子宫内膜进一步增殖变厚，其中的血管扩张充血，腺体增长迂曲并分泌。

青春期前，促性腺激素释放激素分泌很少，使腺垂体促卵泡激素和黄体生成素分泌也相应处在低水平，不足以引起卵巢和子宫内膜的周期性变化。妇女在45～50岁以后，卵巢功能退化，对促性腺激素反应性降低，卵泡发育停止，雌激素、孕激素分泌减少，子宫内膜不再出现周期性变化，月经随之停止。

三、生殖

（一）受精

受精是指精子与卵子结合，形成受精卵（合子）的过程（图6-3-1）。其部位通常在输卵管壶腹部，时间约在排卵后12小时以内。受精时，已获能的精子通过与卵接触，两者细胞膜迅速融合，两核逐渐靠拢，核膜消失，染色体相互混合，成为受精卵。

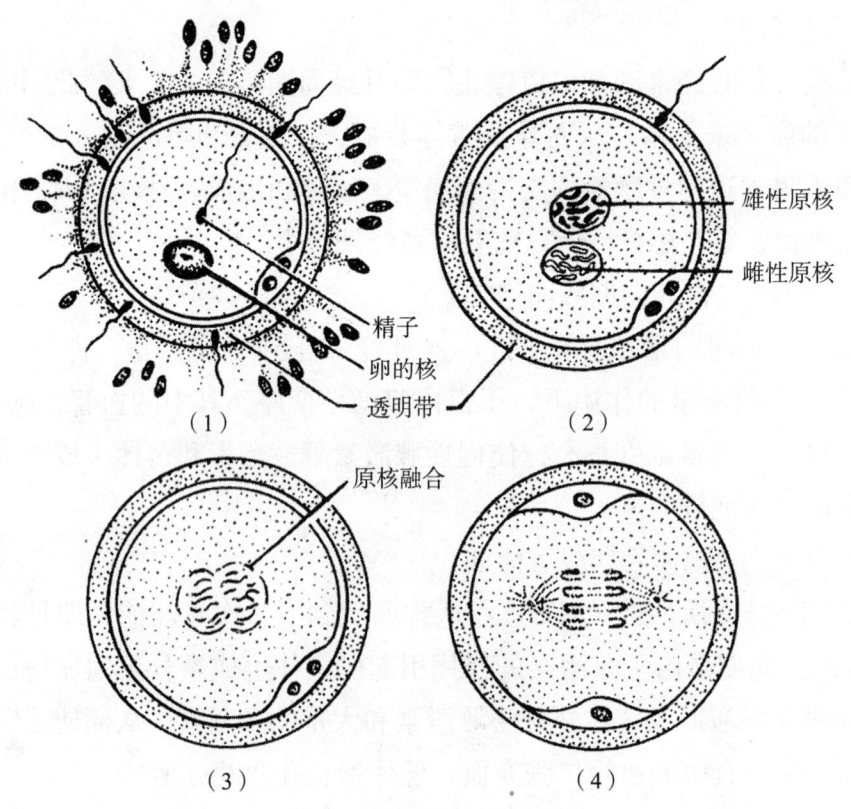

图6-3-1 受精卵的形成

（二）植入

受精卵埋入子宫内膜的过程称植入，又称着床。植入的部位，通常是在子宫底或子宫体上部。若在子宫颈附近植入，则将覆盖子宫内口，在妊娠后期或分娩时，能引起严重出血。受精卵在子宫以外的部位植入，称宫外孕，宫外孕多发生于输卵管或腹膜腔内。

第七章 循环系统

循环系统是由一套封闭的连续管道所组成。由于其中所含液体成分不同,可分为心血管系统和淋巴系统两部分。

心血管系统包括心、动脉、静脉和毛细血管,其中有血液流动。淋巴系统是由淋巴管道、淋巴器官和淋巴组织组成,其中有淋巴液流动,最后流入静脉中,因此淋巴系统是静脉管道的辅助结构。

循环系统的基本功能是将消化管吸收的营养物质和吸入肺的氧气输送到全身各器官、组织和细胞,供其生理活动需要,并将他们的代谢产物运送到肺、肾和皮肤等器官排出体外。内分泌腺所分泌的激素也借循环系统输送到相应器官以调节其生理功能。淋巴系统的淋巴器官和淋巴组织还能产生淋巴细胞,参与机体的免疫反应。

第一节 心血管系统

一、心

心是中空的肌性器官,为心血管系统的血泵。在正常生理状态下,作节律性收缩以维持血液循环的正常进行。

(一)心的位置和外形

心脏斜位于胸腔的纵隔内,膈肌中心腱的上方,夹在两侧胸膜囊之间(图7-1-1)。其所在位置相当于第2~6肋软骨或第5~8胸椎之间的范围。整个心脏2/3偏在身体正中线的左侧。

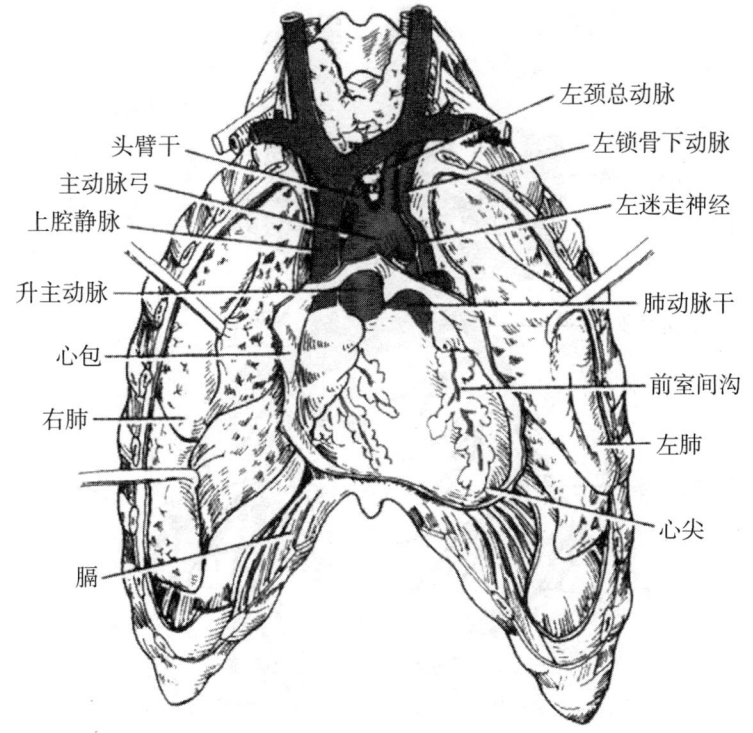

图 7-1-1　心的位置

心脏的外形略呈倒置的圆锥形，大小约相当于本人的拳头。心可分为一底、一尖、二面、三缘，表面有三条浅沟。

心底朝向右后上方，大部分由左心房，小部分由右心房组成。心底部与大血管干相连，是心脏比较固定的部分。上、下腔静脉分别从上、下注入右心房；左、右肺静脉分别从上、下注入左心房。

心尖圆钝、游离，由左心室构成，朝向左前下方，与左胸前壁接近，故在左侧第 5 肋间隙锁骨中线内侧 1～2 厘米可扪及心尖搏动。

心的胸肋面（前面）朝向前上方，约 3/4 由右心室和右心房，1/4 由左心室构成（图 7-1-2）。膈面（下面）几呈水平位，朝向下方并略斜向后（图 7-1-3）。

心的右缘垂直向下，由右心房构成。左缘钝圆，主要由左心室构成。下缘接近水平位，由右心室和心尖构成。

心脏表面有三个浅沟，可作为心脏分界的表面标志。在心底附近有环形的冠状沟，分隔上方的心房和下方的心室。心室的前、后面各有一条纵沟，分别叫做前室间沟和后室间沟，是左、右心室表面分界的标志。

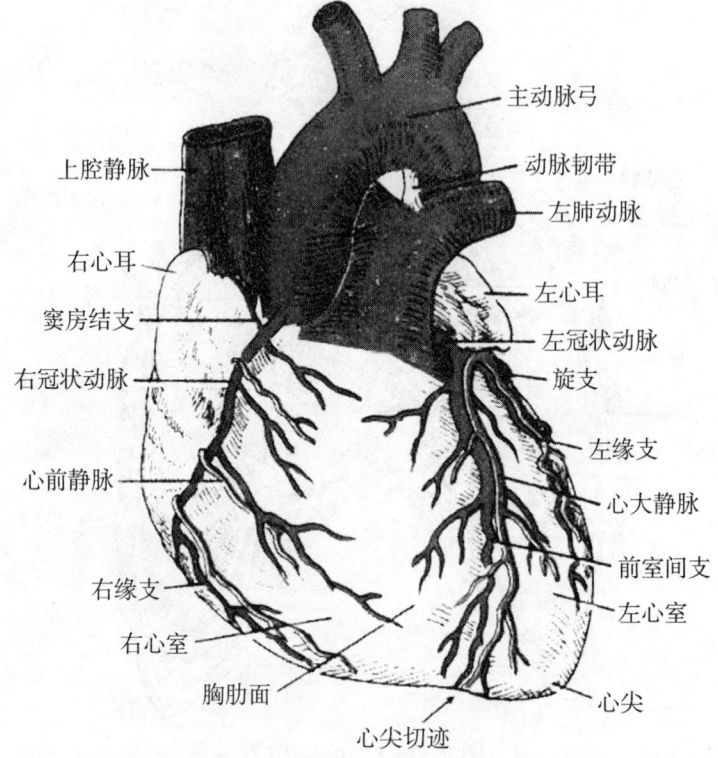

图 7-1-2　心的外形和血管（前面）

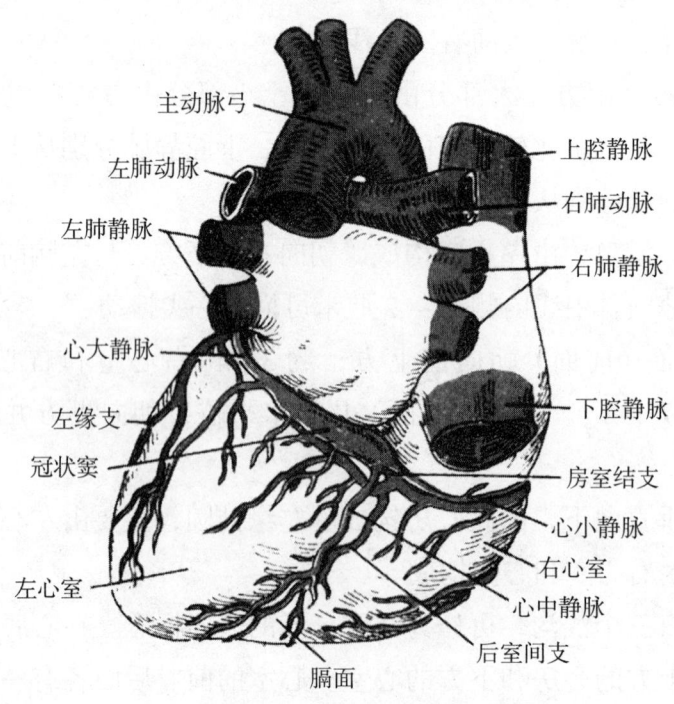

图 7-1-3　心的外形和血管（后面）

(二) 心的各腔

心脏分为右心房、右心室、左心房和左心室四个腔。左右心房间、左右心室间互不相通，分别被房间隔、室间隔分隔。分隔心脏分为左、右二半，临床习惯称左心和右心。右心内容静脉血，左心内容动脉血。同侧心房与心室之间有房室口相通，左、右房室口分别由二尖瓣和三尖瓣关启，左心室的出口为主动脉，其间有半月形的主动脉瓣，右心室的出口为肺动脉，其间为肺动脉瓣。

1. 右心房

右心房（图7-1-4）壁薄而腔大，位于心的右上部，表面向左前方的突起称右心耳。右心房有三个入口和一个出口。其中居上方的是上腔静脉口；下方是下腔静脉口；位于下腔静脉口前内侧的为冠状窦口，它们分别引导人体上、下半身和心壁的血液汇入右心房。右心房的出口是右房室口，位于右心房的前下方，通向右心室。右心房的后内侧壁主要由房间隔组成，其下部有一浅窝，称为卵圆窝，是胚胎时期卵圆孔闭锁后的遗迹，房间隔缺损易发生于此。

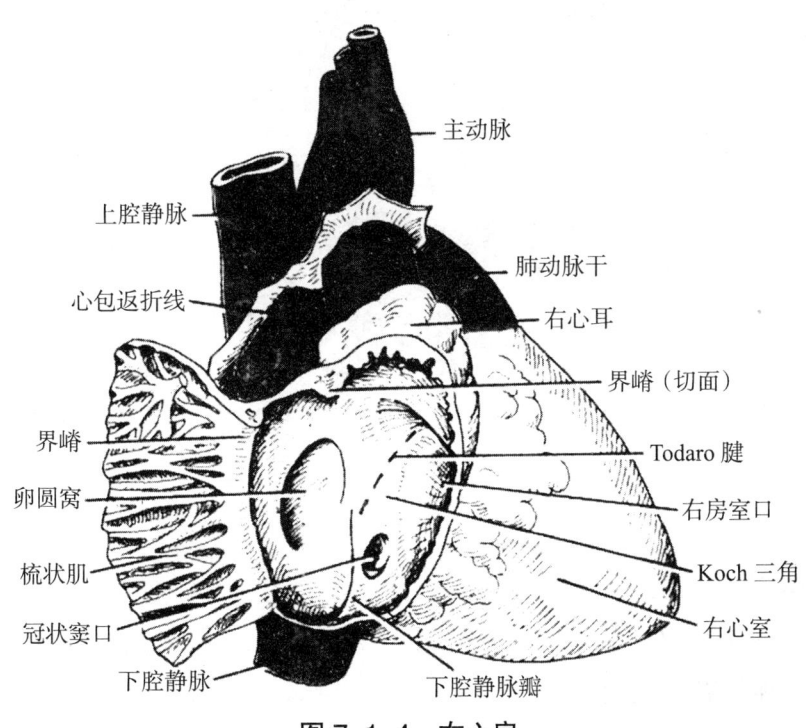

图 7-1-4　右心房

2. 右心室

位于右心房的左前下方，构成心胸肋面的大部分。右心室（图 7-1-5）有一个入口和一个出口。入口即右房室口，其周缘有 3 片三角形瓣膜，称为三尖瓣。瓣膜基部附着于右房室口周围的纤维环，游离缘垂入室腔，借腱索连于乳头肌。当心室收缩时瓣膜关闭右房室口，防止血液逆流入右心房。同时，右心室壁上 3 个呈锥状突起的乳头肌也收缩，并通过腱索牵拉房室瓣，防止瓣膜向心房翻转，从而有效地关闭房室口。右心室出口为肺动脉口，位于右心室的左上部，通向肺动脉干。肺动脉口周缘有 3 个半月形的肺动脉瓣。当心室舒张时，能够阻止进入肺动脉干的血液返流回心室。

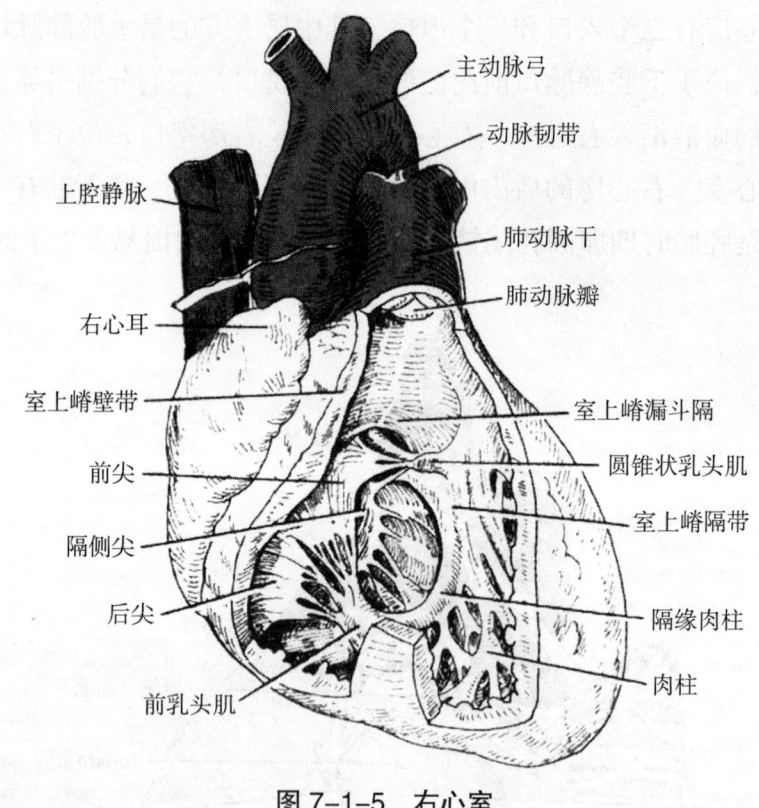

图 7-1-5　右心室

3. 左心房

左心房（图 7-1-6）位于右心房的左后方，构成心底的大部分。其前部的突起称为左心耳。右心房有 4 个入口和 1 个出口。在左心房后部的两侧各有 2 个入口，称为肺静脉口；出口位于左心房的前下部，称为左房室口，通向左心室。

4. 左心室

左心室（图7-1-6）大部分位于右心室的左后下方，其左前下部构成心尖。左心室有一个入口和一个出口。入口即左房室口，该口周缘有两片三角形瓣膜，称二尖瓣，瓣膜游离缘也和室壁上的两个乳头肌借腱索相连。左心室出口称为主动脉口，位于左房室口的右前方，通向主动脉。该口周缘有主动脉瓣。

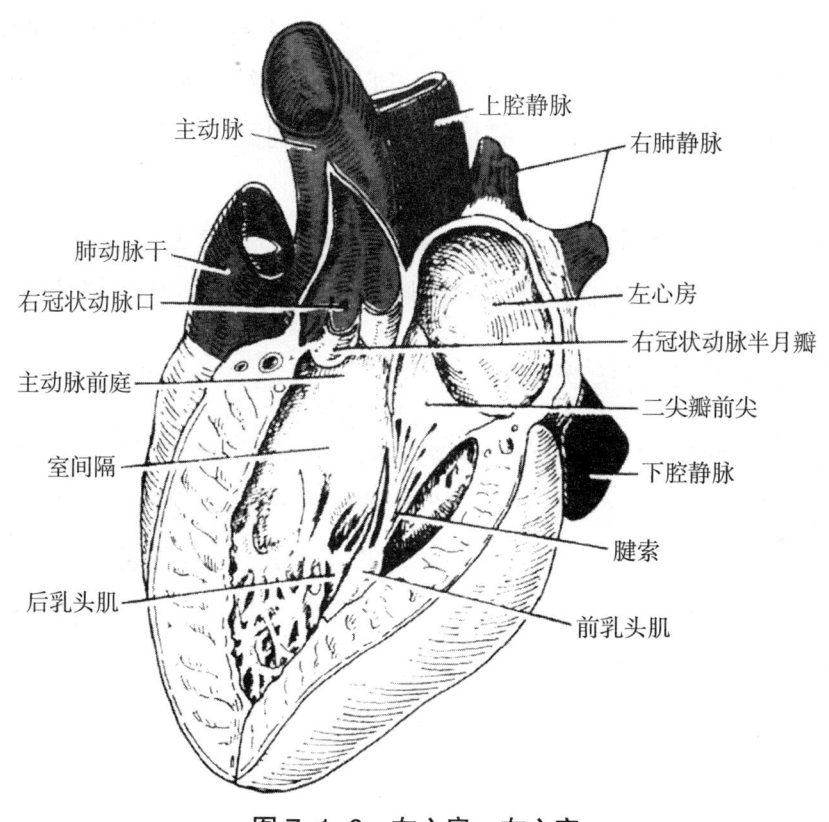

图 7-1-6　左心房、左心室

（三）心壁的结构

心脏的壁很厚，主要由心肌构成。心脏壁由三层膜组成，从内向外依次为心内膜、心肌膜和心外膜。

1. 心内膜

心内膜表面是内皮，与血管的内皮相连。内皮下为内皮下层，其中除结缔组织外，也含有少许平滑肌。

2. 心肌膜

心肌膜主要由心肌构成，心房的心肌较薄，心室的心肌很厚，左心室的最厚。心肌纤维呈螺旋状排列，大致可分为内纵、中环和外斜三层。心肌纤维多集合成束，肌束间有较多的结缔组织和丰富的毛细血管。

3. 心外膜

心外膜是心包膜的脏层，其结构为浆膜，它的表层是间皮，间皮下面是薄层结缔组织，与心肌膜相连。心外膜中含血管和神经，并常有脂肪组织。心包膜壁层衬贴于心包内面，也是浆膜，与心外膜连续。壁层与脏层之间为心包腔，腔内有少量液体，使壁层与脏层湿润光滑，利于心脏搏动。

4. 心瓣膜

心瓣膜是心内膜突向心腔而成的薄片状结构。瓣膜表面被覆以内皮，内部为致密结缔组织，与心骨骼的纤维环连接。其功能是阻止血液逆流。

（四）心脏的传导系统

心肌细胞按形态和功能可分为两类：普通心肌细胞和特殊心肌细胞。前者构成心房壁和心室壁的主要部分，有收缩作用；后者具有自律性和传导性，其主要功能是产生和传导冲动，控制心的节律性活动。心传导系统（图 7-1-7）是由特殊心肌细胞构成，主要包括窦房结、房室结、房室束、左右束支和蒲肯野纤维。

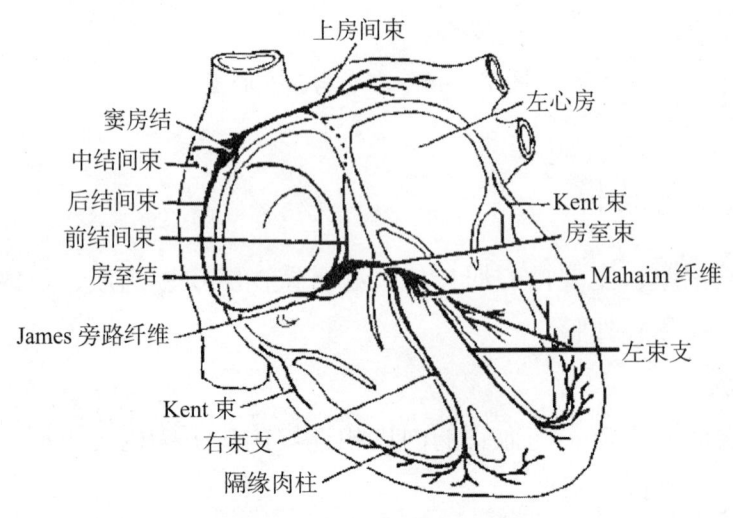

图 7-1-7　心脏的传导系统

1. 窦房结

窦房结是心的正常起搏点。窦房结多呈梭形,位于上腔静脉与右心房交界处的心外膜下。

2. 房室结

房室结位于房间隔下部右侧心内膜深面,冠状窦口的前上方。房室结呈扁椭圆形,它发出房室束入室间隔。

3. 房室束

房室束又称为希氏束,自房室结发出后入室间隔,在室间隔的上部分为左束支和右束支,分别沿室间隔左、右侧心内膜深面下行到左、右心室。

4. 蒲肯野氏纤维

左、右束支的分支在心内膜下交织成心内膜下的蒲肯野氏纤维,主要分布于室间隔、室壁肌等。蒲肯野氏纤维最后与收缩的心肌相连。

(五)心脏的血管

心的血液供应来自左、右冠状动脉,回流的静脉血绝大部分经冠状窦汇入右心房。心的血液循环称为冠状循环。

1. 冠状动脉

是心脏营养动脉,为升主动脉第一对分支,为左冠状动脉和右冠状动脉。

(1)左冠状动脉

左冠状动脉起始于升主动脉根部的左后壁,经左心耳和肺动脉干间左行至冠状沟,随即分为前室间支和旋支。前室间支沿前室间沟下行,分支主要供应左心室前壁、右心室前壁的一小部分及室间隔的前上部。旋支沿冠状沟左行,绕过心左缘至左心室膈面,分支主要供应左心房、左心室侧壁和后壁等处。

(2)右冠状动脉

右冠状动脉起始于升主动脉根部的前壁,经右心耳和肺动脉干间进入冠状沟行向左后,达心的膈面后移行为后室间支,沿后室间沟走行。右冠状动脉及其分支主要分布于右心房、右心室、左室后壁、室间隔后下部、窦房结及房室结等。

2. 心的静脉

心壁各层静脉网汇合成心大静脉、心中静脉和心小静脉,均注入冠状窦,经冠状窦口入右心房。该窦位于心的膈面,左心房与左心室之间的冠状沟内。

（六）心的泵血功能

心的泵血功能是通过心房和心室有节律的收缩和舒张来实现的。

1. 心动周期与心率

（1）心率

每分钟的心跳次数称为心率。成人安静时约为60～100次/分，平均75次/分。心率可因年龄、性别、生理状态的不同而异。儿童心率比成人快；初生儿心率可达到130次/分；女性心率比男性稍快；运动或情绪激动时心率增快；安静及睡眠时心率变慢。

（2）心动周期

心房或心室每收缩和舒张一次称为一个心动周期。心动周期的长短取决于心率的快慢。安静时正常成人心率若为75次/分，则心动周期为0.8秒。其中心房收缩期为0.1秒，舒张期为0.7秒；心室收缩期为0.3秒，舒张期为0.5秒。心室舒张的前0.4秒，心房也处于舒张状态，称为全心舒张期。

2. 心的泵血过程

血液由心室泵入动脉有赖于心舒缩所引起的心腔内压力变化及心瓣膜对血流方向的控制。心的泵血过程，左右心室基本相同，现以左心室为例简述之。

（1）心室收缩与射血

心室收缩开始之前，血液已由心房流入心室，完成心室充盈过程。当心室开始收缩时，室内压迅速升高，超过房内压时，房室瓣关闭，阻止血液倒流。但此时室内压仍低于主动脉压，动脉瓣仍处于关闭状态，心室成为一个封闭的腔，心室肌虽然收缩，但并不射血，心室的容积不变，故称为等容收缩期。随着心室肌的强烈收缩，心室内压力急剧升高，当室内压超过主动脉压时，动脉瓣开放，血液被射入动脉内，此期称为射血期。

（2）心室舒张与充盈

心室收缩完毕后，开始舒张，室内压迅速下降。当室内压低于动脉压时，动脉瓣关闭，但此时室内压仍然高于房内压，房室瓣仍处于关闭状态，心室再次形成密闭的腔。此期因无血液进出，心室容积不变，故称为等容舒张期。等容舒张期末，心室继续舒张使室内压进一步下降，当室内压低于房内压时，房室瓣开放，心房和腔静脉内的血液顺着房—室压力差被快速地抽吸进入心室。心室的抽吸作用可使70%的血液流入心室。

心房收缩期在心室舒张的最后0.1s，心房收缩，将心房内的血液挤入心室，心房收缩使心室充盈的血量约占心室总充盈量的10%～30%。

总体说来，心脏泵血能按一定方向流动是取决于心瓣膜的开闭，而心瓣膜开闭又取决于心瓣膜两侧压力大小；心内压力大小主要取决于心室的舒缩活动。

3. 心输出量

心脏射出的血液量，是衡量心脏功能的基本指标。正常人在同一时期内，左心和右心接受回流的血液量大致相等，输出的血量也大致相等。

（1）每搏输出量和每分输出量

每搏输出量是指一侧心室每收缩一次所射出的血量，简称搏出量，正常成人安静状态下约70毫升（60～80毫升）。每分输出量是指一侧心室每分钟射出的血量，简称心输出量。心输出量与机体的代谢水平和活动情况相适应，并与年龄、性别等因素有关。

（2）影响心输出量的因素

心输出量决定于搏出量和心率，而搏出量又受心肌的前负荷、后负荷和心肌收缩能力的影响。这些因素都可影响心输出量。

1）心肌的前负荷：心肌的前负荷是指心室舒张末期的充盈血量，即回心血量。在一定范围内，前负荷增大，心肌收缩的初长度增长，心肌收缩力亦随之增强，搏出量增多。这属于心肌的自身调节。若前负荷过大，如静脉血快速、大量地回流入心脏时，心肌初长度超过一定限度，收缩力反而减弱，使搏出量减少。故临床上静脉输液时要严格控制输液量和输液速度，防止发生急性心力衰竭。

2）心肌的后负荷：心肌的后负荷是指心肌收缩时所遇到的阻力，即动脉血压。动脉血压升高时，后负荷增大，使心室等容收缩期延长，射血期缩短，搏出量减少。动脉血压降低时，搏出量则可增多。

3）心肌收缩能力：心肌收缩能力是指心室肌细胞本身的功能状态。在同等条件下，心肌收缩能力增强则搏出量增多，心肌收缩能力减弱则搏出量减少。心肌收缩能力受神经及体液因素的调节。交感神经兴奋、血中肾上腺素增多时，心肌收缩能力增强；迷走神经兴奋时，心肌收缩能力减弱。

4）心率：在一定范围内，心率加快，心输出量增加。但心率过快（超过180次/分）时，由于心动周期缩短，特别是心舒期显著缩短，导致心室充盈血量减少，使搏出量和心输出量相应减少。如心率过缓（低于40次/分），尽管心舒期延长，但心室容积有限，充盈量亦不会无限制增加，故心输出量也将减少。

（3）心力储备

心输出量能随机体代谢的需要而增加的能力，称为心力储备。健康成人在做剧烈活动时，心率可达180次/分，心输出量可增加到30升/分左右。加强体育锻炼可以提高心力储备。

4. 心音

心音是指在心动周期中由心肌收缩和瓣膜关闭等机械活动所产生的声音，用听诊器在胸壁一定部位一般可听到两个心音，即第一心音和第二心音。

（1）第一心音

第一心音音调低，持续时间长。其产生机制主要是由心室肌收缩、房室瓣关闭及血液冲击动脉壁引起振动而产生的声音。它标志着心缩期的开始，其强弱可反映心肌收缩的力量和房室瓣的功能状态。

（2）第二心音

第二心音音调较高，持续时间较短。其产生机制主要是心室舒张、动脉瓣关闭引起的振动。它标志着心舒期的开始，其强弱可反映动脉血压的高低及动脉瓣的功能状态。

由两个心音所产生的时间可以得知，第一心音和第二心音之间的时间相当于心缩期；第二心音至下一个第一心音之间的时间相当于心舒期。听取心音可了解心率、心律、心肌收缩力量、瓣膜的功能状态和血压的高低等情况。如心瓣膜发生病变时，会出现一些异常的声音称为心杂音。因此，心音听诊在某些心脏疾病的诊断上具有重要意义。

（七）心肌细胞的生理特性

心肌细胞具有自动节律性、传导性、兴奋性和收缩性等生理特性，前三者为电生理特性，后者为机械特性。

1. 自动节律性

心脏在没有外来刺激的条件下，能自动地产生节律性兴奋和收缩的特性，称为自动节律性，简称自律性。心脏的自律性来源于自律细胞。由于特殊传导系统各部分自律细胞的速度快慢不一，因而各部分的自律性高低不同。其中窦房结的自律性最高，约为100次/分；房室结次之，约为50次/分；浦肯野纤维最低，约为 25 次 / 分。正常心脏的节律性活动是受自律性最高的窦房结所控制，因而窦房结是心脏活动的正常起搏点。这种由窦房结控制的心律称为窦性心律。窦房结以外的其他自律细胞称为潜在起搏点。由于它们的自律性较低，通常处于窦房结控制之下，其本身的自律性表现不出来。当窦房结的自律性异常低下或潜在起搏点的自律性过高时，潜在起搏点的自律性就可表现出来，成为异位起搏点。由异位起搏点控制的心律，称为异位心律。

2. 传导性

心肌细胞具有传导兴奋的能力，称为传导性。正常心内兴奋的传导主要依靠特殊传导系统来完成。传导途径是：窦房结发出兴奋后，经心房肌传到左、右心房，同时迅速传到房室交界，约需 0.06 秒。房室交界是正常兴奋由心房传入心室的唯一通路，但其传导速度缓慢，耽搁时间较长，称为房室延搁，约需 0.1 秒。然后兴奋经房室束及左、右束支、蒲肯野纤维网传到左、右心室肌，约需 0.06 秒（图 7-1-8）。

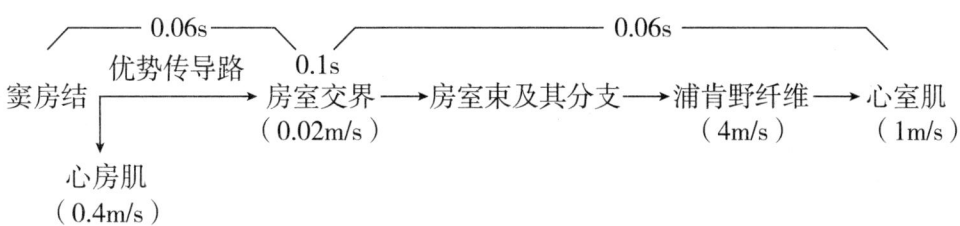

图 7-1-8　兴奋的传导途径和速度简图

房室延搁的生理意义是它使心房收缩在前，心室收缩在后，不至于产生房、室同时收缩。心房先收缩，使心室在收缩前有充分的血液充盈，有利于心室的射血。

3. 兴奋性

心肌细胞具有兴奋性，其特点是在心脏收缩期内，任何强度的刺激都不能使心肌再兴奋而引起收缩。心肌的这一特点可保证心肌收缩与舒张交替的节律性活动，这对心脏的泵血功能具有重要意义。

4. 收缩性

心肌细胞与骨骼肌细胞的收缩原理相似，但心肌收缩有其自身的特点。

（1）同步收缩（"全或无"式收缩）

心脏特殊传导系统传导速度快。因此，心肌不兴奋则已，一旦发生兴奋，心肌细胞几乎同步收缩。

（2）不发生强直收缩

在收缩期内不论受到多强的刺激，均不能引起心肌兴奋和收缩，故心肌不会像骨骼肌那样，发生强直收缩。

二、血管

（一）血管的分类

血管分为动脉、毛细血管和静脉三类。动脉是运血离心的血管，它在走行中不断分支并逐渐变细，最终移行为毛细血管；毛细血管介于微动脉和微静脉之间，是血液与组织液进行物质交换的部位；静脉是运血回心的血管，它在向心行进的过程中，逐渐汇合最后合为上、下腔静脉注入右心房。

人体内的血管存在着非常丰富的吻合现象，例如毛细血管网、动脉间的动脉弓和交通支、静脉间的静脉网和静脉丛等。血管吻合对缩短循环、增加局部的血流量、调节体温及维持内环境稳定起着重要作用。

（二）血管壁的组织结构

除毛细血管外，动脉、静脉都由三层构成。

1. 动脉

（1）内膜

内膜为动脉壁结构中最薄的一层，由内皮及外面的少量结缔组织构成。

（2）中膜

中膜为动脉壁结构中最厚的一层，由平滑肌及弹性纤维构成。大动脉的中膜以弹性纤维为主，具有较大的弹性；中小动脉的中膜以平滑肌为主。小动脉管壁的平滑肌的收缩不仅可改变其管径影响器官、组织的血液量，还可改变血流的外周阻力，影响血压。

（3）外膜

外膜由结缔组织构成，内含小血管、淋巴管和神经等。

2. 静脉

管壁薄，三层结构间分界不明显。与伴行动脉相比，静脉壁较薄，平滑肌和弹性纤维较少，管壁的弹性和收缩性较弱，管腔相对大而不规则，管壁内有成对的静脉瓣,可防止血液逆流。其功能是将全身的血流导回心房。

3.毛细血管

分布广泛,相互吻合成网状,管壁极薄,主要由一层内皮及外面的基膜构成。毛细血管内血流速度缓慢,血液中的部分物质(如营养物质和氧)从毛细血管滤出形成组织液,组织液中的部分物质(如代谢产物和二氧化碳)由毛细血管回收流入静脉。

(三)血液循环的径路

血液由心射出,经动脉、毛细血管和静脉,再返回心,周而复始,形成血液循环。人体的血液循环可分为体循环和肺循环两部分,这两个循环同步进行(图7-1-9)。

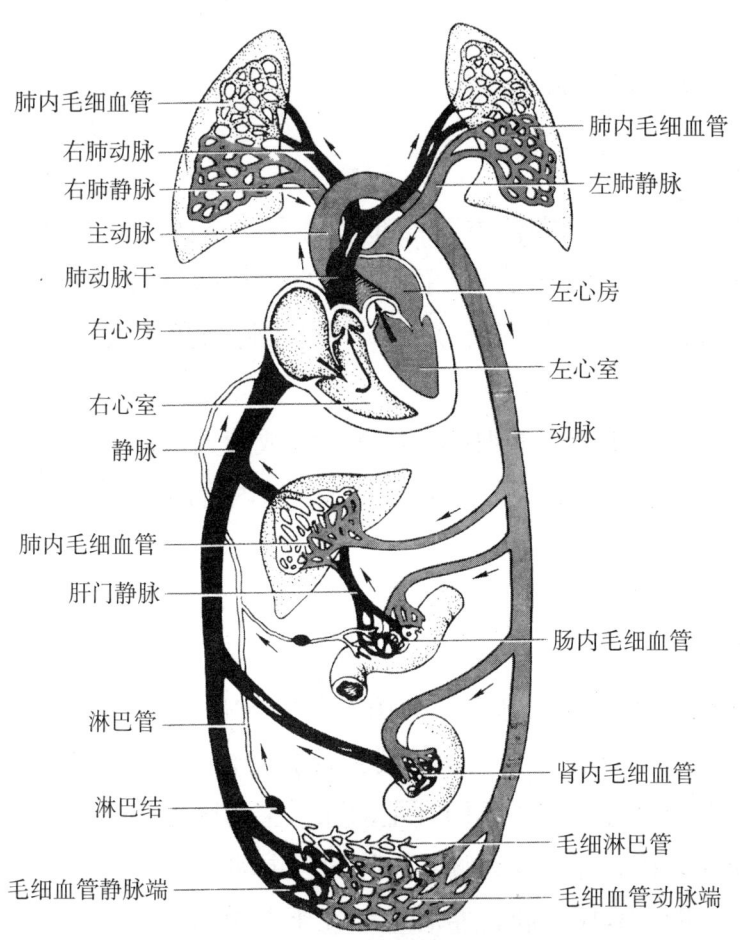

图 7-1-9　血液循环模式图

1. 体循环

又称大循环。左心室收缩时，含氧量丰富的动脉血由左心室射入主动脉，再经主动脉的各级分支到达全身的毛细血管，血液在此与周围组织、细胞进行物质和气体交换，此时鲜红色的动脉血变成了暗红色的静脉血，再经各级静脉，最后经上、下腔静脉和冠窦返回右心房。体循环的特点是行程长、流经范围广，其主要功能是以含氧高和营养物质丰富的动脉血滋养全身各部，并将代谢产物和二氧化碳经静脉运回心。

2. 肺循环

又称小循环。右心室收缩时，含二氧化碳浓度高的静脉血由右心室射入肺动脉，经肺动脉各级分支到达肺泡周围的毛细血管网，在此进行气体交换，使静脉血重新变成含氧丰富的动脉血，再经肺静脉进入左心房。肺循环的特点是行程短，血液只经过肺，其主要功能是完成气体交换，即为血液加氧并排出二氧化碳。

（四）肺循环的血管

1. 肺动脉

肺动脉干位于主动脉左前方，根部左侧为左心耳，在主动脉弓下方分为左、右肺动脉。右肺动脉较长，几乎成直角自肺动脉分出，在主动脉及上腔静脉后方走行至右肺门。左肺动脉较短，与主肺动脉成角较大。

2. 肺静脉

肺静脉的属支起于肺内毛细血管，逐级汇成较大的静脉。最后，左、右肺汇成左上、左下肺静脉和右上、右下肺静脉，向内行注入左心房后部。

（五）体循环的血管

1. 动脉

主动脉是体循环中的动脉主干。由左心室发出，先斜向右上，再弯向左后，沿脊柱左前方下行，穿膈主动脉裂孔入腹腔，至第4腰椎下缘处分为左、右髂总动脉。全程可分为三段，即升主动脉、主动脉弓和降主动脉。降主动脉又以膈的主动脉裂孔为界，分为胸主动脉和腹主动脉。

升主动脉（图7-1-10）起自左心室，在上腔静脉左侧，向右前上方斜行，至右第2胸肋关节高度移行为主动脉弓。升主动脉发出左、右冠状动脉。

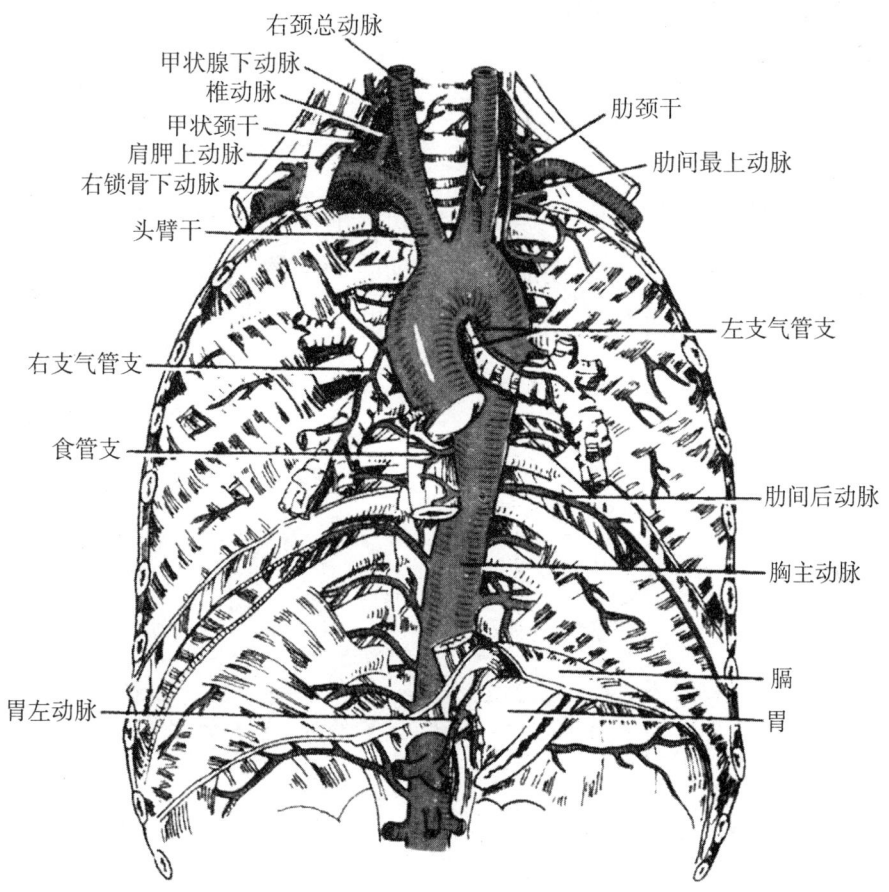

图 7-1-10　胸主动脉及其分支

主动脉弓是升主动脉的直接延续,在右侧第二胸肋关节后方,呈弓形向左后方弯曲,到第 4 胸椎椎体的左侧移行为胸主动脉。

在主动脉弓的凸侧,自右向左发出头臂干、左侧颈总动脉和左侧锁骨下动脉。

（1）颈总动脉

为头颈部的动脉主干,右侧起自头臂干,左侧直接起自主动脉弓。两侧均在胸锁关节后方,沿食管、气管和喉的外侧上行,至甲状软骨上缘高度分为颈内动脉和颈外动脉。在颈总动脉分叉处有两个重要结构：

一是颈动脉窦,为颈总动脉末端和颈内动脉起始处的膨大部分,为压力感受器。当血压升高时,反射性地引起心跳减慢,血压下降。

二是颈动脉小球,是一个扁圆形小体,借结缔组织连于颈内、外动脉分叉处后方,为化学感受器。当血液中二氧化碳浓度升高时,反射性地引起呼吸加深、加快。

1)颈内动脉:自颈总动脉分出后,上升达颅底,穿过颈动脉管入颅,分支布于脑与视器。

2)颈外动脉(图7-1-11):位于颈内动脉前内侧,转向前外侧,上行入腮腺,末端平下颌颈处分为颞浅动脉和上颌动脉两个终支。颈外动脉沿途分支很多,主要分布于颅腔以外的头颈各器官和软组织。

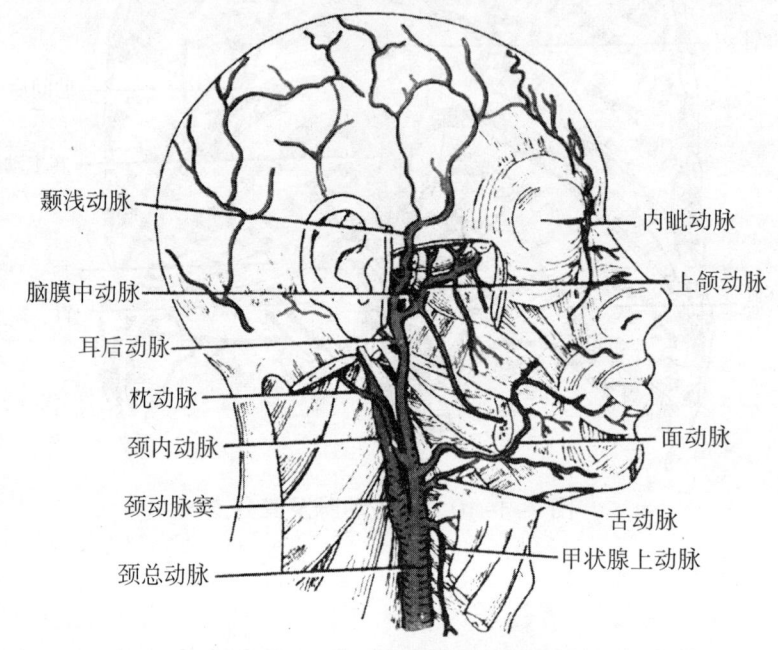

图7-1-11 颈外动脉及其分支

3)甲状腺上动脉:分支布于甲状腺上部和喉。

4)面动脉:分支布于面部软组织、下颌下腺和腭扁桃体等,此动脉的终末端改名为内眦动脉。

5)上颌动脉:在下颌颈深面入颞下窝,向前经翼腭窝达眶下裂,改名为眶下动脉。上颌动脉发出的分支主要有:脑膜中动脉:分前、后支分布硬脑膜和颅骨;下牙槽动脉:分布于下颌牙齿,其末端出颏孔,分布于颏部;其他分支:布于上颌牙齿和牙龈、咀嚼肌、上颌窦等。

6)颞浅动脉:在腮腺内直行上升,经外耳门前方至颞部皮下,分支布于额、颞、顶部软组织及腮腺、眼轮匝肌等。

（2）锁骨下动脉

锁骨下动脉（图 7-1-12）左侧起于主动脉弓，右侧起于头臂干，沿肺尖内侧斜越胸膜顶前面，弓形向外穿过斜角肌间隙，至第一肋外缘，移行为腋动脉。

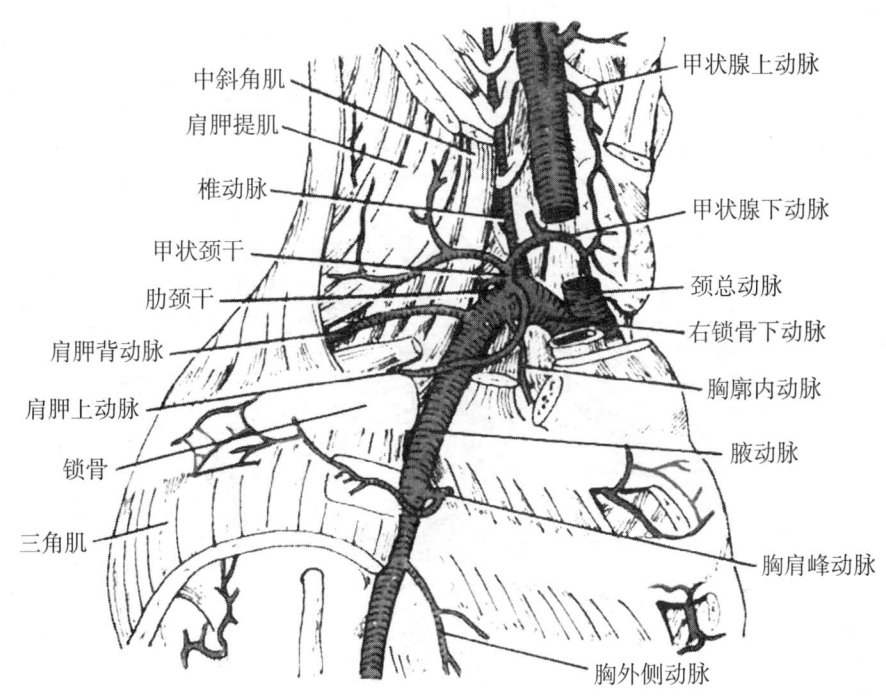

图 7-1-12　锁骨下动脉及其分支

其主要分支有：

1）椎动脉：分支布于脑和脊髓。

2）胸廓内动脉：分布于胸膜、心包及乳房等。

3）甲状颈干：为一粗干，分支主要有甲状腺下动脉，除与甲状腺上动脉吻合布于甲状腺外，还布于邻近的肌、食管、气管和喉下部。

（3）腋动脉

腋动脉（图 7-1-13）自第 1 肋外缘处续于锁骨下动脉，穿过腋窝，至大圆肌和背阔肌的下缘，移行为肱动脉。在腋窝内腋动脉与腋静脉、臂丛相伴，主要分支有：

1）胸肩峰动脉：分数支分布于胸大肌、胸小肌、三角肌和肩峰等处。

2）胸外侧动脉：分布于乳房和前锯肌。

（4）肱动脉

肱动脉自大圆肌下缘处续腋动脉，沿肱二头肌内侧缘下行至肘窝平桡骨颈处，分为桡动脉和尺动脉。肱动脉主要营养臂部和肘关节。主要的分支有肱深动脉，分支布于肱三头肌，并有支参加肘关节动脉网。

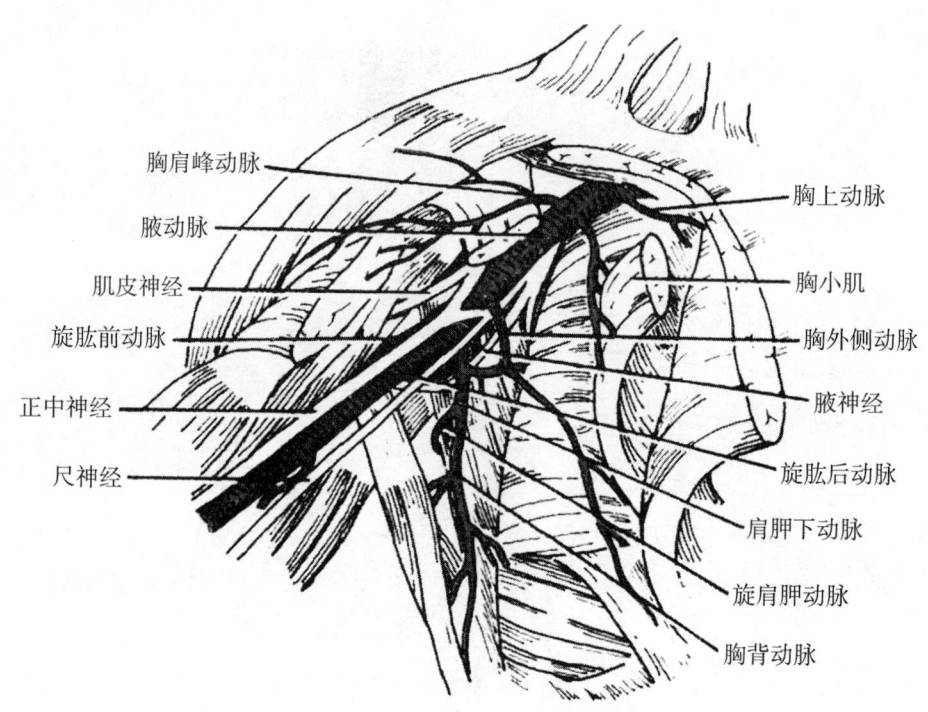

图 7-1-13 腋动脉及其分支

（5）桡动脉

桡动脉（图 7-1-14）自肱动脉分出，沿前臂桡侧下行于前臂前群肌间隙内，下段位于皮下，可摸到搏动，为临床诊脉部位。在行程中除分支参与肘关节网和营养前臂肌外，还发出：

1）掌浅支：在手掌与尺动脉末端吻合成掌浅弓。

2）拇主要动脉：分布于拇指两侧和食指桡侧缘。

（6）尺动脉

尺动脉（图 7-1-14）沿前臂尺侧下行于前臂前群肌间隙内，经豌豆骨外侧入手掌，其终支参与构成掌浅弓。除发分支至前臂尺侧诸肌和参加肘关节网外，还发出：

1）骨间总动脉：分支至前臂肌和尺、桡骨。

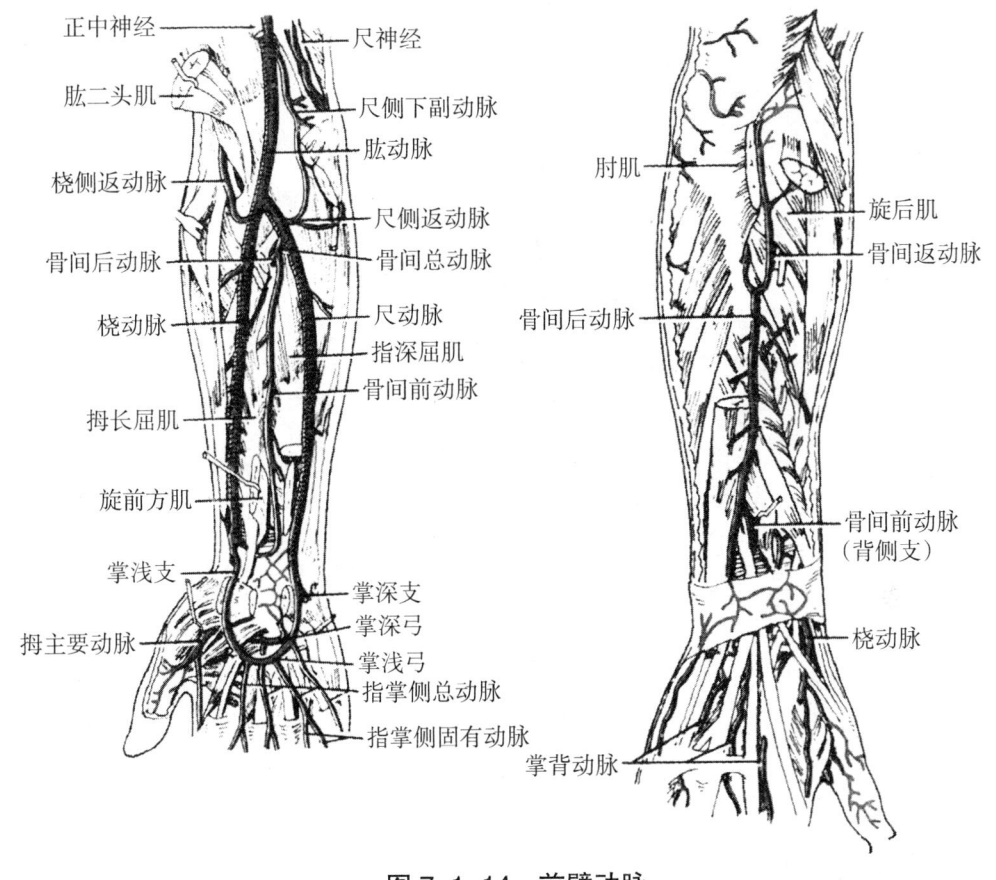

图 7-1-14 前臂动脉

2）掌深支：在掌深部与桡动脉末端吻合成掌深弓。

（7）掌浅弓和掌深弓

掌浅弓和掌深弓（图 7-1-15）由尺、桡两动脉到掌部的分支吻合而成，这两个动脉弓的分支主要分布于手掌及手指。

（8）胸主动脉

胸主动脉（图 7-1-10）是主动脉弓的直接延续，沿脊柱前方下降，穿过膈肌主动脉裂孔移行为腹主动脉。其分支有壁支和脏支两类。壁支主要是肋间动脉，共 9 对，行于第 3 至 11 肋间隙内；肋下动脉，沿第 12 肋下缘行走。壁支供养胸壁和腹前外侧壁。脏支供给胸腔脏器，如支气管和肺、食管和心包等。

（9）腹主动脉

腹主动脉（图 7-1-16）自膈主动脉裂孔处续于胸主动脉，沿脊柱前左侧下行，至第 4 腰椎体下缘前方，分为左、右髂总动脉。腹主动脉亦分脏支和壁支，布于腹腔脏器和腹壁。

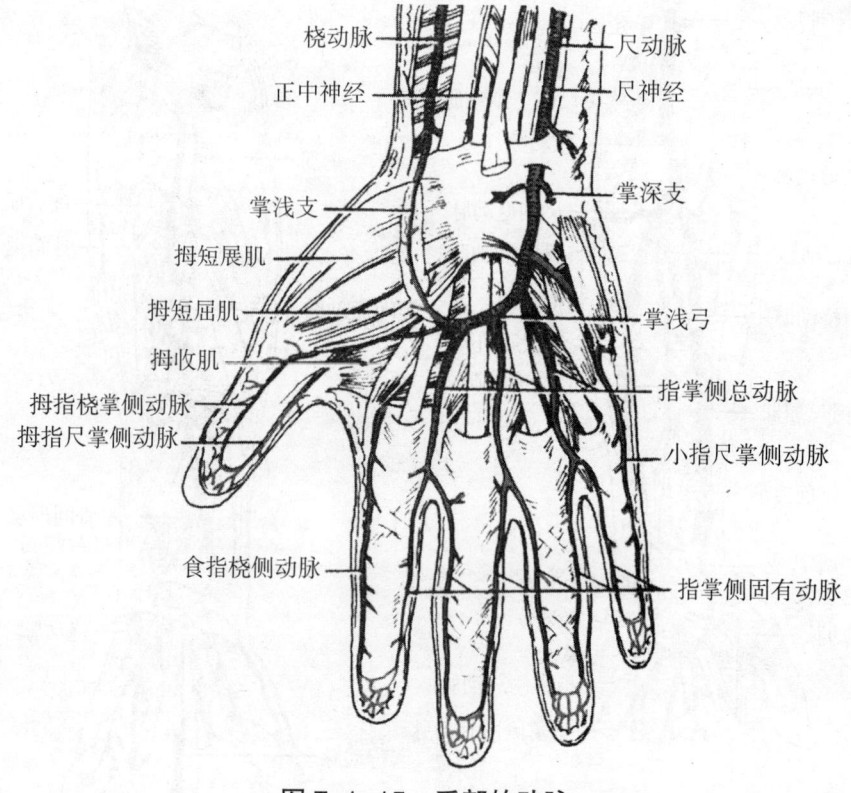

图 7-1-15　手部的动脉

1）壁支：主要分布于腹后壁及背部肌肉和脊髓等处。

2）脏支：

①成对的脏支主要有：

肾动脉：横行向外侧至肾门入肾。

肾上腺中动脉：分布于肾上腺。

睾丸动脉（卵巢动脉）：布于睾丸和附睾或布于卵巢和输卵管。

②不成对的脏支主要有：

腹腔干（图 7-1-17）：短粗，其分支分布到食管腹段、胃、十二指肠、肝、胆囊、胰和脾等。

（10）肠系膜上动脉

肠系膜上动脉（图 7-1-18）：分支分布于十二指肠、空肠、回肠、盲肠、阑尾、升结肠、横结肠等。

（11）肠系膜下动脉

肠系膜下动脉（图 7-1-18）：分支分布于降结肠、乙状结肠、直肠上部。

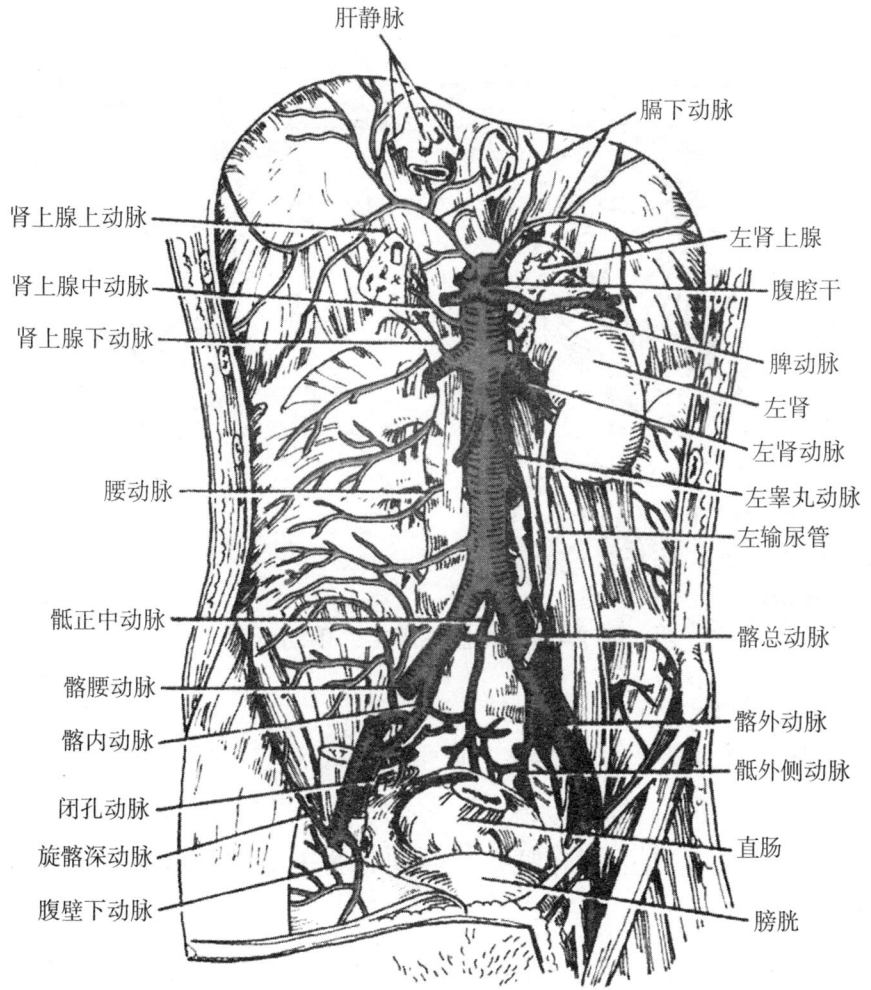

图 7-1-16 腹主动脉及其分支

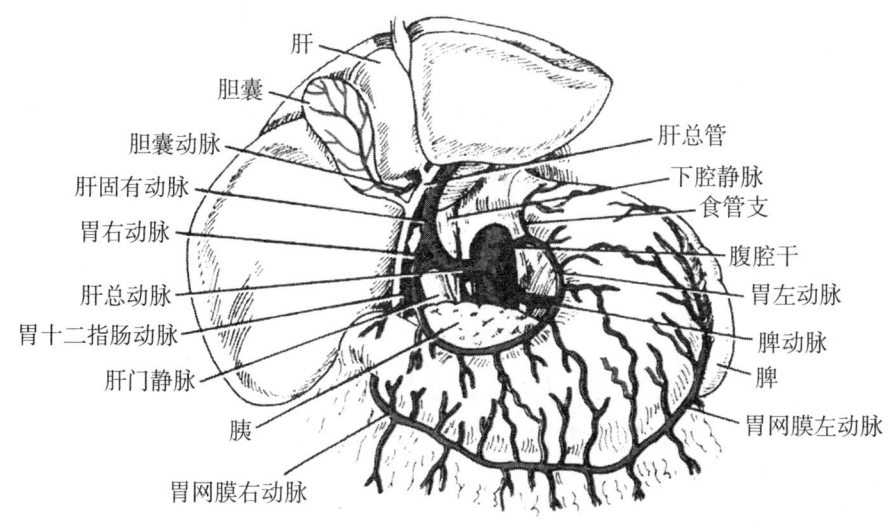

图 7-1-17 腹腔干

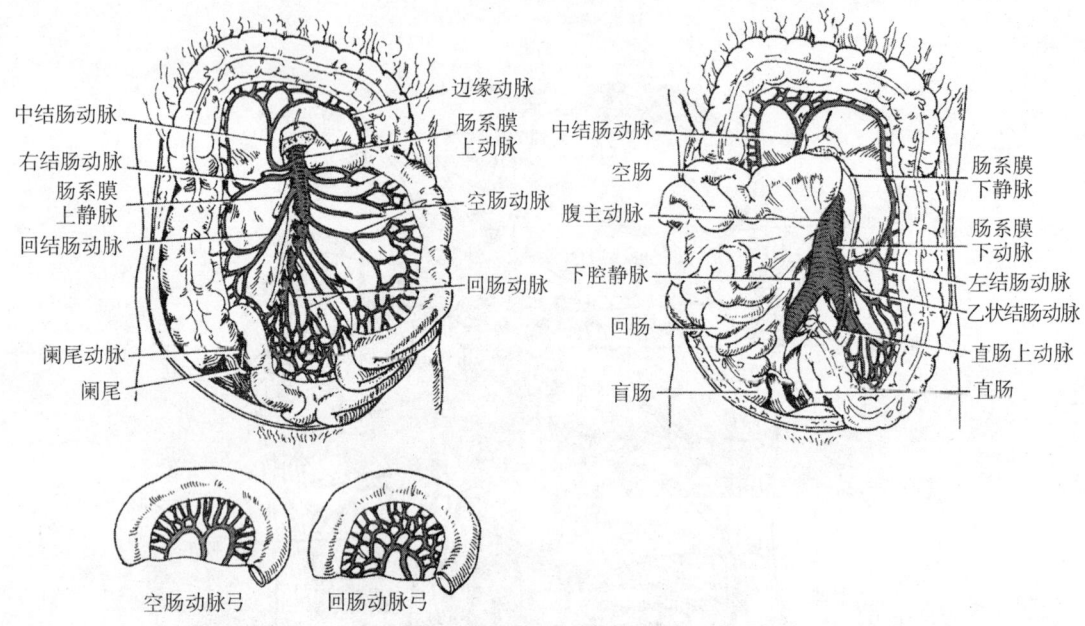

图 7-1-18　肠系膜上、下动脉

（12）髂总动脉

髂总动脉：髂总动脉左右各一，从主动脉腹部分出后，向下外斜行至骶髂关节处，分为髂内动脉和髂外动脉。

1）髂内动脉：分为壁支和脏支。壁支分布于盆壁和臀部，脏支分布于盆腔内脏器和外生殖器等。

2）髂外动脉：沿腰大肌内侧缘下降，经腹股沟韧带中点深面至股部，移行为股动脉。髂外动脉分支较少，仅在其末端附近发出分支分别营养腹直肌及髂嵴和邻近肌。

（13）股动脉

股动脉（图 7-1-19）：为髂外动脉的延续，由大腿前面转至大腿内侧至腘窝处，改名为腘动脉。股动脉除在起始部发出若干小支分布于腹前壁和外阴部外，主要分布于大腿肌、股骨和膝关节。分支有股深动脉及其分支，旋股内侧动脉，旋股外侧动脉和穿动脉。

（14）腘动脉

腘动脉：腘动脉是股动脉的延续，在腘窝深部下行，至腘窝下角处分为胫前动脉和胫后动脉。腘动脉分支布于膝关节及附近诸肌，并参与膝关节网。

（15）胫后动脉

胫后动脉（图 7-1-20）是腘动脉的延续，沿小腿后肌浅、深层之间下行，在起始处发出腓动脉,分支布于胫、腓骨和小腿后、外群肌,本干经内踝后方转入足底,分为足底内侧动脉和足底外侧动脉,分布于足底肌肤。

(16) 胫前动脉

胫前动脉(图 7-1-20)由腘动脉分出后,穿小腿骨间膜至小腿前群肌的深面下行,沿途发支布于小腿群肌和附近皮肤,此动脉下行至足背移行为足背动脉。足背动脉再分支到足背和趾背,并有分支穿至足底,称足底深支。足底弓由足底外侧动脉与足背动脉的足底深支吻合而成,其分支分布于足趾。

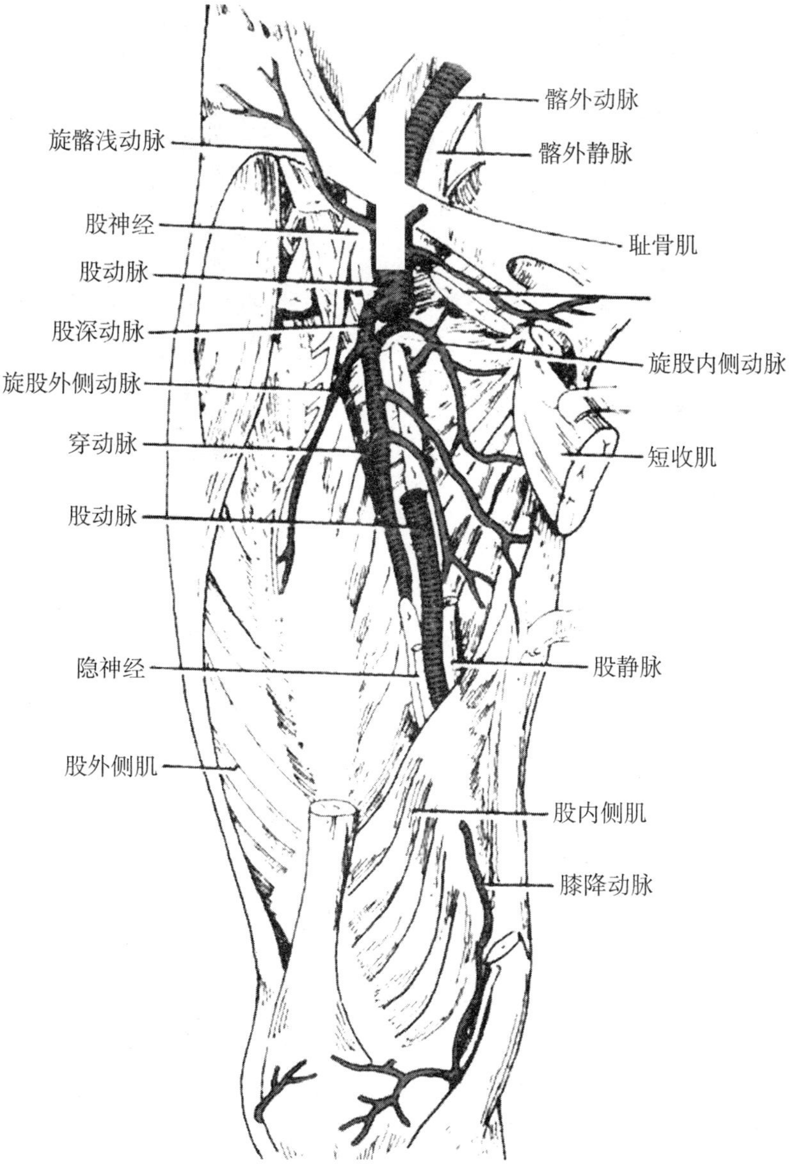

图 7-1-19 股动脉

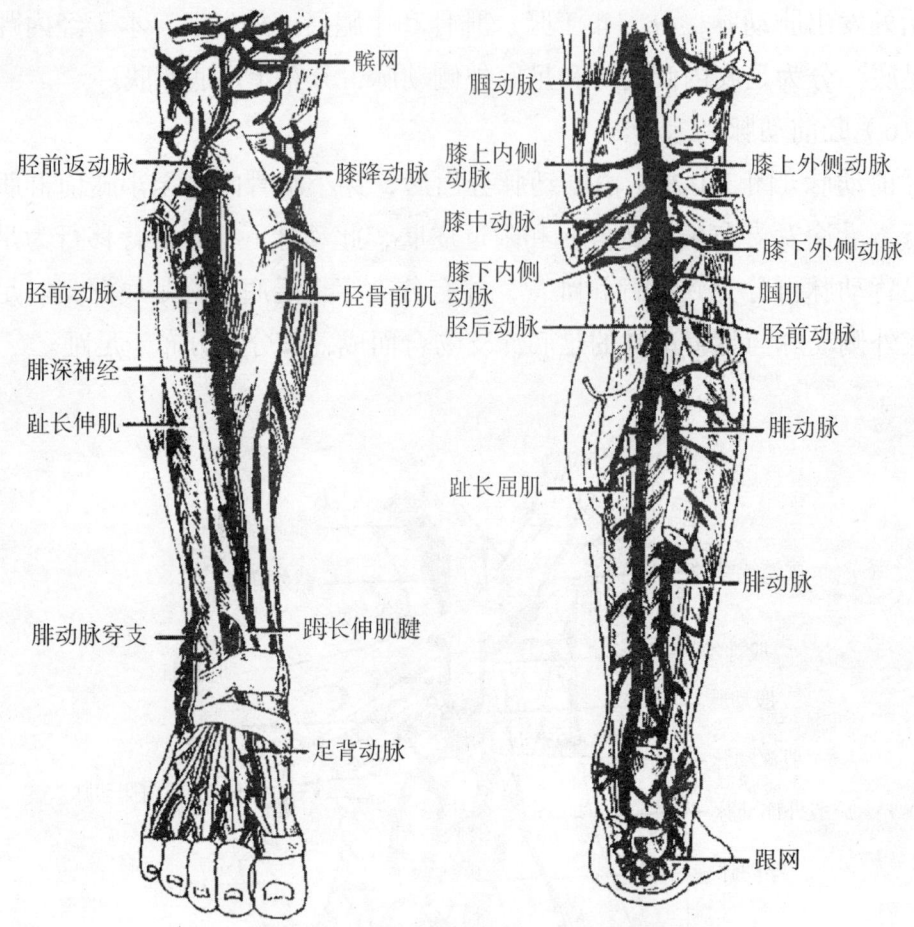

图 7-1-20 胫前动脉、胫后动脉

2. 静脉

体循环的静脉可分为上腔静脉系、下腔静脉系和心静脉系（心脏中的静脉，在以及部分）。

（1）上腔静脉系

上腔静脉系的主干是上腔静脉，它借各级属支收集头、颈、上肢、胸壁和部分胸腔器官回流的血液。

1）上腔静脉：由左、右头臂静脉在右侧第 1 肋软骨与胸骨结合处的后方汇合而成，在升主动脉右侧垂直下行，注入右心房。入心前尚有奇静脉注入。

2）头臂静脉：又称无名静脉。左、右各一，由同侧的颈内静脉和锁骨下静脉，在胸锁关节后方汇合而成。汇合处的夹角称静脉角。头臂静脉除收集颈内静脉和锁骨下静脉的血液外，还收纳甲状腺下静脉、椎静脉、胸廓内静脉等。

①颈内静脉为颈部最大的静脉干。与颈内动脉和颈总动脉同行。收集颅内和大部分颅外的静脉血。至胸锁关节后方与锁骨下静脉汇合成头臂静脉。

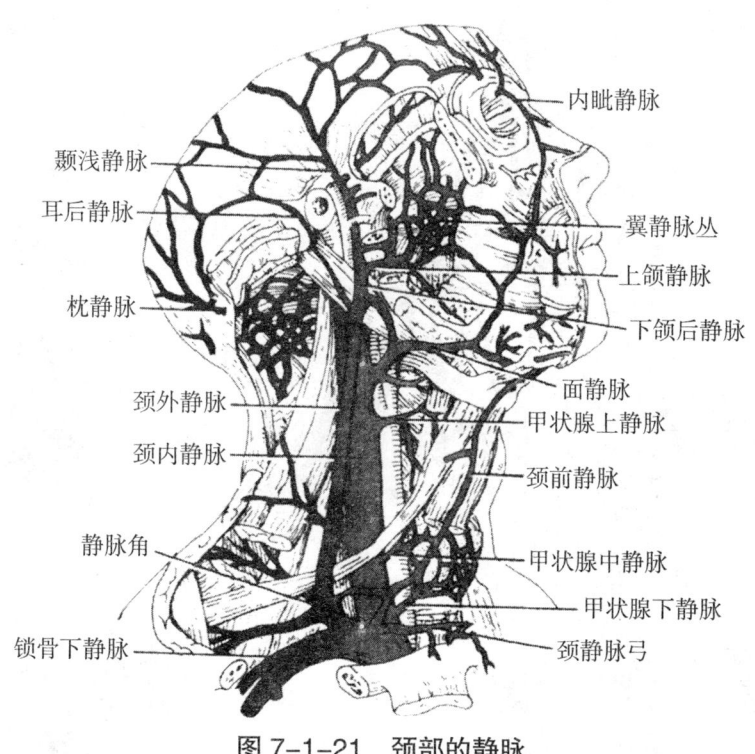

图 7-1-21 颈部的静脉

②颈外静脉是颈部最大的浅静脉，由下颌后静脉的后支，耳后静脉和枕静脉汇合而成。沿胸锁乳突肌表面下行至其下端后方穿颈深筋膜注入锁骨下静脉，颈外静脉位置表浅，在皮下可见到，临床儿科作为注射、输液、抽血的部位。

③锁骨下静脉：是腋静脉的延续，伴同名动脉走行，在胸锁关节后方与颈内静脉汇合成头臂静脉，锁骨下静脉壁与颈部筋膜以及第1肋骨膜紧密结合，位置恒定，利于静脉穿刺、输液和心血管造影等。

3）上肢的静脉

①上肢的深静脉：从手指到腋窝，各段静脉与同名动脉相伴，收集同名动脉分布区域回流的血液。

②上肢的浅静脉：起自手指的指背静脉，在手背部形成手背静脉网（图7-1-22）。

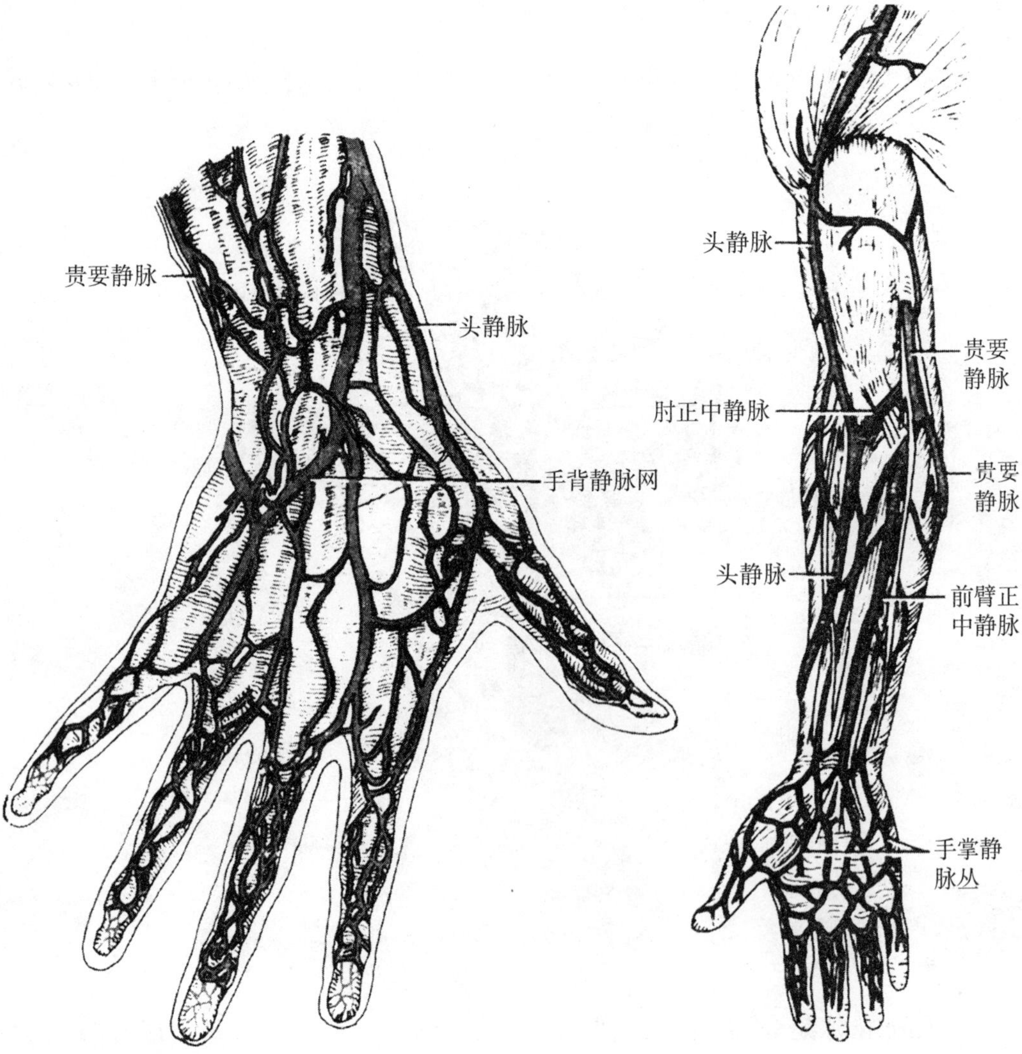

实用正常人体学

图 7-1-22　上肢的浅静脉

③头静脉：起自手背静脉网的桡侧，沿前臂桡侧上行至肘窝处，借肘正中静脉与贵要静脉相交通，本干沿肱二头肌外侧缘上升，经三角胸肌间沟，穿深筋膜注入腋静脉或锁骨下静脉。

④贵要静脉：起自手背静脉网的尺侧，沿前臂尺侧上行，至肘窝处接受肘正中静脉后，继续在肱二头肌内侧缘上升，至臂中点稍下方，穿深筋膜注入肱静脉，或与肱静脉汇合成腋静脉。由于贵要静脉较粗，其注入处与肱静脉方向一致，位置表浅恒定，临床常用此静脉进行插管。

⑤肘正中静脉：斜位于肘窝皮下，连接头静脉和贵要静脉，变异较多，是临床注射、输液或抽血的部位。

204

4）胸部的静脉：胸部静脉的主干为奇静脉，收集胸壁、食管和支气管的静脉血。向上注入上腔静脉。

（2）下腔静脉系

下腔静脉系由下腔静脉及其各级属支组成，收集膈以下下半身的静脉血，最后注入右心房。

1）下腔静脉：是体内最大的静脉干。由左、右髂总静脉汇合而成，沿脊柱前方、腹主动脉右侧上行，穿膈的腔静脉孔入胸腔，注入右心房。

2）髂总静脉：在骶髂关节前方，由髂内静脉和髂外静脉汇合而成。与同名动脉相伴行。

3）下肢的静脉

①下肢的深静脉：从足底至股部，各段深静脉均与同名动脉相伴，收集同名动脉分布区域回流的血液。

②下肢的浅静脉：起自趾背静脉，在跖骨远端皮下形成足背静脉弓，弓的内、外侧缘分别上行续于大隐静脉和小隐静脉。

大隐静脉（图7-1-23）：起自足背静脉弓内侧，经内踝前方，沿小腿内侧及大腿前内侧上升，于耻骨结节下外方3～4厘米处，穿隐静脉裂孔注入股静脉。大隐静脉经内踝前方位置表浅，临床常在此作静脉切开或穿刺。大隐静脉是下肢静脉曲张的好发部位。

小隐静脉（图7-1-23）：起自足背静脉弓外侧，经外踝后方，沿小腿后面中央上升，至腘窝处穿深筋膜注入腘静脉。小隐静脉亦是下肢静脉曲张的好发部位。

4）肝门静脉：肝门静脉为一短粗的静脉干，由肠系膜上静脉和脾静脉汇合而成（图7-1-24）。肠系膜下静脉常注入脾静脉。肝门静脉向上经肝门分为左、右两支入肝。肝门静脉收集腹腔内不成对脏器（除肝外）的静脉血。

肝门静脉的主要属支有脾静脉、肠系膜上静脉、肠系膜下静脉、胃左静脉和附脐静脉等。

肝门静脉借其属支可与上、下腔静脉系属支之间有丰富的吻合，其中最具有临床意义的有三处。一是食管静脉丛：位于食管壁内及食管的周围，构成肝门静脉系与上腔静脉系之间的吻合。二是直肠静脉丛：位于直肠和肛管的壁内及其周围，构成肝门静脉系与下腔静脉系之间的吻合。三是脐周静脉丛：位于脐周围的皮下组织内，构成肝门静脉系与上、下腔静脉系之间的吻合。

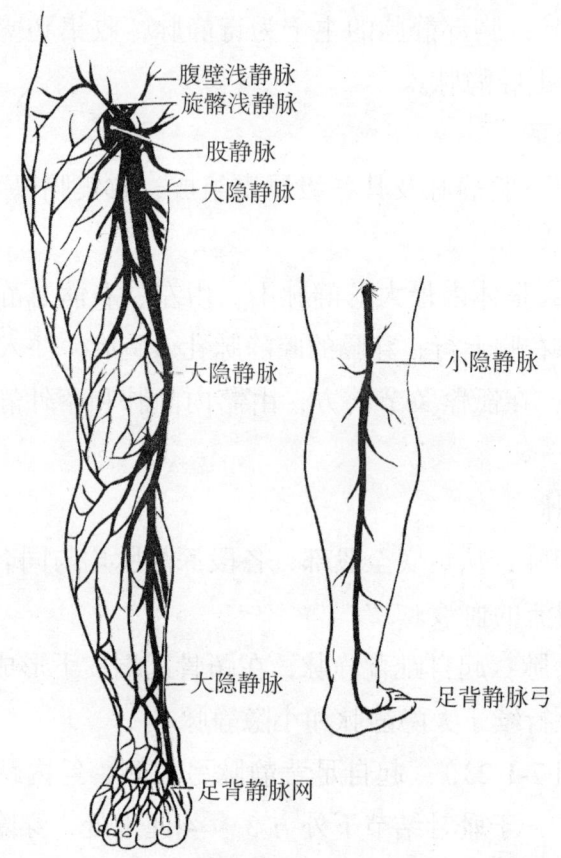

图 7-1-23 下肢的浅静脉

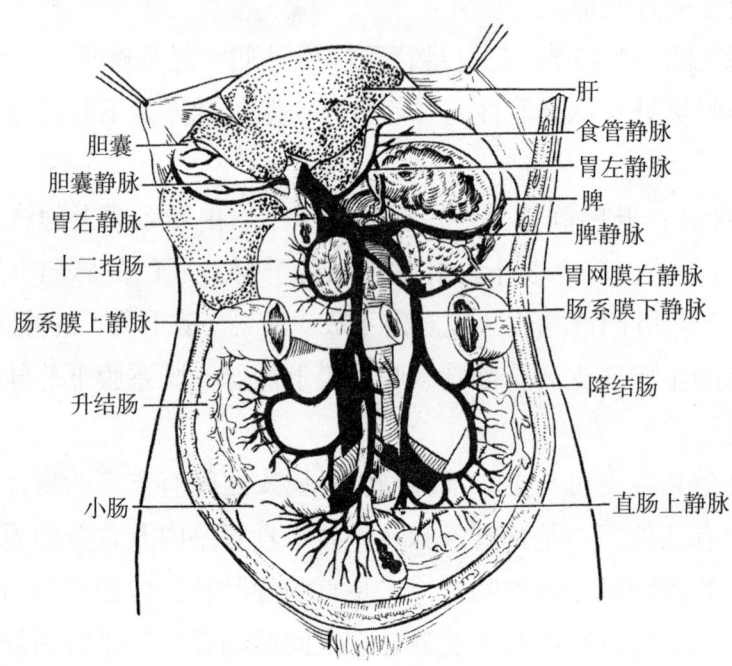

图 7-1-24 肝门静脉

正常情况，各吻合支内血流量较小。当门静脉血液回流受阻时（如肝硬化所引起的门脉高压），血液可通过上述途径构成侧支循环，经上下腔静脉回流入心。在这种情况下，吻合支可逐渐扩大，引起食管静脉丛、直肠静脉丛和脐周静脉丛的静脉曲张，如食管、直肠等处曲张的静脉破裂，则会出现呕血和便血。

（六）血管的功能

血管具有参与形成和维持动脉血压，输送血液和分配器官血流量，以及实现血液与组织细胞之间的物质交换功能。

1. 动脉血压

（1）动脉血压的概念及正常值

动脉血压的概念及正常值：血液对动脉管壁的侧压力，称为动脉血压。通常所说的血压是指动脉血压。心缩期动脉血压升高到最高值，称为收缩压；心舒期动脉血压下降到最低值，称为舒张压。收缩压与舒张压之差，称为脉搏压或脉压。脉压反映动脉血压波动的幅度。在整个心动周期中，动脉血压的平均值称为平均动脉压。约等于舒张压加 1/3 脉压（图 7-1-25）。

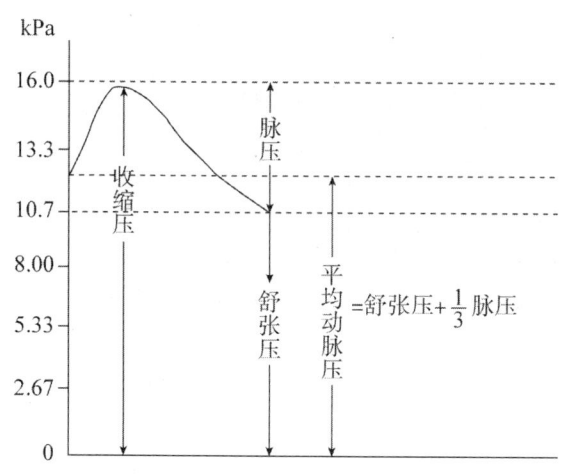

图 7-1-25　收缩压、舒张压和平均动脉压示意图

我国成人在安静时收缩压为 90～130 毫米汞柱（1 毫米汞柱 = 0.133kPa），舒张压为 60～90 毫米汞柱，脉压为 30～40 毫米汞柱。临床上动脉血压的习惯记录方式是"收缩压/舒张压"。正常人的动脉血压存在年龄、性别差异。一般随年龄增大而逐渐升高，收缩压比舒张压升高显著，男

性比女性略高（见表7-1-1）。安静时动脉血压相对稳定，体力劳动或情绪激动时，血压可暂时升高。

（2）动脉血压相对稳定的生理意义

动脉血压相对稳定的生理意义：一定高度的平均动脉压是推动血液循环和保持各器官有足够血流量的必要条件。动脉血压过低，血液的供应不能满足各器官的需要，尤其是心、脑、肾等重要器官可因缺血、缺氧造成严重后果；动脉血压过高，心室肌的后负荷增大，久之可导致心室扩大，甚至心力衰竭。此外，血压过高血管壁容易损伤，如脑血管受损可造成脑出血。

表7-1-1 我国人动脉血压平均值 [kPa（mmHg）]
（据对上海10万余人调查统计）

年龄（岁）	男性		女性	
	收缩压	舒张压	收缩压	舒张压
11～15	15.2（114）	9.6（72）	14.5（109）	9.3（70）
16～20	15.3（115）	9.7（73）	14.7（110）	9.3（70）
21～25	15.3（115）	9.7（73）	14.8（111）	9.5（71）
26～30	15.3（115）	10.0（75）	14.9（112）	9.7（73）
31～35	15.6（117）	10.1（76）	15.2（114）	9.9（74）
36～40	16.0（120）	10.7（80）	15.5（116）	10.3（77）
41～45	16.5（124）	10.8（81）	16.3（122）	10.4（78）
46～50	17.1（128）	10.9（82）	17.1（128）	10.5（79）
51～55	17.9（134）	11.2（84）	17.9（134）	10.7（80）
56～60	18.3（137）	11.2（84）	18.5（139）	10.9（82）
61～65	19.7（148）	11.5（86）	19.3（145）	11.1（83）

（3）动脉血压的形成

在封闭的心血管系统中充盈足够的血量是形成血压的前提。动脉内充盈的血量增多，则动脉血压升高，反之则降低。心室收缩时射出的血液，由于外周阻力的存在，只有小部分（约1/3）流至外周，大部分（约2/3）暂时储存在大动脉内，因此收缩期动脉血压升高；但由于大动脉管壁的弹性扩张，收缩压不致过高。心室舒张时射血停止，动脉血压下降，同时大动脉管壁弹性回缩，继续推动血液向外周流动。由于大动脉管壁的弹性回位和外周阻力的存在，使大动脉内仍充盈一定量的血液，因此舒张压仍能保持一定高度（图 7-1-26）。

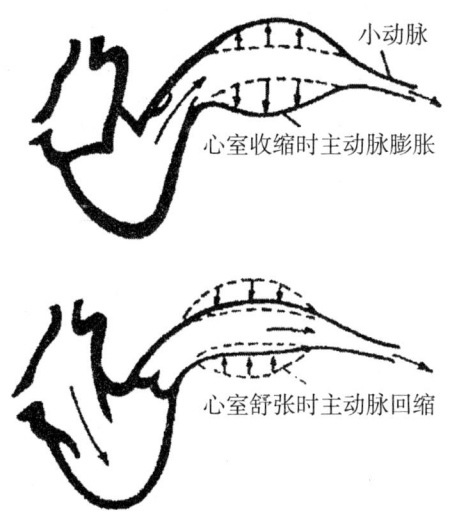

图 7-1-26　动脉血压形成示意图（主要显示大动脉弹性作用）

简言之，动脉血压形成的前提是足够的血量充盈心血管系统；心脏射血和外周阻力是形成血压的两个根本因素；大动脉管壁的弹性能缓冲收缩压、维持舒张压以及保持血液的连续流动。

（4）影响动脉血压的因素

凡能影响上述动脉血压形成的因素，均可影响动脉血压：

1）搏出量：当搏出量增加时，收缩压明显升高，舒张压升高较少，故脉压增大。这是因为收缩压增高可使血流速度加快，到舒张期末，动脉中存留的血液量与搏出量增加之前相比较，增加不多，故舒张压升高不明显。如搏出量减少，则主要使收缩压降低，脉压减小。因此，收缩压主要反映搏出量多少。

2）心率：若其他因素不变，心率加快时，心舒期缩短，在该期内通过小动脉流出的血液较少，因而心舒期末存留在大动脉内的血液量就较多，以致舒张压明显升高，脉压减小。如心率减慢，舒张压明显降低，则脉压增大。

3）外周阻力：若其他因素不变，外周阻力增加时，舒张压明显升高，收缩压升高较少，故脉压减小。这是因为外周阻力增大，使流至外周的血液减少，而心舒期末存留在动脉中的血量增加，故舒张压明显升高。外周阻力减小时，舒张压明显降低，脉压增大。因此，舒张压的高低主要反映外周阻力的大小。外周阻力过高是高血压的主要因素。

4）循环血量与血管容量：正常机体的循环血量与血管容量相适应，使血管内血液保持一定的充盈度，而显示一定的血压。如果大失血造成循环血量迅速减少，而血管容量未能相应减小，可导致动脉血压急剧下降，甚至危及生命。故对大失血患者的急救措施主要是补充血量。若血管容量增大而血量不变，例如药物过敏或细菌毒素的作用，使全身小血管扩张，血管内血液充盈度降低，血压则急剧下降。对这种病人的急救措施主要是应用血管收缩药物，使小血管收缩，容积减小，血压回升。

5）大动脉管壁的弹性：大动脉管壁的弹性具有缓冲血压、减小脉压的作用，老年人血管硬化时，大动脉管壁弹性减退，对血压的缓冲作用减弱，故使收缩压升高，舒张压降低，脉压增大。但由于老年人小动脉常同时硬化，以致外周阻力增大，因而舒张压也常常升高。

在完整机体内，动脉血压的变化是多种因素相互作用的结果，因此，分析动脉血压变化的因素时，应根据不同情况作综合考虑。影响动脉血压的基本因素及相互关系归纳如下：

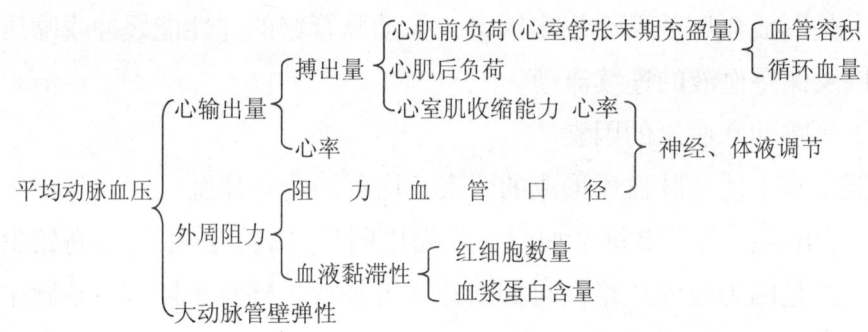

2. 微循环

微循环是指微动脉与微静脉之间的血液循环。它是实现血液和组织液之间物质交换的重要部位。

（1）微循环的组成

典型的微循环由微动脉、后微动脉、毛细血管前括约肌、真毛细血管网、通血毛细血管、动静—脉吻合支和微静脉七个部分组成（图7-1-27）。

（2）微循环的三条通路及功能

1）迂回通路：血液经微动脉、后微动脉、毛细血管前括约肌，进入真毛细血管网，最后汇入微静脉，称迂回通路。此通路穿行于组织细胞之间。其特点是：迂回曲折，血流缓慢，管壁薄、数量多、通透性大等。所以，此通路是血液和组织液进行物质交换的主要场所，又称营养通路。

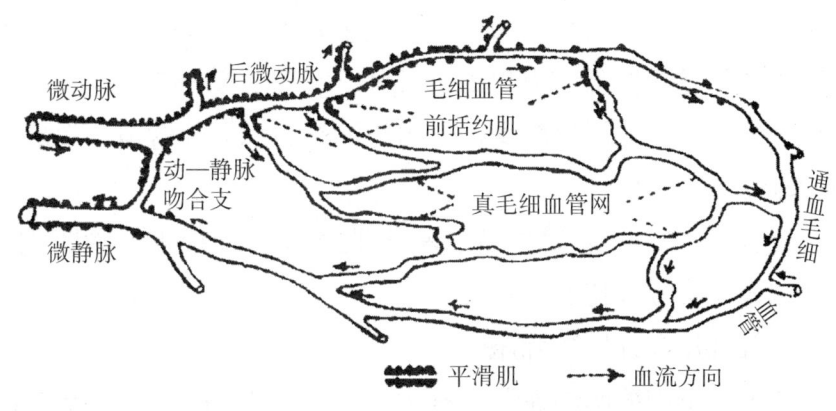

图 7-1-27 肌肉内的微循环

2）直捷通路：血液从微动脉经后微动脉进入通血毛细血管，最后进入微静脉，称直捷通路。此通路特点是：直而短，血流速度快，安静时经常开放。主要功能是使部分血液迅速通过微循环返回静脉，以保证回心血量。

3）动—静脉短路：血液从微动脉经动静脉吻合支直接进入微静脉，称动—静脉短路。此通路特点是：路径最短，血流速度更快，故无物质交换功能，又称非营养通路。此通路多分布于皮肤中，开放时，皮肤血流量增多，有利于散热，有调节体温的作用。

三种微循环血流通路的特点及生理意义比较（见表 7-1-2）。

表 7-1-2 三种微循环血流通路的血流特点及生理意义

血流通路	血流特点	生理意义
迂回通路	真毛细血管数量多，交替开放，管壁薄，血流缓慢	物质交换的主要场所
直捷通路	通毛细血管经常开放，血流速度较快	保证血流迅速回流
动—静脉短路	动—静脉吻合支管壁厚，平时关闭，无血流通过	有调节体温作用

3. 组织液更新

（1）组织液的生成和回流

血液与组织细胞之间的物质交换必须通过组织液。组织液不断生成，又不停地回流入血液。因此，组织液得以更新，保持内环境的稳态。

组织液是血浆从毛细血管滤出而形成的。毛细血管壁的通透性是组织液生成的结构基础，血浆中除大分子蛋白质外，其余成分都可通过毛细血管壁滤出。

（2）影响组织液循环的因素

正常组织液的生成量和回流量经常保持着动态平衡。任何使毛细血管血压升高、血浆胶体渗透压降低、淋巴回流障碍、毛细血管通透性增高等因素，都可导致组织液生成增多或回流减少，使组织液在组织间隙游留，形成水肿。

4. 静脉血压与血流

静脉与动脉相比，具有管壁薄、平滑肌和弹力纤维少、管腔大、贮血量多、血压低和血流缓慢等特点。

（1）中心静脉压和外周静脉压

右心房或上、下腔静脉的血压，称为中心静脉压；各器官或肢体的静脉压，称为外周静脉压。中心静脉压正常范围为 0.39～1.18kPa（4～12cmH_2O）。

中心静脉压的高低取决于心室射血能力和静脉回流量两个因素。如果心室射血能力强，能及时将回流入心脏的血液射入动脉，则中心静脉压就较低；反之，中心静脉压则较高。另一方面，若静脉回流量增加，中心静脉压就较高；反之，中心静脉压则较低。故中心静脉压的测定，有助于对病人心功能状况的判断，以及为临床控制补液量和补液速度做参考。

（2）影响静脉血回流的因素

静脉血的回流取决于外周静脉压和中心静脉压之间的压差。但这个压差较小，极易受以下因素影响。

1）心肌收缩力：心肌收缩力量愈强，心室射血量愈多，心舒期室内压愈低，对心房及腔静脉内血液抽吸力量就愈大，使中心静脉压愈低，静脉回流量愈多；相反，在右心衰竭时，心室收缩力量减弱，射血量减少，使心舒期室内压升高，右心房和腔静脉内血液淤积，中心静脉压升高，静脉回流减少。患者可出现颈外静脉怒张、肝充血肿大、下肢水肿等体征。如左心衰竭时，则可因肺静脉血回流受阻，造成肺淤血和肺水肿。

2）体位改变：平卧位时，全身静脉与心脏基本处于同一水平，血液重力对静脉回心量影响不大。当身体由卧位突然起立时，由于重力作用，身体下垂部分静脉扩张，容量增加，约可多容纳500毫升血液，因而回心血量减少，导致心输出量减少和动脉血压降低，引起脑、视网膜一时供血不足，出现短暂的头晕、眼前发黑现象。体弱多病、长期卧床的人，这种现象更容易发生。

3）骨骼肌的挤压作用：骨骼肌收缩时，其间的静脉受挤压，静脉血回流加速；骨骼肌舒张时静脉受挤压的作用消除，静脉压虽然降低，但由于大部分静脉内有静脉瓣，使静脉血不能倒流。因此，骨骼肌的收缩对下肢静脉血流起着"泵"的抽吸作用。

4）呼吸运动：吸气时胸膜腔内负压值增大，便胸腔内大静脉和心房被动扩张，容积增大，因而中心静脉压降低，从而加速静脉回流；呼气时则相反，使静脉回流减少。

5. 冠脉循环特点

心肌的血液供给来自冠脉循环。由于心壁血管的形态特点及心脏生理功能的需要，故冠脉循环有其本身的血流特点。

（1）血压高、血流量大：冠脉循环起始于主动脉根部，最后注入右心房，其循环途径短，故血压高，血流量大。正常安静状态下，冠脉血流量约为225毫升/分钟，占心输出量的4%~5%。当心肌活动加强时，冠脉血流可增加4~5倍。这一特点可适应心脏工作量大、耗氧量多的需要。

（2）心肌对缺血、缺氧敏感：心肌毛细血管与心肌纤维平行排列，两者数量大致相等。如心肌纤维发生代偿性肥大时，毛细血管数量不能相应增加，故肥大的心肌容易发生缺血、缺氧。冠状动脉粥样硬化或痉挛时，使心肌供血不足，引发心绞痛。

第二节　血　液

一、血液的组成和理化特性

（一）血液的组成和血细胞比容

1. 血液的基本组成

血液由血细胞和血浆组成。血细胞是血液中的有形成分，包括红细胞、白细胞和血小板。血浆是血液中无一定形态的液体部分，它含有大量的水和多种化学物质，如蛋白质、无机盐、非蛋白质有机物等。

2. 血细胞比容

将抽出的血液经抗凝、离心处理后，可见上层淡黄色透明液体为血浆，占

55%；下层暗红色的为红细胞，占44%；两层之间乳白色的为白细胞和血小板，占1%。血细胞在全血中所占的容积百分比，称血细胞比容。成年男性血细胞比容为40%～50%，女性为38%～48%。当红细胞数量或血浆容量发生改变时，血细胞比容也受到影响。如某些贫血患者，血细胞比容减少；严重脱水的病人，血细胞比容会增大。

（二）血液的理化特性

1. 颜色

血液因红细胞内含血红蛋白呈红色。动脉血中的血红蛋白含氧量丰富，呈鲜红色；静脉血中的血红蛋白含氧量较少，呈暗红色。血浆因含微量的胆色素，所以呈淡黄色。

2. 比重

正常全血的比重为1.050～1.060，血浆的比重为1.025～1.030，血液比重的大小与红细胞数量和血浆蛋白含量成正比。

3. 黏滞性

黏滞性来源于液体分子内部和颗粒分子之间的摩擦力。血液黏滞性是水的4～5倍。

4. 酸碱度

血液呈弱碱性。正常人血浆的pH值为7.35～7.45，保持动态平衡。

二、血浆

（一）血浆的成分及其作用

血浆是机体内环境的重要组成部分，是血细胞的细胞外液。

1. 水

血浆中水分占90%～92%。水是营养物质、代谢产物运输的载体，水还能运输热量，参与体温调节。

2. 血浆蛋白

血浆蛋白是血浆中各种蛋白的总称。主要有白蛋白、球蛋白和纤维蛋白原。其总量为60～80克/升。白蛋白分子量小而数量多，对于保持机体水平衡等起重要作用；球蛋白主要发挥免疫、防御作用，两者都与物质运输有关；

而纤维蛋白原分子量最大，数量最少，主要功能是参与血液凝固。

3. 无机盐

血浆中无机盐占血浆总量的 0.9%，主要以离子形式存在。其中阳离子有 Na^+、K^+、Ca^{2+}、Mg^{2+} 等；阴离子有 Cl^-、HCO_3^-、HPO_4^{2-}、SO_4^{2-} 等。无机盐的主要作用是维持酸碱平衡和神经肌肉的兴奋性。

4. 非蛋白含氮化合物

非蛋白含氮化合物是指血浆中除蛋白质以外的含氮化合物的总称。包括尿素、尿酸、肌酸、氨基酸、氨、胆红素等。临床上把这些物质中所含的氮称非蛋白氮（NPN）。正常成人血液中 NPN 含量为 14～25mmol/L（20～35mg/dl），其中 1/3～1/2 为尿素氮，这些蛋白质和核酸的代谢产物，主要经肾脏排出体外。所以测定血中 NPN 的含量，有助于了解体内蛋白质的代谢情况和肾的功能。

5. 其他成分

血浆中还含有葡萄糖、多种脂类（如甘油三酯、胆固醇、磷脂）、酮体、乳酸等。此外尚有酶、激素、维生素、氧和二氧化碳等。

（二）血浆渗透压

1. 渗透压的概念

渗透压是溶液本身的一种特性。当用半透膜隔开两种不同浓度的溶液时，则水分子从浓度低的一侧通过半透膜向浓度高的一侧扩散，此现象称渗透现象。产生这种渗透作用的力称渗透压，即指溶液中的溶质吸引水分子的力量。溶液渗透压的大小与单位溶液中所含溶质的颗粒数成正比，溶质颗粒数愈多，渗透压愈高。

2. 血浆渗透压的组成及数值

正常情况下，血浆渗透压与组织液渗透压基本相等，相当于 7.6 个大气压，约为 770kPa（5800mmHg）。血浆渗透压由两部分组成：晶体渗透压和胶体渗透压。

（1）晶体渗透压

晶体渗透压：由血浆中的小分子晶体物质形成，以 Na^+ 和 Cl^- 为主。约占血浆渗透压的 96%（约 705.8kPa）。

（2）胶体渗透压

胶体渗透压：由血浆蛋白质形成，以白蛋白为主，约 3.3kPa（25mmHg）。因此，血浆渗透压主要是晶体渗透压。5%的葡萄糖溶液和0.9%的NaCl溶液与血浆渗透压相近，故称为等渗溶液。

3.血浆渗透压的生理意义

血浆渗透压具有吸取水分透过生物半透膜的力量。

（1）血浆晶体渗透压的作用

正常时血浆晶体渗透压和血细胞内的晶体渗透压均保持相对稳定，细胞内、外水分相对平衡，血细胞膜允许水分子通过，其他溶质不易通过。若血浆晶体渗透压升高时，血细胞内的水分子外移，可使血细胞发生皱缩；相反，使其发生膨胀、破裂，最终导致溶血。因此，血浆晶体渗透压保持相对稳定，对于血细胞内、外水分的正常分布，保持血细胞的形态、功能具有重要意义。

（2）血浆胶体渗透压的作用

毛细血管壁的通透性较大，除水分子可自由通透外，小分子物质也可通过。如果血浆或组织液的晶体渗透压发生改变时，两者会很快得到平衡，因而对血管内、外水分的分布并无明显影响。由于血浆蛋白质大多不能透过毛细血管壁，故血浆胶体渗透压虽小，但它的变化却能明显影响水分子在血浆和组织液之间的移动。如果血浆蛋白质含量过少，引起血浆胶体渗透压降低时，会使血浆中的水分向组织液转移，导致组织水肿。当血浆胶体渗透压升高时，组织液的水分向血浆中转移，以维持血容量，最终引起组织脱水。因此，血浆胶体渗透压的稳定对于维持毛细血管内外水分的正常分布，维持正常血容量具有重要意义。

4.血浆酸碱度

正常人血浆的pH值为7.35～7.45。这需要血浆中各种缓冲物质来维持。血浆中的主要缓冲对是$NaHCO_3/H_2CO_3$，其比值为20∶1，pH值的正常对于维持机体正常代谢和功能活动十分重要。如血浆pH值低于7.35时，为酸中毒；高于7.45时，则为碱中毒。

三、血细胞

（一）红细胞

1.红细胞数量和血红蛋白含量

血细胞中数量最多的是红细胞，正常男性红细胞数为$(4.0～5.5)×10^{12}$/升（即400万～550万/立方毫米），女性为$(3.5～5.0)×10^{12}$/升（即350万～500

万/立方毫米)。红细胞内血红蛋白的含量,正常成年男性为120～160克/升(即12～16克/分升),女性为110～140克/升(即11～14克/分升)。外周血液中红细胞数或血红蛋白含量低于最低正常值,称为贫血。

2. 红细胞的形态和生理功能

(1)形态

正常红细胞直径平均为8μm,周边厚、中央薄,呈双凹圆碟形。这种形态特点的生理意义在于:一是使红细胞的可塑性增大,在通过管径微小的毛细血管时,能发生变形而挤过去,然后又恢复原状;二是可使红细胞表面积增大,扩大与血浆的接触面积,提高气体交换效率。

(2)生理功能

红细胞的主要功能是运输氧和二氧化碳,对血液的酸碱度变化起缓冲作用。这两种生理功能都是依赖红细胞内的血红蛋白来完成;此外,血红蛋白中的Fe^{2+}亦可与一氧化碳结合,形成一氧化碳血红蛋白,其结合能力较与氧的结合能力大210倍。因此,血红蛋白一旦与一氧化碳结合就失去了与氧结合的能力,从而造成组织缺氧,这也就是煤气中毒的原因。

3. 红细胞的生理特性

(1)红细胞膜的渗透脆性

红细胞膜的渗透脆性是指红细胞膜对低渗溶液的抵抗力。抵抗力大的脆性小,反之则脆性大。正常情况下,红细胞在0.7%NaCl溶液中,水分渗入使红细胞膨胀成球形,但并不破裂,说明红细胞膜对低渗溶液具有一定的抵抗力。红细胞在0.45%NaCl溶液中,部分红细胞开始破裂,出现溶血;在0.35%NaCl溶液中,全部红细胞破裂溶血。某些疾病可增多或减少红细胞膜的脆性。

(2)红细胞的悬浮稳定性

红细胞的悬浮稳定性是指红细胞能比较稳定地悬浮于血浆中,而不易下沉的特性叫做红细胞的悬浮稳定性。临床上,常用血沉的快慢来衡量其悬浮稳定性。所谓血沉是指1小时末红细胞沉降的距离。其正常值成年男性为0～15毫米/小时,女性为0～20毫米/小时。在月经期、妊娠或患某些疾病,如活动性肺结核、风湿热等时,血沉加快。其原因是由于红细胞叠连增多所致。

4. 红细胞的生成与破坏

(1)红细胞生成需要具备的条件

1)红骨髓的正常造血功能:成人红细胞是在红骨髓内生成。由造血干细胞增殖分化逐渐成熟。红细胞在发育成熟过程中的特点是：细胞体积逐渐由大变小；细胞核亦由大变小，直到消失；细胞质内血红蛋白从无到有，逐渐增多。

2）足够的造血原料：蛋白质和铁是血红蛋白的基本组成成分，通常饮食中的蛋白质供应量能满足需要。

3）必要的红细胞成熟因子：在红细胞的发育过程中，维生素 B_{12} 和叶酸与 DNA 的合成有关。一旦缺乏，DNA 合成障碍，就会使红细胞发育停滞，引起巨幼红细胞性贫血。

（2）红细胞的破坏

红细胞的平均寿命为 120 天。成熟的红细胞无核，不能合成新的蛋白质，无法更新、修补自身结构。当红细胞衰老时，其变形能力减弱而脆性增加，细胞内酶异常，能量缺乏，红细胞易发生破坏。衰老的红细胞主要在脾、肝等处被巨噬细胞所吞噬。

（二）白细胞

白细胞是一类无色有核的血细胞。在安静状态下，正常成人血中白细胞总数为（4.0～10.0）$\times 10^9$/升，其中中性粒细胞约占 60%，淋巴细胞占 30%，单核细胞约占 6%，嗜酸性粒细胞约占 3%，嗜碱性粒细胞约占 1%。白细胞总数的生理变动范围较大，如饭后、剧烈运动后、妊娠末期等，白细胞总数均可增加。新生儿血液中的白细胞总数可达 20.0×10^9/升。各类白细胞均参与机体的防御，但不同的白细胞又各自有其特点。

1. 中性粒细胞

中性粒细胞具有非特异吞噬能力。中性粒细胞的主要功能是：一是吞噬外来微生物；二是吞噬机体自身的坏死组织和衰老的红细胞。当细菌入侵或局部炎症时，中性粒细胞可从毛细血管渗出，聚集在病灶处，将其吞噬并消化分解。患急性化脓性炎症时，血中白细胞总数增多，中性粒细胞百分率增高。

2. 单核细胞

单核细胞具有非特异吞噬能力。在血液中的吞噬能力较弱，当它离开血管进入组织转变成巨噬细胞后，吞噬能力大为增强。单核巨噬细胞的主要功能是：一是吞噬较大的颗粒；二是参与免疫反应。经单核巨噬细胞摄取处理的抗原，其抗原性增强，能激活淋巴细胞的特异性免疫功能。

3.嗜碱性粒细胞

嗜碱性粒细胞能释放肝素、组织胺、过敏性慢反应物质等。主要功能是：一是肝素具有抗凝血作用；二是组织胺和过敏性慢反应物质可引起过敏反应。使支气管平滑肌收缩，毛细血管通透性增加，引起哮喘、荨麻疹等过敏症状。

4.嗜酸性粒细胞

嗜酸性粒细胞其主要作用是：一是抑制过敏反应；二是参与对蠕虫的免疫反应。

5.淋巴细胞

淋巴细胞参与机体的特异性免疫反应，是构成机体防御系统的重要组成部分。参与细胞免疫和体液免疫。

（三）血小板

1.血小板的数量和寿命

血小板由骨髓巨核细胞的胞浆凸出并逐渐脱落而生成。故血小板是无核的不规则形小体。正常成人血液中血小板数量为（100～300）×10^9/升。其平均寿命为7～14天，但只在进入血液后的前两天具有生理功能。

2.血小板的生理功能

（1）保持血管内皮的完整性

正常情况下，血小板能随时沉着于血管壁上，以填补内皮细胞脱落留下的空隙，甚至可与血管内皮细胞融合，故对保持血管内皮的完整性和对内皮细胞的修复有重要作用。当血小板减少至$50×10^9$/升以下时，毛细血管壁的脆性增加，轻微的创伤便可引起皮肤和黏膜下出血，称血小板减少性紫癜。

（2）参与生理性止血

小血管破损后血液从血管流出，正常人数分钟后出血可自行停止，此现象称为生理性止血。其机制与血小板的功能和血液凝固有关。其过程是：首先，局部发生血管收缩反应，以缩小或封闭血管伤口，减缓血流，产生暂时性的止血效应；接着，血小板黏着、聚集，形成松软的止血栓；最后，在血小板参与下促进血液凝固，并进一步使血块收缩，形成坚实的止血栓。

四、血量

血液总量占体重的 7%~8%。一个体重 60 公斤的人，其血液量约为 4200~4800 毫升。血液的绝大部分在心血管内循环流动称循环血量；还有一部分滞留于肝、肺、腹腔和皮下静脉丛内，流动缓慢，称为储存血量。储存血量的地方称储血库。当机体需要时，如剧烈运动、情绪激动或大量失血时，储血库内的血液释放出来，从而增加循环血量，以适应机体的需要。

维持血量相对恒定，对维持机体正常生理功能和内环境稳定十分重要。若血量不足就会引发器官代谢障碍和功能损害。一般成人一次失血不超过全身血量的 10%，或低于 500 毫升，没有明显症状出现，机体可以很快的补充而恢复正常。因此一个健康人一次献血 200~400 毫升，不会有任何损害。如一次失血达到了总血量的 20%，机体代偿功能不足时，就会出现血压下降、脉搏加快、四肢厥冷、眩晕、口渴、恶心、乏力等现象，甚至可昏倒。如果失血量达总血量的 30% 以上时，如不及时抢救，就会危及生命。

五、输血与血型

抽取健康人的血液输入病人体内称为输血。输血是抢救大失血或治疗其他疾病（如严重贫血或严重感染）的有效措施。但不是任何人都可相互输血的，因为血液有不同类型，必须严格地选择合适的血型。若血型不合，会发生输入的红细胞彼此凝集，引起血管阻塞和大量溶血，造成严重后果。人类血型可分为若干血型系统。其中与临床医学关系最密切的是红细胞的 ABO 血型系统。

ABO 血型系统是根据红细胞膜所含血型抗原，即凝集原的不同或有无，将血液分为四个基本类型。凡红细胞膜只含 A 凝集原的为 A 型，只含 B 凝集原的为 B 型，A、B 两种凝集原都有的为 AB 型，无 A、B 两种凝集原的为 O 型。另一方面，血清（或血浆）中还存在着与凝集原相对应的血型抗体，即凝集素，称为抗 A 凝集素或抗 B 凝集素。A 型血清中含抗 B 凝集素，B 型血清中含抗 A 凝集素，AB 型血清中无抗 A、抗 B 凝集素，O 型血清中含抗 A、抗 B 凝集素（表 7-2-1）。

表 7-2-1　ABO 血型系统中的凝集原和凝集素

血型	红细胞的凝集原	血清中的凝集素
A 型	A	抗 B
B 型	B	抗 A
AB 型	A，B	无
O 型	无	抗 A，抗 B

在输血过程中，红细胞的 A 凝集原与血清中的抗 A 凝集素相遇时，会引起凝集反应，使红细胞凝集、溶血；同样，红细胞的 B 凝集原与血清中的抗 B 凝集素相遇时，亦会引起凝集反应。由此可见，A 型与 B 型血液不能互输。临床上输血都要求输同型血液，并经交叉配血试验（图 7-2-1），主侧、次侧均不凝集者方可输血。在紧急情况下，找不到同型血液时，则可按献血者的红细胞不被受血者血清所凝集的原则，即主侧不凝集者可允许少量（一般不超过 300 毫升）缓慢地输血。由于 O 型血液的红细胞无 A、B 凝集原，在必要时可输给其他血型的受血者，而 AB 型血液的血清中无凝集素，在必要时可接受其他型血液（图 7-2-2），但必须慎重，要少量、缓慢地输入，并在输血过程中严密监视。

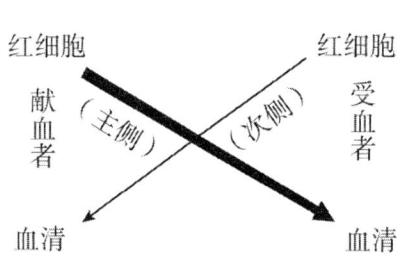
图 7-2-1　交叉配血试验示意图

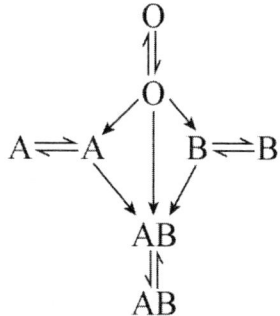
图 7-2-2　ABO 血型之间输血关系简图

在选用异型血液输血时，为什么只要求献血者输入的红细胞不被受血者的血清所凝集，而不担心献血者输入的血浆中的凝集素会使受血者体内的红细胞发生凝集？这是由于献血者输入的红细胞在受血者血液中到处会遇到足够浓度的凝集素，使之发生凝集。因此，交叉配血试验主侧凝集者绝对不许输入。而输入的血浆中所含的凝集素，则因献血者输入的血液远少于受血者体内的血液量，故输入的凝集素被受血者的血浆高度稀释，其浓度急剧下降到不致使受血者红细胞发生凝集的程度。故交叉配血试验主侧不凝集、仅次侧凝集者，可以谨慎地少量输血。

随着医学和科学技术的进步，输血疗法已经从原来的单纯输全血，发展为成分输血。成分输血就是把人血中的各种有效成分，如红细胞、白细胞、血小板和血浆分别制备成高纯度或高浓度的制品再输入。这样既能提高疗效，减少不良反应，又能节约血源。自身输血目前正在迅速发展。

为病人输血是一项非常严肃的工作，必须十分谨慎。在输血前必须做交叉配血试验，即使是同型血液也不例外。因为 ABO 血型系统中存在着亚型，如 A 型可分为 A_1、A_2 两个亚型。此外，与 ABO 血型系统同时存在的还有其他血型系统，如 Rh 血型系统等，若不加注意就可能因血型不合而发生严重反应。

第三节　淋巴系统

一、淋巴系统的组成

淋巴系统是由淋巴管道、淋巴组织和淋巴器官组成的（图7-3-1）。淋巴管道和淋巴结的淋巴窦内含有淋巴液，简称为淋巴。当血液通过毛细血管时，血液中的部分液体和一些物质，透过毛细血管壁进入组织间隙，成为组织液。细胞自组织液中直接吸收所需要的物质。同时将代谢产物又排入组织液内。组织液内这些物质的大部分又不断通过毛细血管壁，再吸收回血液；小部分则进入毛细淋巴管，成为淋巴。淋巴经淋巴管、淋巴结向心流动，最后通过左、右淋巴导管流入静脉，流回心脏。因此，淋巴系统可以看做是静脉系的辅助部分。此外，淋巴器官和淋巴组织具有产生淋巴细胞，过滤淋巴和进行免疫应答的作用。

（一）淋巴管道

1. 毛细淋巴管

毛细淋巴管以膨大的盲端起始，互相吻合成网，然后汇入淋巴管。毛细淋巴管的管壁由很薄的内皮细胞构成，细胞间的间隙较大，基膜不完整。毛细淋巴管经常处于扩张状态。所以，毛细淋巴管的通透性较大。中枢神经、上皮、角膜、软骨等处无毛细淋巴管。

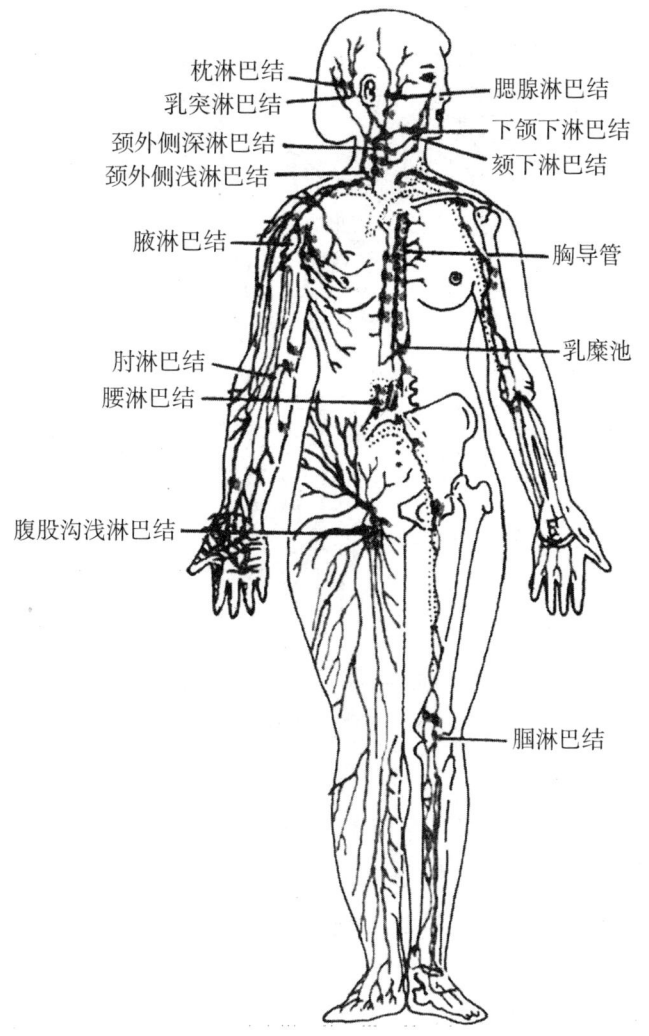

图 7-3-1 全身的淋巴管、淋巴结

2. 淋巴管

由毛细淋巴管吻合而成,管壁的结构与静脉相似。淋巴管内含有很多瓣膜,有防止淋巴逆流的作用。淋巴管分为浅淋巴管和深淋巴管两类。浅淋巴管位于浅筋膜内,与浅静脉相伴行;深淋巴管位于深筋膜深面,多与血管神经相伴。

3. 淋巴干

淋巴管注入淋巴结,由淋巴结发出的淋巴管在膈下和颈根部汇合成淋巴干(图 7-3-2)。全身的淋巴干共有 9 条:腰干、支气管纵隔干、锁骨下干、颈干各 2 条,肠干为 1 条。

4. 淋巴导管

9 条淋巴干汇合成两条淋巴导管(图 7-3-2),即胸导管和右淋巴导管,分

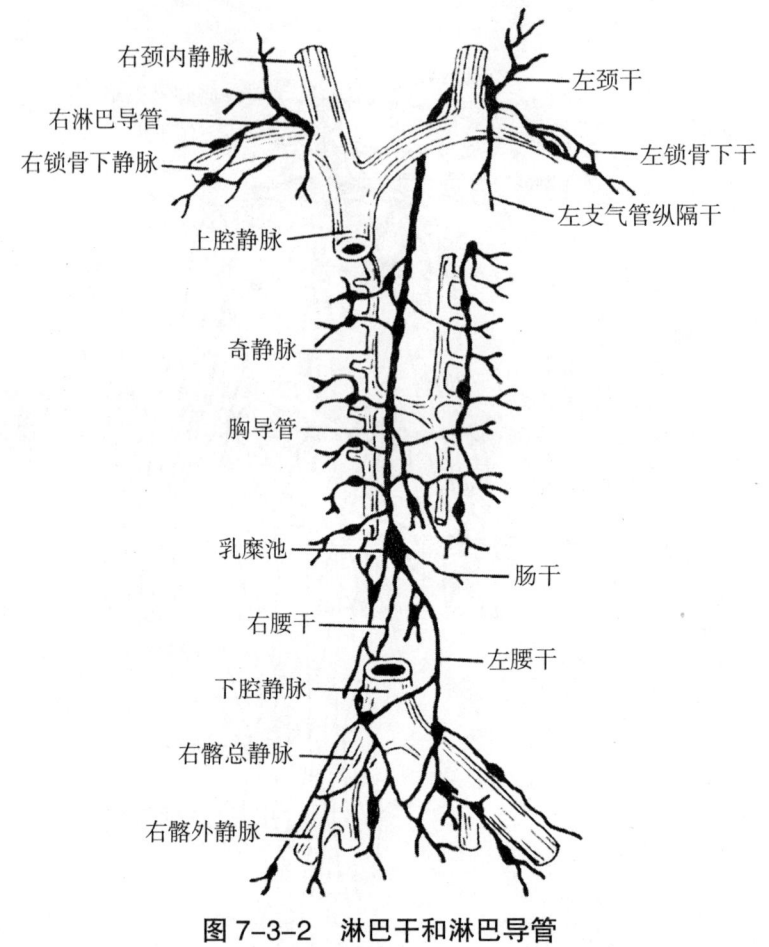

图 7-3-2 淋巴干和淋巴导管

别汇入左、右静脉角。

(1) 胸导管

胸导管是全身最大的淋巴管,在平第 12 胸椎下缘高度起自乳糜池,以主动脉裂孔进入胸腔。沿脊柱的右前方上行,至第 5 胸椎高度经食管与脊柱之间向左侧斜行,后沿脊柱左前方上行,经胸廓上口至颈部。于颈总动脉和左颈内静脉的后方转向前内下方,注入静脉角。乳糜池位于第 1 腰椎前方,呈囊状膨大,接受左、右腰干和肠干的淋巴回流液。胸导管在注入左侧静脉角处接受左颈干、左锁骨上干和左支气管纵隔干。胸导管引流下肢、盆部、腹部、左上肢、左胸部和左头颈部的淋巴液。

(2) 右淋巴导管

右淋巴导管由右颈干、右锁骨下干和右支气管纵隔干汇集而成,注入右侧静脉角。右淋巴导管引起右上肢、右胸部和右头颈部的淋巴回流液。

（二）淋巴组织

淋巴组织分为弥散淋巴组织和淋巴小结两类。除淋巴器官外，消化、呼吸、泌尿和生殖管道以及皮肤等处含有丰富的淋巴组织，起着防御的作用。

（三）淋巴器官

淋巴器官包括淋巴结、胸腺、脾和扁桃体。

淋巴结（图7-3-3）为大小不等的圆形或椭圆形灰红色小体，一侧隆凸，一侧凹陷，凹陷处中央为淋巴结门。与淋巴结凸侧相连的管道为输入淋巴管，数目多。淋巴结门有神经和血管出入，出淋巴结门的管道称为输出淋巴管。一个淋巴结的输出淋巴管成为另一淋巴结的输入淋巴管。淋巴结多成群分布，按其位置不同分为浅淋巴结和深淋巴结。浅淋巴结位于浅筋膜内，深淋巴结位于深筋膜深面。淋巴结多沿血管排列，位于关节屈侧和体腔的隐藏部位，如肘窝、腋窝、腹股沟等附近。淋巴结的作用是滤过淋巴、产生淋巴细胞和进行免疫应答。

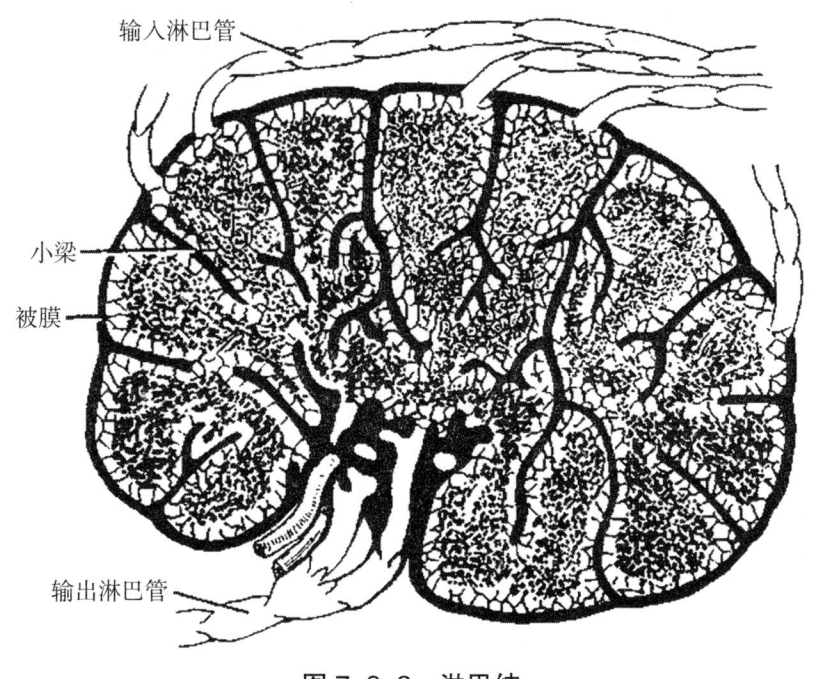

图7-3-3 淋巴结

二、人体各部的淋巴管和淋巴结

（一）头颈部淋巴管和淋巴结

1. 头部的淋巴结

头部的淋巴结多位于头颈部交界处，由后向前依次为枕淋巴结、乳突淋巴结、腮腺淋巴结、下颌下淋巴结和颏下淋巴结等，收集头面部浅层的淋巴，直接或间接汇入颈外侧淋巴结。

2. 颈部的淋巴结

颈部的淋巴结分为颈前和颈外侧两组。

（1）颈前淋巴结

颈前淋巴结收集舌骨下方及喉、甲状腺、气管等器官的淋巴管，其输出管注入颈外侧淋巴结。

（2）颈外侧淋巴结

颈外侧淋巴结分为颈外侧浅淋巴结和颈外侧深淋巴结。其中颈外侧浅淋巴结收集颈部浅层的淋巴管，其输出管注入颈外侧深淋巴结；颈外侧深淋巴结直接或通过头、颈部浅淋巴结收集头颈部、胸壁上部、乳房上部和舌、咽、腭扁桃体、喉、气管、甲状腺等器官的淋巴液，其输出管汇集成颈干。

（二）上肢的淋巴管和淋巴结

上肢的浅淋巴管较多，伴浅静脉于皮下组织中。深淋巴管与深部血管伴行。浅、深淋巴管都直接或间接注入腋淋巴结。

1. 肘淋巴结

肘淋巴结收集手和前臂尺侧半浅、深部的淋巴管，其输出管注入腋淋巴结。

2. 腋淋巴结

腋淋巴结位于腋窝内腋血管及其分支周围，分为5群。收集上肢、乳房、胸壁和腹壁上部等处的淋巴管，其输出管注入锁骨下干。

（三）胸部的淋巴管和淋巴结

胸部的淋巴管和淋巴干可分为胸壁和胸腔脏器两种。

1. 胸壁的淋巴结

收集胸壁浅、深部的淋巴管，输出管注入纵隔前、后淋巴结或参与支气管纵隔干及直接汇入胸导管。

2. 胸腔脏器的淋巴结

收集胸腺、心包、心、膈、食管、气管、支气管、肺等器官的淋巴管，其输出管有的注入支气管纵隔干，有的直接注入胸导管和右淋巴导管。

(四) 腹部的淋巴管和淋巴结

1. 腹壁的淋巴管和淋巴结

脐平面以上的腹前壁的淋巴管注入腋淋巴结，脐以下腹前壁的淋巴管注入腹股沟淋巴结。腹后壁的淋巴管注入腰淋巴结。而腰淋巴结的输出管汇合成左、右腰干。

2. 腹腔脏器的淋巴管和淋巴结

腹腔成对脏器的淋巴管直接汇入腰淋巴结，而不成对脏器的淋巴管分别注入腹腔干、肠系膜上、下动脉附近的淋巴结。

(五) 盆部的淋巴管和淋巴结

盆部的淋巴结分为髂内、髂外、骶、髂总淋巴结。收集盆部器官的淋巴管，其输出管注入髂总淋巴结，而髂总淋巴结的输出管注入左、右腰淋巴结。

(六) 下肢的淋巴管和淋巴结

下肢的淋巴管分为浅、深两种。浅淋巴管与浅静脉伴行走行于皮下组织中，深淋巴管与深部血管伴行，最后直接或间接注入腹股沟深淋巴结。

1. 腘淋巴结

腘淋巴结收集小腿后外侧浅淋巴管和足、小腿的深淋巴管，其输出管注入腹股沟深淋巴结。

2. 腹股沟浅淋巴结

腹股沟浅淋巴结收集腹前壁下部、臀部、会阴、外生殖器、下肢大部分浅淋巴管，其输出管注入腹股沟深淋巴结。

3. 腹股沟深淋巴结

腹股沟深淋巴结收集腹股沟浅淋巴结的输出管及下肢的深淋巴管，其输出管汇入髂外淋巴结。

三、淋巴循环的生理意义

组织液渗入毛细淋巴管生成淋巴液，淋巴液经淋巴系统回流入静脉。因此，淋巴循环可被视为血液循环的一个侧支，其生理意义：一是参与调节血液与组织液之间的液体平衡。二是回收蛋白质，毛细淋巴管壁比毛细血管壁的通透性大，由毛细血管壁逸出的蛋白质可随组织液透入毛细淋巴管运回血液。三是运输脂肪、脂溶性维生素，由肠管吸收的脂肪80%~90%由淋巴循环运回血液。四是参与机体的防御屏障功能，侵入机体的细菌，随淋巴液流经淋巴结时，可被吞噬细胞清除。淋巴结尚可产生淋巴细胞和浆细胞，参与免疫反应。

四、脾

脾是体内最大的淋巴器官，具有造血、滤血、清除衰老血细胞及参与免疫反应等功能。

脾（图7-3-4）位于腹腔左季肋区，胃左侧与膈之间，相当于左侧第9~11肋的深面，其长轴与第10肋一致，正常情况下在肋弓下缘不能触及。活体脾

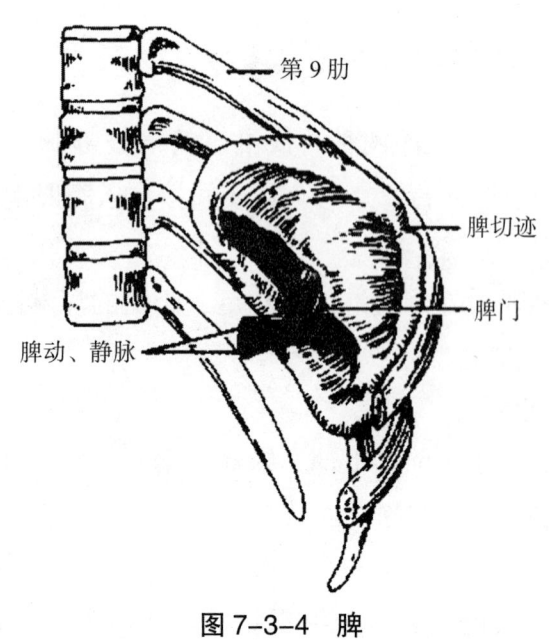

图7-3-4 脾

为暗红色，质软而脆，易因暴力打击而造成破裂。脾的表面除脾门以外均被以腹膜。

　　脾为扁椭圆形或扁三角形的实质性器官，可分为前、后两端，上、下两缘，内、外两面。脾前端较宽朝向前外；后端钝圆，朝向后内。下缘较钝向后下方；上缘锐利，朝前上方并有2～3个脾切迹，为触诊时辨认脾的标志。内面又称脏面，凹陷，其中央有脾门，是神经、血管出入脾的部位；外面又称为膈面，平滑隆凸，贴于膈下面。其中脾的脏面前上方与胃底相邻，后下与左肾和左肾上腺紧靠。

第八章 内分泌系统

　　内分泌系统是神经系统以外的重要的调节系统,与神经系统相辅相成,共同维持机体内环境的平衡与稳定,调节机体的生长发育和各种代谢活动,并调控生殖和影响行为。内分泌系统是由内分泌腺和内分泌组织组成(图 8-1)。内分泌腺在结构上与一般腺体最显著的不同是没有排泄管,其分泌的物质称为激素,直接进入血液被动送至全身,作用于特定的靶器官。内分泌组织以细胞团

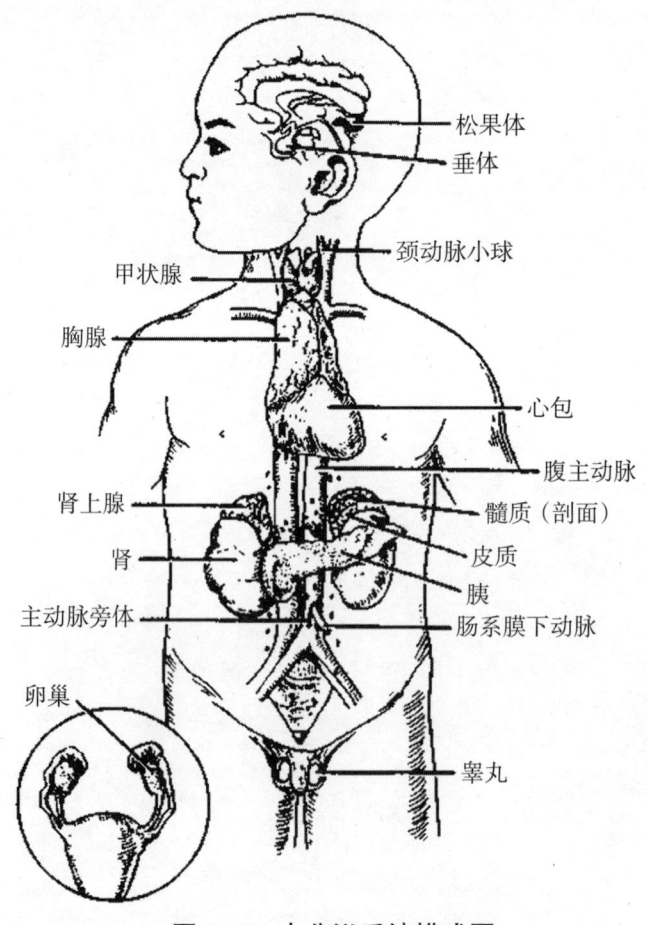

图 8-1　内分泌系统模式图

分散存在于机体的其他器官组织内，如消化道、呼吸道、神经组织、胰腺的胰岛等。人体内的内分泌腺或内分泌组织包括：垂体、甲状腺、甲状腺旁腺、肾上腺、胰岛、松果体、胸腺和性腺等。

第一节 垂 体

一、垂体的位置、形态和分部

垂体（图 8-1-1）位于颅中窝的垂体窝内，呈椭圆形，可分为腺垂体和神经垂体两部分。腺垂体包括远侧部、结节部和中间部；神经垂体由神经部和漏斗部组成。

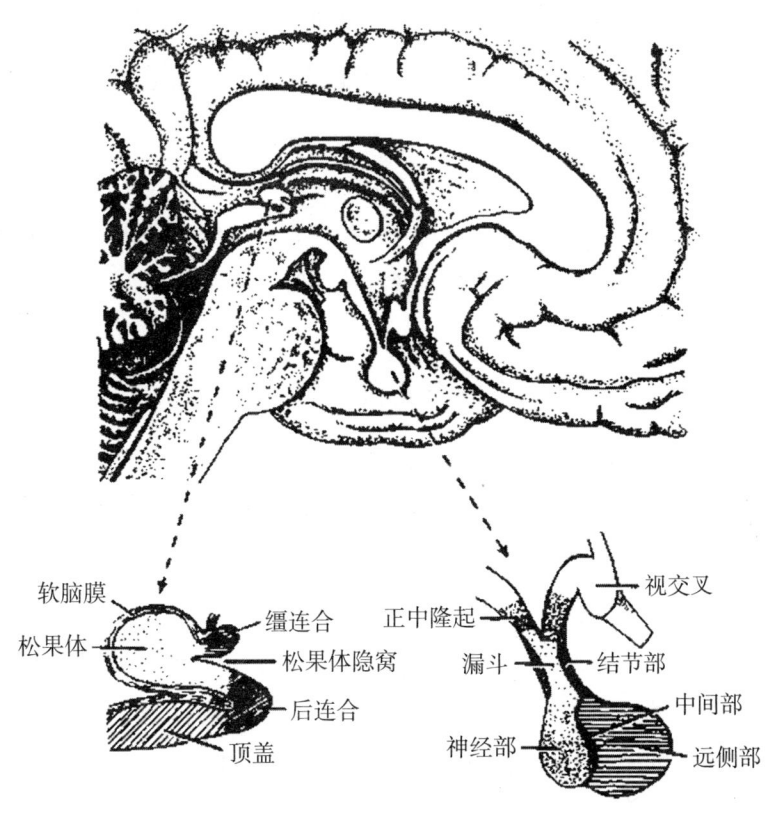

图 8-1-1 垂体

二、腺垂体激素及生理作用

(一) 生长素 (GH)

1. 对生长发育的影响

促进骨骼和肌肉的生长,它可刺激肝产生生长素介质,生长素介质能加速蛋白质,促进软骨生长和骨化;对肌、肝和肾等组织也有类似作用。人在幼年时期若GH分泌不足,可出现生长迟缓、身材矮小,称侏儒症;若分泌过多,则生长发育过度,身材过于高大称巨人症。成年后若GH分泌过多,因骨骺已骨化,长骨不再生长,则刺激肢端短骨、面骨及其软组织增生,以致出现手足粗大、指粗、鼻高、下颌突出等症状,称为肢端肥大症。

2. 对代谢的影响

GH可促进蛋白质合成,抑制蛋白质分解;它还能促进脂肪分解产生脂肪酸,加速肝对脂肪酸的氧化以提供能量;生理水平GH可刺激胰岛B细胞分泌胰岛素,加强对葡萄糖的氧化和利用,使血糖增高,引起垂体性糖尿病。

(二) 促激素

包括促甲腺激素(TSH)促肾上腺皮质激素(ACTH)和促性腺激素。它们分别对相应靶腺的发育和分泌功能有促进作用。

1. 促甲腺激素

促进甲状腺增生和甲状腺素的合成和分泌。

2. 促肾上腺皮质激素

促进肾上腺皮质增生,维持其正常功能。

3. 促性腺激素

在女性,是指促卵泡激素(FSH)和黄体生成素(LH)。FSH能促进卵泡的发育;LH能促进卵巢排卵、黄体生成和分泌;两者协同作用时,可使卵泡分泌雌激素。在男性,FSH和LH都是睾丸生精过程所必需的。LH又称间质细胞刺激素,能促进睾丸间质细胞合成与分泌雄激素。

(三) 催乳素 (PRL)

促进乳腺生长发育,引起和维持分娩后的乳腺泌乳。

（四）促黑激素（MSH）

促进皮肤黑色素细胞合成黑色素。

三、腺垂体功能的调节

腺垂体活动，一方面受下丘脑的调节，下丘脑促垂体区的神经细胞可合成和分泌一些调节腺垂体活动的肽类激素，总称下丘脑调节肽，腺垂体的分泌功能除受这些激素调节；另一方面受靶腺激素的负反馈调节，从而使靶腺激素在血中的浓度保持相对稳定。下丘脑、腺垂体与相应靶腺的这种调节关系，分别称为下丘脑—腺垂体—甲状腺轴、下丘脑—腺垂体—肾上腺皮质轴和下丘脑—腺垂体—性腺轴。

四、神经垂体激素及生理作用

（一）抗利尿激素（ADH）

生理水平的 ADH 可促进肾小管对水的重吸收，使尿量减少。大剂量时能使全身动脉和毛细血管收缩，血压升高，故又称升压素。临床上主要利用其收缩血管作用进行肺和食管出血时的止血。

（二）催产素

能使乳腺腺泡周围肌上皮细胞收缩，促进泌乳；同时还能使妊娠子宫强烈收缩，对非妊娠子宫作用较小。产科常用于引产和产后宫缩无力的止血。

第二节 甲状腺与甲状腺旁腺

甲状腺滤泡上皮细胞分泌甲状腺激素，滤泡旁细胞（又称"C"细胞）分泌降钙素（CT）。甲状旁腺主细胞分泌甲状旁腺素（PTH）。

一、甲状腺

（一）甲状腺的形态及位置

甲状腺（图8-2-1）位于颈前部，呈"H"形，分左、右侧叶及中间的甲状腺峡。甲状腺侧叶贴于喉下部和气管上部的两侧，上达甲状腺软骨中部，下至第6气管软骨环。后方平对第5～7颈椎高度。甲状腺峡多位于第2～4气管软骨环的前方，约半数人自峡部向上伸出一锥状叶，长短不一，最长者可达舌骨。甲状腺侧叶与甲状软骨、环状软骨之间有韧带相连，故吞咽时，甲状腺可随喉上、下移动。

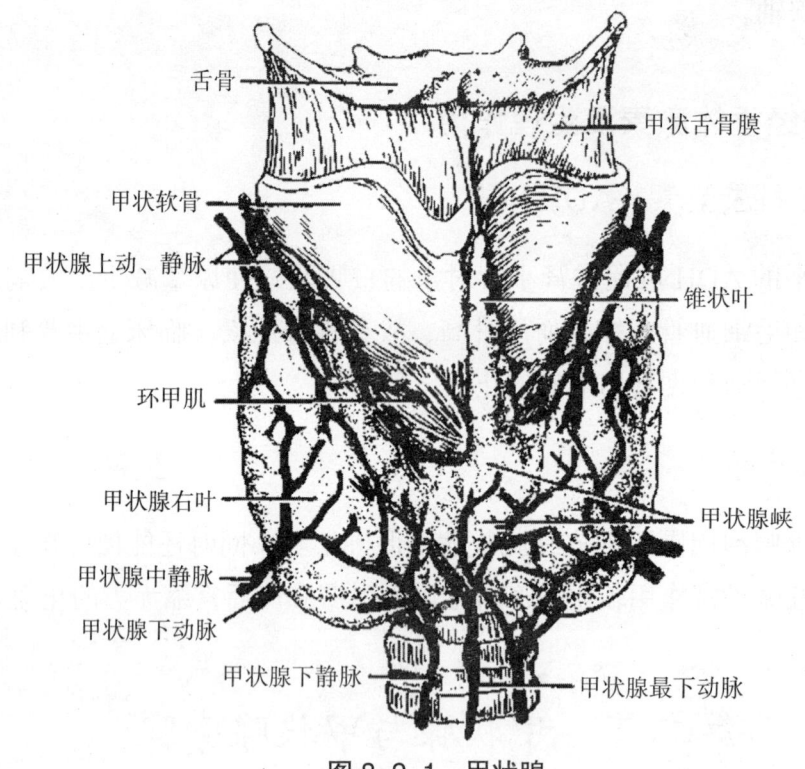

图8-2-1 甲状腺

（二）甲状腺激素的生理作用

甲状腺激素主要有两种，即三碘甲腺原氨酸（T_3）和四碘甲腺原氨酸（T_4）。其作用是：

1. 促进新陈代谢

甲状腺激素能明显促进能量代谢，便机体耗氧量和产热量增加，基础代谢率增高，这种作用称为甲状腺激素的生热效应。甲状腺功能亢进时，产热增加，患者喜凉怕热，基础代谢率明显增高；甲状腺功能减退时，产热减少，病人喜热畏寒，基础代谢率低于正常值。

甲状腺激素能促进糖的吸收和肝糖原的分解，使血糖升高；也可加速外周组织对糖的利用，使血糖降低。并且，前一作用大于后一作用。所以，甲状腺功能亢进病人可因吃糖稍多而使血糖升高，甚至出现糖尿病。

甲状腺激素能加速胆固醇的代谢，分解作用大于合成作用。所以，甲状腺功能亢进病人血胆固醇低于正常，甲状腺功能减退患者血胆固醇高于正常。

生理剂量的甲状腺激素能促进蛋白质的合成，大剂量则促进蛋白质分解。因此，甲状腺功能亢进时出现消瘦乏力；甲状腺功能减退时，虽然蛋白质合成减少，但细胞间黏蛋白增多，由于粘蛋白能结合大量水分，故出现黏液性水肿。

2. 影响生长发育

甲状腺激素主要影响脑和长骨的生长发育，特别是出生后头4个月内影响最大。如果在胚胎发育期及新生儿时期，出现甲状腺功能低下，出生后没有得到及时治疗，则将由于脑和长骨生长发育障碍出现智力低下、身材矮小，称为呆小症。甲状腺激素和生长素在促进生长发育方面有协同作用。

3. 其他

甲状腺激素能提高中枢神经系统的兴奋性。成年人患甲状腺功能亢进时，常有烦躁不安、容易激动、失眠多梦等症状；甲状腺功能减退时则有感觉迟钝、记忆衰退、行动迟缓、困倦嗜睡等表现。

甲状腺激素过多时可使心率增快、心肌收缩力增加、心输出量增加、脉压增大，还可增强食欲，促进肠蠕动。

（三）甲状腺功能的调节

1. 下丘脑—腺垂体的调节

下丘脑促垂体区细胞分泌的促甲状腺激素释放激素，经垂体门脉系统，运送至腺垂体，促进其合成和分泌促甲状腺激素；促甲状腺激素经血液循环，到达甲状腺，进而促进甲状腺激素的合成与分泌。

2. 甲状腺激素的反馈作用

当血液中甲状腺激素升高时，可抑制促甲状腺激素的合成和分泌；相反，当血液中甲状腺激素降低时，则促进促甲状腺激素的合成和分泌。目前认为，甲状腺激素是影响腺垂体促甲状腺激素合成和分泌的主要因素。

3. 碘对甲状腺功能的影响

碘是合成甲状腺激素的原料，但其在血中的含量又影响甲状腺功能，即小剂量的碘促进甲状腺激素的合成和分泌，大剂量的碘则相反。长期缺碘，甲状腺激素合成和分泌减少，对腺垂体的负反馈作用减弱，促使甲状腺激素合成和分泌增加，导致甲状腺代偿性增生肥大，形成地方性甲状腺肿。

二、甲状旁腺

（一）甲状旁腺的形态及位置

甲状旁腺（图8-2-2）呈扁椭圆形略似绿豆大的小腺体，一般有上、下两对，贴附于甲状腺叶后面或埋在甲状腺组织中，上一对一般在甲状腺侧叶后面上中1/3交界处，相当于环状软骨下缘水平，下一对多位于甲状腺下动脉附近。

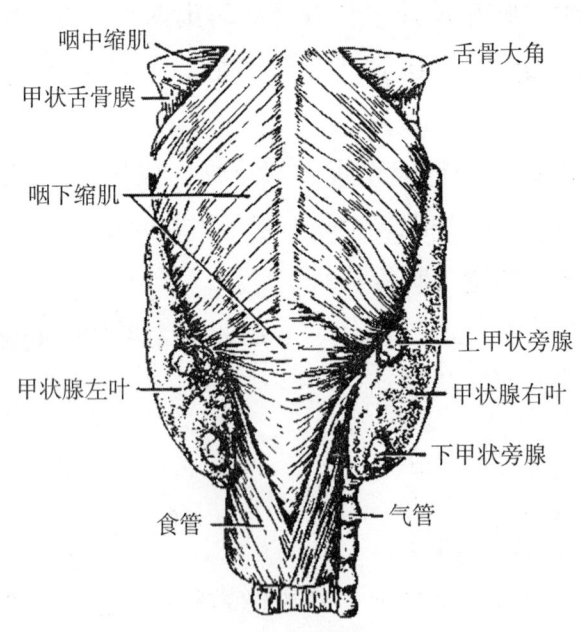

图 8-2-2 甲状腺和甲状旁腺（后面）

（二）甲状旁腺激素的生理作用

1. 甲状旁腺素

作用于破骨细胞，使磷酸钙从骨质中释放入血；促进肾小管对钙的重吸收，抑制对磷的重吸收；加强小肠对钙的吸收。即通过加强溶骨过程和保钙排磷作用，使血钙升高、血磷降低。

2. 降钙素

其生理作用与甲状旁腺素基本相反，能使磷酸钙释放入血减少，同时抑制肾小管对钙、磷、钠的重吸收和小肠对钙的吸收即通过加强成骨过程和抑制钙的吸收作用，使血钙降低。

（三）甲状旁腺素和降钙素分泌的调节

甲状旁腺素和降钙素分泌主要受血钙浓度调节，即血钙升高时，甲状旁腺素分泌减少，降钙素分泌增多；当血钙降低时，甲状旁腺素分泌增多，降钙素分泌减少。

第三节 肾上腺

肾上腺（图8-3-1）是人体重要的内分泌腺之一。左右各一，左肾上腺近似半月形，右肾上腺呈三角形。它们分别位于两肾的上内方，腹膜之后，与肾共同包裹在肾筋膜内。每侧肾上腺的内前方有不明显的门，是肾上腺血管进出处。肾上腺由外层的皮质和内层的髓质两部分组成。

一、肾上腺皮质

肾上腺皮质的组织结构自外向内为球状带、束状带和网状带。球状带分泌的激素（以醛固酮为主），主要参与体内水盐代谢的调节，故称盐皮质激素。束状带分泌的激素（以皮质醇为主），因为最早发现它具有升糖作用，故称糖皮质激素。网状带分泌少量的性激素（如脱氢异雄酮和雌二醇），在正常人体一般不表现其生理作用。

性激素的生理作用和分泌调节将在下节予以叙述。这里仅讨论糖皮质激素。

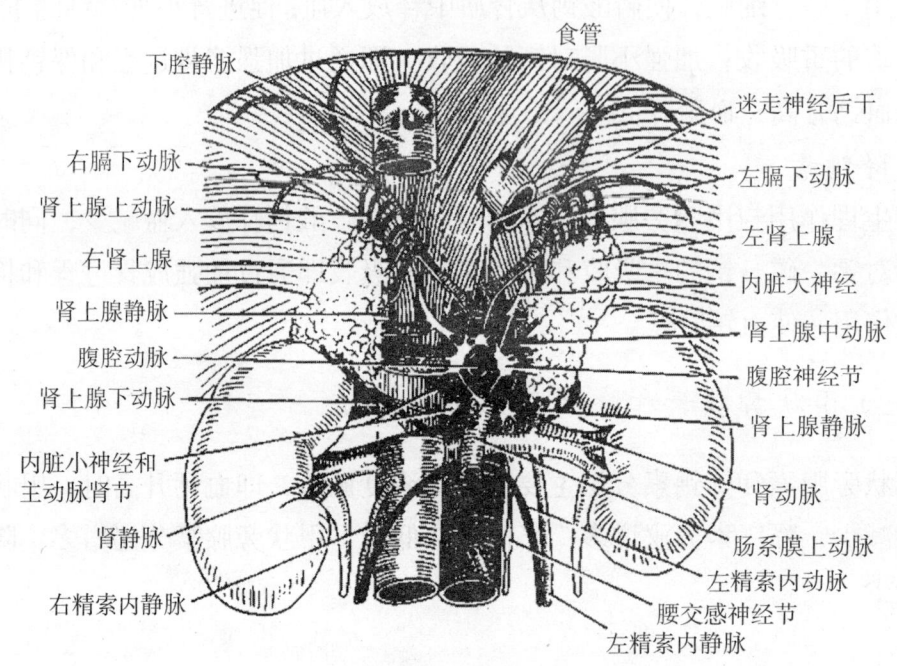

图 8-3-1　肾上腺

（一）糖皮质激素的生理作用

1. 调节物质代谢

（1）糖代谢：糖皮质激素能促进糖异生，增加糖原贮备，抑制组织对糖的摄取和利用，使血糖升高。糖皮质激素分泌不足，出现糖原贮备减少和血糖降低；分泌或使用糖皮质激素过多则血糖升高，甚至能引起类固醇性糖尿病。

（2）脂肪代谢：糖皮质激素能促进脂肪组织中的脂肪分解，使血中游离脂肪酸增加；另可影响体内脂肪分布。当患有肾上腺皮质功能亢进或长期大量使用糖皮质激素，会出现面部、躯干脂肪堆积，而四肢脂肪减少的特殊面容和体形，称为向心性肥胖。

（3）蛋白质代谢：糖皮质激素能促进蛋白质分解和抑制其合成，使血中氨基酸增多。当糖皮质激素分泌过多时，常引起生长停滞、肌肉消瘦、骨质疏松易折、伤口不易愈合等现象。

2. 影响各器官系统功能

（1）血细胞：糖皮质激素可使血液中红细胞、血小板、中性粒细胞数量增加，淋巴细胞和嗜酸性粒细胞减少，故临床上用糖皮质激素治疗血小板减少性紫癜、中性粒细胞缺乏症、淋巴肉瘤和淋巴细胞性白血病。

（2）血管：糖皮质激素可增加血管平滑肌对肾上腺素和去甲肾上腺素的敏感性，以维持血管的紧张性。

（3）胃肠：糖皮质激素能促进胃酸和胃蛋白酶原的分泌，长期大剂量使用糖皮质激素，可诱发或加剧溃疡病。

（4）神经系统：糖皮质激素能提高中枢神经系统的兴奋性，小剂量可引起欣快感，大剂量则出现注意力难以集中、烦躁、失眠等现象。

3. 与"应激反应"有关

当机体受到有害刺激（如创伤、冷冻、饥饿、疼痛、感染及缺氧等）时，血中促肾上腺皮质激素急剧增加和糖皮质激素大量分泌，以增强机体对有害刺激的耐受能力，称为应激反应。此外，大量的糖皮质激素还具有抗炎症、抗中毒、抗过敏和抗休克等药理作用。

（二）糖皮质激素分泌的调节

下丘脑分泌促肾上腺皮质激素释放激素，经垂体门脉系统运至腺垂体；促进其分泌促肾上腺皮质激素，后者经血液循环运至肾上腺皮质，促其分泌糖皮质激素。如果血中糖皮质激素水平升高，可抑制下丘脑和腺垂体分泌促肾上腺皮质激素释放激素和促肾上腺皮质激素，通过这种负反馈作用，使糖皮质激素在血中的浓度维持相对稳定。

临床上长期大量使用糖皮质激素时，可对下丘脑及腺垂体产生负反馈作用，使促肾上腺皮质激素合成、分泌减少，出现肾上腺皮质萎缩。此时，如突然停药，会产生肾上腺皮质功能不足的表现。因此，在治疗中需间断补充促肾上腺皮质激素；如需停药，应逐渐减量，以利肾上腺皮质功能恢复。

二、肾上腺髓质

肾上腺髓质分泌肾上腺素和去甲肾上腺素，两者都属于儿茶酚胺类。肾上腺素及去甲肾上腺素的大部分生理作用已在前面有关章节中介绍，现列简表

8-3-1 予以归纳。

表 8-3-1　肾上腺素及去甲肾上腺素的主要生理作用

项目	肾上腺素	去甲肾上腺素
心率	增快	减慢（降压反射作用）
心输出量	增加	减少
血管	皮肤、胃肠、肾血管、收缩冠脉、骨骼肌血管舒张	冠脉舒张（局部缺氧作用），其他血管收缩
血压	升高	升高（明显）
支气管平滑肌	舒张	舒张（较弱）
胃肠平滑肌	抑制	抑制（较弱）
妊娠（末期）子宫平滑肌	舒张	收缩
血糖	升高	升高（较弱）
脂肪	分解	分解（较弱）
产热作用	较高	较弱
中枢神经系统	兴奋性提高 能引起激动和焦虑	兴奋性提高 能引起激动但不焦虑

第四节　其他内分泌结构及激素

一、下丘脑

下丘脑位于背侧丘脑的下方，构成第三脑室的下壁和侧壁的下部。

（一）下丘脑与脑垂体的联系

下丘脑与腺垂体之间，没有直接的神经联系，主要是通过血管系统，把下丘脑—腺垂体在功能上联系在一起。下丘脑基底部存在有"促垂体区"，主要包括正中隆起、弓状核、视交叉上核、腹内侧核、室周核等核团，这些核团合成 9 种活性多肽，通过门脉系统到达腺垂体，调节腺垂体内分泌功能。下丘脑的一些神经元既能分泌激素，具有内分泌细胞的作用，又保持典型神经细胞的功能。它们可将神经系统传来的神经信息，转变为激素信息，起着换能神经元作用,从而以下丘脑为枢纽,把神经调节与体液调节紧密联系起来。

(二)下丘脑—神经垂体系统

下丘脑与神经垂体有着直接的神经联系,下丘脑的视上核、室旁核有神经纤维下行至神经垂体,构成了下丘脑—垂体束。神经垂体所释放的激素,实际上是由下丘脑视上核与室旁核的神经元合成的。通过下丘脑垂体束纤维的轴浆运输至神经垂体储存并释放的。

(三)下丘脑的内分泌功能

下丘脑的"促垂体区"可合成 9 种调节性多肽(表 8-4-1),下丘脑视上核与室旁核可合成抗利尿激素和催产素。

表 8-4-1　下丘脑的调节性多肽及其作用

释放激素或释放因子	简写形式	对腺垂体的作用
促甲状腺激素释放激素	TRH	↑促甲状腺素、↓生乳素
促性腺激素释放激素	GNRH	↑黄体生成素、↑卵泡刺激素
生长抑素	GIH	↓生长激素
生长激素释放激素	GHRH	↑生长激素
生乳素释放因子	PRF	↑生乳素
生乳素释放抑制因子	PRIF	↓生乳素
促黑激素释放因子	MRF	↑黑色细胞刺激素
促黑激素释放抑制因子	MIF	↓黑色细胞刺激素
促肾上腺皮质激素释放激素	CRH	↑促肾上腺皮质激素

二、胃肠激素

研究发现存在于胃肠道的某些激素或肽类,也存在于神经系统内,一些存在于神经系统的肽类也存在于胃肠道,这些双重分布的肽类,称为脑肠肽,迄今已被发现的脑肠肽有 20 多种,如:

促胃液素:促进胃液、胰液、胆汁分泌,促进胃肠运动和胆囊收缩。

促胰液素:促进胰液、胆汁、小肠液分泌、胆囊收缩,抑制胃肠运动和胃液分泌。

缩胆囊素：促进胃液、胰液、胆汁分泌，加强胃肠运动和胆囊收缩。

三、心房钠尿肽

心房肌细胞能合成和分泌一种活性多肽，称心房钠尿肽。主要作用是利钠、利尿、舒血管和降低血压；在体内参与水盐平衡、体液容量和血压调节。

四、松果体激素

松果体可合成分泌褪黑激素、8-精催产素。该激素最明显的作用是抑制下丘脑—腺垂体—性腺轴。切除幼年动物松果体的最突出表现是性早熟。

五、前列腺素

广泛存在于人和哺乳动物各种组织与体液中的一组激素，在肝、肠、肾、胰、心、肺、生殖器、胸腺均分离出前列腺素，前列腺素局部产生释放，局部发挥作用，属于局部激素。

第九章 感觉器官

第一节 视 器

一、眼球

眼球（图 9-1-1）为视器的主要部分，近似球形，位于眶的前部，后端由视神经连于间脑的视交叉。当眼平视前方时，眼球前面正中点称前极，后面正中点称后极。把通过前、后极的直线称为眼轴。光线经瞳孔中央至视网膜黄斑中央凹的连线，称为视轴。眼轴与视轴呈锐角交叉。

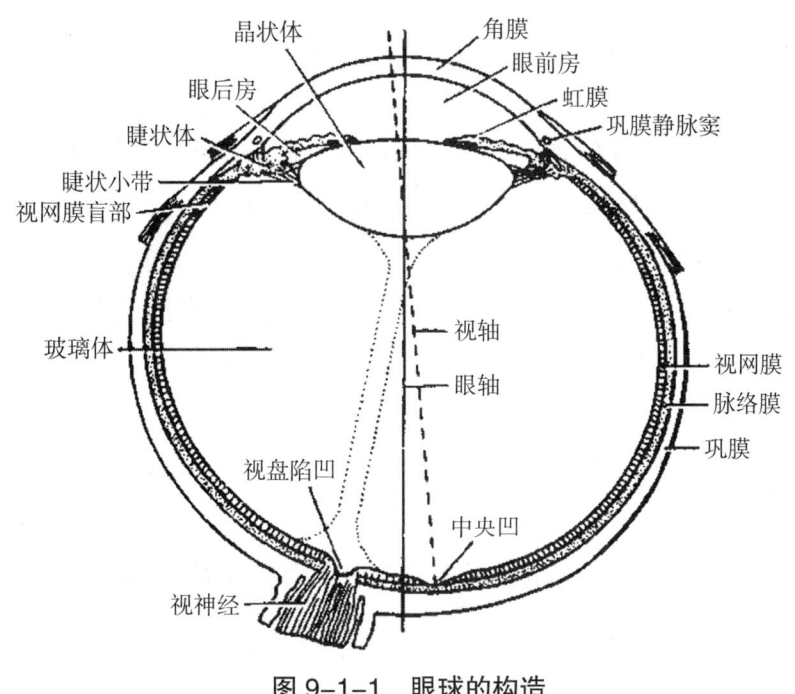

图 9-1-1 眼球的构造

眼球由眼球壁和眼球内容物组成。

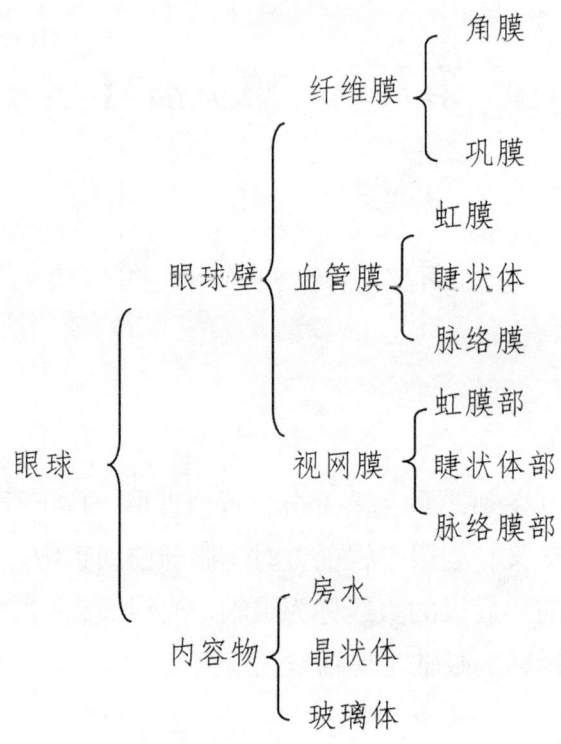

(一)眼球壁

眼球壁由外向内可依次为眼球纤维膜、眼球血管膜和视网膜三层(图9-1-2)。

1. 眼球纤维膜

为眼球壁的外层,由致密结缔组织构成,有保护和维持眼球形状的作用。可分为角膜和巩膜两部分。

(1)角膜

角膜占眼球纤维膜的前1/6,无色透明,曲度较大,外凸内凹,具有屈光作用。

角膜无血管,但有大量的感觉神经末梢,由三叉神经的眼支分布,感觉极为敏锐。

(2)巩膜

巩膜占眼球纤维膜的后5/6,为白色不透明的纤维膜,厚而坚韧,有保护眼球内容物的作用。巩膜与角膜相接处深面有一环形的巩膜静脉窦，是房水循环的通道。巩膜后方有视神经穿出，并与视神经的鞘膜相延续。

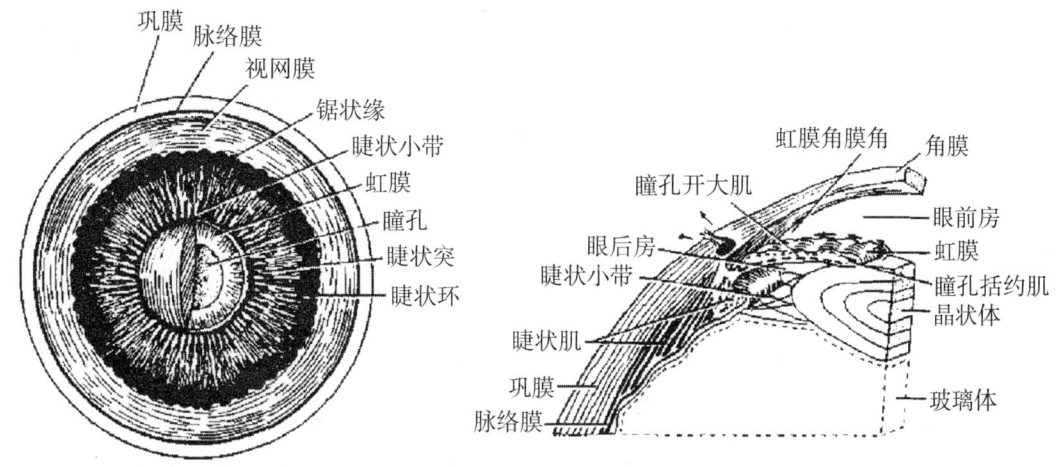

图 9-1-2　眼球前半部后面观和虹膜、角膜

2. 眼球血管膜

在眼球纤维膜内面，含有大量的血管和色素细胞，具有营养眼球内部组织及遮光作用。此膜从前向后可分为虹膜、睫状体和脉络膜三部分。

（1）虹膜

虹膜位于眼球血管膜的最前部，呈圆盘状。中央有一圆孔，称为瞳孔，可随光线强弱而缩小和散大。虹膜的颜色，与虹膜所含色素细胞多少有关，故有明显的种族差异。黄种人虹膜色素较多，故呈棕色。

虹膜内有两种平滑肌，一为围绕瞳孔周缘，呈环状排列的叫瞳孔括约肌，收缩时使瞳孔缩小，减少强光的刺激；另一种为瞳孔开大肌，呈放射状排列，收缩时使瞳孔开大，让更多的光线通过。

（2）睫状体

睫状体位于巩膜和角膜移行部的内面，虹膜后外方的环形增厚部分。睫状体前部向内侧突出呈放射状排列的皱襞，称为睫状体突。发出睫状小带与晶状体相连。在睫状体内的平滑肌称睫状肌，受副交感神经支配。睫状体具有产生房水和参与调节晶状体的曲度的作用。

（3）脉络膜

脉络膜占眼球血管膜的后2/3，前端连于睫状体，后方有视神经通过，此膜富有色素细胞和血管。作用是供应眼球内组织的营养和吸收眼内的分散光线以免扰乱视觉。

3. 视网膜

在眼球血管膜的内面，可分为虹膜部、睫状体部和视部三部分。虹膜部和睫状体部贴附于虹膜和睫状体的内面，无感光作用，叫视网膜盲部。视网膜视部贴附在脉络膜的内面，有感光作用。视网膜后部，该处有圆形隆起，称为视神经盘，是视网膜神经节细胞轴突汇集而成，该处有视网膜中央血管出入。此无感光能力，故称生理盲点。在视神经盘的外侧约3.5毫米处，有一黄色小区，称为黄斑，黄斑的中央凹陷称中央凹，是感光最敏锐的地方。

视网膜视部的组织结构分内、外两层，外层为色素上皮层，紧贴脉络膜，内层为神经细胞层，由三层神经细胞构成，由外向内依次为感光细胞层（视锥细胞和视杆细胞）、双极细胞层、视神经节细胞层。视神经节细胞的轴突向视神经盘处集中，穿过脉络膜和巩膜后构成视神经，视神经由眼球向后行，穿视神经管入颅腔，终于视交叉。

视网膜的外层色素上皮层紧贴脉络膜，与内层神经细胞层连结疏松，视网膜剥离就是指神经细胞层从色素上皮层的脱离。

（二）眼球内容物

眼球内容物（图9-1-1）包括房水、晶状体和玻璃体。这些结构透明，无血管，具有屈光作用，它们与角膜一起称为眼的屈光系统，对维持正常视力有重要意义。

1. 房水

房水是一种无色透明的液体，充满于眼房内。房水由睫状体产生后，自眼球后房经瞳孔至眼球前房，然后经虹膜角膜角隙入巩膜静脉窦，最后汇入眼静脉。房水的生理功能是为角膜提供营养并维持正常的眼内压。房水不断循环更新，若房水产生过多或回流受阻，可造成眼内压增高，压迫视网膜，影响视力，临床上称为青光眼。

2. 晶状体

晶状体位于虹膜和玻璃体之间，呈双凸透镜状，后面较前面隆凸，透明而富有弹性，无血管和神经。晶状体外包有晶状体囊，为一层透明而有弹性的薄膜。晶状体囊借睫状小带连于睫状体。

晶状体是屈光系统的主要装置。晶状体的曲度随所视物体的远近不同而改变。当近视物时，睫状肌收缩，睫状小带松弛，使晶状体依其本身的弹性变凸，屈光能力增强，使物像清晰地落在视网膜上。视远物时，则与此相反。随着年龄增长，晶状体逐渐硬化而失去弹性，睫状肌也逐渐萎缩，调节功能减低，看近物时模糊，看远物时则较清晰，此种现象，称为老花眼。若晶状体混浊，影响视力，临床上称之为白内障。

3. 玻璃体

玻璃体是无色透明的胶状体，充满于晶状体与视网膜之间，除有屈光作用外，还有支撑视网膜的作用。玻璃体无血管，靠邻近的脉络膜和视网膜血管供应营养。如玻璃体混浊，可造成不同程度的视力障碍。若其支撑作用减弱，易导致视网膜剥离。

二、眼副器

眼副器包括眼睑、结膜、泪器和眼球外肌等，对眼球起保护、运动和支持的作用。

（一）眼睑

眼睑位于眼球的前方，有保护眼球，避免异物、尘埃、强光等对眼球的伤害之作用。

可分为上睑和下睑，上、下睑之间的裂隙称为睑裂，睑裂的外侧端称外眦，较锐利；内侧端称内眦呈钝圆。上、下睑的前缘有睫毛，睫毛的根部有睫毛腺。此腺的急性炎症即为麦粒肿。

眼睑自外向内由皮肤、皮下组织、肌层、睑板和结膜构成。眼睑的皮肤细薄，皮下组织疏松。肌层主要为眼轮匝肌和上睑提肌。睑板（图9-1-3）由致密结缔组织构成，呈半月形，分上睑板和下睑板。睑板内有许多睑板腺与睑缘成垂直排列，并开口于睑缘。睑板腺分泌物有润滑睑缘和防止泪液外流的作用。当睑板腺阻塞时，可形成睑板腺囊肿，亦称霰粒肿。

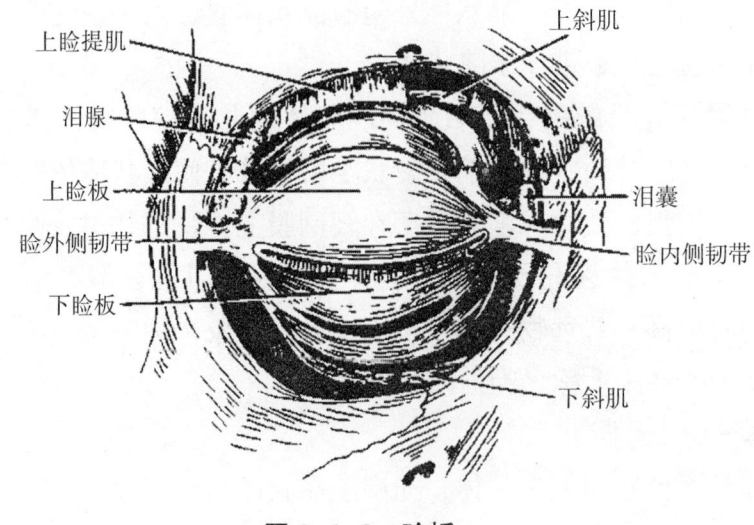

图 9-1-3 睑板

（二）结膜

结膜是一层薄而透明的黏膜，覆盖在眼睑的后面与眼球的前面，按其所在部位可分为三部分：

1. 睑结膜

被覆在上、下睑的内面，与睑板紧密粘连，透明而光滑。

2. 球结膜

覆盖在巩膜的前部。

3. 结膜穹隆

介于球结膜与睑结膜之间的移行部分，分别形成结膜上穹和结膜下穹。当闭眼时全部结膜形成的囊状腔隙，称为结膜囊，通过睑裂与外界相通。沙眼和结膜炎是结膜的常见疾病。

（三）泪器

泪器（图 9-1-4）由泪腺和泪道构成。

1. 泪腺

位于眼眶的外上方，其排泄小管开口于结膜上穹。泪腺分泌的泪液具有冲洗结膜囊内的异物和保持角膜的湿润以及抑制细菌繁殖等作用。

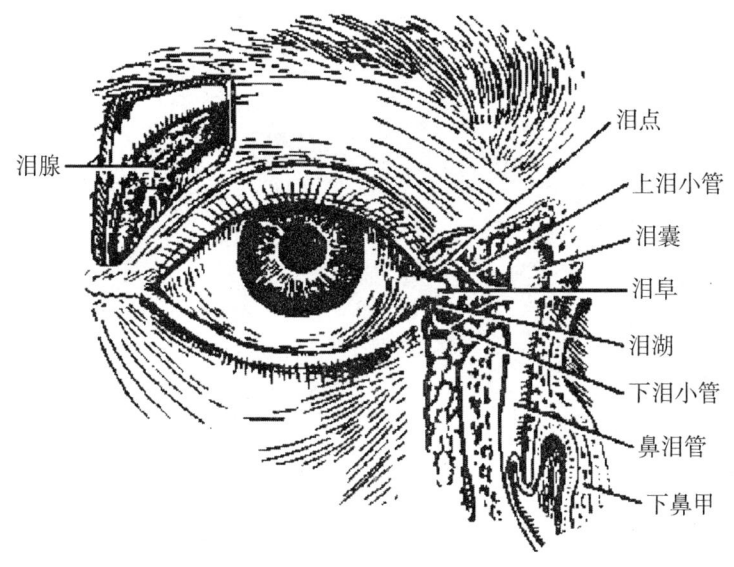

图 9-1-4　泪器（右侧）

2. 泪道

由泪点、泪小管、泪囊和鼻泪管组成。

（1）泪点：在上、下睑缘内侧端有乳头状隆起，其中央有一小孔，即为泪点。

（2）泪小管：为连接泪点与泪囊的小管，分上泪小管和下泪小管。每一泪小管起初均与睑缘垂直行走，然后近乎直角转向内，即上泪小管向内下，下泪小管向内上，共同开口于泪囊。

（3）泪囊：为连接泪囊下端的膜性管道，开口于下鼻道外侧壁。

（四）眼球外肌

眼球外肌（图9-1-5）为视器的运动装置，包括运动眼球和眼睑的肌，均属骨骼肌。

运动眼球的肌有四条直肌和两条斜肌。直肌是上直肌、下直肌、内直肌和外直肌，它们共同起自视神经管周围，各肌向前分别止于巩膜的上、下、内、外。上直肌可使瞳孔转向上内；下直肌使瞳孔转向下内；内直肌使瞳孔转向内侧；外直肌使瞳孔转向外侧。两条斜肌即上斜肌和下斜肌。上斜肌可使瞳孔转向外下；下斜肌使瞳孔转向外上。

运动眼睑的有上睑提肌，可提上睑，开大眼裂。

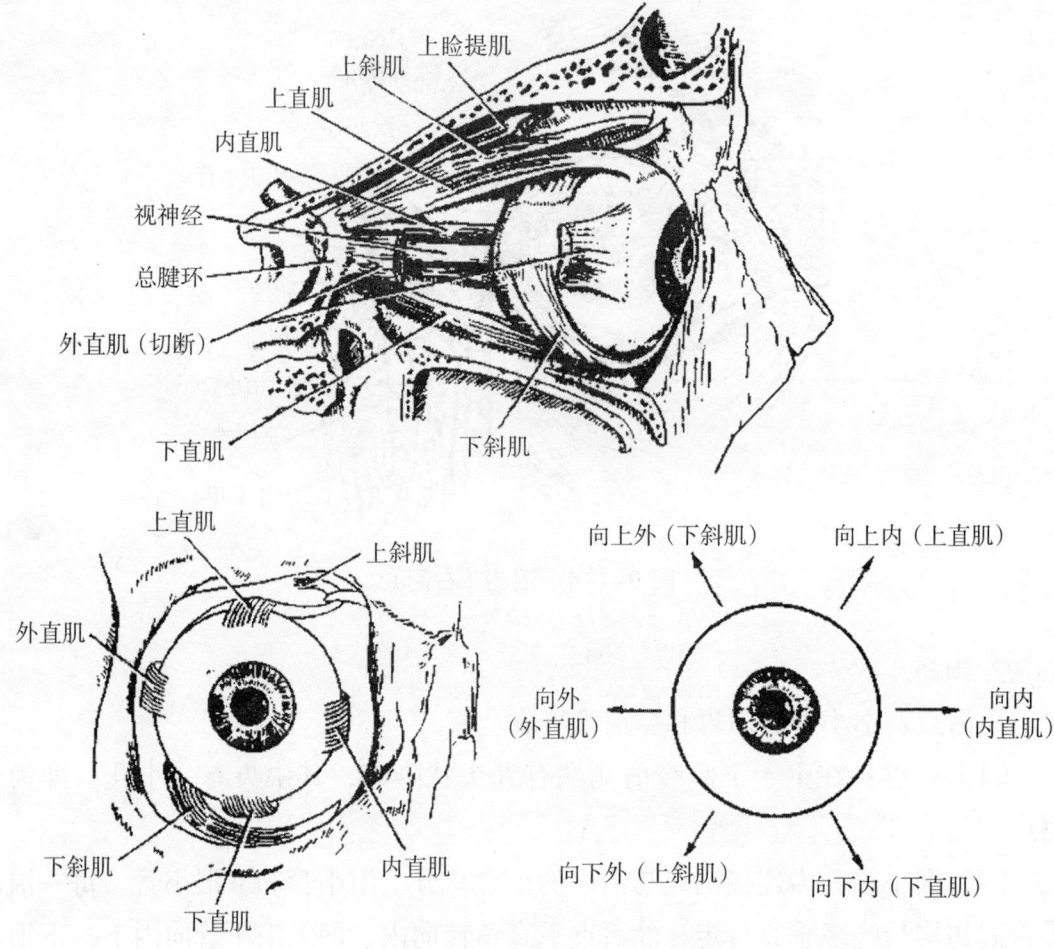

图 9-1-5 眼球外肌

三、眼的血管

(一) 眼动脉

眼的血液供应，主要来自颈内动脉的分支眼动脉。

眼动脉自颈内动脉发出后，随视神经经视神经管入眶，在眶内发出分支营养眼球、眼球外肌、泪腺和眼睑等。其重要分支为视网膜中央动脉。

视网膜中央动脉在眼球后方穿入视神经内，行于视神经中央，经视神经盘穿出，分成四支，即视网膜鼻侧上、下小动脉和视网膜颞侧上、下小动脉，营养视网膜的内层。临床上常用眼底镜直接观察此动脉，以帮助诊断某些疾病。

（二）眼静脉

眼静脉有眼上静脉和眼下静脉。收集包括眼球和眼副器的静脉血，向后经眶上裂进入颅腔注入海绵窦。

四、眼的视觉功能

眼是视觉器官，由含有感光细胞的视网膜和作为附属结构的折光系统等构成。视觉是由眼、视神经和视觉中枢共同活动来完成。物体的光线，透过眼的折光系统（角膜、房水、晶状体和玻璃体），成像于视网膜，视网膜中视锥细胞和视杆细胞将光能转换为视神经冲动，神经冲动传到大脑皮层枕叶视觉中枢，产生视觉。

第二节 前庭蜗器

前庭蜗器（图 9-2-1）又称耳，由前庭器和蜗器两部分组成。两者功能不同，但在结构上关系密切。包括外耳、中耳和内耳三部分。其中外耳和中耳是

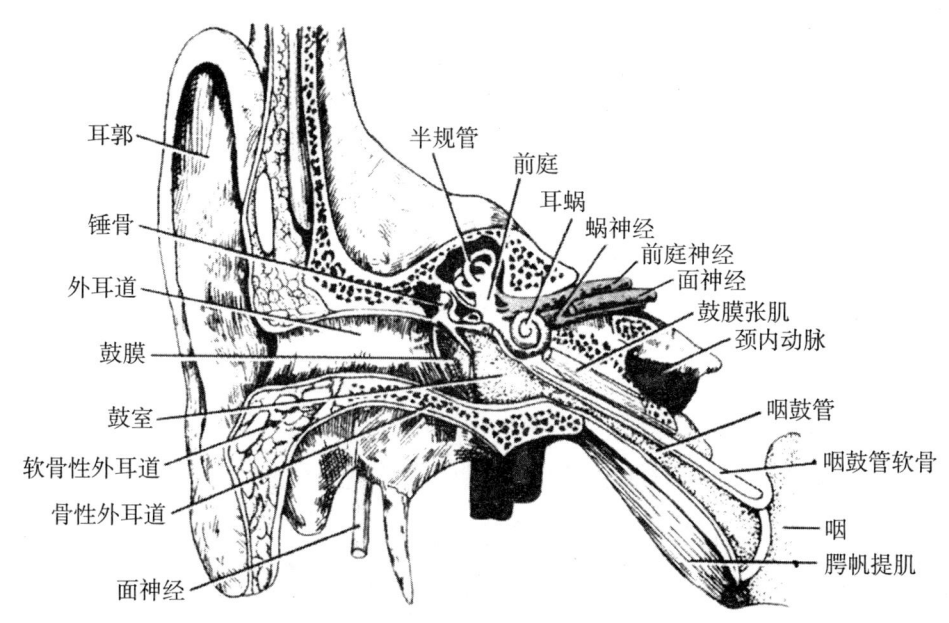

图 9-2-1 前庭蜗器模式图

收集和传导声波的装置,是前庭蜗器的附属器。听感受器和位觉感受器位于内耳,听器是感受声波刺激的感受器,位觉器是感受头部位置变动、重力变化和运动速度刺激的感觉器。

一、外耳

外耳包括耳郭、外耳道和鼓膜三部分。

(一) 耳郭

耳郭(图9-2-2)位于头部的两侧,弹性软骨和结缔组织构成耳郭上部的支架,表面覆盖着皮肤,皮下组织少但神经血管丰富;耳郭下1/3为耳垂,耳垂内无软骨,仅含有结缔组织和脂肪,有丰富的神经血管,是临床常用采血的部位。

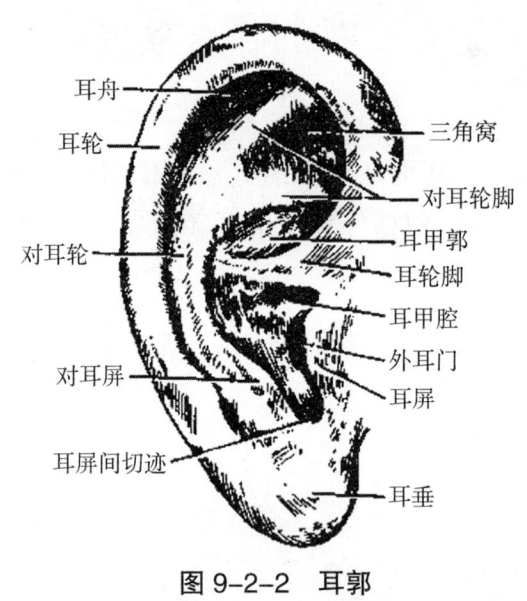

图 9-2-2 耳郭

(二) 外耳道

外耳道是自外耳门至鼓膜之间的弯曲管道,长约2.5厘米,可分为软骨部和骨部,其中软骨部占外侧1/3,骨部占内侧2/3,两部交界处较狭窄,异物常嵌于此。外耳道以外向内的方向是先向前上,继而稍向后,然后弯向前下。

外耳道的皮肤较薄,在软骨部含有毛囊、皮脂腺及耵聍腺,耵聍腺分泌粘稠液体为耵聍,干燥后形成痂块。外耳道皮下组织少,故皮肤与软骨膜及骨膜相贴甚紧,所以外耳道炎性肿胀时常疼痛剧烈。

（三）鼓膜

鼓膜（图9-2-3）为椭圆形半透明的薄膜,位于外耳道底与鼓室之间,其位置向前外倾斜,鼓膜上1/4的三角区薄而松弛,称为松弛部,在活体呈红色。下3/4的鼓膜坚实紧张,称为紧张部,在活体呈灰白色。

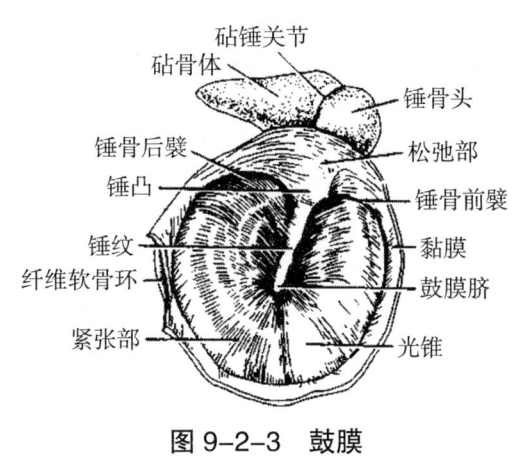

图 9-2-3　鼓膜

二、中耳

中耳主要包括鼓室、咽鼓管和乳突窦、乳突小房。位于外耳与内耳之间,是声波传导的主要部分。

（一）鼓室

是颞骨内含气的不规则空腔,向前内侧经咽鼓管通咽腔,向后下方与乳突小房相通（图9-2-4、图9-2-5）。

鼓室内含三块听小骨,彼此以关节连接成链,由外向内依次称为锤骨、砧骨、镫骨。锤骨紧贴于鼓膜内面,镫骨的底部固定于内耳的前庭窗。当声波震动鼓膜时,三块听小骨连串运动,使镫骨的底部在前庭窗上摆动,将声波传入内耳。

（二）乳突窦和乳突小房

乳突窦和乳突小房是鼓室向后的延伸部。乳突窦是鼓室和乳突之间的空

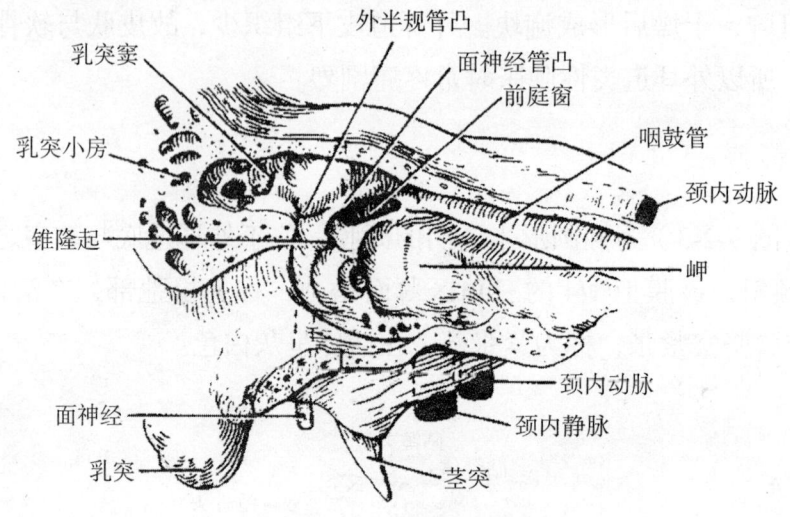

图 9-2-4 鼓室内侧壁

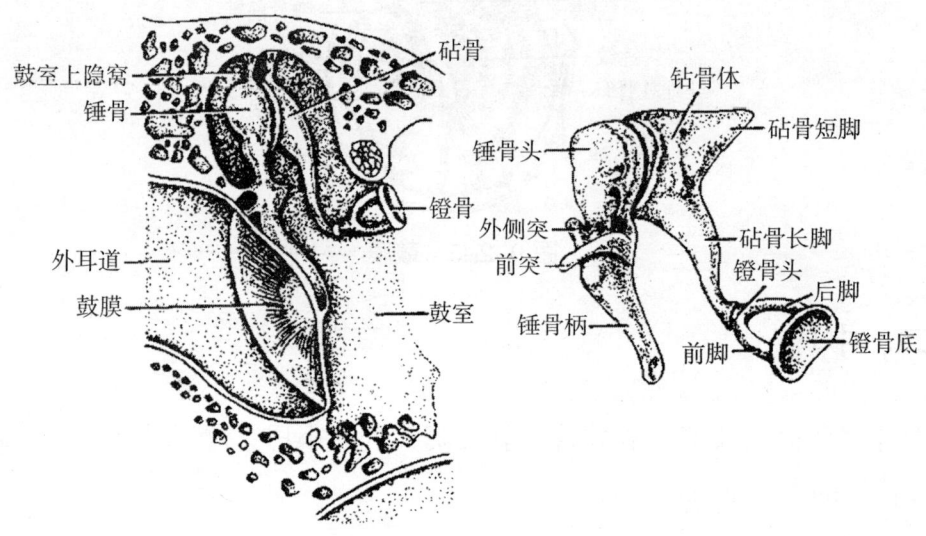

图 9-2-5 听小骨

腔,向前与鼓室相通,向后与乳突小房相连。乳突小房为颞骨乳突内的许多含气小腔。由于乳突小房、乳突窦与鼓室的黏膜相连续,且又彼此相通,故中耳炎可蔓延至乳突小房。

三、内耳

内耳又称迷路,是前庭蜗器的主要部分。内耳全部位于颞骨岩部的骨质内，在鼓室内侧壁和内耳道底之间，其形状不规则，构造复杂，由骨迷路和膜迷路组成。骨迷路是颞骨骨密质围成的不规则腔隙，膜迷路套在骨迷路内，是密闭的膜性管腔或囊。膜迷路内含有内淋巴，膜迷路与骨迷路之间的间隙内充满外淋巴。内、外淋巴互不相通。

（一）骨迷路

骨迷路（图 9-2-6）由致密骨质构成。依其位置和形态可分为前庭、骨半规管和耳蜗三部分。三者形状各异，但彼此相通。

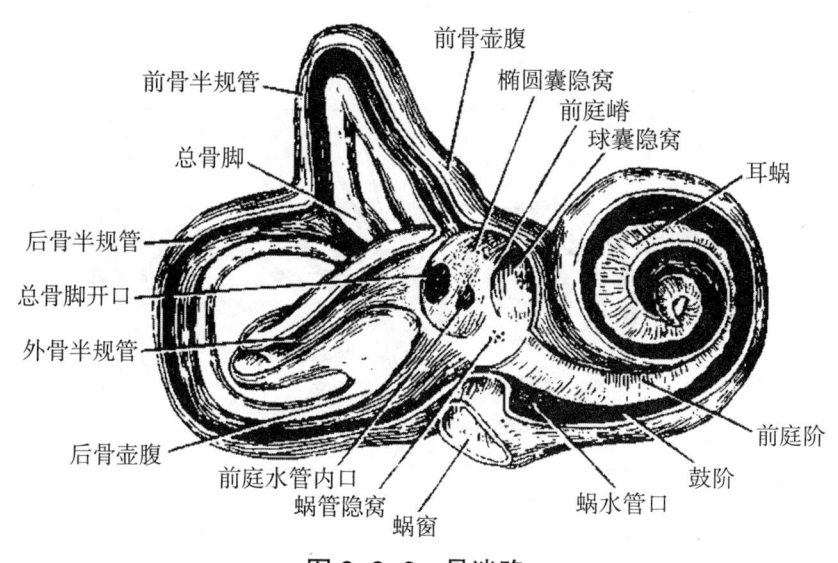

图 9-2-6　骨迷路

1. 前庭

是位于骨迷路中部，略似椭圆形的腔隙，内藏膜迷路的椭圆囊和球囊。前庭的后上方有 5 个小孔与 3 个骨半规管相通，前下方有一大孔通耳蜗。前庭的外侧壁即鼓室的内侧壁，有前庭窗，此处与镫骨足板相连接。前庭的内侧壁即内耳道底，有神经穿入的许多小孔。

2. 骨半规管

位于前庭的后上方，有 3 个，即前骨半规管、后骨半规管和外骨半规管。3 个半规管互相垂直。每个半规管呈"C"形，有两个骨脚，其中一个脚上有一膨大部称骨壶腹。但前、后骨半规管的单骨脚合成一个总骨脚，因此 3 个骨半规管只有 5 个开口，这 5 个开口通于前庭。

3. 耳蜗

位于前庭的前下方，是一卷曲的骨管，形似蜗牛壳。耳蜗由蜗螺旋管环绕蜗轴卷两圈半构成。蜗轴位于耳蜗的中央，骨质疏松，有血管和神经穿行其间。

（二）膜迷路

膜迷路是套在骨迷路内的膜性管和囊。管壁上有前庭器和听器。膜迷路可分为椭圆囊、球囊、膜半规管和蜗管（图9-2-7）。

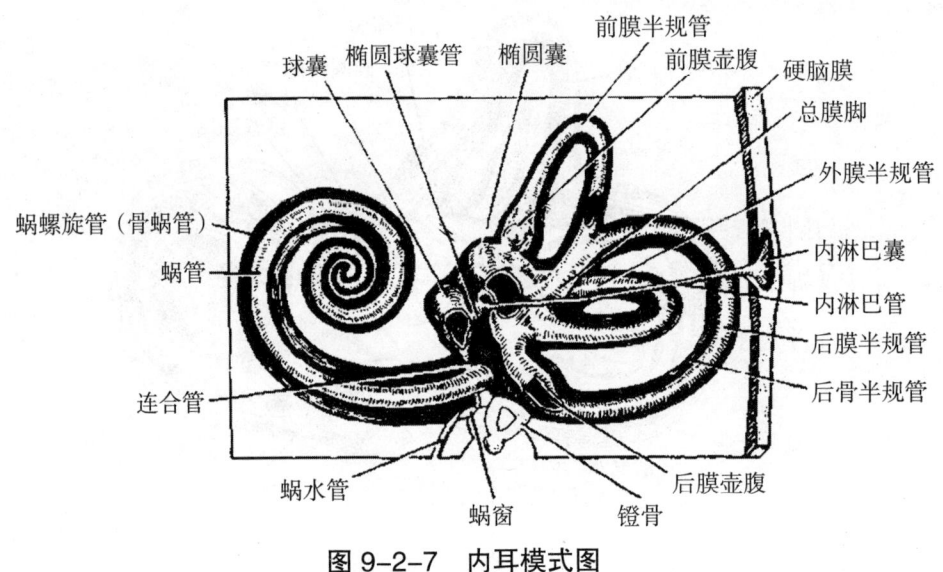

图 9-2-7　内耳模式图

1. 椭圆囊和球囊

位于前庭内，椭圆囊在后上方，球囊在前下方。椭圆囊后壁有膜半规管的 5 个开口，前壁有椭圆球囊管接球囊。椭圆囊底部有椭圆囊斑。球囊的前壁有球囊斑。椭圆囊斑和球囊斑均为位觉感受器，能接受直线加速或减速运动的刺激。

2. 膜半规管

位于各半规管内，形态相似，在膜壶腹壁上有隆起称壶腹嵴。壶腹嵴也是位觉感受器，能感受旋转变速运动的刺激。

椭圆囊斑、球囊斑和壶腹嵴合称前庭器。

3. 蜗管

在耳蜗内，蜗管的顶端为盲管，下端借连合管连于球囊。基底膜上有螺旋器，又称 Corti 器，为听觉感受器。

四、耳的听觉和平衡

（一）耳的听觉功能

声波经外耳和中耳的传音结构传到内耳后，蜗管基底膜上的螺旋器将声波刺激转化为神经冲动，由蜗神经传至大脑皮质听觉中枢，引起听觉。

1. 声波传入内耳的途径

（1）气传导：声波经外耳道引起鼓膜的振动，再经听骨链和前庭窗传入内耳，称为气传导，这是声波传导的主要途径。此外，鼓膜振动引起的鼓室内空气振动，也可经蜗窗传入耳蜗。这一途径正常情况下不起主要作用，当听骨链运动障碍时，能发挥一定的传音作用。

（2）骨传导：声波通过颅骨直接传入耳蜗，引起蜗管内淋巴的振动，称为骨传导。骨传导的敏感性比气传导低得多，对引起正常听觉作用轻微。

2. 听觉的产生

声波经气传导和骨传导，引起外淋巴的振动，继而引起内淋巴振动，内淋巴振动又引起基底膜振动，螺旋器受刺激后产生神经冲动，由蜗神经传入大脑皮质听觉中枢，产生听觉。

（二）耳的平衡功能

壶腹嵴、椭圆囊斑及球囊斑是人体对自身运动状态和头在空间位置的感受器，对保持身体平衡具有重要的作用。在人体发生旋转变速运动时，膜半规管壶腹嵴内的细胞兴奋，神经冲动经前庭神经传入中枢，产生旋转觉，并引起姿势反射，以维持身体平衡。在人体发生直线变速运动或头部的位置改变时，椭圆囊斑和球囊斑内的细胞兴奋，神经冲动经前庭神经传入中枢，产生变速感觉和位置觉，并引起姿势反射，以维持身体平衡。

若平衡感受器受到过强或过久的刺激时，会引起恶心、呕吐和眩晕等不适症状，如晕车、晕船等。

第三节 皮 肤

皮肤覆盖于人体的表面，借皮下组织与深部的结构相连。

一、皮肤的结构

皮肤分为表皮和真皮两层（图 9-3-1）。

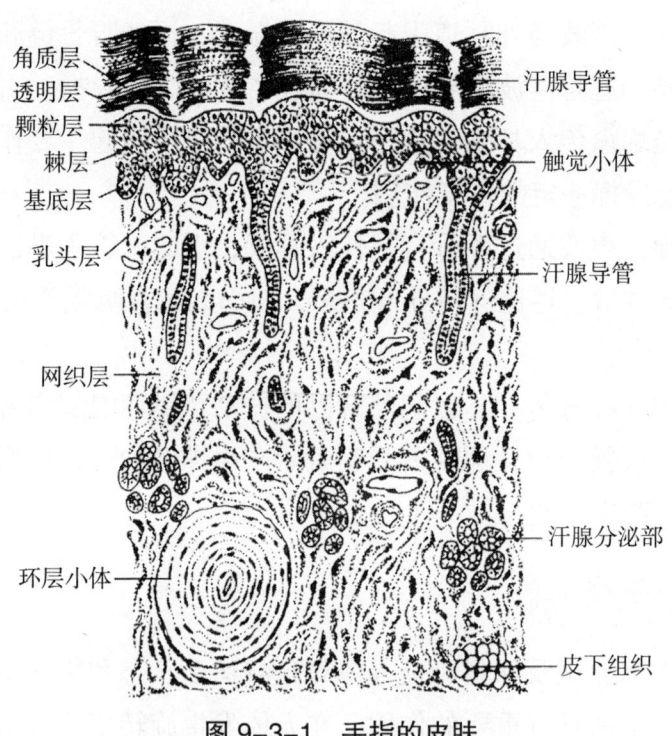

图 9-3-1　手指的皮肤

（一）表皮

表皮是皮肤的浅层，由角化的复层扁平上皮构成，上皮细胞之间有丰富的游离神经末梢。由浅至深，分为五层。

1. 角质层

由多层扁平无核的角质细胞组成。角质细胞的细胞膜较厚，细胞间质内充满嗜酸性的角质蛋白，对酸、碱、摩擦等刺激有较强的抵抗能力。其浅层细胞连接疏松，成小片脱落后，形成皮屑。

2. 透明层

由数层扁平无核的细胞构成。细胞质呈均质透明状。

3. 颗粒层

由2~3层梭形细胞构成。细胞质内有较粗大的透明角质颗粒。

4. 棘层

由4~10层多边形细胞构成。细胞表面有许多细小的棘状突起。

5. 基底层（生发层）

位于表皮的最深层，借基膜与真皮相连。基底层是一层排列整齐的砥柱状细胞，有较强的分裂增殖能力，新生的细胞不断向浅层推移、演变，以补充表层角化脱落的上皮细胞。

（二）真皮

真皮位于表皮的深面，由致密结缔组织构成，可分乳头层和网状层。

1. 乳头层

是真皮的浅层，结缔组织呈乳头状突向表皮。乳头内有丰富的毛细血管和感受器，如游离神经末梢和触觉小体等。

2. 网状层

位于乳头层的深面，与乳头层无明显分界。网状层的结构较致密，胶原纤维束和弹性纤维交织成网，使皮肤具有较大的韧性和弹性。此层内含有较多的小血管、淋巴管和神经，毛囊、皮脂腺和汗腺等结构也分布于此层。

二、皮肤的附属器

皮肤的附属器包括毛发、皮脂腺、汗腺和指（趾）甲（图9-3-2）。

（一）毛发

人体的皮肤除手掌、足底以外，都有毛发的分布。毛发分毛干和毛根两部分。毛干露于皮肤的外面；毛根埋在皮肤内，周围包有毛囊。毛囊的一侧附有一束斜行的平滑肌，称立毛肌，受交感神经支配，收缩时可使体毛竖立。

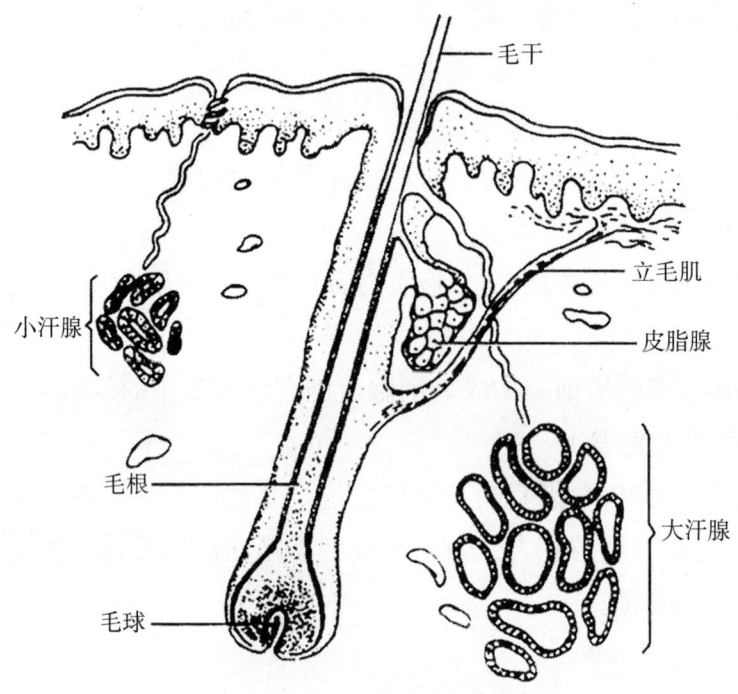

图 9-3-2　皮肤附属器模式图

（二）皮脂腺

位于毛囊和立毛肌之间，其导管开口于毛囊。皮脂腺分泌的皮脂，有润滑皮肤和保护毛发的作用。

（三）汗腺

全身皮肤除乳头和阴茎外，都分布有汗腺，其中手掌和足底最多。汗腺为管状腺，其分泌部位位于真皮网状层内，盘曲成团。汗腺所分泌的汗液，经导管排到皮肤的表面，有润湿皮肤、调节体温、排泄废物和调节水盐平衡的作用。

（四）指（趾）甲

位于手指和足趾远端的背面，是由表皮角质层增厚而形成的板状结构。其前端露于体表，称甲体；后部埋入皮肤内，称甲根。甲根是甲的生长点，拔甲时不可破坏。甲体的两侧和近端与皮肤的交接处称为甲沟。

三、皮肤的功能

皮肤覆盖体表,是机体内、外环境的分界,也是人体最大的器官。皮肤除具有屏障吸收、感觉、分泌和体温调节、物质代谢等功能外,同时还是一个重要的免疫器官。

第十章　神经系统

神经系统（图10-1）由脑、脊髓以及与它们相连并遍布于全身各处的周围神经所组成，在人类各器官、系统中起有重要的主导作用。作为生物进化的产物，人类的神经系统特别是脑，更是发展到了空前复杂的程度。人脑的功能不仅与各种感觉和运动行为相关，而且体现在复杂的高级神经活动，如语言、学习、记忆、思考、情感等多种思维和意识行为方面。人脑的这种功能，使人类远远超越了一般动物的范畴。

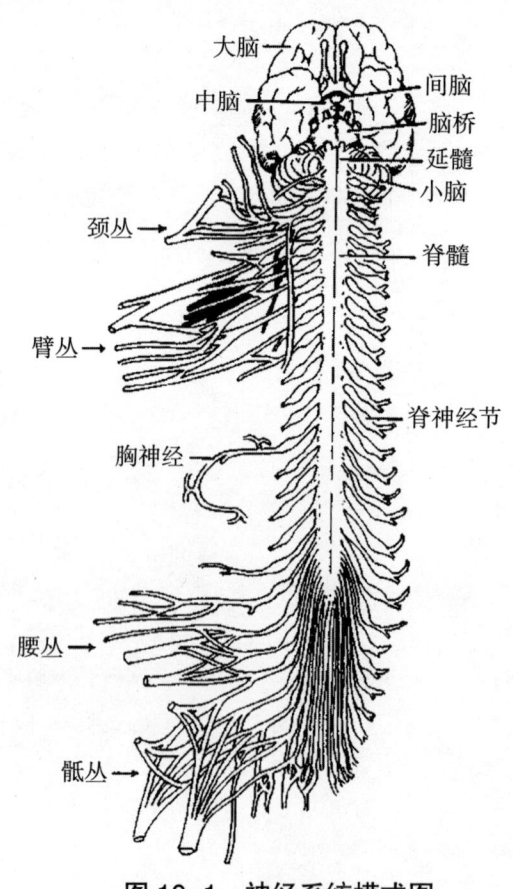

图 10-1　神经系统模式图

一、神经系统的区分

神经系统在形态和功能上是一个整体,一般将其分为中枢部和周围部。中枢部包括脑和脊髓(图 10-2),也称为中枢神经系统,含有绝大多数神经元的胞体。周围部是指与脑和脊髓相连的神经,即脑神经、脊神经和内脏神经,又称为周围神经系统,主要由感觉神经元和运动神经元的轴突组成。脑神经与脑相连,脊神经与脊髓相连,内脏神经通过脑神经和脊神经附于脑和脊髓。根据周围神经在各器官、系统中所分布的对象不同,又可把周围神经系统分为躯体神经和内脏神经。躯体神经分布于体表、骨、关节和骨骼肌;内脏神经分布到内脏、心血管、平滑肌和腺体。

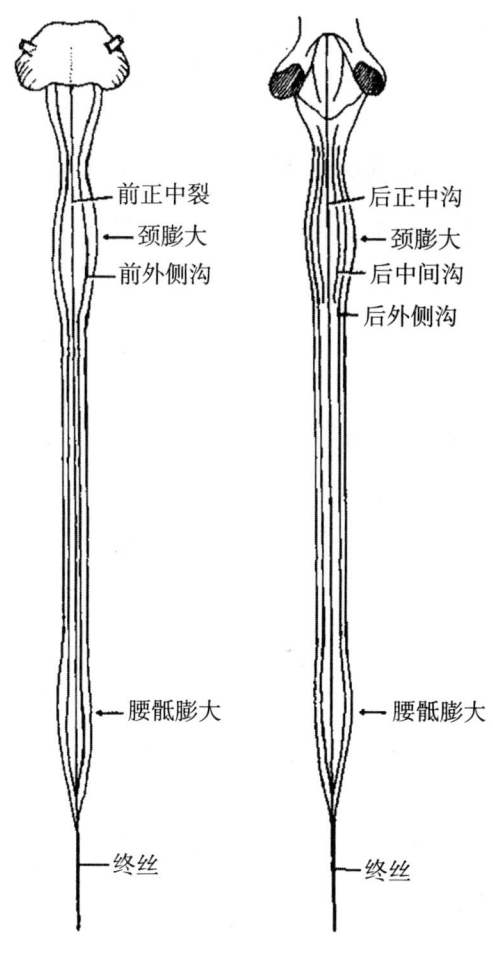

图 10-2 脊髓

在周围神经中，感觉神经的冲动是自感受器传向中枢，故又称传入神经；运动神经的冲动是自中枢传向周围，故又称传出神经。内脏运动神经又分为交感神经和副交感神经。

二、神经系统的常用术语

由于组成神经系统的基本结构单位是神经元，而神经元又有胞体和轴突的区分，这样，分别位于神经系统不同部位的胞体或轴突的群体就因组合和编排方式不同而具有不同的术语。

（一）神经节与神经核

在中枢部皮质以外，形态和功能相似的神经元的胞体聚集成团或柱，称为神经核。在周围部，神经元的胞体聚集处称为神经节。

（二）灰质与皮质

中枢神经内，神经元的胞体及其树突聚集的部位，因富含血管，在新鲜标本上呈灰色，故称灰质。分布于大、小脑表面的灰质层称为皮质。神经核也属于灰质。

（三）白质与髓质

中枢神经内，神经纤维聚集的部位，因髓鞘含类脂质，在新鲜标本上呈白色，称白质。分布在大、小脑深面的白质称为髓质。纤维束也属于白质。

（四）纤维束与神经

神经元的突起常集中成束，在周围部称为神经；在中枢内起止与功能基本相同的神经元的突起集中在一起，称为纤维束。神经中可含有功能相同的纤维，也可含有功能不同的纤维。而纤维束则由只含有功能相同的纤维。

（五）网状结构

中枢神经内，神经纤维纵横交错穿插成网，神经元的胞体散布其中，这种结构称为网状结构。

第一节 中枢神经系统

一、脊髓

（一）脊髓的位置和外形

脊髓（图10-1-1）位于椎管内，上端在平枕骨大孔处与延髓相连，下端在成人平第1腰椎体下缘（新生儿可达第3腰椎下缘平面），长度为42～45厘米，最宽处的横径仅为1厘米。脊髓呈前后稍扁的圆柱形，全长粗细不等，有两个梭形的膨大，即颈膨大和腰骶膨大。这两个膨大的形成是由于此处的脊髓节段的神经元数量相对较多，是分别发出支配上肢和下肢脊神经的部位。脊髓末端变细，称脊髓圆锥，自此处向下延为细长的无神经组织的终丝，向下在第2骶椎水平以下由硬脊膜包裹，止于尾骨的背面。

脊髓表面借前后两条位于正中的纵沟分为左右对称的两半。前面的裂隙明显，称前正中裂，后面的称后正中沟，不甚明显。此外还有两对外侧沟，即前外侧沟和后外侧沟。前外侧沟内为脊神经前根纤维是前根从脊髓发出的位置，后外侧沟内为脊神经后根纤维。

脊髓在外形上没有明显的节段性，但每一对脊神经及其前、后根的根丝附着范围的脊髓即构成一个脊髓节段。因

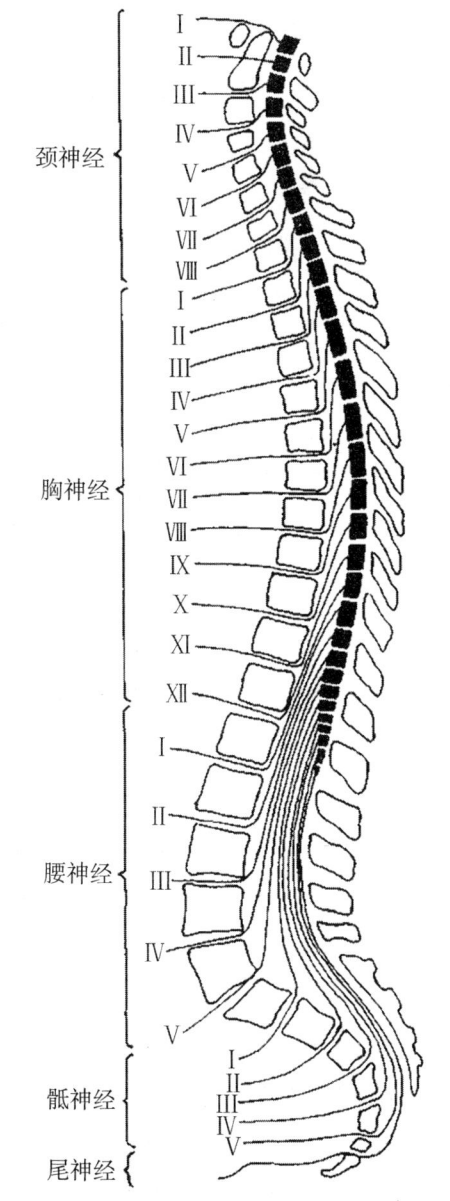

图10-1-1 脊髓节段与椎骨节数的关系

为有31对脊神经,故脊髓可分为31个节段:8个颈节(C),12个胸节(T),5个腰节(L),5个骶节(S)和1个尾节(CO)。

由于在胚胎三个月后,人体脊柱的生长速度比脊髓要快,因此成人脊髓与脊柱的长度是不相等的,脊柱长脊髓短。这样一来,脊髓的节段与脊柱的节段并不完全对应(图10-1-1)。因此,腰、骶、尾部的脊神经前后根在通过相应的椎间孔离开脊柱以前,在椎管内向下行走一段距离,这就形成马尾。也就是说,成人椎管内在相当第1腰椎以下已无脊髓而只有马尾。

(二)脊髓的内部结构

脊髓由灰质和白质构成。灰质在内部,白质在周围(图10-1-2)。

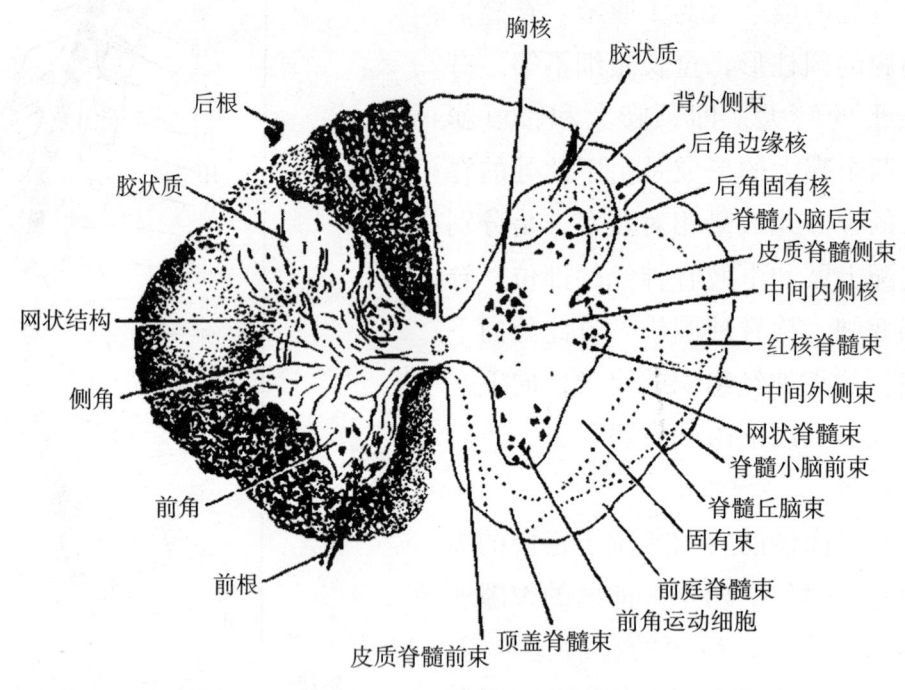

图10-1-2 脊髓水平切面

1.灰质

在横切面上呈"H"形,其中间横行部分,称灰质连合,其中央有中央管,纵贯脊髓全长。每侧灰质前部扩大,称为前角。后部狭细,称为后角。前、后角之间称为中间带。从第1胸节段到第3腰节段,中间带向外侧突出,称为侧角。前、后、侧角在脊髓内上下连续纵贯成柱,又分别称为前柱、后柱和侧柱。

（1）前角

前角：除有些小型中间神经元外，主要为运动神经元，通称为前角运动细胞，它们成群排列，其轴突经前根和脊神经直达躯干和四肢的骨骼肌。

（2）中间带

中间带：从第1胸节段到第3腰节段，中间带向外侧突出的部分称为侧角，侧角内含侧角细胞，为交感神经元，它们的轴突经前根出脊髓。骶髓无侧角，在骶髓第2～4节段中间带外侧部有副交感神经元，其轴突也经相应的前根走出。

（3）后角

后角：内含多极神经元，为后角细胞。主要接受后根的各种感觉纤维，其轴突主要有两种去向：一些后角细胞的轴突进入对侧或同侧的白质形成上行纤维束，将后根传入的神经冲动传导到脑；一些后角细胞的轴突在脊髓内起节段内或节段间的联络作用。

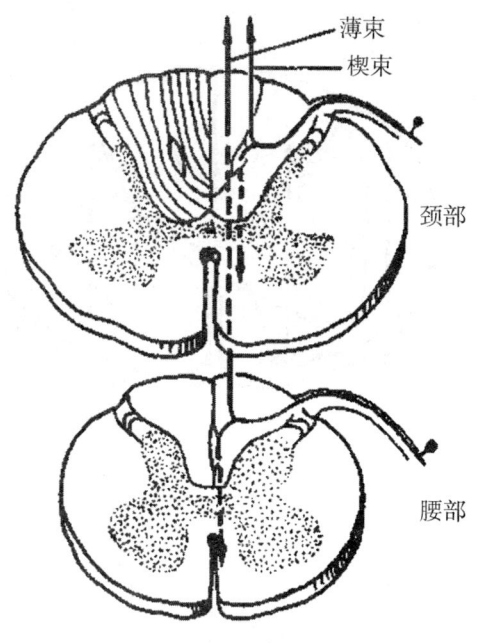

图 10-1-3　薄束和楔束

2. 白质

脊髓的白质借脊髓的纵沟分成3个索。前正中裂与前外侧沟之间为前索；前、后外侧沟之间称为外侧索；后外侧沟与后正中沟之间为后索。脊髓的每个索都由不同的上行或下行的纤维束所构成。

（1）后索

后索：内侧部为薄束，外侧部为楔束（图10-1-3）。由后根入脊髓后转而上行的纤维。薄束来自第5胸髓节段以下的脊神经节细胞，楔束来自第4胸髓节段以上，两束都传导本体感觉（肌、腱、关节的位置或运动觉）和精细触觉（如辨别两点的距离和物体的纹理粗细）。

（2）外侧索

外侧索：由上行及下行传导束组成。

1）上行传导束

脊髓丘脑侧束（图10-1-4）：起自后角固有核，轴突越过白质前连合到对侧的外侧索，上行至间脑的丘脑，传导痛觉及温度觉。因为后根中传递痛、温觉进入脊髓的纤维多数先上升1～2节段，再终止于后角固有核。所以，如果左侧脊髓丘脑侧束损伤，患者在距离损伤平面以下1～2节段处，才开始出现右侧的皮肤痛、温觉障碍。

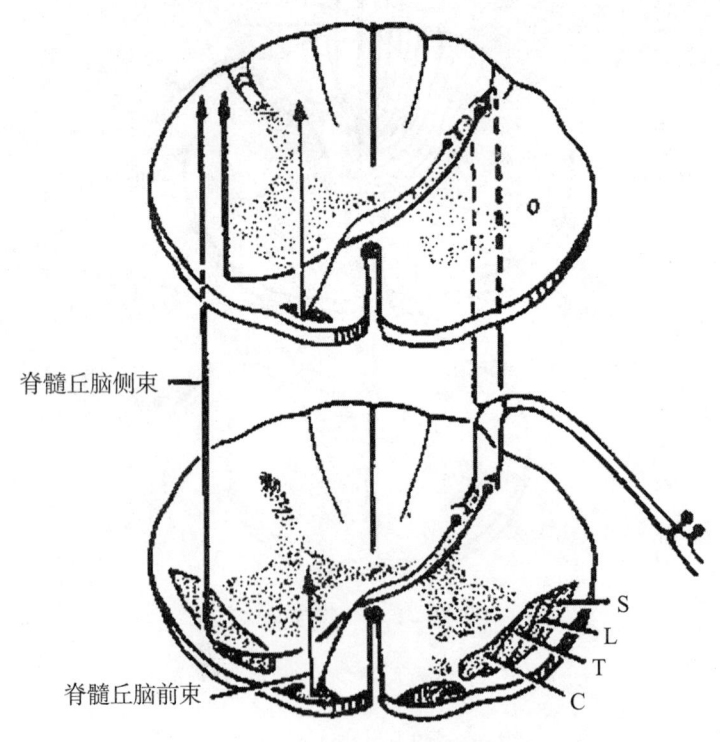

图10-1-4　脊髓丘脑侧束和前束

2）下行传导束

皮质脊髓侧束（图10-1-5）：起自大脑皮质，下行到延髓时交叉到对侧，然后贯穿脊髓全长，陆续止于前角运动细胞。有部分纤维等先止于脊髓的中间神经元，中继后再将神经冲动传到前角运动细胞。皮质脊髓侧束的机能是控制骨骼肌的随意运动。

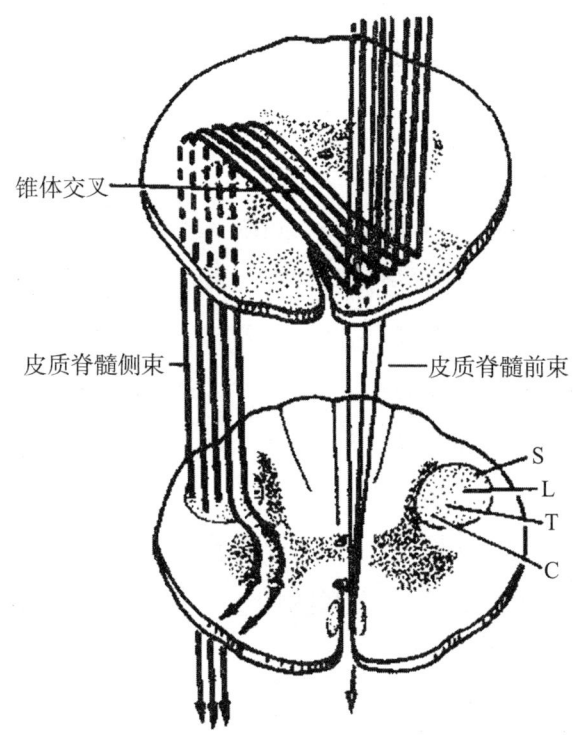

图 10-1-5　皮质脊髓侧束和前束

3）前索

前索：位于前正中裂的两侧。起自大脑皮质，在延髓不交叉，一般只下行到颈髓和上胸髓。皮质脊髓前束的纤维大部分逐节越过白质前连合，止于对侧的前角运动细胞。管理骨骼肌的随意运动。

（三）脊髓的功能

脊髓是中枢神经的低级部分，正常情况下，它受脑的控制。因此，它具有双重机能，一种是以脊髓为中枢完成各种简单的脊髓反射，即反射机能；另一种是参加以脑为中枢的各种复杂反射，此时它向上或向下传导各种神经冲动，具有传导机能。

在脊髓受损时，脊髓的反射功能和传导功能都有可能出现障碍。例如损伤腰髓第 2～4 节段的患者可出现：一是脊髓反射障碍，以此部腰髓为中枢的膝反射消失。二是脊髓传导障碍，由于途经伤区的上、下行传导束被阻断，下肢的各种感觉丧失；而下肢的骨骼肌因为失去神经控制而不能随意运动，整个下肢处于瘫痪状态。除此以外，由于脑通过腰髓到骶副交感核的下行传导被阻断，患者还可能出现大、小便功能障碍。

二、脑

脑位于颅腔内，一般可分为端脑、间脑、小脑、中脑、脑桥和延髓 6 个部分。通常将延髓、脑桥和中脑合称为脑干。在成人其平均重量约 1400 克，在正常范围内，人脑的重量可有明显的个体差异，单纯以此差异来衡量人智力的高低是没有科学根据的。

（一）脑干

脑干位于颅底内面的斜坡上，平枕骨大孔处与脊髓相续，上接间脑。延髓和脑桥的背面与小脑相连，它们之间的腔室为第四脑室。该室上通中脑水管，向下与延髓及脊髓的中央管相续。

1. 脑干外形（图 10-1-6、图 10-1-7）

（1）腹侧面

延髓腹侧面正中有与脊髓相续的前正中裂，裂上部两侧各一纵行隆起，称锥体。锥体下方形成锥体交叉。脑桥腹侧面宽阔而膨隆，称基底部，正中有一纵行的基底沟。脑桥两侧逐渐变细与小脑相连。中脑腹侧面有一对纵行柱状结构，称大脑脚，两脚之间称脚间窝。

（2）背侧面

延髓背侧面下部有两对隆起，内侧的称薄束结节，内有薄束核；外侧的称楔束结节，内有楔束核。延髓背侧面上部与脑桥背侧面有一菱形窝，称第四脑室底。在中脑背侧面有两对隆起，上方的称上丘，是视觉反射中枢；下方的称下丘，是听觉反射中枢。

脑神经共 12 对，与脑干相连的有 10 对。其中，动眼神经和滑车神经与中

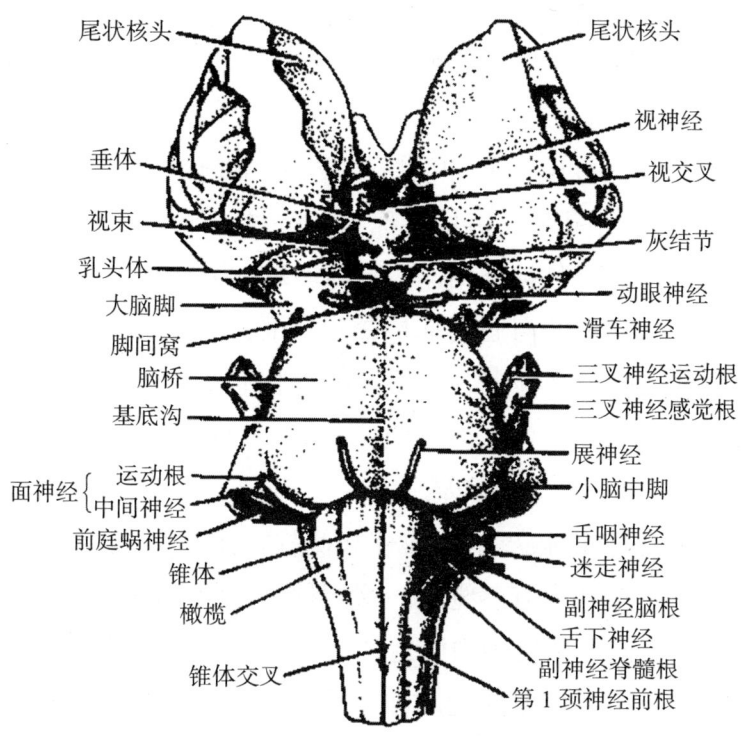

图 10-1-6 脑干腹侧面

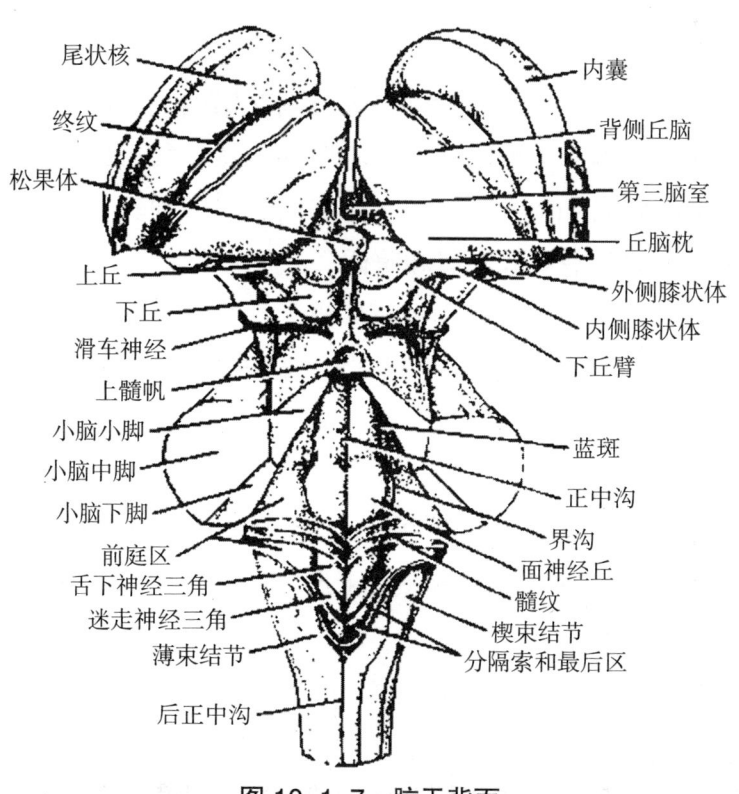

图 10-1-7 脑干背面

脑相连；三叉神经、展神经、面神经和前庭蜗神经与脑桥相连；舌咽神经、迷走神经、副神经和舌下神经与延髓相连。

2. 脑干的内部结构

脑干像脊髓一样，也由灰质和白质构成，但脑干的灰质不是连续的纵柱，而是分散成大小不等的团块或短柱，称为神经核。脑干的神经核可分为两大类：一类是与第3～12对脑神经相连的脑神经核；另一类不与脑神经直接相连，统称为非脑神经核。脑干的白质大都是脊髓纤维束的延续，但是其位置、走向发生迁移，并出现一些新纤维束。此外，在脑干还有明显的网状结构。

（1）脑干的神经核

1）脑神经核：分为运动核和感觉核，运动核又分为躯体运动核和内脏运动核，它们分别相当于脊髓灰质的前柱和侧柱。感觉核相当于脊髓灰质的后柱，又分为躯体感觉核和内脏感觉核。这四种核都位于脑干的背侧部，其中躯体运动核在最内侧，向外依次为内脏运动核、内脏感觉核和躯体感觉核。

①躯体运动核：主要由躯体运动神经元的胞体组成，其轴突构成脑神经中的躯体运动纤维，分布到头颈部的骨骼肌，管理其随意运动。其主要者：在中脑内有动眼神经核支配咀嚼肌；面神经核支配面肌；延髓内有疑核支配咽喉肌；舌下神经核支配舌肌。

②内脏运动核：脑干的内脏运动核皆属副交感核，它们的轴突组成脑神经中内脏运动副交感纤维，支配平滑肌、心肌和腺体，其重要者：在中脑内有动眼神经副核支配睫状肌和瞳孔括约肌。延髓内有迷走神经背核支配颈部、胸腔和大部分腹腔器官的平滑肌或心肌和腺体。

③躯体感觉核：接受脑神经中的躯体感觉纤维。其重要者有位于脑桥内的三叉神经脑桥核，主要接受面部皮肤和口、鼻腔黏膜的触觉冲动；还有三叉神经脊束核，它是三叉神经脑桥核的延续，向下贯穿延髓全长，主要接受面部皮肤和口腔黏膜的痛、温度觉。

④内脏感觉核：为延髓内的孤束核，接受脑神经中的内脏感觉纤维。来自咽、喉及胸腹腔脏器的感觉纤维皆终止于孤束核，其中味觉纤维终止于孤束核的上端。

2）非脑神经核

主要有：

①薄束核和楔束核：位于延髓背面的薄束结节和楔束结节内，接受薄束和

楔束的纤维。它是传导意识性本体觉和精细触觉传导路的第二级神经元胞体所在地。

②黑质：是紧靠大脑脚底的灰质带，是含黑色素的细胞团，细胞内富含多巴胺。黑质与纹状体之间有往返的纤维联系，黑质细胞合成的多巴胺，通过轴突输送至纹状体；黑质的多巴胺缺乏可导致运动减少、肌张力过高、震颤等症状，是引起震颤麻痹（帕金森病）的主要病因。

③红核：在中脑上丘水平，因富有血管，在新鲜脑干切面上显红色而得名。红核主要接受小脑的纤维，这些纤维主要构成小脑上脚。红核的传出纤维主要有红核脊髓束，交叉后下行，终于前角运动神经元。其机能主要是兴奋屈肌运动神经元，抑制伸肌运动神经元。

（2）脑干的纤维束

脑干白质内含大量的上、下行纤维束，多数与脊髓内纤维束相延续。脑干白质内的上行纤维束多数为脊髓内相同纤维束的延续；下行纤维束主要是大脑至脊髓和小脑的传出纤维束。

（3）脑干的网状结构

脑干内除上述各种核团和纤维束外，在脑干中央区域还有较分散的纤维纵横交织成网，网眼内散在有神经细胞，这个区域称为脑干网状结构。网状结构是中枢神经内一个重要的整合机构，参与躯体、内脏及觉醒等多种功能活动。

（二）小脑

1. 小脑的位置和外形

小脑位于颅后窝内，在大脑半球枕叶下方，脑桥与延髓的后方。小脑借大量纤维与脑干相连。

小脑在外形上，可分中间的小脑蚓和两侧的小脑半球。小脑上面（图10-1-8）稍平坦；下面（图10-1-9）膨隆，在小脑半球下面的前内侧，各有一个突出部，称为小脑扁桃体。它紧靠枕骨大孔，其腹侧邻近延髓，当颅内压增高时，小脑扁桃体可被挤入枕骨大孔内，压迫延髓而危及生命，临床上称为小脑扁桃体疝或枕骨大孔疝。

2. 小脑的构造

小脑表面的一层灰质，称小脑皮质。皮质深面的白质称为髓质。髓质内埋有4对灰质块，称为小脑核，其中最大者为齿状核。

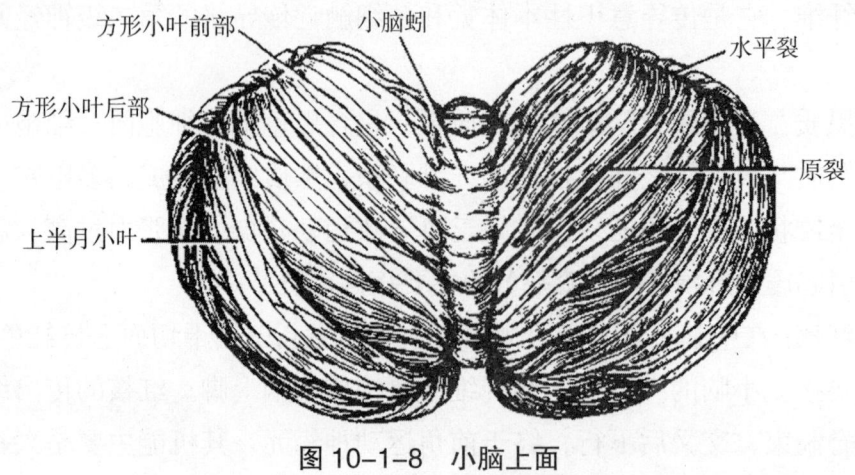

图 10-1-8 小脑上面

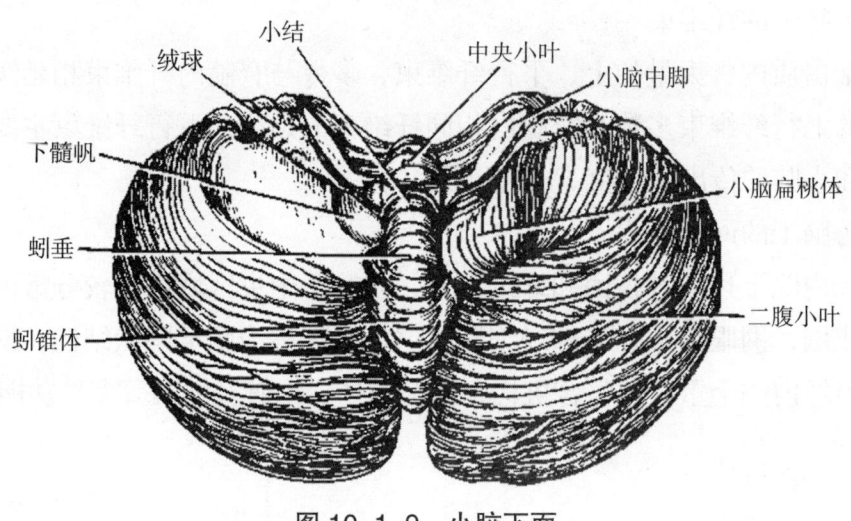

图 10-1-9 小脑下面

3. 小脑的功能

小脑的功能是维持身体的平衡，调节肌张力，协调骨骼肌的随意运动。小脑损伤时，可出现平衡失调、站立不稳，或表现为肌张力低下、腱反射减弱、共济运动失调和意向性震颤。

（三）间脑

间脑位于中脑的前上方，由于大脑半球的高度发达，间脑除腹面的一部分露于表面外，余皆被大脑半球所掩盖。间脑的外侧与大脑半球愈合。间脑中间有一矢状裂隙，称第三脑室，它向下通中脑水管，向上经室间孔与侧脑室相通。

间脑主要包括背侧丘脑、后丘脑和下丘脑三部分。

1. 背侧丘脑（图 10-1-10）

又称丘脑，位于间脑的背侧部，是一对卵圆形的灰质团块，其外侧紧贴大脑半球的内囊，前下方邻接下丘脑，其内侧面成为第三脑室壁的后上份，以下丘脑沟与下丘脑分界。

背侧丘脑是感觉的中继站，也是个复杂的分析器，一般认为痛觉在丘脑阶段即开始产生。丘脑受损害时常见的症状是感觉丧失、过敏或伴有激烈的自发疼痛。

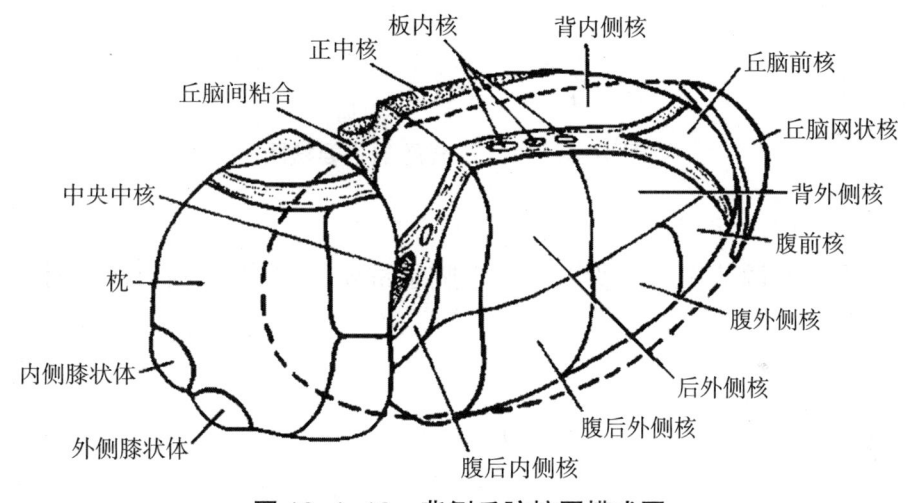

图 10-1-10　背侧丘脑核团模式图

2. 后丘脑

位于背侧丘脑后侧的外下方，包括两对小隆起，称为内侧膝状体和外侧膝状体。它们是听觉和视觉传导路的中继站。内侧膝状体接受听觉纤维，发出听辐射分布到颞叶的听觉中枢。外侧膝状体接受视束纤维，发出视辐射到枕叶的视觉中枢。

3. 下丘脑

位于背侧丘脑的前下方，构成第三脑室的底和侧壁下份。在脑底面，下丘脑的范围从前至后为视交叉、灰结节、乳头体。灰结节向下方伸出一细蒂，称为漏斗。漏斗下端连于垂体。

下丘脑（图 10-1-11）内含有许多核团，但核团界限不明显，其中界限清楚的有视上核和室旁核。下丘脑的纤维联系十分广泛，对内脏活动以及内分泌活

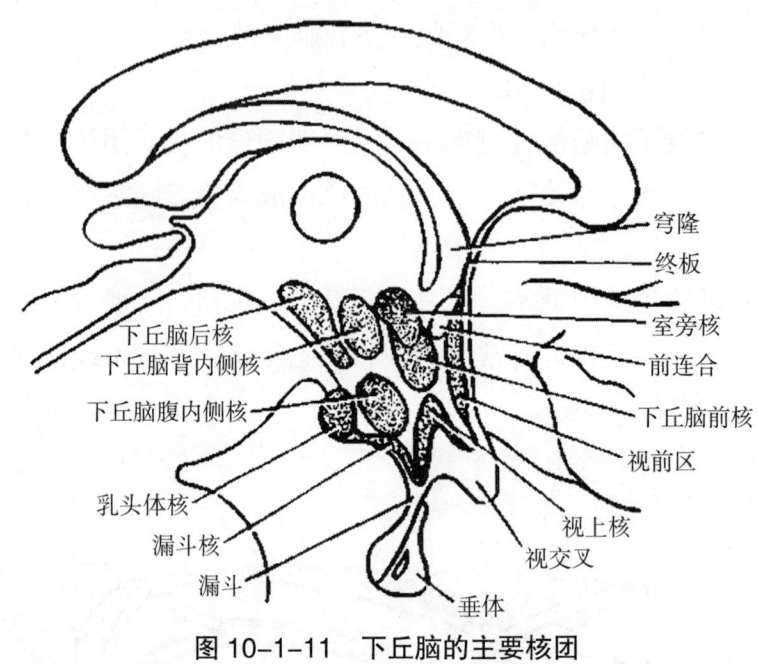

图 10-1-11 下丘脑的主要核团

动等起着重要的调节作用。所以，下丘脑是重要的皮质下内脏活动中枢。

（四）端脑

端脑通常又称为大脑，由左右大脑半球构成。人类大脑半球高度发展掩盖了间脑、中脑以及小脑的上面。左右半球之间的裂隙为大脑纵裂，裂底有连接两半球的横行纤维，称为胼胝体。

1. 大脑半球的外形

大脑半球可分为上外侧面、内侧面和下面。大脑半球表面凸凹不平，有许多浅、深的沟，沟与沟之间的隆起，称为大脑回。

（1）半球的分叶

大脑半球被 3 条较重要的沟，分为 5 个分叶。3 条沟是中央沟、外侧沟和顶枕沟（图 10-1-12）。

中央沟在半球上外侧面，自半球上缘中点稍后，向下前斜行，几乎达外侧沟。外侧沟位于半球的上外侧面，此沟较深，由前向后斜行。顶枕沟位于半球内侧面的后部，由前下向后上，并略转至半球上外侧面。

5 个叶是额叶、顶叶、枕叶、颞叶和岛叶。额叶在外侧沟以上和中央沟之间。顶叶在中央沟与顶枕沟之间。枕叶在顶枕沟以后。颞叶在外侧沟以下。岛叶在外侧沟的深处。

（2）半球上外侧面的沟和回（图10-1-12）

1）额叶

在中央沟的前方有一条与之平行的中央前沟，两者之间为中央前回。由中央前沟向前，有上、下两条平行的沟，称为额上沟和额下沟，两沟将额叶皮质自上而下分为额上回、额中回和额下回。

2）顶叶

在中央沟后方有一条与其平行的中央后沟，两沟之间为中央后回。在顶叶下方，围绕外侧沟末端周围的为缘上回，围绕颞上沟末端的脑回为角回。

3）颞叶

外侧沟下方有一平行的沟，称颞上沟。颞上沟上侧的回，称为颞上回。于外侧沟深处的颞上回上壁上，有几条短而横行的脑回，称颞横回。

（3）半球内侧面的沟和回

上述的额、顶、颞、枕叶都延伸至半球的内侧面（图10-1-13）。中央前、后回自半球上外侧面延续到半球内侧面的部分，称为中央旁小叶。从胼胝体的后方，有一条向后走向枕叶后端的深沟，称为距状沟，此沟与顶枕沟中部相

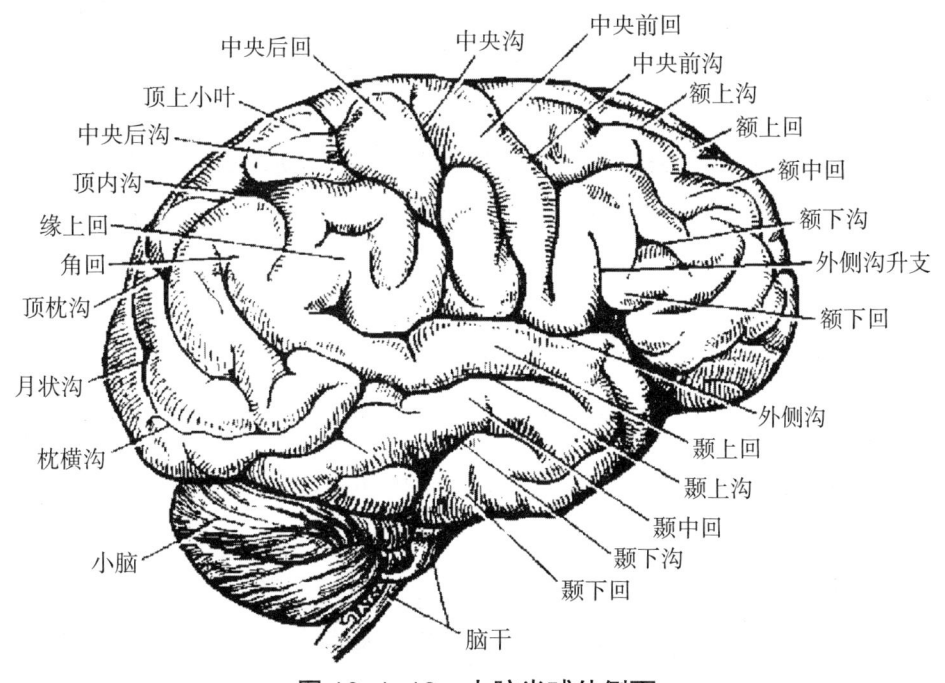

图10-1-12　大脑半球外侧面

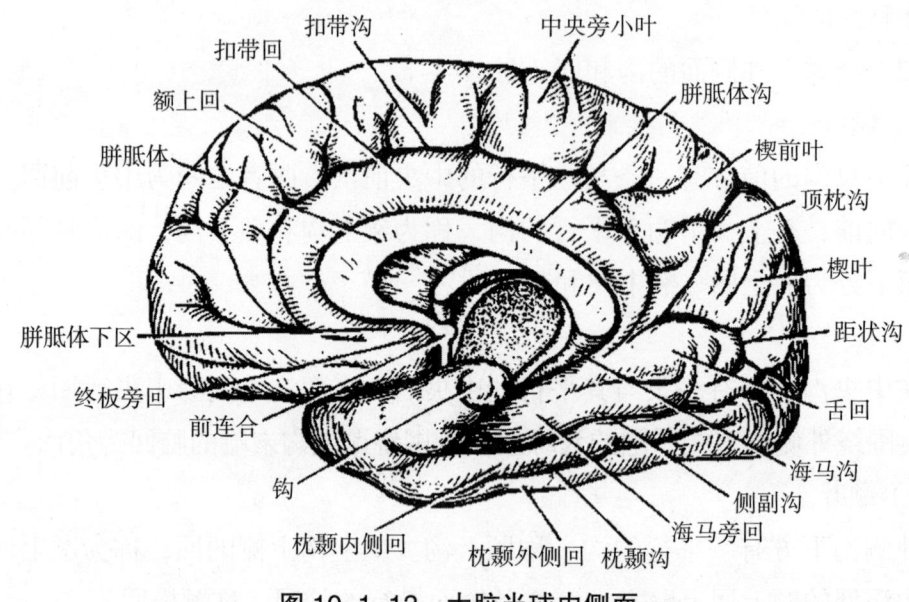

图 10-1-13 大脑半球内侧面

遇。围绕胼胝体前、上、后部为扣带回，其后端变窄并弯向前方连接海马旁回。海马旁回的前端弯成钩形，称为钩。扣带回、海马旁回和钩，几乎呈环形围于大脑与间脑交接处的边缘，故称边缘叶。

（4）大脑半球的下面

在额叶的下面前内侧有一椭圆形的嗅球，内有嗅细胞，接受嗅神经，它的后端变细为嗅束，嗅束向后扩大为嗅三角。

2. 大脑半球的内部结构

大脑半球表面的一层灰质，称为大脑皮质，皮质的深方为白质，又称大脑髓质。白质内埋有灰质团块，称基底核。半球内还有左右对称的腔隙，称侧脑室。

（1）大脑皮质

1) 大脑皮质的结构

大脑皮质的沟与回，扩大了皮质的表面积，人类大脑皮质的面积为2200平方厘米，有1/3露在表面，2/3在沟裂的底和壁上。大脑皮质是由各种神经元、神经纤维及神经胶质构成。

2) 大脑皮质的功能定位

根据临床的观察和实验研究证明，人的大脑皮质有许多不同的功能区，又称中枢。重要者如下：

①躯体运动中枢

是随意运动的最高级中枢,位于中央前回和中央旁小叶前部。一侧大脑半球运动中枢的神经冲动,经该区发出的锥体束传到对侧的脊髓前角及对侧或双侧脑神经躯体运动核,再由脊髓前角或脑神经躯体运动核发出的纤维经脊神经或脑神经传到骨骼肌。

皮质运动中枢对骨骼肌运动的管理具有以下特点:有一定的局部定位关系,即中央前回上部及中央旁小叶前部支配下肢肌,中央前回中部支配上肢肌和躯干肌,下部支配头颈肌。因此它与身体各部的关系,尤如头在下,脚在上倒立的人形,但头面部的投影依然是正位。身体各部在皮质的代表区的大小,与运动的精细复杂程度相关,如手和口在皮质所占的面积较其他部分相对地大得多。

②躯体感觉中枢

位于中央后回及中央旁小叶后部。此中枢接受背侧丘脑发出的纤维,管理躯体浅、深感觉。其特点是:接受对侧身体的感觉冲动、感觉传入的皮质投射也是倒置的,和躯体运动中枢相似。代表区的大小与身体各部感觉的灵敏程度相关,如手、指、唇、足等感觉灵敏的部位的代表区面积大,而躯干的代表区面积小。

③视觉中枢

在枕叶内侧面的距状沟上、下的皮质。一侧视觉中枢接受同侧视网膜颞侧半和对侧视网膜鼻侧半的传入冲动。

④听觉中枢

在颞叶的颞横回。每侧听觉中枢都接受来自两耳的听觉冲动。因此,一侧听觉中枢受损,不会引起全聋。

⑤语言中枢

是人类大脑皮质所特有的,通常只存在于一侧半球,一般认为习惯用右手的人的语言中枢在左侧半球,因此将这种管理语言和劳动技巧的半球,称为优势半球。优势半球内有说话、听写、书写和阅读四种语言中枢。

运动语言中枢(说话中枢):位于额下回后部。此区受损,患者丧失说话能力,可以听懂他人的语言,与发音有关的肌肉并未瘫痪,尚能发音,临床上称为运动性失语症。

书写中枢:位于额中回后部,紧靠中央前回,管理上肢肌和手肌的运动区。

此区受损，患者失去写字、绘画等能力，但其他的运动功能不受影响，临床上称为失写症。

视觉性语言中枢（阅读中枢）：位于顶叶的角回。此中枢受损，患者视觉无障碍，但看不懂已认识的文字，不理解句意，从而不能阅读，称为失读症。

听觉性语言中枢（听话中枢）：在颞上回后部。此中枢能调整自己的语言和理解别人的语言。此中枢受损，患者听觉无障碍，也能说话，但不能理解他人讲话的意思，故不能正确回答问题。临床上称为感觉性失语症。

⑥嗅觉中枢

在海马旁回、钩的附近。

⑦内脏运动中枢

一般认为在边缘叶。

（2）基底核

基底核是埋藏在大脑底部白质内的灰质核团，包括尾状核、豆状核和杏仁体等。

1）尾状核

长而弯曲，蜷伏在背侧丘脑之上，分为头、体、尾三部分。尾状核头在背侧丘脑的前外侧，体在背侧丘脑的背外侧，尾向前伸入颞叶，终端联结杏仁体。

2）豆状核

位于岛叶的深部，背侧丘脑的外侧，它被白质分成内、外侧两部。内侧部色泽较浅由两块组成，称为苍白球。豆状核和尾状核是人类锥体外系的重要组成部分。具有协调各肌群间的运动和调节肌张力等功能。

3）杏仁体

在海马旁回钩内，与尾状核尾相连。为边缘系统的皮质下中枢，与调节内脏活动和情绪等功能有关。

（3）大脑白质

又称为大脑髓质。由大量的神经纤维构成，这些纤维的长、短和方向不一，可分为三类。

1）联合纤维

是连接左右大脑半球皮质的横行纤维，其最主要者为胼胝体。

2）联络纤维

为同侧半球皮质各部分间相互联系的纤维。

3）投射纤维

是大脑皮质与皮质下结构的上、下行纤维，大都经过内囊。

内囊（图 10-1-14）是位于尾状核、背侧丘脑和豆状核之间的上、下行纤维密集而成的白质区。在大脑半球的水平切面上，呈"＞＜"形，可分为内囊前肢、内囊膝和内囊后肢三部分。内囊前肢位于尾状核与豆状核之间。内囊后肢较长，在豆状核与背侧丘脑之间。前、后肢相接的拐角处，称内囊膝。在内囊这一窄小区域内，集中了绝大多数的上、下行纤维束，它们之间相对集中，但并非截然分开。

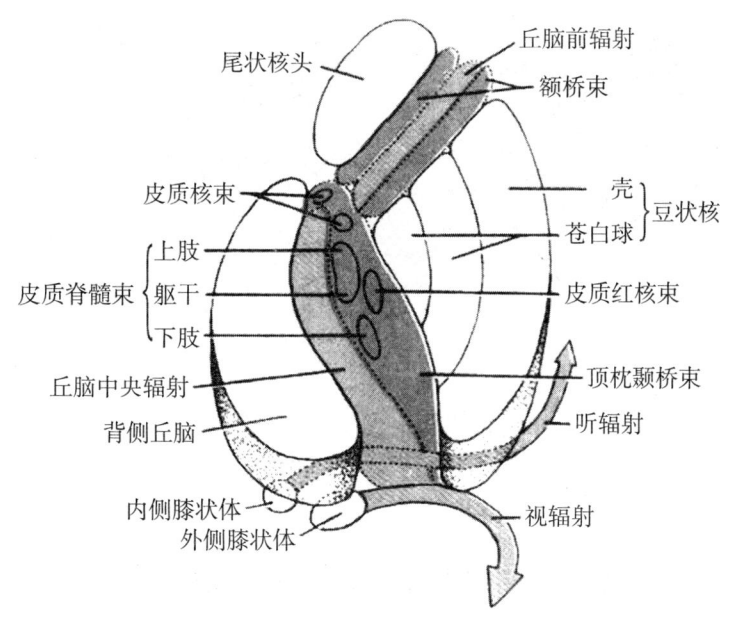

图 10-1-14　内囊模式图

经内囊前肢的投射纤维，主要有额桥束。经内囊膝部的投射纤维有皮质核束。以内囊后肢的投射纤维主要有皮质脊髓束，丘脑皮质束，在后肢的后份有视辐射和听辐射通过。此外还有皮质红核束等通过。

（4）侧脑室

侧脑室左右各一，位于大脑半球内部，延伸至半球的各个叶内。经左右室间孔与第三脑室相通。室腔内有脉络丛。

（5）边缘系统（图 10-1-15）

在大脑半球内侧面、隔区、扣带回、海马旁回钩等围绕胼胝体的沟回几乎成一圈，加上被挤到侧脑室下角的海马、齿状回等，共同组成边缘系统。边缘系统在种系发生上是比较古老的，它不仅与嗅觉有关，更主要是与内脏活动、情绪行为和记忆等密切相关，故又称内脏脑。海马和杏仁体为其主要成分。

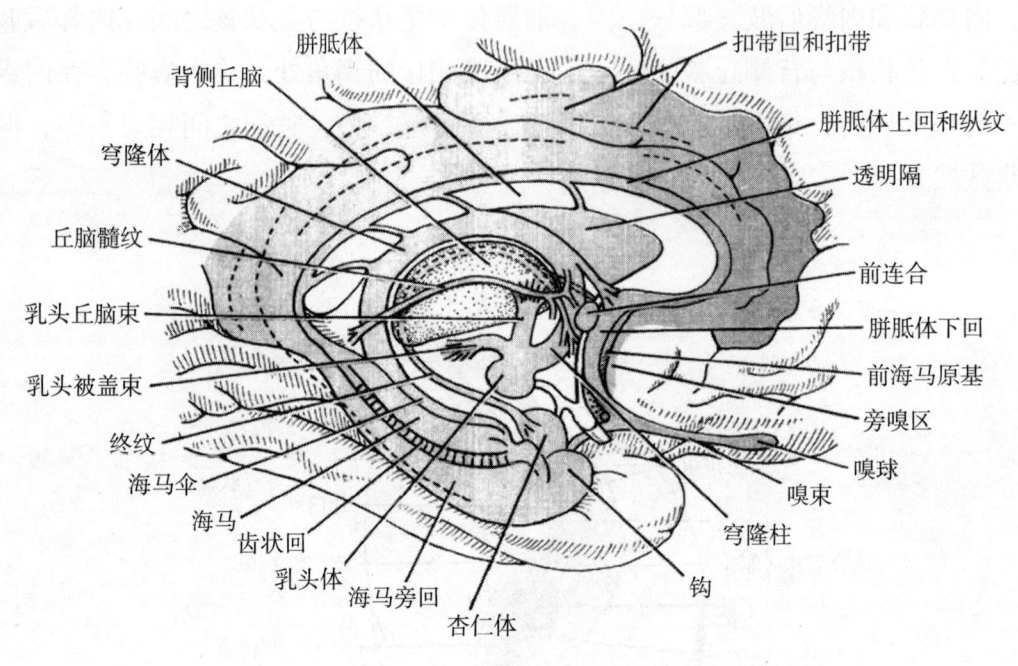

图 10-1-15　边缘系统

第二节　周围神经系统

周围神经系统一端连于中枢神经系统的脑或脊髓，另一端借各种末梢装置连于身体各系统、器官。其中与脑相连的部分称为脑神经，共 12 对；与脊髓相连的为脊神经，共 31 对。如果以周围神经系统在身体各系统、器官中的分布对象不同区分，周围神经系统又可分为躯体神经分布于体表、骨、关节和骨骼肌；内脏神经分布于内脏、心血管、平滑肌和腺体。躯体神经和内脏神经都需经脑神经或脊神经与中枢神经相连。通常将周围神经系统分为脑神经、脊神经和内脏神经三部分。

在周围神经中的感觉神经成分又称为传入神经；运动神经成分又称传出神

经。因为内脏神经的传出部分支配不直接受人意识控制的平滑肌和心肌运动及腺体的分泌,故又将内脏传出神经称为自主神经系统或植物神经系统,其传出神经分为交感神经和副交感神经。

一、脊神经

（一）概述

1. 脊神经纤维成分

脊神经共 31 对。每对脊神经借前根和后根与脊髓相连。前根属运动性,后根属感觉性,后根较前根略粗,两者在椎间孔处合成一条脊神经干,感觉和运动纤维在干中混合。根据脊神经的分布和功能,将其组成的纤维成分分为 4 类：

感觉神经纤维 { 躯体感觉纤维——分布于皮肤、骨骼肌、腱和关节 将皮肤的浅部感觉（痛、温觉）和肌、腱、关节的深部感觉传中枢。

内脏感觉纤维——分布于内脏、心血管和腺体,传导来自这些结构的感觉冲动。

运动神经纤维 { 躯体感觉纤维——分布于骨骼肌、支配其运动。

内脏运动纤维——分布于内脏、心血管和腺体,支配平滑肌和心肌的运动,控制腺体的分泌。

2. 脊神经的分支（图 10-2-1）

脊神经干很短,出椎间孔后立即分为前支、后支。

（1）后支

较细,是混合性的,经相邻的椎骨横突之间向后走行（骶部的出骶后孔）,分皮支和肌支布于项、背及腰骶部的深层的肌和枕、项、背、腰、臀部的皮肤,其分布有明显的节段性。

其中,第 2 颈神经后支的皮支粗大,称为枕大神经,穿斜方肌腱至皮下,分布于枕和项部的皮肤。腰神经后支分为内侧支和外侧支。内侧支细小,经横突下方向后,分布于腰椎棘突附近的短肌与长肌。在腰椎骨质增生病人,可因

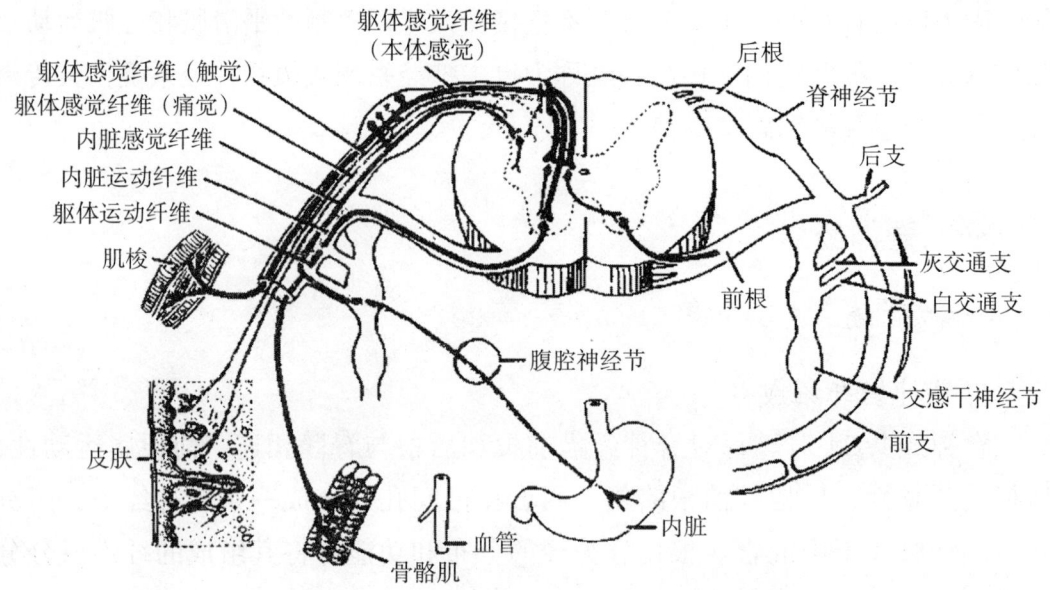

图 10-2-1　脊神经的组成、分支、分布示意图

横突附近软组织骨化,压迫此支而引起腰痛。第 1~3 腰神经后支的外侧支较粗大,分布于臀上区的皮肤,称为臀上皮神经。

(2) 前支

粗大,是混合性的,分布于躯干前外侧和四肢的肌和皮肤。在人类,除胸神经前支具有明显的节段性,其余的前支分别交织成丛,即颈丛、臂丛、腰丛和骶丛,由丛再分支分布于相应的区域。

(二) 颈丛

1. 颈丛的组成和位置

颈丛由第 1~4 颈神经的前支构成。位于胸锁乳突肌上部的深面,中斜角肌和肩胛提肌起始端的前方。

2. 颈丛的分支

颈丛的分支(图 10-2-2)有浅支和深支。浅支由胸锁乳突肌后缘中点附近穿出,位置表浅,散开行向各方,其穿出部位,是颈部皮肤浸润麻醉的一个阻滞点。主要浅支有:

(1) 枕小神经

布于枕部及耳郭背面上部的皮肤。

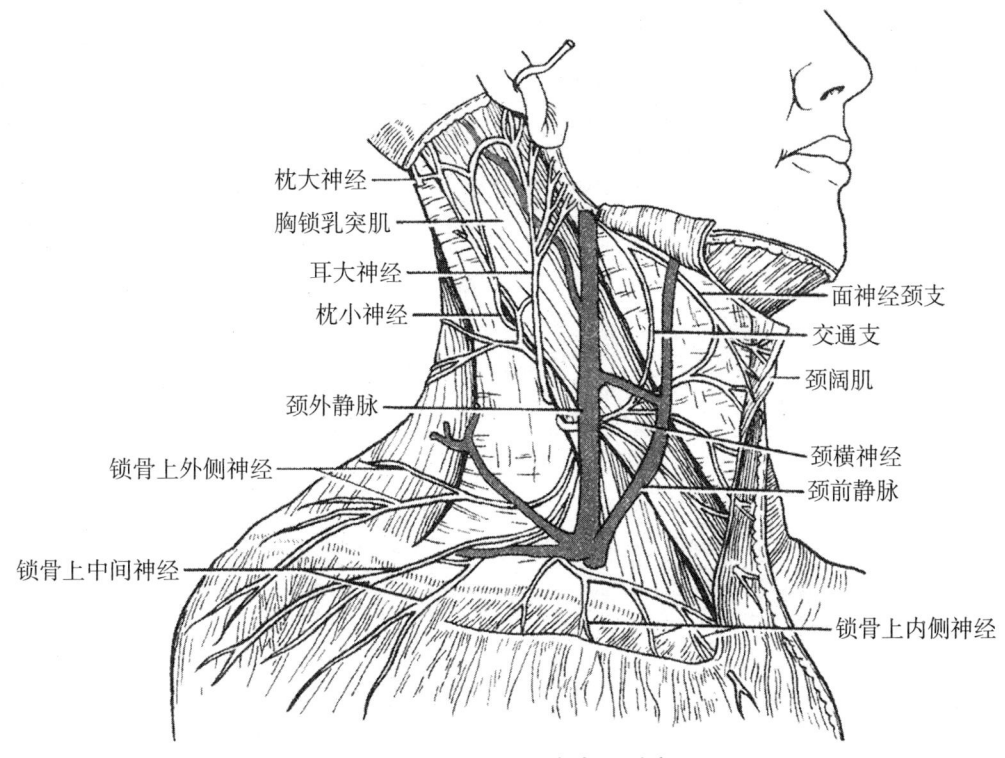

图 10-2-2 颈丛分支、分部

（2）耳大神经

布于耳郭及其附近的皮肤。

（3）颈横神经

布于颈部皮肤。

（4）锁骨上神经

布于颈侧部、胸壁上部和肩部的皮肤。颈丛深支主要支配颈部深肌、肩胛提肌、舌骨下肌群和膈。

（5）膈神经

是颈丛最重要的分支（图 10-2-3）。先在前斜角肌上端的外侧，沿该肌前面下降至其内侧，在锁骨下动、静脉之间经胸廓上口进入胸腔，经肺根前方，在纵隔胸膜与心包之间下行到达膈肌。其运动纤维支配膈肌，感觉纤维分布于胸膜、心包。右膈神经的感觉纤维还分布到肝、胆囊和肝外胆道等。

膈神经损伤的主要表现为同侧的膈肌瘫痪，腹式呼吸减弱或消失，严重的可有窒息。膈神经受到刺激时可出现呃逆。

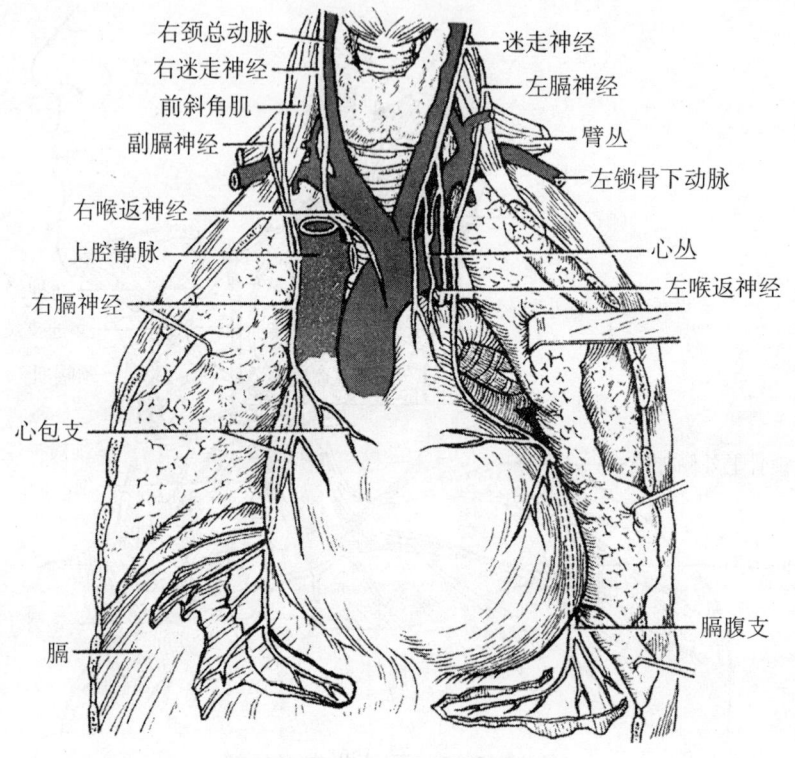

图 10-2-3　膈神经

(三) 臂丛

1. 臂丛的组成和位置

臂丛（图 10-2-4）是由第 5~8 颈神经前支和第 1 胸神经前支的大部分组成，经斜角肌间隙，走行于锁骨下动脉后上方，经锁骨后方进入腋窝。

2. 臂丛的分支

可依据其发出的局部位置分为锁骨上、下两部。上部分支是短的肌支，分布于颈深肌、背浅肌（除斜方肌），锁骨下部分支多为长支，主要有：

（1）腋神经

在腋窝绕肱骨外科颈至三角肌深面。肌支支配三角肌和小圆肌。皮支由三角肌后缘穿出，分布于肩部和臂外侧上部的皮肤。

（2）肌皮神经

发出后斜穿喙肱肌，经肱二头肌和肱肌间下降，发出肌支支配这三块肌。

（3）正中神经

正中神经（图 10-2-5、图 10-2-6）：由腋动脉前方发出，在臂部，沿肱二

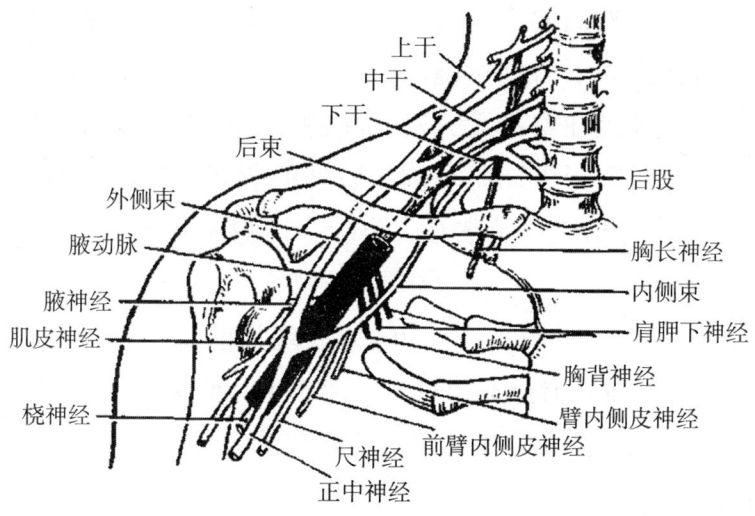

图 10-2-4 臂丛组成模式图

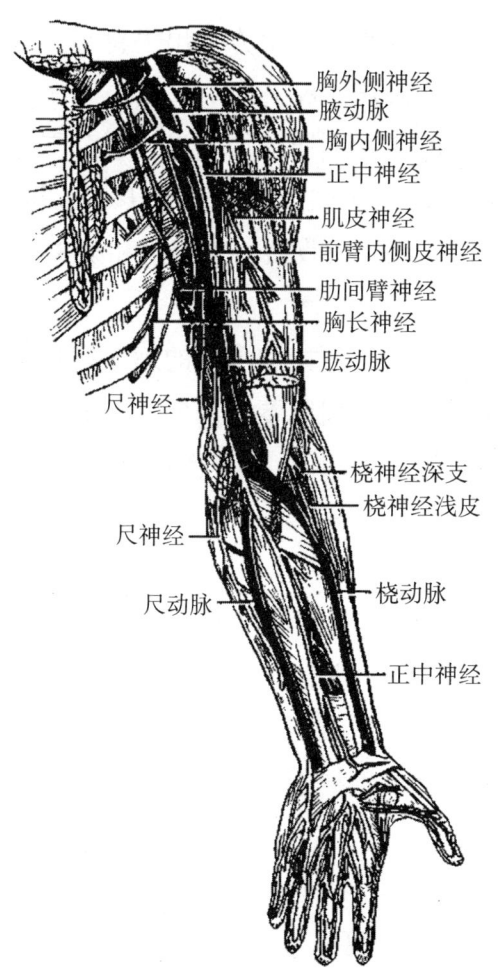

图 10-2-5 右上肢前面

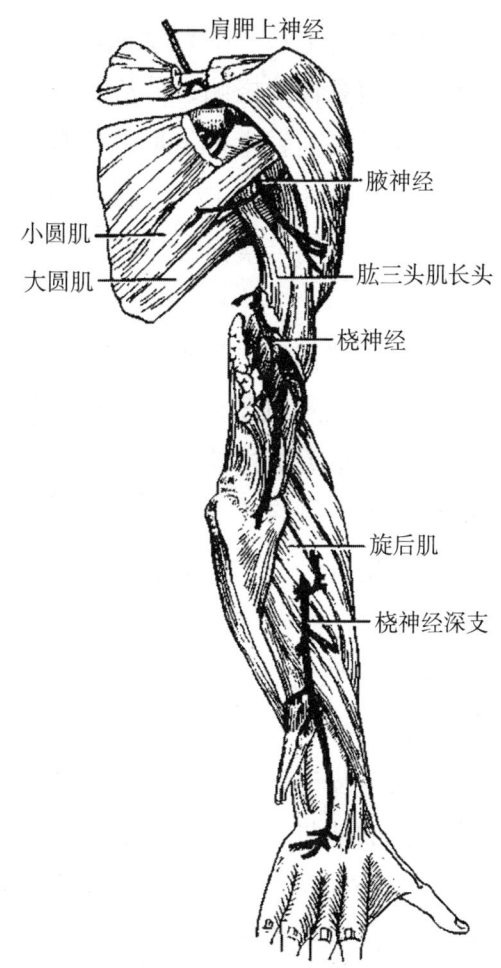

图 10-2-6 右上肢后面

头肌内侧沟下行，由外侧向内侧跨过肱动脉下降至肘窝。从肘窝向下穿旋前圆肌，继而在前臂正中下行到达腕部。后自桡肌腕屈肌腱与掌长肌腱之间经腕管入手掌。正中神经在臂部无分支，在肘部、前臂发出许多肌支，支配除肱桡肌、尺侧腕屈肌和指深屈肌尺侧半以外的所有前臂的屈肌，拇收肌以外的鱼际肌，第1、2蚓状肌以及掌心、鱼际、桡侧3个半指的掌面及其中节和远节手指背面的皮肤。

正中神经干如在臂部损伤，运动障碍表现为前臂不能旋前，屈腕能力减弱，拇、食指不能屈曲，拇指不能对掌。由于鱼际肌萎缩，手掌显平坦，称为"猿手"。感觉障碍以拇指、食指和中指的远节最为显著。

（4）尺神经

尺神经（图10-2-5、图10-2-6）：在肱动脉内侧下行，至肱骨内上髁后方的尺神经沟。在此处，其位置表浅又贴近骨面，隔皮肤可触摸到，易受损伤。由尺神经沟向下转到前臂掌面内侧，继续下降在桡腕关节上方发出手背支，主干下行于豌豆骨的桡侧，分浅深两支，于掌腱膜深方进入手掌。

尺神经在前臂上部发肌支支配尺侧腕屈肌的指深屈肌的尺侧半。手背支分布于手背尺侧半和小指、环指及中指尺侧半背面的皮肤。浅支分布于小鱼际、小指和环指尺侧半掌面的皮肤。深支支配小鱼际肌、拇收肌、骨间肌和第3、4蚓状肌。

尺神经损伤后，运动障碍表现为屈腕能力减弱，环指和小指的远节指骨不能屈曲。小鱼际肌萎缩，变平坦，拇指不能内收，骨间肌萎缩，各指不能互相靠拢，各掌指关节过伸，第4、5指的指间关节弯曲，出现"爪形手"。感觉丧失区域以手内侧缘为主。

（5）桡神经

桡神经（图10-2-5、图10-2-6）：在腋窝内位于腋动脉的后方，经肱三头肌深面紧贴肱骨体，沿桡神经沟向外下行，在肱骨外上髁上方分为浅、深二支。桡神经在臂部发出的皮支分布于前臂背面皮肤；肌支支配肱三头肌等。桡神经浅支为皮支，分布于手背桡侧半和桡侧两个半手指近节背面的皮肤。深支支配前臂的伸肌。

桡神经损伤后的主要运动障碍是前臂伸肌瘫痪，表现为抬前臂时呈现"垂腕"状态。感觉障碍以第1、2掌骨间隙背面"虎口区"皮肤最为明显。

（四）胸神经前支

胸神经前支共12对。第1至第11对各自位于相应的肋间隙中，称为肋间神经（图10-2-7），第12对胸神经前支位于第12肋下方，称为肋下神经。肋间神经在肋间内、外肌之间，肋间血管的下方，沿各肋沟前行，在腋前线附近离开肋骨下缘，行于肋间隙中。肋间神经的肌支支配肋间肌和腹肌的前外侧群，皮支分布于胸、腹壁的皮肤以及胸腹膜壁层。

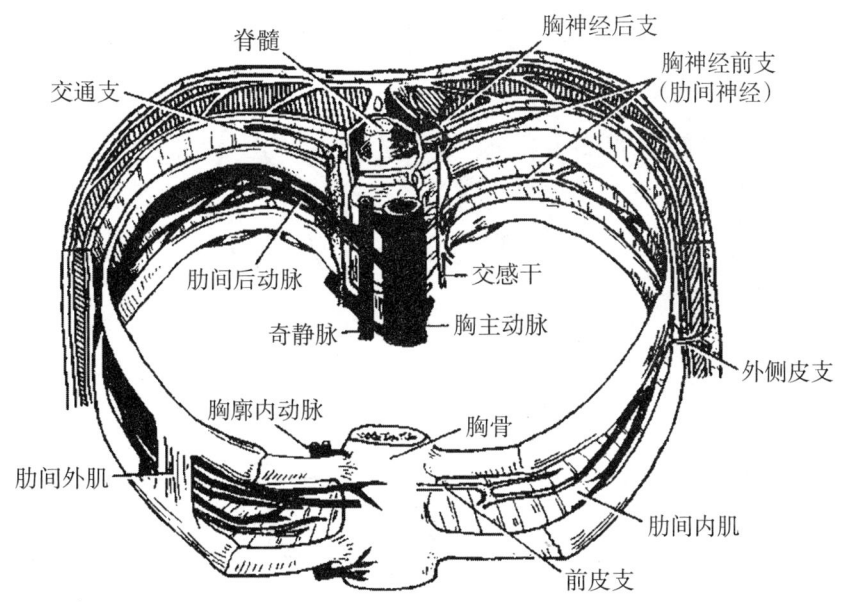

图10-2-7　胸神经走行及分支

胸神经前支，在胸、腹壁皮肤的节段性分布最为明显，由上向下按神经序数依次排列（图10-2-8）。如T2相当胸骨角平面，T4相当于乳头平面，T6相当剑突平面，T8相当肋弓平面，T10相当于脐平面，T12则分布于耻骨联合与脐连线中点平面。临床上常以上述胸骨角、肋骨、剑突、脐等为标志检查感觉障碍的节段。

（五）腰丛

1. 腰丛的组成和位置

腰丛（图10-2-9）由第12胸神经前支的一部分，第1至3腰神经前支和第4腰神经前支的一部分组成。腰丛位于腰大肌深面，除发出肌支支配髂腰肌

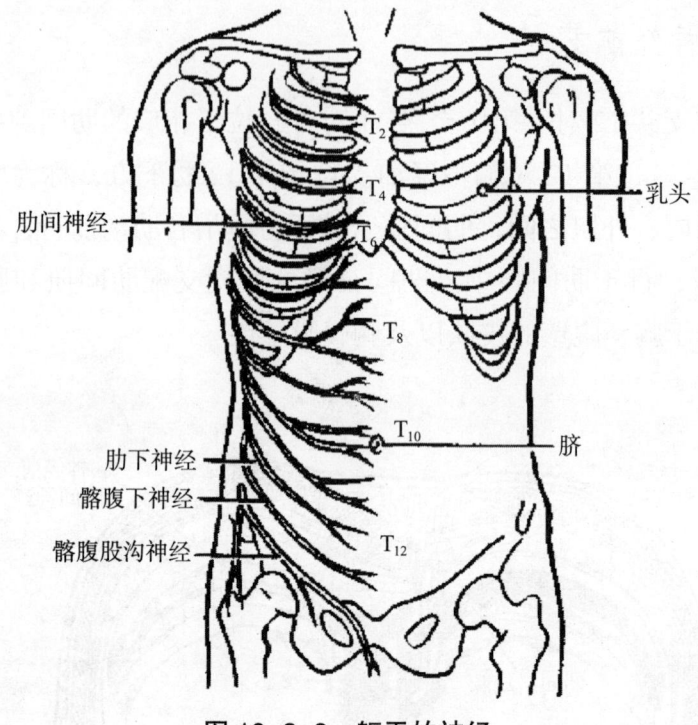

图 10-2-8 躯干的神经

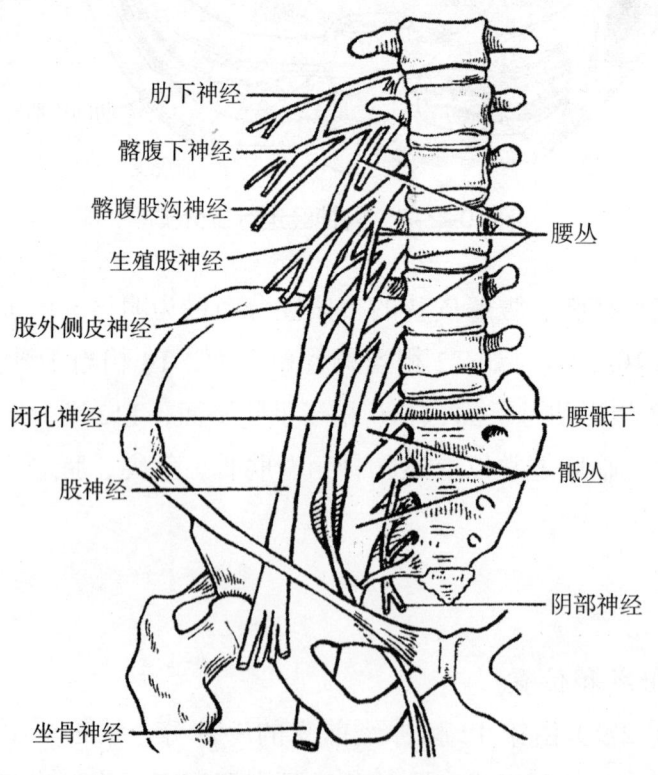

图 10-2-9 腰丛、骶丛

和腰方肌外，还发出以下分支分布于腹股沟区及大腿的前部和内侧部。

2.腰丛的分支（图10-2-10）

（1）股神经

是腰丛中最大的神经，发出后，先在腰大肌与髂肌之间下行，在腹股沟中点稍外侧，经腹股沟韧带深面、股动脉外侧至股三角，随即分为数支：肌支支配耻骨肌、股四头肌和缝匠肌；皮支分布于大腿和膝关节前面的皮肤。最长的皮支为隐神经，是股神经的终支，分布于髌下、小腿内侧面和足内侧缘的皮肤。

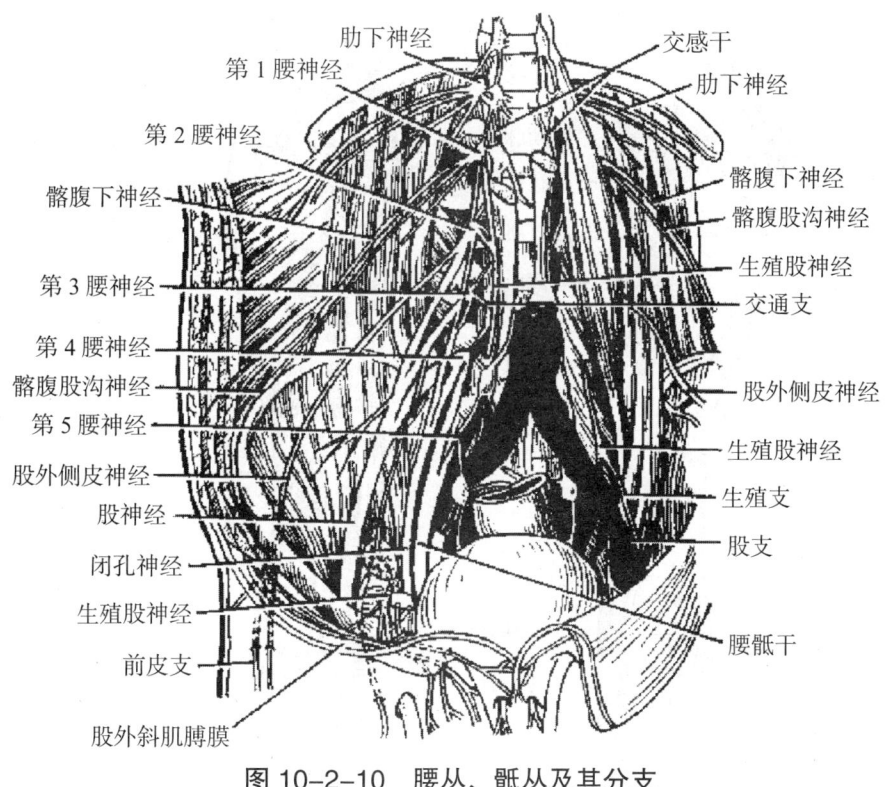

图10-2-10 腰丛、骶丛及其分支

（2）闭孔神经

于腰大肌内侧缘穿出，于小骨盆侧壁前行，穿闭膜管出小骨盆。其肌支支配闭孔外肌、大腿内收肌群。皮支分布于大腿内侧面的皮肤。

（六）骶丛

1.骶丛的组成和位置

骶丛（图10-2-9）由第4腰神经前支的一部分，第5腰神经前支，以及全部骶神经和尾神经的前支组成。位于盆腔内,在骶骨和梨状肌前面,髂内动脉的后方。骶丛分布于盆壁、臀部、会阴、股后部、小腿及足肌和皮肤。

2. 骶丛的分支（图10-2-9）

坐骨神经是全身最粗大的神经,经梨状肌下孔出盆腔,在臀大肌深面,经坐骨结节与股骨大转子之间到股后,在股二头肌深面下降,在腘窝上方分为胫神经和腓总神经。在股后部发出肌支支配大腿后群肌（图10-2-11、图10-2-12）。

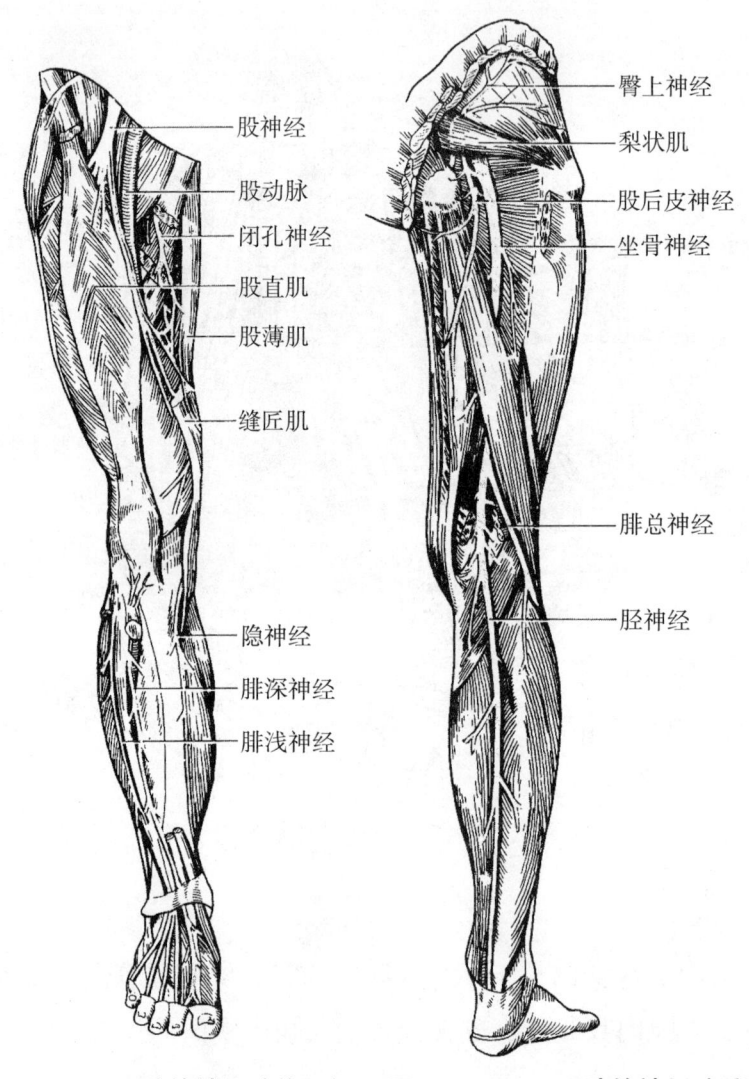

图 10-2-11 下肢的神经（前面）　图 10-2-12 下肢的神经（后面）

（1）胫神经

为坐骨神经本干的直接延续。沿腘窝中线下行,在小腿经比目鱼肌深面伴胫后动脉下降，过内踝后方，分为足底内侧神经和足底外侧神经，二终支入足底。足底内侧神经分布于足底内侧群及足底内侧和内侧三个半趾跖面皮肤。足底外侧神经，分布于足底肌中间群和外侧群，以及足底外侧和外侧一个半趾跖面皮肤。胫神经在腘窝及小腿还发出肌支支配小腿肌后群。

（2）腓总神经

自坐骨神经发出后沿股二头肌内侧走向外下，绕腓骨颈外侧向前，穿腓骨长肌分为腓浅神经和腓深神经。

1）腓浅神经：在腓骨长、短肌与趾伸肌之间下行，分出肌支支配腓骨长、短肌，在小腿下 1/3 外分出皮支，分布于小腿外侧、足背和第 2～5 趾背面皮肤。

2）腓深神经：与胫前动脉相伴而行，先在胫骨前肌和趾长伸肌间，后沿胫骨前肌外缘下行至足背。分布于小腿肌前群、足背肌及第 1、2 趾背面的相对缘皮肤。

二、脑神经

脑神经（图 10-2-13）是与脑相连的周围神经，共 12 对，其排列顺序通常用罗马字码表示。

脑神经的纤维成分较脊神经复杂，据发生来源、分布和功能可分为 7 种，本教科书归纳为以下四种。一是躯体感觉纤维：分布于皮肤、肌、肌腱和大部分口、鼻黏膜、位听器、视器等；二是内脏感觉纤维：分布于头、颈、胸、腹的脏器；三是躯体运动纤维：支配眼球外肌、舌肌、面肌等；四是内脏运动纤维：支配平滑肌、心肌和腺体等。

每对脑神经所含纤维成分不同，可含一种或多种。按各脑神经所含的纤维成分和功能的不同可分为感觉性神经、运动性神经和混合性神经三种。

（一）嗅神经

嗅神经为感觉性神经，由上鼻甲上部和鼻中隔上部黏膜内的嗅神经中枢突聚集成 20 多条嗅丝（即嗅神经），穿筛孔入颅，进入嗅球，传导嗅觉。

（二）视神经

视神经为感觉性神经（图 10-2-14），传导视觉冲动。由视网膜节细胞的轴

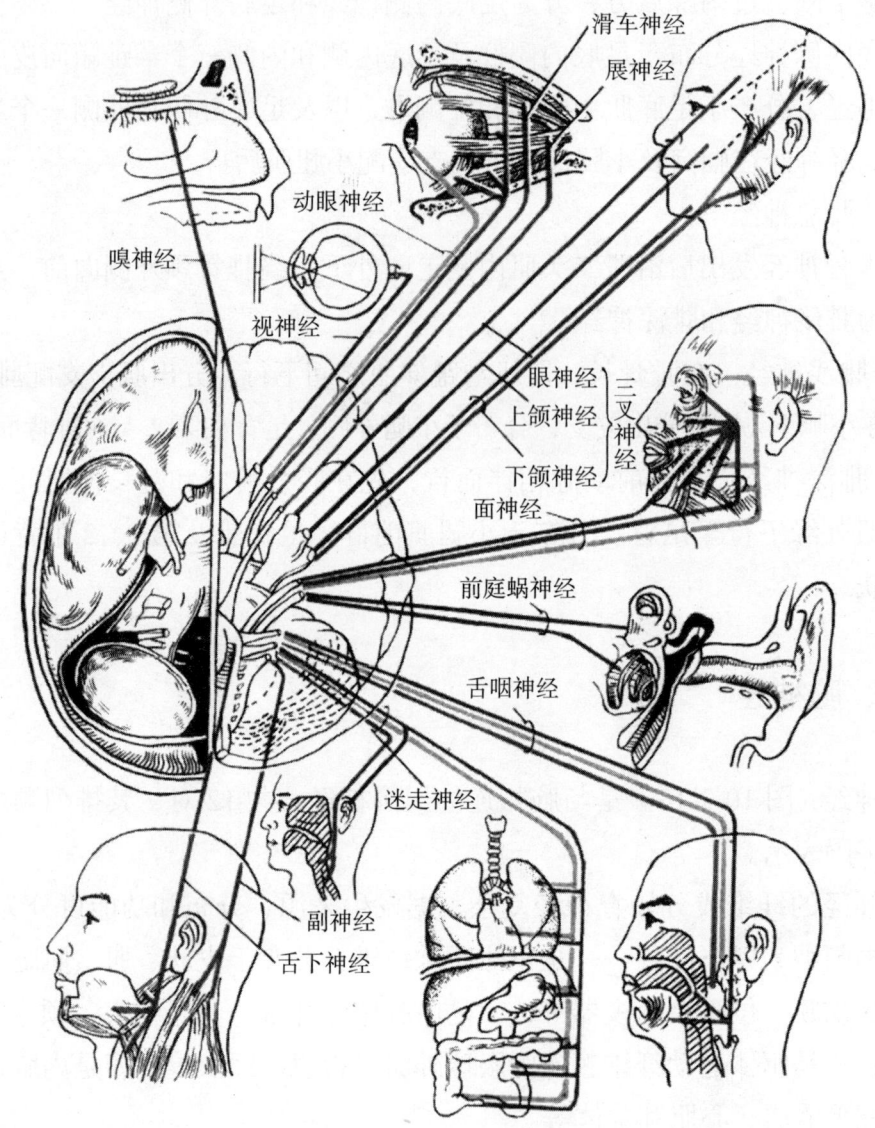

图 10-2-13 脑神经概况

突在视神经盘处会聚，再穿过巩膜而构成视神经。视神经在眶内行向后内，穿视神经管入颅中窝，连于视交叉，再经视束连于间脑。

（三）动眼神经

动眼神经为运动性神经，含有躯体运动和内脏运动两种纤维。躯体运动纤维起于中脑动眼神经核，内脏运动纤维起于动眼神经副核。动眼神经自脚间窝出脑，

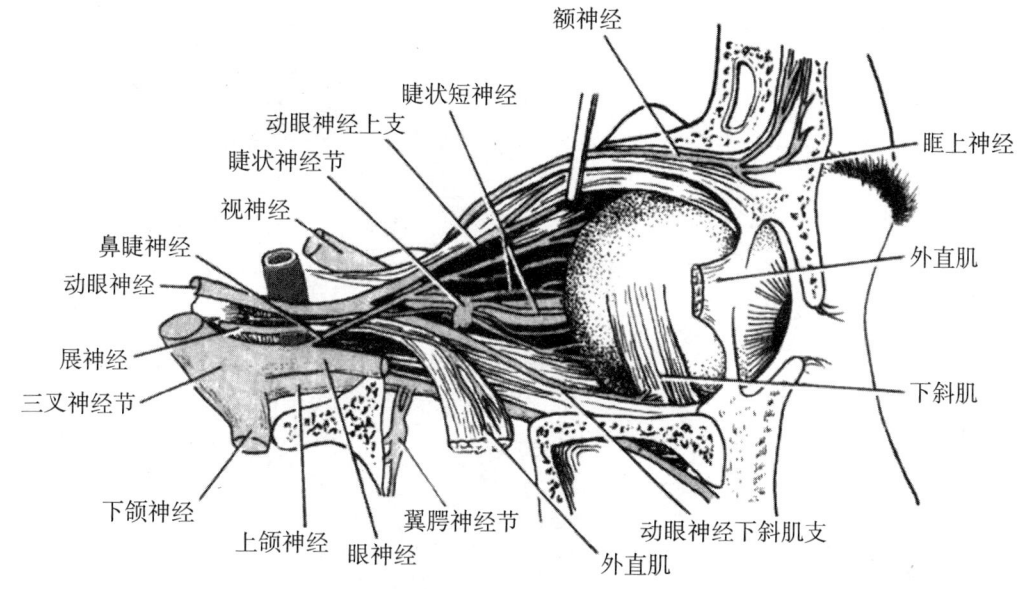

图 10-2-14 眶内的神经

经眶上裂入眶，支配上直肌、下直肌、内直肌、下斜肌和上睑肌。内脏运动纤维（副交感）分布于睫状肌和瞳孔括约肌，参与瞳孔对光反射和调节反射。

（四）滑车神经

滑车神经为运动性神经。起于滑车神经核，由中脑的下丘下方出脑后，绕大脑脚外侧前行，经眶上裂入眶，支配上斜肌。

（五）三叉神经

三叉神经（图 10-2-15）为混合性神经，由脑桥与脑桥臂交界处出脑，位于感觉根的前内侧，后并入下颌神经。躯体感觉纤维的胞体位于三叉神经节内。该节位于垂体窝后外方，其中枢突聚集成粗大的三叉神经感觉根入脑，止于三叉神经脑桥核和三叉神经脊束核；其周围突组成三个分支，称为眼神经、上颌神经和下颌神经。

1. 眼神经

自三叉神经节发出后，经眶上裂入眶，分支布于硬脑膜、眼眶、眼球、泪腺、结膜和部分鼻腔黏膜及额顶部，以及上睑和鼻背的皮肤。

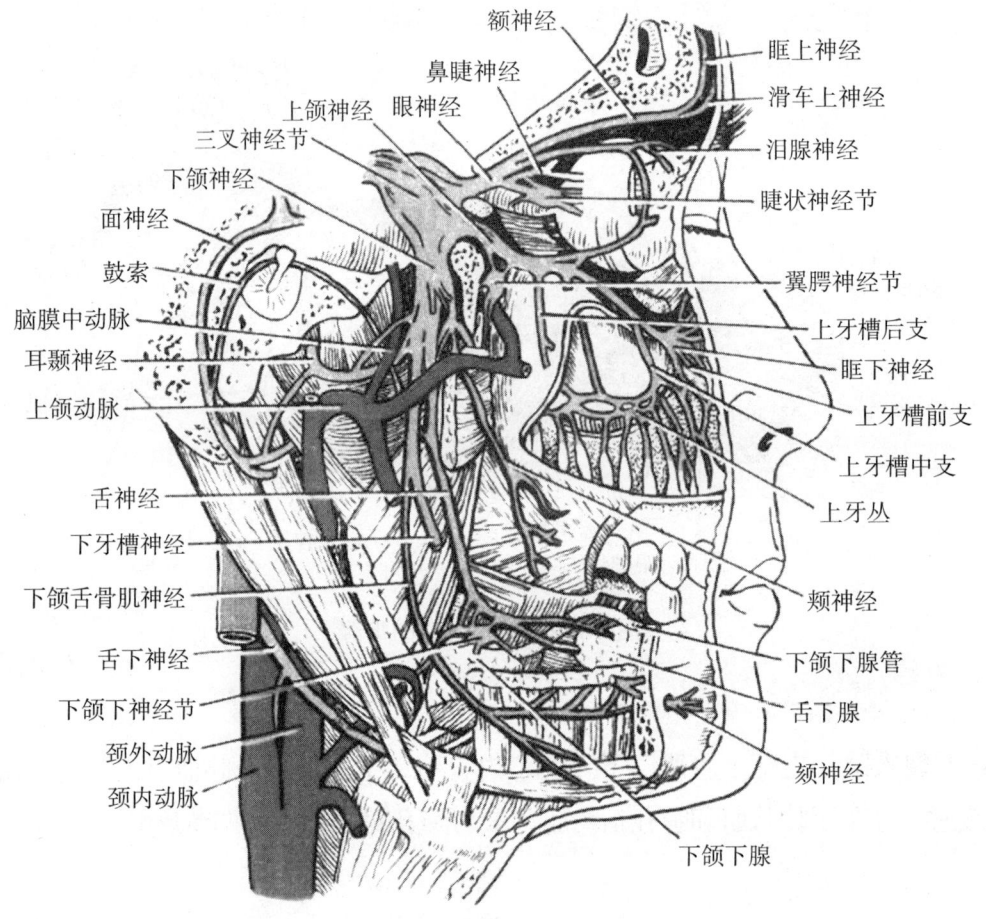

图 10-2-15 三叉神经

2. 上颌神经

上颌神经自三叉神经节发出后，经圆孔出颅，再经眶下裂入眶，延续为眶下神经。上颌神经分布于硬脑膜、眼裂和口裂间的皮肤、上颌牙齿以及鼻腔和口腔黏膜。

3. 下颌神经

下颌神经（图10-2-16）是三支中最粗大的分支，为混合性神经，自卵圆孔出颅后，主要分布于咀嚼肌、下颌牙及牙龈、舌前2/3及口腔底黏膜、耳颞区和口裂以下的皮肤。

（六）展神经

展神经属于躯体运动性，起于展神经核，从延髓脑桥沟中部出脑，经眶上裂入眶，支配外直肌。展神经损伤可引起外直肌瘫痪，产生内斜视。

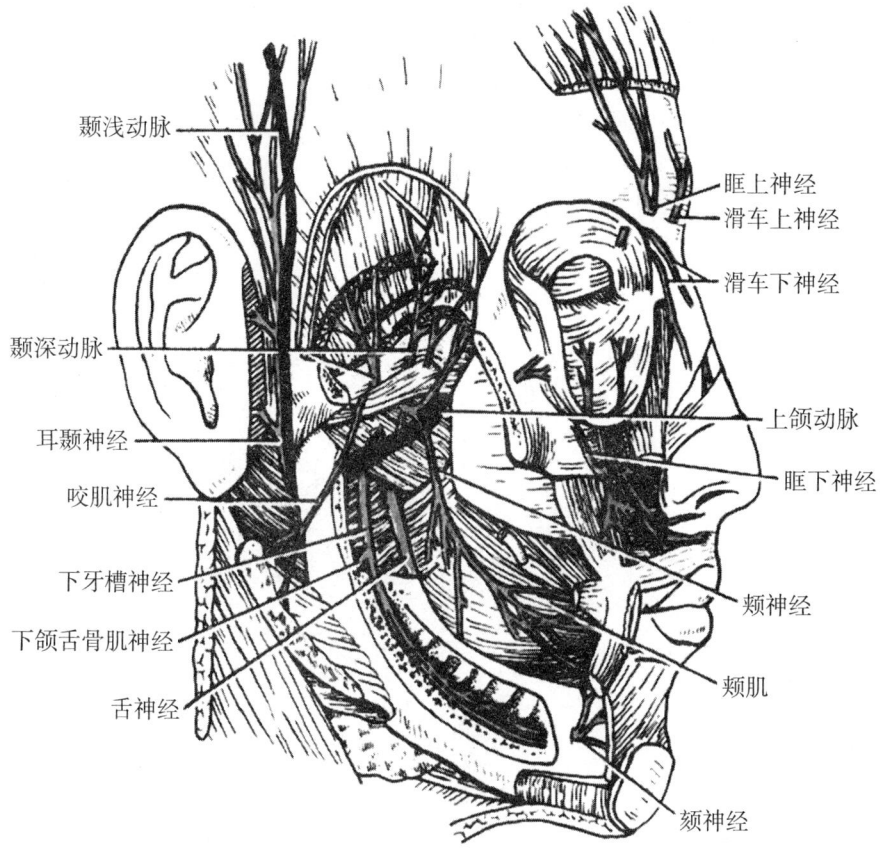

图 10-2-16 下颌神经

（七）面神经

面神经（图 10-2-17）为混合性神经，大部分为运动纤维，起于面神经核和上泌涎核。

面神经出脑后进入内耳门，穿过内耳道底由茎乳孔出颅，向前穿过腮腺到达面部，支配面部表情肌。行程中发出分支分布于舌前 2/3 黏膜管理味觉，分布于下颌下腺和舌下腺，支配腺体分泌。

面神经损伤后，同侧表情肌瘫痪，表现为：侧额纹消失，不能闭眼，鼻唇沟变浅；发笑时，侧口角向上斜，说话时唾液可从患侧口角流出；患侧角膜反应消失。

（八）前庭蜗神经（位听神经）

前庭蜗神经由蜗神经和前庭神经组成，属于躯体感觉性神经。

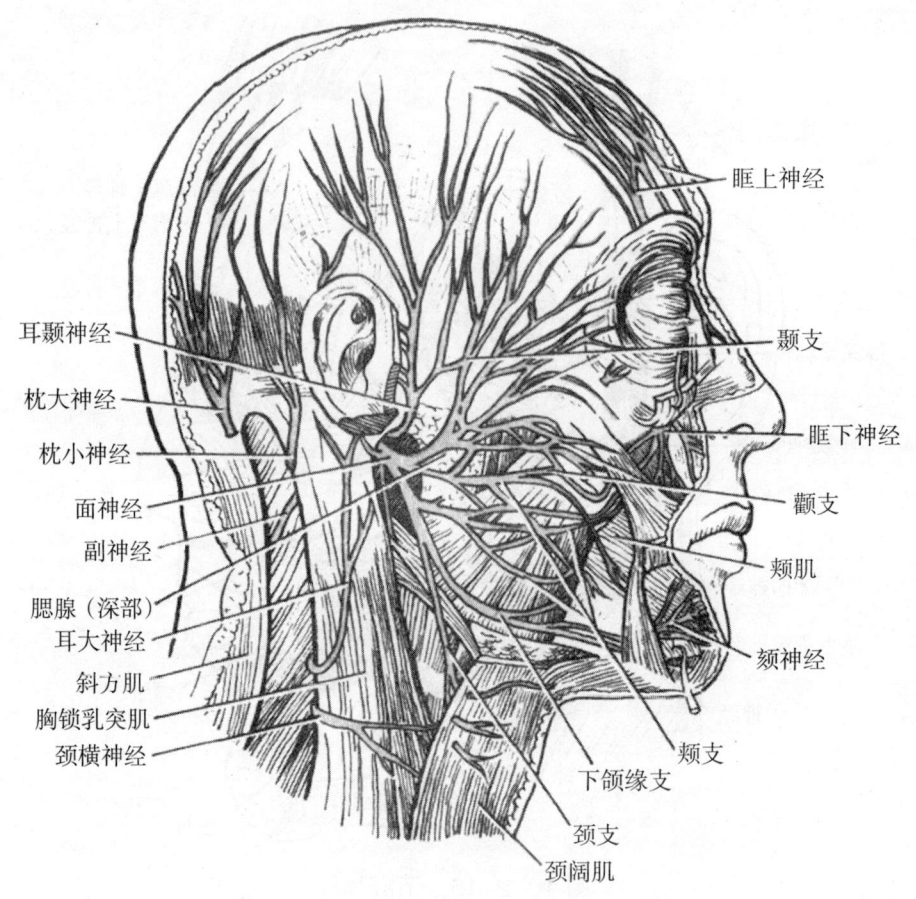

图 10-2-17　面神经

1. 前庭神经

前庭神经传导平衡觉。感觉神经元的胞体在内耳道底聚集成前庭神经节，其周围突穿内耳道底，分布于内耳球囊斑、椭圆囊和壶腹嵴中的毛细胞，中枢突组成前庭神经，经内耳门入脑，终于脑干的前庭核群和小脑。

2. 蜗神经

蜗神经传导听觉。其神经元的胞体在蜗轴内聚集成蜗神经节，其周围突分布至内耳螺旋器上的毛细胞，中枢突组成蜗神经，经内耳门入颅腔，于脑桥延髓沟入脑，终于脑干蜗神经前、后核。

前庭蜗神经的损伤表现为伤侧耳聋和前庭的平衡功能障碍。

（九）舌咽神经

舌咽神经（图 10-2-18）为混合性神经，分支分布于腮腺，管理腺体分泌；

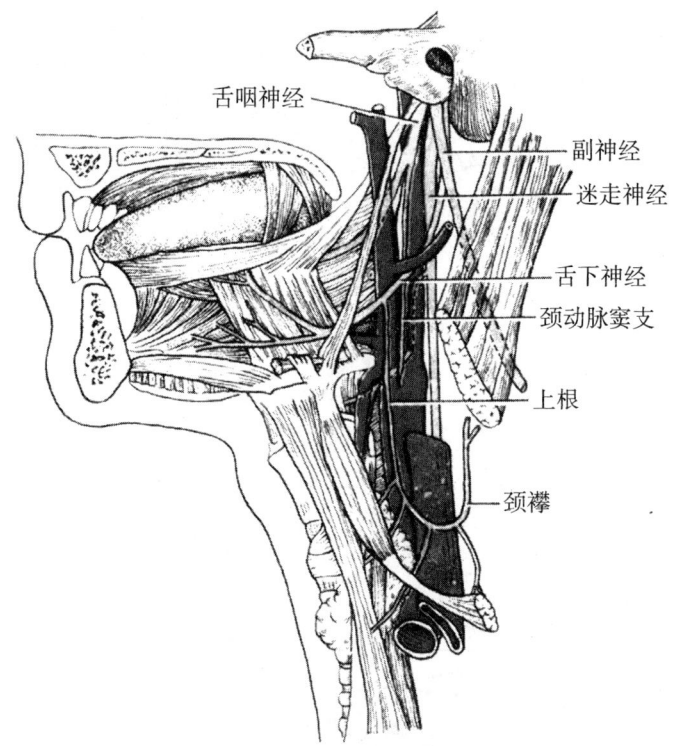

图 10-2-18　舌咽神经和舌下神经

舌后 1/3 的味蕾；咽、舌后 1/3、咽鼓管、鼓室等处的黏膜。

自延髓出脑，与迷走神经和副神经同经颈静脉孔出颅，在动、静脉间下降，然后呈弓形向前，经舌骨舌肌内侧达舌根。

（十）迷走神经

迷走神经（图10-2-19）为混合性神经，以副交感成分为主是行程最长、分布范围最广的脑神经，含有四种纤维成分：一是副交感纤维，起于迷走神经背核，主要分布到颈、胸和腹部的多种脏器，控制平滑肌、心肌和腺体的活动；二是一般内脏感觉纤维，其胞体位于下神经节内，中枢突终于孤束核，周围突分布于颈、胸和腹部的脏器；三是一般躯体感觉纤维，其胞体位于上神经节内，其中枢突止于三叉神经脊束核，周围突主要分布于耳郭、外耳道的皮肤和硬脑膜；四是特殊内脏运动纤维，起于疑核，支配咽喉肌。

迷走神经由延髓前外侧出脑，经颈静脉孔出颅，在颈两侧下行达颈根部，由此向下，左、右迷走神经的行程略有差异。左迷走神经在颈总动脉与左锁骨下动脉间，越过主动脉弓的前方，经左肺根的后方至食管前面分散成若干细

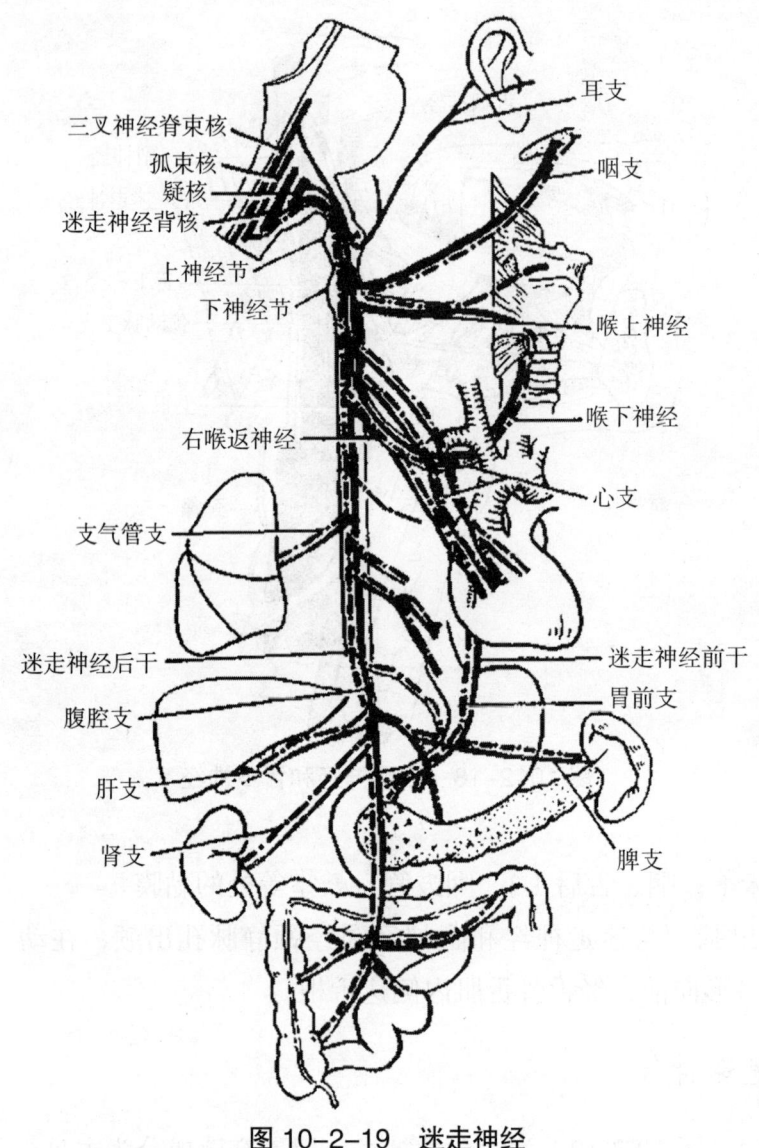

图 10-2-19 迷走神经

支，构成左肺丛和食管前丛，在食管下端延续为迷走神经前干。右迷走神经过锁骨下动脉前方，沿气管右侧下行，经右肺根后方达食管后面，分支构成右肺丛和食管后丛，向下延为迷走后干。迷走前、后干再向下与食管一起穿膈肌的食管裂孔进入腹腔，分布于胃前、后壁，其终支为腹腔支，参加腹腔丛。迷走神经在颅、胸和腹部发出许多分支，其中较重要的分支有：

1. 颈部的分支

（1）喉上神经

分布于声门裂以上的喉黏膜以及会厌、舌根等。

（2）颈心支

分布至主动脉弓壁内，感受压力和化学刺激。

2. 胸部的分支

（1）喉返神经

右喉返神经在右迷走神经经过右锁骨下动脉前方处发出，并绕此动脉，返回至颈部。左喉返神经在左迷走神经经过主动脉弓前方处发出，并绕主动脉弓下方，返回至颈部。在颈部，两侧的喉返神经分数支布于喉。其运动纤维支配除环甲肌以外所有的喉肌，感觉纤维分布至声门裂以下的喉黏膜。

（2）支气管支和食管支

是左、右迷走神经在胸部分出的一些小支，与交感神经的分支共同构成肺丛和食管丛，自丛发细支至气管、肺及食管，除支配平滑肌和腺体外，也传导脏器和胸膜的感觉。

3. 腹部的分支

（1）胃前支和肝支

在贲门附近发自迷走神经前干。胃前支沿胃小弯，分支分布到胃前壁及幽门部前壁。肝支参加肝丛，分支分布于肝、胆囊等处。

（2）胃后支

在贲门附近发自迷走神经后干，沿胃小弯深部走行，分支至胃后壁。

（3）腹腔支

发自迷走神经后干，向右行，与交感神经一起构成腹腔丛，分布于脾、小肠、盲肠、横结肠、肝、胰和肾等大部分腹腔脏器。

（十一）副神经

副神经（图 10-2-20）属于运动性神经，由颅根和脊髓根组成。经颈静脉孔出颅。下行分支支配胸锁乳突肌和斜方肌。

（十二）舌下神经

舌下神经（图 10-2-13）主要由躯体运动纤维组成，由舌下神经核发出，自延髓的前外侧沟出脑，经舌下神经管出颅，入舌支配舌肌。一侧舌下神经完全损伤时，同侧半舌肌瘫痪，继而舌肌萎缩，伸舌时，舌尖偏向患侧；缩舌时，舌则偏向健侧。

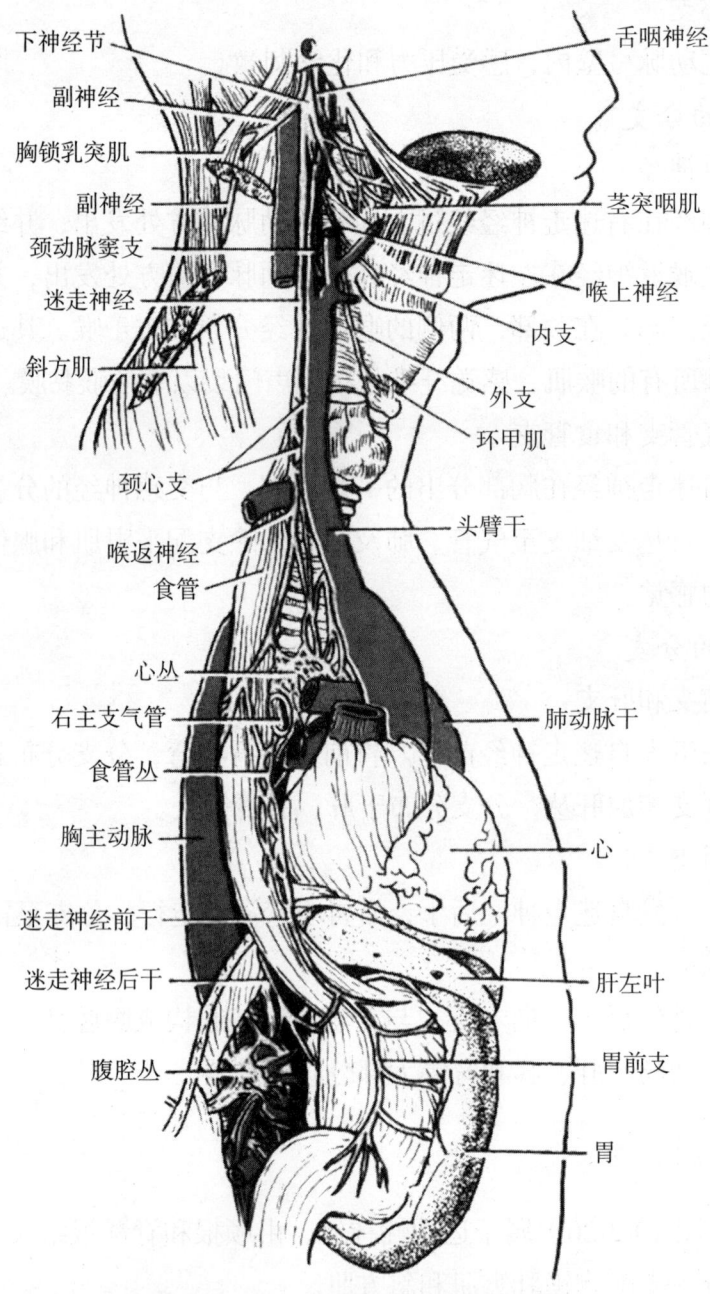

图 10-2-20　舌咽、迷走和副神经

三、自主神经系统

自主神经系统是整个神经系统的一个组成部分，主要分布于内脏、心血管和腺体。内脏神经和躯体神经一样，也含有感觉和运动纤维两种纤维成分。自主运动神经调节内脏、心血管的运动和腺体的分泌，通常不受人的意志控制，是不随意的，因它主要是控制和调节动、植物共有的物质代谢活动，并不支配动物所特有的骨骼肌的运动，所以也称之为植物神经系。内脏感觉神经如同躯体感觉神经，其初级感觉神经元也位于脑神经和脊神经节内，周围支则分布于内脏和心血管等处的内感觉器，把感受到的刺激传递到各级中枢，也可到达大脑皮质，内脏感觉神经传来的信息经中枢整合后，通过内脏运动神经调节这些器官的活动，从而在维持机体内、外环境的动态平衡，在保持机体正常生命活动中发挥重要作用。

（一）内脏运动神经

内脏运动神经（图10-2-21）与躯体运动神经在结构和功能上也有较大差别，现就其形态结构上的差异简单陈述如下：

一是躯体运动神经支配骨骼肌，内脏运动神经则支配平滑肌、心肌和腺体。

二是躯体运动神经只有一种纤维成分，内脏运动神经则有交感和副交感两种纤维成分，而多数内脏器官又同时接受交感和副交感神经的双重支配。

三是躯体运动神经自低级中枢至骨骼肌只有一个神经元。而内脏运动神经自低级中枢发出后并在周围部的内脏运动神经节交换神经元，再由节内神经元发出纤维达到效应器，因此，内脏运动神经从低级中枢到达所支配的器官须经过两个神经元。因此有节前、节后纤维之分。

四是内脏运动神经节后纤维的分布形式和躯体神经亦有不同。躯体神经以神经干的形式分布，而内脏神经节后纤维常攀附脏器或血管形成神经丛，由丛再分支至效应器。

五是躯体运动神经一般是比较粗的有髓纤维，而内脏运动神经纤维则是薄髓和无髓的细纤维。

六是躯体运动神经对效应器的支配，一般都受意识的控制；而内脏运动神经对效应器的支配则在一定程度上不受意识的控制。

根据形态、机能和药理的特点，内脏运动神经分为交感神经和副交感神经两部分，分别介绍如下。

1. 交感部

交感部的低级中枢位于脊髓胸1（或颈8）~腰2（腰3）节段的灰质侧柱的中间带外侧核。交感神经的周围部包括交感干、交感神经节，以及由节发出

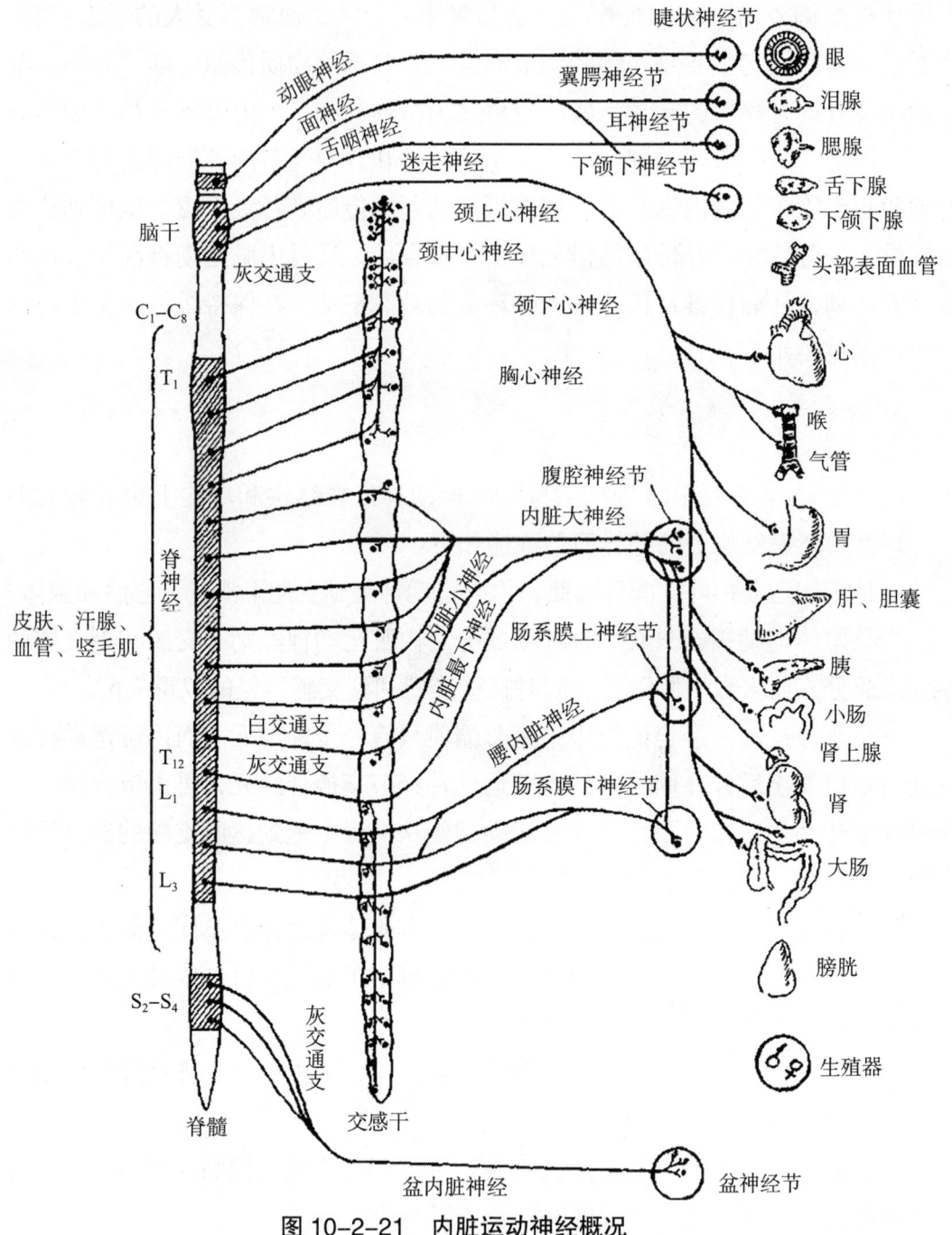

图 10-2-21 内脏运动神经概况

的分支和交感神经丛等。交感神经节因其所在位置不同，又可分为椎旁节和椎前节。

（1）椎旁神经节

即交感干神经节位于脊柱两旁，借节间支连成左右两条交感干，下至尾骨，于尾骨的前面两干合并。交感干分颈、胸、腰、骶、尾5部。各部交感神经节的数目，除颈部有3～4个节和尾部为1个节外，其余各部均与该部椎骨数目近似，每一侧交感干神经节的总数约为19～24个。

（2）椎前节

呈不规则的节状团块，位于脊柱前方，腹主动脉脏支的根部，故称椎前节。椎前节包括腹腔神经节、肠系膜上神经节及肠系膜下神经节等。

（3）交通支

每一个交感干神经与相应的脊神经之间有交通支相连。交通支分白交通支和灰交通支。白交通支主要由具有髓鞘的节前纤维组成，呈白色，故称白交通支。节前神经元的细胞体仅存在于脊髓胸1～12和腰1～3节段的脊髓侧角，白交通支也只存在于胸1～腰3各脊神经的前支与相应的交感干神经节之间。灰交通支连于交感干与31对脊神经前支之间，由交感干神经节细胞发出的节后纤维组成，多无髓鞘，色灰暗，故称灰交通支。

交感神经节前纤维的行程：节前纤维由脊髓中间带外侧核发出，经脊神经前根、脊神经干、白交通支进入交感干后，有三种去向：一是终止于相应的椎旁节，并换神经元。二是在交感干内上升或下降，终止上方或下方的椎旁节。三是穿椎旁节走出，至椎前节换神经元。

交感神经节后纤维的行程也有三种去向：一是发自交感干神经节的节后纤维经灰交通支返回脊神经，随脊神经分布至头颈部、躯干和四肢的血管、汗腺和立毛肌等。31对脊神经与交感干之间都有灰交通支联系，其分支一般都含有交感神经节后纤维。二是攀附动脉走行，在动脉外膜形成相应的神经丛，并随动脉分布到所支配的器官。三是由交感神经节直接分布到所支配的脏器官。

2. 副交感部

副交感部的低级中枢位于脑干的副交感神经核和脊髓骶部第2～4节段灰质的骶副交感核，节前纤维即起自这些核的细胞。周围部的副交感神经节，称器官旁节和器官内节，位于颅部的副交感神经节较大，肉眼可见，计有睫状神经节、下颌下神经节、翼腭神经和耳神经节等。颅部副交感神经节前纤维即在这些神经节内交换神经元，然后发出节后纤维随相应脑神经到达所支配的器官。位于身体其他部位的副交感神经节很小，借助显微镜才能看到。

3. 交感神经与副交感神经的主要区别

交感神经和副交感神经都是内脏运动神经，常共同支配一个器官，形成对内脏器官的双重神经支配。但在来源、形态结构、分布范围和功能上，交感与副交感神经又各有其特点。

（1）低级中枢的部位不同

交感神经低级中枢位于脊髓胸腰部灰质的中间带外侧核，副交感神经的低级中枢则位于脑干和脊髓骶部的副交感核。

（2）周围部神经节的位置不同

交感神经节位于脊柱两旁（椎旁节）和脊柱前方（椎前节），副交感神经节位于所支配的器官附近（器官旁节）或器官壁内（器官内节）。因此副交感神经节前纤维比交感神经长，而其节后纤维则较短。

（3）节前神经元与节后神经元的比例不同

一个交感节前神经元的轴突可与许多节后神经组成突触，而一个副交感节前神经元的轴突则与较少的节后神经组成突触。所以交感神经的作用范围较广泛，而副交感神经则较局限。

（4）分布范围不同

交感神经在周围的分布范围较广，除至头颈部、胸、腹腔脏器外，尚遍及全身血管、腺体、立毛肌等。副交感神经的分布则不如交感神经广泛，一般认为大部分血管、汗腺、立毛肌、肾上腺髓质均无副交感神经支配。

（5）对同一器官所起的作用不同

交感与副交感神经对同一器官的作用即是互相拮抗又是互相统一的。交感神经使心跳加强加快，支气管平滑肌舒张，消化管蠕动减弱，瞳孔开大；而副交感神经则使心跳减缓减慢，支气管平滑肌收缩，消化管蠕动增强，瞳孔缩小等现象。

（二）内脏感觉神经

人体各内脏器官除有交感和副交感神经支配外，也有感觉神经分布。内脏感觉神经由内感受器接受由内脏的刺激，并将内脏感觉性冲动传到中枢，中枢可直接通过内脏运动神经或间接通过体液调节各内脏器官的活动。

内脏感觉神经元的细胞体亦位于脑神经节和脊神经节内，其周围突是粗细不等的有髓或无髓纤维，随同舌咽、迷走、交感神经和骶部副交感神经分布于内脏器官；其中枢突一部分随同舌咽、迷走神经入脑干，终于孤束核；另一部分随同交感神经及盆内脏神经进入脊髓，终于灰质后角。在中枢内，内脏感觉纤维一方面直接或经中间神经元与内脏运动神经元联系，以完成内脏—内脏反射；或与躯体运动神经元联系，形成内脏—躯体反射。另一方面则可经过一定的传导途径，将冲动传导到大脑皮质，产生内脏感觉。

第三节 神经系统的传导通路

传导通路是指高级中枢与感觉器或效应器之间传导神经冲动的通路。它是由若干神经元借突触连接而成的神经元链。

由感觉器经传入神经，各级中枢而至大脑皮质的神经通路称为感觉传导路或上行传导路；由大脑皮质经皮质下各级中枢，传出神经而至效应器的神经通路称为运动传导路或下行传导路。

一、感觉传导通路

躯体感觉或分为一般感觉和特殊感觉两类：一般躯体感觉包括本体感觉（深感觉）和浅感觉。特殊感觉包括视觉、听觉和平衡觉。

（一）躯干和四肢本体觉（深感觉）传导路

本体觉又称深感觉，是指来自肌、腱、关节等运动器官本身在不同状态时产生的感觉，包括位置觉、运动觉和震动觉。此传导路还传导精细触觉（如辨别两点距离和物体的纹理粗细等）。它由三级神经元组成（图10-3-1）。

第1级神经元胞体位于脊神经节内，其周围突组成脊神经的感觉纤维，分布至躯干、四肢的肌、腱、关节等处的本体觉感受器和皮肤的精细触觉感受器。中枢突经脊神经后根，进入脊髓同侧的后索上行，其中来自第5胸节段以下的纤维在后索中形成薄束，传导躯干下部及下肢的本体觉和精细触觉；来自第4胸节段以上的纤维，在薄束的外侧形成楔束，传导躯干上部及上肢的本体觉和精细触觉。薄束和楔束上升到延髓，分别止于薄束核和楔束核。

第2级神经元胞体位于薄束核和楔束核，它们发出的纤维在中线与对侧纤维交叉，交叉后的纤维在中线两侧上行，经过脑桥和中脑止于背侧丘脑。

第3级神经元胞体在背侧丘脑的腹后外侧核，它们发出轴突组成丘脑中央

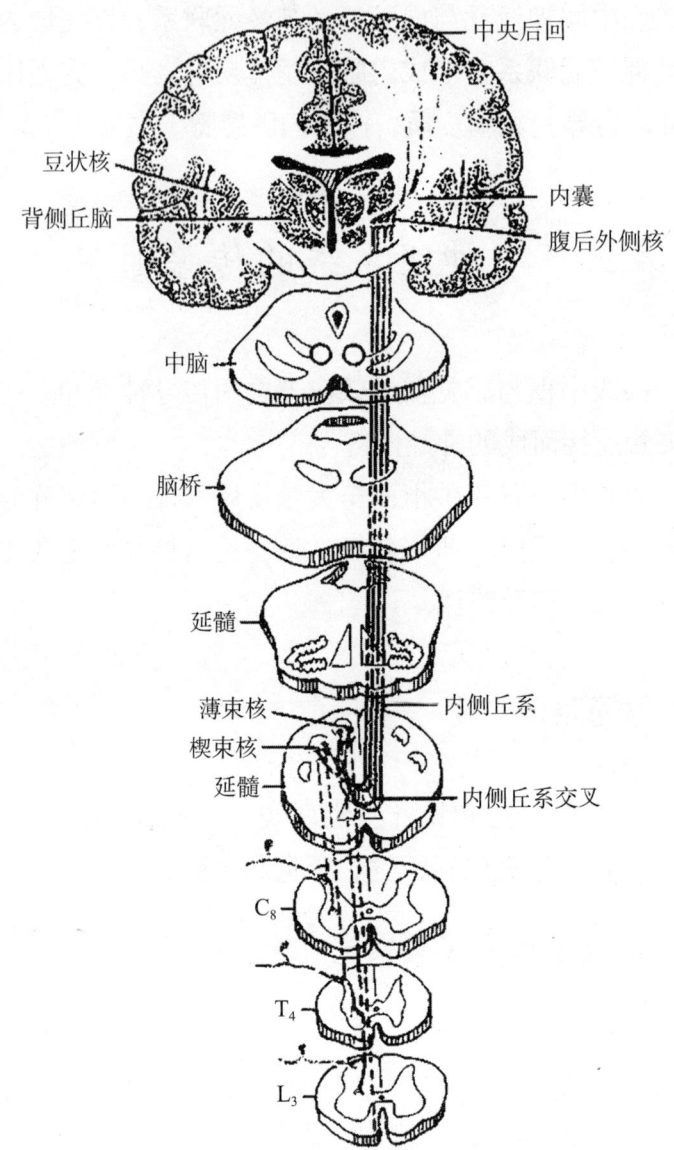

图 10-3-1 本体觉和精细触觉传导路

辐射，经内囊后肢投射到中央后回上 2/3 和中央旁小叶的后部。

此通路若在交叉的下方或上方的不同部位损伤时，则患者在闭眼时不能确定损伤同侧（交叉下方损伤）和损伤对侧（交叉上方损伤）关节的位置和运动方向以及两点间距离。

（二）躯干和四肢痛、温觉传导通路

浅感觉传导路传导皮肤、黏膜的痛觉、温度觉的冲动，由三级神经元组成

(图10-3-2)。

第1级神经元胞体位于脊神经内，其周围突组成脊神经的躯体感觉纤维，分布至躯干和四肢皮肤内的感受器；中枢突经后根进入脊髓上升1~2个节段，主要止于后角。

第2级神经元主要是后角神经元，它们发出轴突，经中央管前方的白质前连合交叉到对侧的外侧索和前索上行，组成脊髓丘脑侧束，向上经延髓、脑桥和中脑止于背侧丘脑。

第3级神经元胞体在背侧丘脑，它们发出的轴突形成丘脑中央辐射，经内

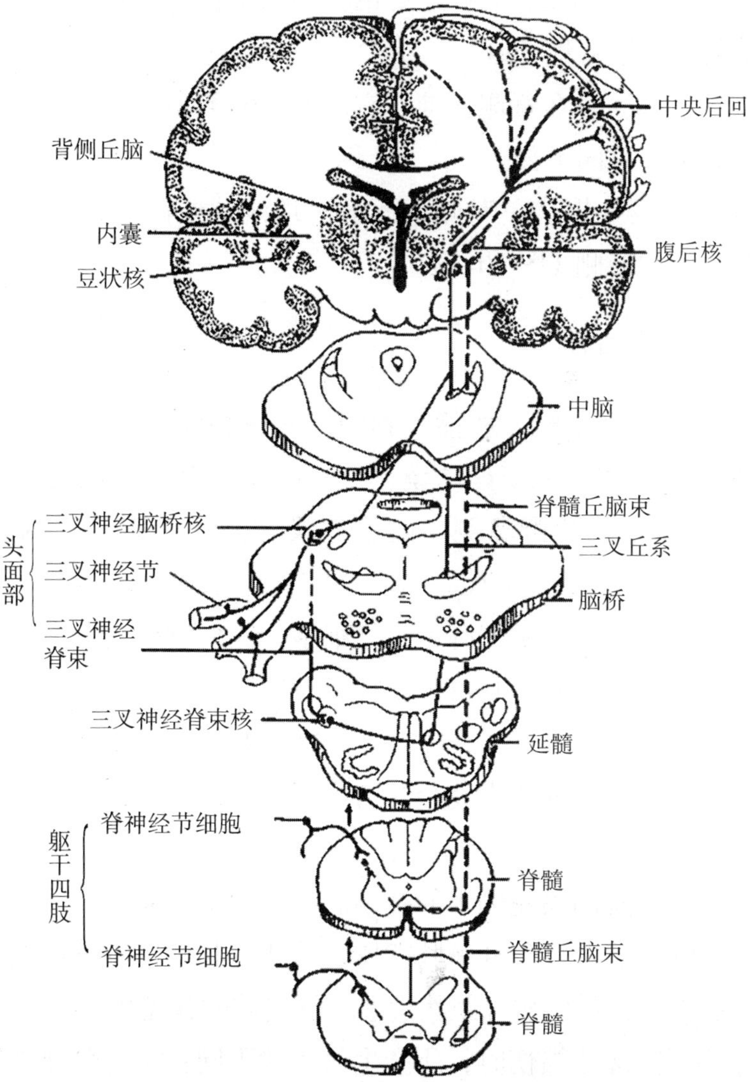

图 10-3-2 痛、温觉传导路

囊后肢投射到中央管后回上 2/3 和中央旁小叶的后部。

脊髓丘脑侧束一侧受损，受伤平面下 1～2 节段以下的对侧皮肤痛、温度觉减弱或丧失。

（三）头面部的痛、温、触觉传导路

第 1 级神经元的胞体在三叉神经节内，其周围突经三叉神经分布于头面部皮肤和口、鼻腔黏膜的感受器；中枢突组成三叉神经根入脑桥。其中传递痛、温度觉的纤维入脑后下降为三叉神经脊束，止于三叉神经脊束核。传递触觉的纤维终止于三叉神经脑桥核。

第 2 级神经元的胞体在三叉神经脊束核和脑桥核内，它们发出轴突交叉至对侧，继续上行，止于背侧丘脑。

第 3 级神经元的胞体在背侧丘脑。它们发出轴突参与丘脑中央辐射，经内囊后肢，投射到中央后回下部。

此通路在交叉以上损伤，对侧头面部出现浅感觉障碍，若在交叉以下损伤，则浅感觉障碍在同侧（图 10-3-2）。

（四）视觉传导通路

当眼球固定向前平视时，所能看到的空间称为视野。视野可分为颞侧半和鼻侧半。由于晶状体类似双凸透镜，使一眼视野颞侧半的物像投射到同侧眼球视网膜的鼻侧半，视野鼻侧半的物像投射到同侧眼球视网膜的颞侧半（图 10-3-3）。

视网膜的视杆细胞和视锥细胞为感光细胞。它们感受光刺激后产生的神经冲动传至双极细胞，由双极细胞再传至神经节细胞。神经节细胞的轴突在视神经盘处集合成视神经，入颅腔，经视交叉、视束主要终于外侧膝状体。

视神经纤维在视交叉处作不完全交叉。即来自两眼视网膜鼻侧半的纤维交叉，而来自颞侧半的纤维不交叉，视神经纤维经交叉以后组成视束，因此，左侧视束含有来自两眼视网膜左侧半的纤维。右侧视束含有来自两眼视网膜右侧半的纤维。视束纤维多数终于外侧膝状体，外侧膝状体细胞发出的轴突组成视辐射，经内囊后肢，投射到枕叶距状沟上、下皮质的视觉中枢。

视觉传导路不同部位损伤时，所产生的症状不同：①一侧视神经损伤可致该侧视野全盲；②视交叉中交叉纤维损伤可至双眼视野颞侧半偏盲；③一侧视

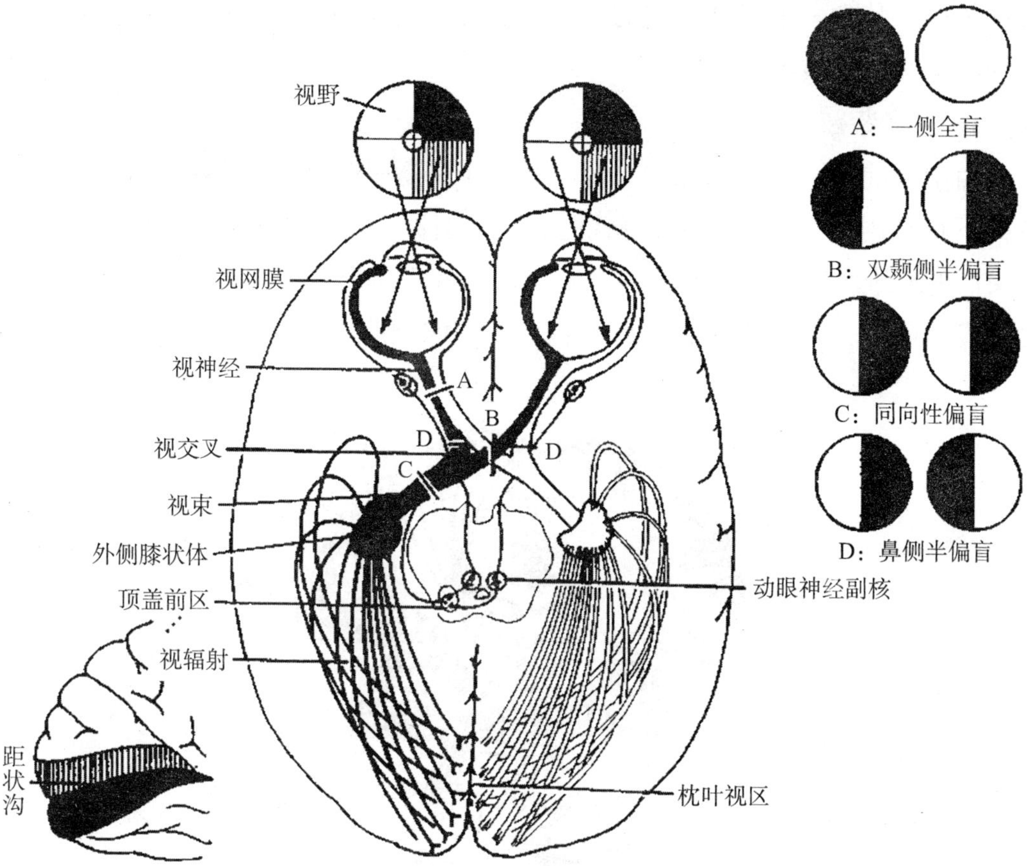

第十章 神经系统

图 10-3-3 视觉传导路

交叉外侧部的不交叉纤维损伤，则患侧视野的鼻侧半偏盲；④一侧视束以后的部位（视辐射、视区皮质）受损，可致双眼对侧视野同向性偏盲（如右侧受损则右眼视野鼻侧半和左眼视野颞侧半偏盲）。

二、运动传导通路

运动传导通路是指从大脑皮质至躯体运动效应器的神经联系，主要有锥体系和锥体外系。

（一）锥体系

锥体系由位于中央前回和中央旁小叶前部的巨型锥体细胞和其他类型的锥体细胞以及位于额、顶叶部分区域的锥体细胞组成。上述神经元的轴突共同组成锥体束,其中,下行到脊髓的纤维束称皮质脊髓束;止于脑干脑神经运动核的纤维束称皮质核束。

1. 皮质脊髓束

由中央前回上、中部和中央旁小叶前半部等处皮质的锥体细胞轴突集中而成,下行经内囊后肢、中脑、脑桥至延髓锥体,在锥体下端,形成锥体交叉,交叉后的纤维继续于对侧脊髓侧索内下行,称皮质脊髓侧束(图10-3-4),此束沿途发出侧支,逐节终止于前角细胞,支配四肢肌。在延髓锥体,皮质脊髓束

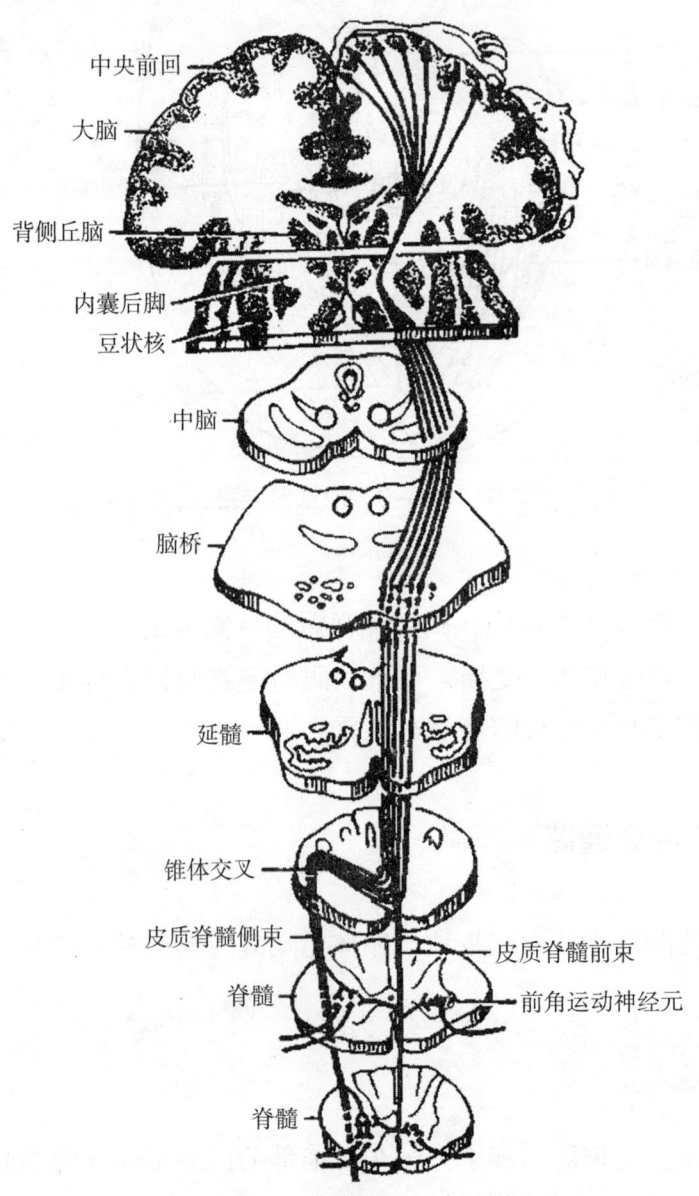

图10-3-4 锥体系的皮质脊髓束

小部分未交叉到对侧，组成皮质脊髓前束，终止于对侧前角细胞，支配躯干和四肢骨骼肌的运动。皮质脊髓前束中有一部分纤维始终不交叉而止于同侧脊髓前角细胞，支配躯干肌。所以，躯干肌是受两侧大脑皮质支配的。一侧皮质脊髓束在锥体交叉前受损，主要引起对侧肢体瘫痪，躯干肌运动没有明显影响。

2. 皮质核束

主要由中央前回下部的锥体细胞的轴突集合而成，下行经内囊膝部，陆续分出纤维，大部分终止于双侧脑神经运动核（动眼神经核、滑车神经核、展神经核、三叉神经运动核、面神经运动核支配面上部肌的细胞群、疑核和副神经脊髓核），支配眼外肌、咀嚼肌、面上部表情肌、胸锁乳突肌、斜方肌和咽喉肌（图 10-3-5）。小部分纤维完全交叉到对侧，终止于面神经运动核支配面下部肌的细胞群和舌下神经核，两者发出的纤维分别支配对侧面下部的面肌和舌肌。因此，除支配面下部肌的面神经核和舌下神经核为单侧（对侧）支配外，其他脑神经运动核均接受双侧皮质核束的纤维。一侧上运动神经元受损，可产生对侧眼裂以下的面肌和对侧舌肌瘫痪，表现为病灶对侧鼻唇沟消失，口角低垂并向病灶侧偏斜、流涎，不能做鼓腮、露齿等动作，伸舌时舌尖偏向病灶对侧。

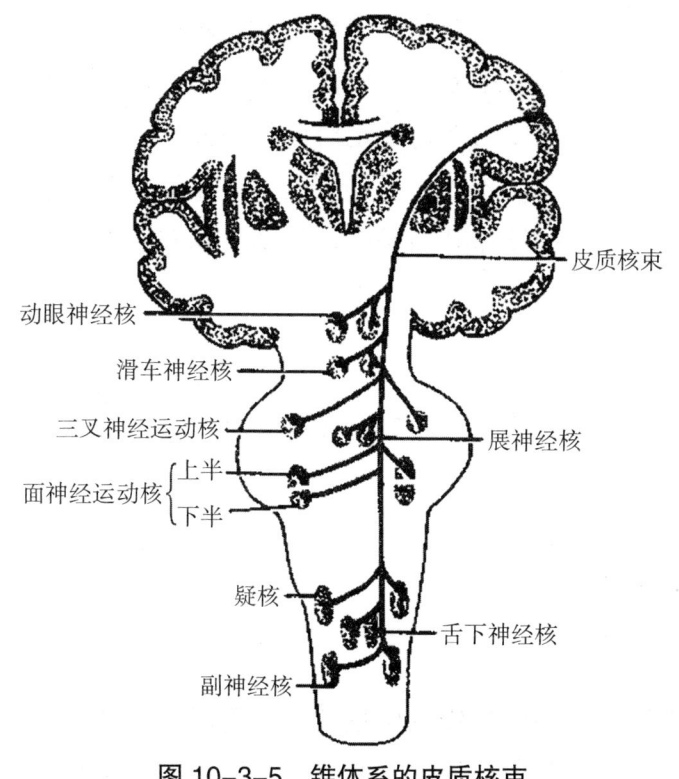

图 10-3-5　锥体系的皮质核束

锥体系的任何部位损伤都可引起其支配区的随意运动障碍——瘫痪，可分两类：一是上运动神经元损伤（核上瘫）：系指脊髓前角细胞和脑神经运动核以上的锥体系损伤，表现为随意运动障碍，肌张力增高，故称痉挛性瘫痪（硬瘫），这是由于上运动神经元对下运动神经元的抑制被取消的缘故，但肌肉不萎缩。此外，还有深反射亢进，浅反射减弱或消失和出现因锥体束的功能受到破坏所致的病理反射等。二是下运动神经元损伤（核下瘫）：系指脊髓前角细胞和脑神经运动核以下的锥体系损伤，表现为因失去神经直接支配所致的肌张力降低，随意运动障碍，又称弛缓性瘫痪。由于神经营养障碍，还导致肌肉萎缩。因所有反射弧均中断，故浅反射和深反射都消失，也不出现病理反射。

（二）锥体外系

锥体外系是指锥体系以外影响和控制躯体运动的传导径路，其结构十分复杂，包括大脑皮质、纹状体、背侧丘脑、底丘脑、黑质、脑桥核、小脑和脑干网状结构等以及它们的纤维联系。锥体外系的纤维最后经红核脊髓束、网状脊髓束等中继，下行终止于脑神经运动核和脊髓前角细胞。人类由于大脑皮质和锥体系的高度发展，锥体外系逐渐处于从属地位。人类锥体外系的主要机能是调节肌张力、协调肌肉活动、维持体态姿势和习惯性动作（例如走路时双臂自然协调地摆动）等。锥体系和锥体外系在运动功能上是互相不可分割的一个整体，只有在锥体外系使肌张力保持稳定协调的前提下，锥体系才能完成一些精确的随意运动，如写字、刺绣等。另一方面，锥体外系对锥体系也有一定的依赖性。例如，有些习惯性动作开始是由锥体系发动起来的，然后才处于锥体外系的管理之下。

第四节 脑的高级神经活动

一、条件反射

（一）条件反射的建立

经典的条件反射实验，是俄国生理学家巴甫洛夫创立的：给狗吃食物，会引起其唾液分泌，这是非条件反射。而单独给铃声响，不会引起唾液分泌。但对狗进行训练，首先给予铃响，接着给狗食物吃，经过多次反复训练后，最终只要铃声响，不给食物吃，狗也会分泌唾液。结果分析，最初铃声响与唾液分泌，两者本来没有关系，称铃响为无关刺激；喂食为非条件刺激。无关刺激与非条件刺激在时间上结合的过程，称为强化。每当无关刺激出现之后，就给食物做以强化，经多次结合后，无关刺激就变成了进食的信号，称之为信号刺激，或称为条件刺激。由条件刺激引起的反射活动，称为条件反射。相应地，由非条件刺激引起的反射活动，称为非条件反射。所以，任何无关刺激只要与非条件刺激在时间上多次结合即可，使某一无关刺激变为某一非条件反射的信号，从而建立条件反射（图10-4-1）。

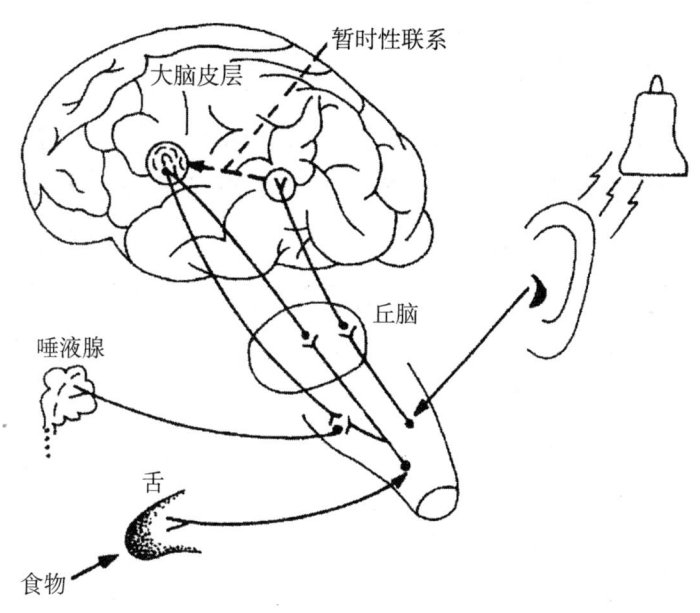

图 10-4-1　条件反射形成的机制

关于条件反射建立的机制，过去曾认为是条件刺激与非条件刺激多次结合后，使它们在皮层引起的两个无关的兴奋灶之间建立了暂时联系。现在认为条件反射建立过程中，暂时联系不仅简单地发生在脑皮层两个中枢之间，而与各级中枢活动都有关系。

条件反射既可建立，又可消退。条件反射建立后，如多次仅用条件刺激，而不用非条件刺激（食物）强化，条件反射就会逐渐减弱，乃至最后完全不出现，称为条件反射的消退。这是因为多次不强化，条件刺激便转化成了引起大脑皮层产生抑制的刺激。这种由条件反射消退而产生的抑制，称为消退抑制。

(二)条件反射的意义

条件反射是可以不断建立、不断消退、数量无限的后天获得行为。它具有高度适应性,能有预见性地、准确地适应环境的变化,维持机体与环境之间的平衡。

二、人类大脑皮层活动的特征

人类大脑皮层高度发达,在参与生产劳动和社会实践过程中,出现了思维活动、语言功能。生理学家巴甫洛夫通过对条件反射的研究,提出了两个信号系统的学说。

(一)第1信号系统与第2信号系统

客观存在的具体信号,如声、光、气味等称第1信号,对第1信号发生反应的大脑皮层功能系统称第1信号系统。第1信号系统是人与动物所共有的,如可以用铃声使狗建立唾液分泌的条件反射,在人也同样可以。客观事物的抽象信号,如语言、文字称第2信号,对第2信号发生反应的大脑皮层功能系统称第2信号系统。它是人所特有的,是人类在生产劳动、社会活动中逐渐形成的,也是人类区别于动物的主要特征。

随着社会的发展,第2信号系统的作用越来越重要。人类借助语言、文字表达思想,进行学习,不断提高自己的认识能力。同时,语言、文字对人的生理、心理活动也发生着重要的影响。良好的语言、文字对人的心理、生理活动有着积极的影响,使人感到亲切、温暖、心情舒畅,有利于促进工作和学习,有利于病人战胜疾病、恢复健康;不良的语言、文字使人情绪低落,甚至愤怒、苦恼、恐惧、悲哀,通过大脑皮质与内脏相关的神经联系可以扰乱人的生理、心理活动,导致疾病或加重病情。医务人员在治疗、护理病人时,既要重视药物的治疗和技术上的处理,同时要重视语言的影响。

(二)大脑皮质的语言中枢(见273页)

(三)人类两侧大脑半球的功能

人类两侧大脑半球在功能上有所分工,一般左侧半球在语言功能上占优势；右侧半球在非词语性认识功能，如音乐欣赏、空间辨认、深度知觉等方面占优势。集中着高级功能的一侧大脑半球称优势半球。大部分人的语言功能优势半球在左侧，这与遗传有一定关系，但主要是与后天长期应用右手劳动有关。主要用左手劳动的人，两侧大脑半球均有可能成为语言功能优势半球。

三、学习与记忆

学习是通过神经系统不断接受环境变化的信息，而获得新的行为习惯（或称经验）的过程。记忆是指储存信息和行为习惯的能力。条件反射的建立就是简单的学习和记忆过程。

学习和记忆是人脑的重要生理与心理过程。记忆过程可分为连续的四个阶段，即感觉性记忆、第1级记忆、第2级记忆和第3级记忆。前两者为短时记忆，后两者为长时记忆。在短时记忆中，信息在脑内储存是不牢固的，很快被遗忘，但如果通过反复的运用，最后可形成牢固的记忆，不易遗忘，甚至终生不忘（如对自己的名字）。因此在我们的学习过程中，为保持记忆、不致遗忘，反复学习运用是很有必要的。

四、觉醒与睡眠

觉醒与睡眠是两个必要的生理过程。

（一）觉醒

觉醒包括脑电觉醒和行为觉醒。一般认为觉醒状态的维持是脑干网状结构上行激活系统的作用。脑电觉醒的主要表现是：脑电波呈去同步化快波。行为觉醒就是指一般的醒来状态。在觉醒状态下，人们可以进行社会生产劳动、体育活动、学习和其他活动。

（二）睡眠

睡眠是与觉醒密切相关的生理活动过程。一旦进入睡眠，有瞳孔缩小、感觉暂时减退、肌紧张减弱、呼吸变慢、代谢率低、体温下降、胃液分泌增加、发汗功能增强等表现。通过睡眠可以消除疲劳，使人体在体力和精力方面得到恢复。人类应有足够的睡眠，才能符合正常的生理活动需要。人们到底需要多长时间的睡眠，一般地说，成年人需7～9小时，婴幼儿发育生长期需要时间长些，而老年人需短些，但也因人而异。根据脑电波不同，把睡眠分为两个时相。

1. 慢波睡眠

脑电波呈同步化慢波，故又称同步化睡眠。主要表现感觉功能减退，骨骼肌运动反射及肌紧张减弱，副交感神经系统功能增强和发汗功能增强。同时，在该时相生长素分泌增多，有利于体力恢复，有利于生长发育。慢波睡眠时相，胃酸分泌增多，对于正常人有利于消化、吸收；对于因胃酸增多的溃疡病人，往往使症状加剧，故用抑酸药物治疗时，以睡前服药为宜。

2. 异相睡眠

由于脑电波呈去同步化快波，与慢波睡眠不同，故称异相睡眠或快波睡眠。进入该时相，感觉功能进一步减弱，骨骼肌运动反射和肌张力进一步减弱，甚至松弛。眼肌例外，使眼球出现间断性快速运动，故又称快速眼球运动睡眠。在异相睡眠期，部分躯体抽动；脑内蛋白质合成加快，有利于建立新的突触联系，促进记忆和精力的恢复。但在异相睡眠期，往往出现心跳加快、血压升高、呼吸快而不规则，所以有些疾病，如心绞痛、哮喘病等往往在夜间突然发作或加剧。在该时相如被唤醒，约有80%的人，说自己正在做梦，梦中的情绪波动，也会加剧上述自主性神经功能紊乱。

慢波睡眠与异相睡眠互相转化，成年人由觉醒进入睡眠状态，一开始首先进入慢波睡眠，不能直接进入异相睡眠。在一夜睡眠过程中，两个时相可互相转化4～5次，最后，从两个时相都能转化为觉醒状态。

第五节　脑和脊髓的被膜、脑室和脑脊液及脑的血管

一、脑和脊髓的被膜

脑和脊髓的外面都包有三层被膜（图10-5-1），由外向内依次为硬膜、蛛网膜和软膜。有支持、保护脑和脊髓的作用。

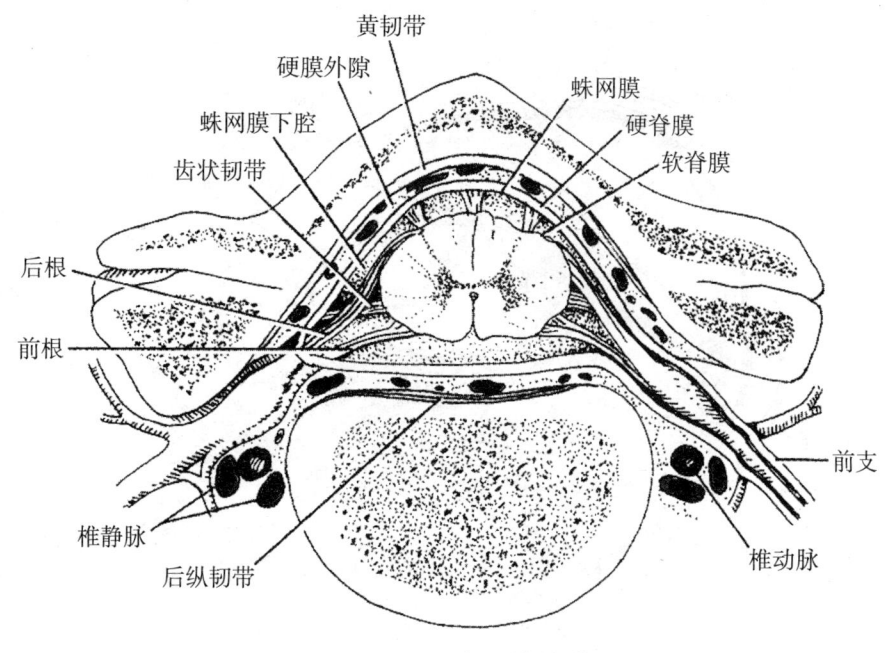

图 10-5-1 脊髓的被膜

（一）硬膜

硬膜是一层坚韧的纤维膜，包被脊髓的部分称为硬脊膜，包被脑的部分称为硬脑膜。

1. 硬脊膜

包裹脊髓，上方附于枕骨大孔的边缘并与硬脑膜相续。下部从第2骶椎水平向下变细附于尾骨。硬脊膜与椎管内面骨膜之间的腔隙，叫硬膜外腔，腔内含有淋巴管、静脉丛、结缔组织等，脊神经根也通过此腔。腔内呈负压，是临床上进行硬膜外麻醉的部位。

2. 硬脑膜（图 10-5-2）

由两层紧密结合而成，其外层相当于颅骨内骨膜。在某些部位，硬脑膜内层与外层分离并发生折叠形成突起，如伸入大脑半球之间的大脑镰，伸入大小脑之间的小脑幕。硬脑膜内、外两层分离处，形成含有静脉血的管腔，称为硬脑膜静脉窦，收集脑的静脉血，如上矢状窦、横窦和乙状窦等。

（二）蛛网膜

蛛网膜位于硬膜深面，是一层无血管透明的薄膜。蛛网膜与软膜之间的

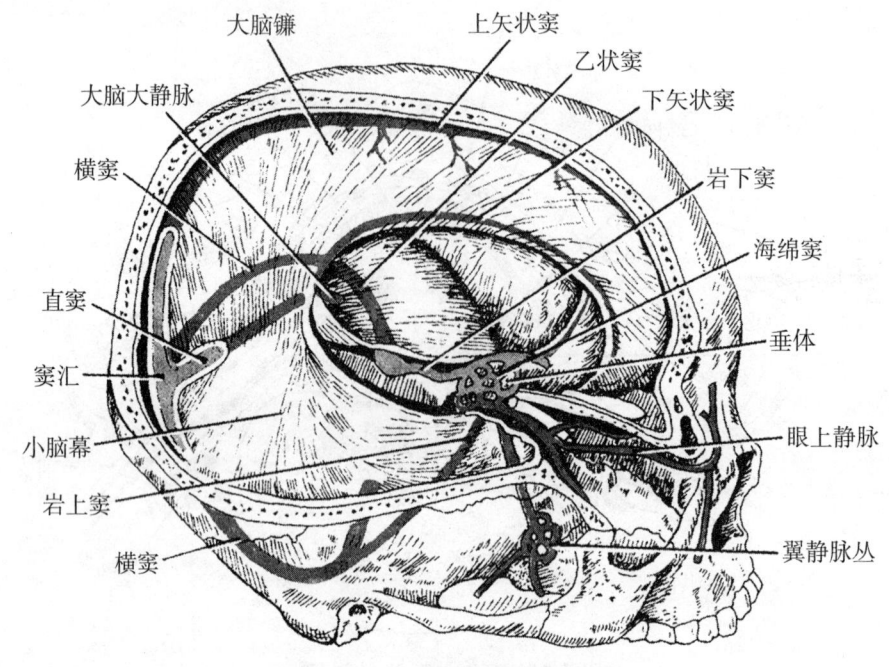

图 10-5-2 硬脑膜及硬脑膜窦

空隙,称为蛛网膜下腔,腔内含有流动的脑脊液。在某些部位,蛛网膜下腔变大,称为池。如小脑延髓池和终池等。其中终池位于脊髓末端下方,临床上常在此处做腰椎穿刺。

脑蛛网膜上矢状窦两侧形成许多绒毛状突起,突入上矢状窦内,称为蛛网膜粒(图 10-5-3)。脑脊液经蛛网膜粒渗入窦内而进入血液循环。

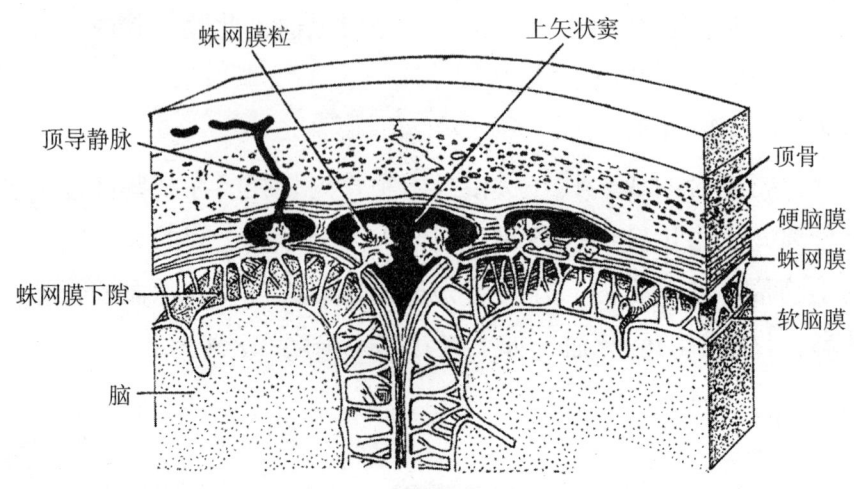

图 10-5-3 蛛网膜粒和上矢状窦

（三）软膜

软膜是具有丰富血管的薄膜，紧贴于脑和脊髓的表面，并伸入脑和脊髓的沟裂中，不易剥离。

二、脑室和脑脊液

（一）脑室

脑室是脑内的腔隙，包括侧脑室、第三脑室和第四脑室。脑室内充满脑脊液。

1. 侧脑室

左、右各一，分别位于左、右大脑半球内。

2. 第三脑室

是位于间脑内的矢状裂隙。向上外经室间孔与侧脑室相通，向后下借中脑水管与第四脑室相通。

3. 第四脑室

位于脑桥、延髓与小脑之间。第四脑室向下通脊髓中央管，向后及向两侧分别借第四脑室正中孔和第四脑室外侧孔通入蛛网膜一腔。各脑室内都有脉络丛，可产生脑脊液。分别称为侧脑室脉络丛、第三脑室脉络丛和第四脑室脉络丛。

（二）脑脊液循环

各个脑室的脉络丛都可产生脑脊液，一般认为左、右侧脑室脉络丛是产生脑脊液的主要部位。由侧脑室脉络丛产生的脑脊液，经左、右室间孔流入第三脑室，与第三脑室脉络丛产生的脑脊液一起经中脑水管入第四脑室，然后与第四脑室脉络丛产生的脑脊液一起经第四脑室正中孔和两外侧孔流入蛛网膜下腔，最后由蛛网膜粒渗入硬脑膜静脉窦，汇入血液循环中（图10-5-4）。如脑脊液循环路径受阻，会出现脑积水和颅内压升高等症状。

脑脊液为无色透明的液体，充满于脑室、脊髓中央管和蛛网膜下隙，对中枢神经系起缓冲、保护、营养及维持正常颅内压的作用，并有运走代谢产物的功能。脑脊液总量在成人约150毫升，处于不断产生、循环和回流的平衡状态。

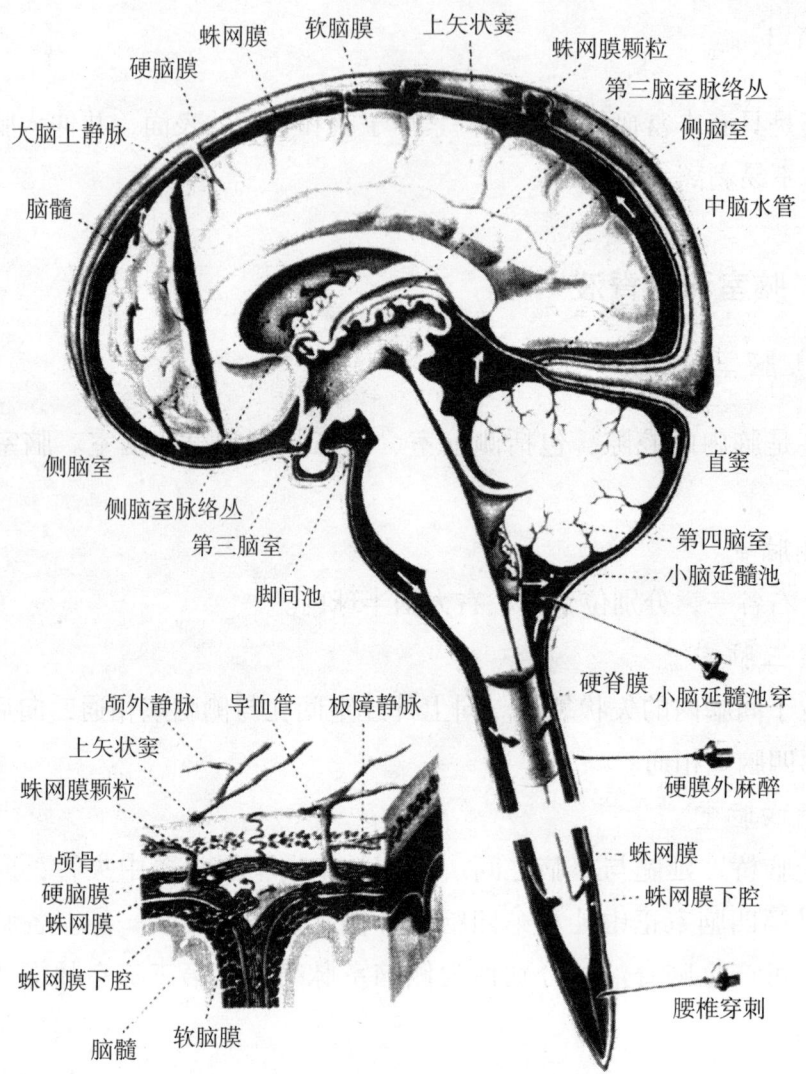

图 10-5-4　脑脊髓液循环模式图

三、脑的血管

（一）脑的动脉

脑由颈内动脉和椎动脉所营养。

1. 颈内动脉

入颅腔后在视交叉的外侧分为大脑前动脉和大脑中动脉。大脑前动脉主要营养大脑半球的内侧面（图 10-5-5）。大脑中动脉主要营养大脑半球的上外侧面（图 10-5-6）。

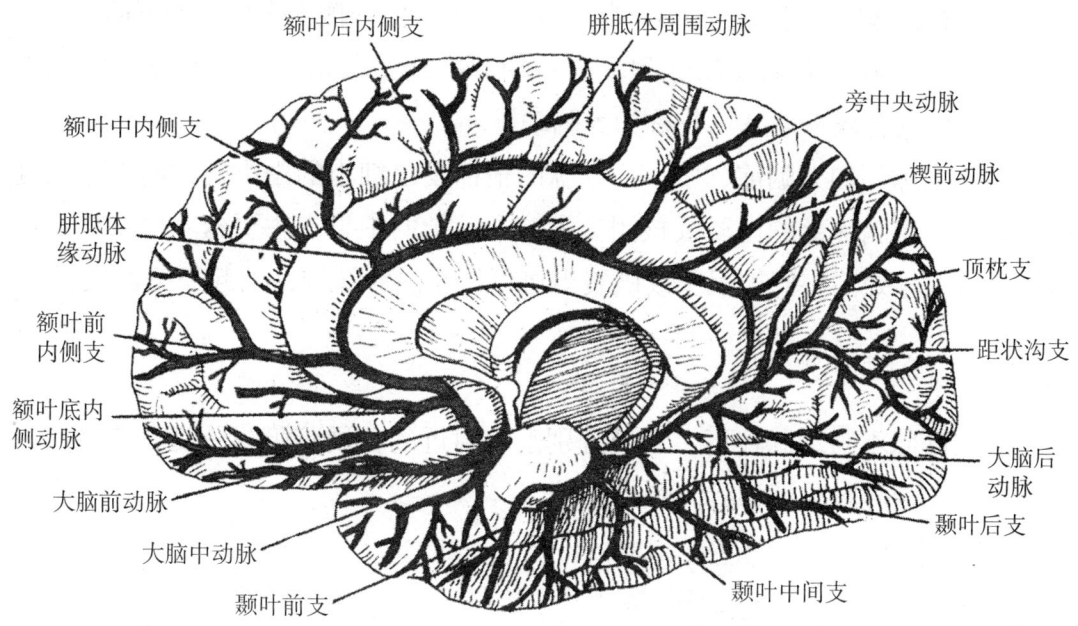

图 10-5-5 大脑半球的动脉（内侧面）

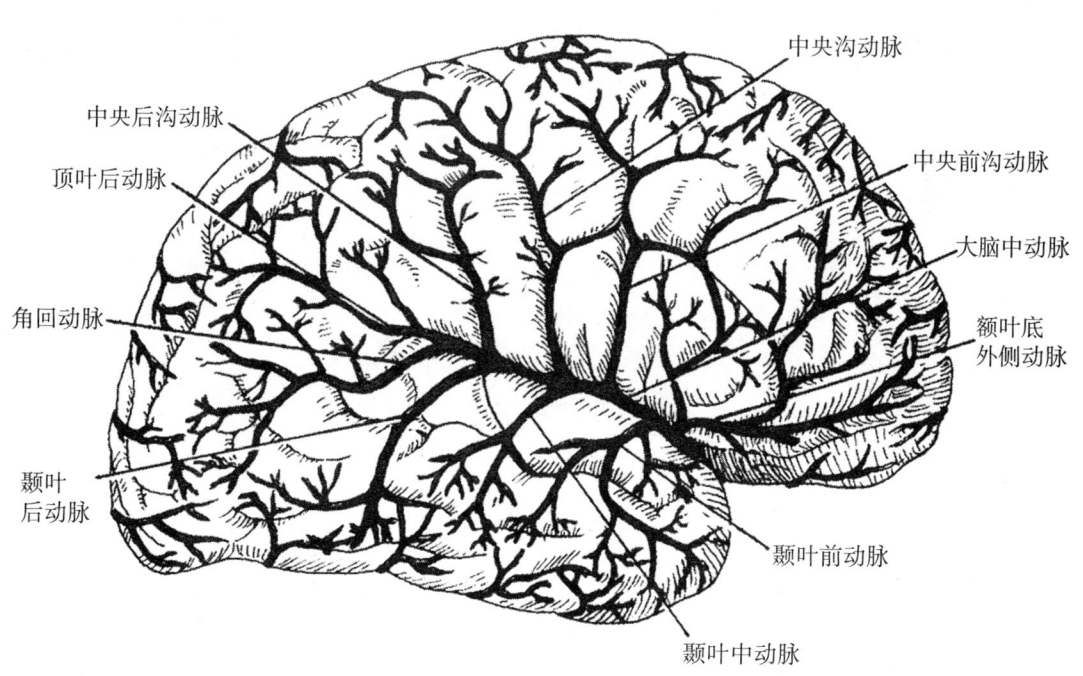

图 10-5-6 大脑半球的动脉（外侧面）

2. 椎动脉

起自锁骨下动脉，向上穿第 6 至第 1 颈椎横突孔，经枕骨大孔入颅腔。在脑桥下缘，左、右椎动脉合成一条基底动脉。基底动脉上行至脑桥上缘，分为左、右大脑后动脉。大脑后动脉主要营养枕叶的内侧面和颞叶的下面。

大脑前动脉、大脑中动脉和大脑后动脉的起始段借前、后交通动脉相连接，在脑底吻合成一动脉环，称为大脑动脉环。

大脑动脉环和大脑前、中、后动脉的根部发出细小的中央支，向上穿入脑实质内，供应脑深部的白质及核团。大脑中动脉的中央支主要营养尾状核、豆状核及内囊等处。它们被阻塞或破裂出血可累及内囊纤维，引起"三偏症状"。

（二）脑的静脉

脑的静脉不与动脉伴行，它们分别汇入附近的各硬脑膜静脉窦，最终汇为乙状窦，在颈静脉孔处移行为颈内静脉。

参考资料

黄辅民. 人体解剖学. 北京：华夏出版社，1991.

成为品主编. 实用按摩手册. 北京：百家出版社，1997.

成为品主编. 实用正常人体学. 北京：中国盲文出版社，1996.

图书在版编目(CIP)数据

实用正常人体学 / 成为品主编. —北京：民族出版社，2017.12
医疗保健康复行业实用系列教材
ISBN 978-7-105-15195-0

Ⅰ.①实… Ⅱ.①成… Ⅲ.①人体科学－职业培训－教材 Ⅳ.①Q98

中国版本图书馆CIP数据核字（2017）第308475号

医疗保健康复行业实用系列教材·实用正常人体学

责任编辑	陈萱　李燕妮
封面设计	金晔
出版发行	民族出版社
地　　址	北京市和平里北街14号
邮　　编	100013
网　　址	http://www.mzpub.com
印　　刷	北京艺辉印刷有限公司
经　　销	各地新华书店
版　　次	2017年12第1版　2017年12月北京第1次印刷
开　　本	787毫米×1092毫米　1/16
字　　数	370千字
印　　张	20.75
定　　价	55.00元
书　　号	ISBN 978-7-105-15195-0/Q·31（汉14）

该书若有印装质量问题，请与本社发行部联系退换。
编辑室电话：010-58130030　发行部电话：010-64224782